ÉLÉMENS

DE MINÉRALOGIE

APPLIQUÉE

AUX SCIENCES CHIMIQUES.

ÉLÉMENS
DE MINÉRALOGIE

APPLIQUÉE

AUX SCIENCES CHIMIQUES;

OUVRAGE BASÉ SUR

LA MÉTHODE DE M. BERZÉLIUS,

CONTENANT

L'Histoire naturelle et métallurgique des Substances minérales, leurs applications à la Pharmacie, à la Médecine et à l'Économie domestique;

SUIVI D'UN

PRÉCIS ÉLÉMENTAIRE DE GÉOGNOSIE.

PAR J. GIRARDIN ET H. LECOQ,

PHARMACIENS INTERNES DES HÔPITAUX CIVILS DE PARIS.

TOME SECOND.

PARIS,

THOMINE, LIBRAIRE, RUE DE LA HARPE, N° 78.

1826

TABLE DES MATIÈRES

CONTENUES DANS LE SECOND VOLUME.

SUITE DU LIVRE II.

IIe SOUS-DIVISION.

Pages.

SECONDE CLASSE.

LIVRE III.

Considérations générales sur la Géognosie, appliquée à la Minéralogie.

CHAPITRE PREMIER.

Des Roches.

PREMIÈRE CLASSE.

ORDRE II.

Pages.

ORDRE III.

Ire SOUS-DIVISION.

IIe SOUS-DIVISION.

Ire SECTION.

ROCHES A BASE D'ALUMINE.

Pages.

IIe SECTION.

ROCHES A BASE DE MAGNÉSIE.

IIIe SECTION.

ROCHES A BASE DE CHAUX.

Pages.

IIe CLASSE.

PREMIER APPENDICE.

SECOND APPENDICE.

Substances dans lesquelles le felspath prédomine.

Substances dans lesquelles le pyroxène prédomine.

CHAPITRE II.

Manière d'être des couches dans la nature, ou des Terrains.

LIVRE IV.

De la Métallurgie et de la Docimasie, considérées dans leurs rapports avec la Minéralogie.

CHAPITRE PREMIER.

Des essais docimastiques, ou de la Docimasie.

CHAPITRE II.

Des diverses préparations métallurgiques.

Pages.

CHAPITRE III.

Des agens chimiques et des appareils employés en Métallurgie.

ÉLÉMENS
DE MINÉRALOGIE
APPLIQUÉE
AUX SCIENCES CHIMIQUES, ETC.

SUITE DU LIVRE II.

DEUXIÈME SOUS-DIVISION.

Métaux qui ne sont point réductibles à l'aide du charbon, et dont les oxides constituent les terres et les alcalis.

Ire FAMILLE. *ZIRCONIUM.*

ESPÈCE UNIQUE. *ZIRCON.*

(*Zircone silicatée.*)

Cette espèce, à laquelle M. Berzélius donne pour signe chimique $\dddot{Zr}\dddot{Si}$, se partage naturellement en 2 sous-espèces très distinctes: le *jargon* et l'*hyacinthe*.

629. 1re sous-espèce. *Jargon.*

Caractères essentiels. Sa cristallisation dérive d'un *octaèdre très obtus à base carrée.* On ne le trouve que cristallisé ou en grains anguleux qui sont des fragmens de cristaux. Les formes dominantes sont: 1°. l'octaèdre primitif à base carrée; 2°. un prisme droit à base carrée terminé par deux pointemens;

ou plutôt c'est un seul pointement qui termine deux prismes différens, c'est-à-dire qui repose sur les faces du premier et sur les arètes du second. Il arrive souvent qu'un de ces prismes est tellement court, que le cristal paraît être un dodécaèdre rhomboïdal, mais toujours imparfait, puisqu'il est produit par le rapprochement de ces deux pointemens.

Les cristaux sont petits, le plus souvent isolés dans des sables ou empâtés et terminés en tous sens. Leur cassure est conchoïde; l'éclat est très vif, adamantin, un peu résineux. Le jargon est rarement diaphane; sa réfraction est double, très forte. Il raie le quarz, mais difficilement. Sa couleur est ordinairement le rouge brun, rarement le vert et le blanc. Il paraît même que les blancs sont des cristaux qui ont été chauffés. Il est infusible au chalumeau.

Sa pesanteur spécifique est de 4,7.

630. *Gisement.* On en a trouvé en Norwège dans une siénite; aux États-Unis, au Groenland; dans un granite du Forêt; mais on le trouve plus souvent dans les sables volcaniques. Il existe aussi dans les produits de volcans éteints près Montpellier.

631. 2ᵉ sous-espèce. *Hyacinthe.*

Caractères essentiels. La couleur dominante est le rouge ponceau ou orangé. La texture est lamelleuse. La forme dominante est un prisme à 4 pans terminé par une pyramide à 4 faces rhomboïdales qui correspondent aux arètes du prisme. La réfraction est simple.

631 *bis. Gisement.* On les trouve ordinairement dans des terrains meubles, près des terrains pyrogènes; elles paraissent cependant, comme les jargons, appartenir aux terrains primitifs.

632. *Usages.* On emploie les hyacinthes, comme le *zircon* ou *jargon*, pour obtenir la zircone. Mais comme ces pierres sont souvent mélangées avec des corindons, il faut auparavant les chauffer dans un creuset pour séparer celles qui n'auraient pas

blanchi et qui seraient des corindons. On fait rougir de nouveau pendant une heure une partie de zircon en poudre fine, avec deux parties de potasse à l'alcool, dans un creuset d'argent; on délaie la masse dans l'eau distillée, on la lave, on la filtre. Le résidu resté sur le filtre est composé de silice, de zircone et d'oxide de fer; on le traite par l'acide hydrochlorique qui dissout le tout, excepté la silice. On filtre la nouvelle liqueur, on y verse de l'ammoniaque qui précipite la zircone et l'oxide de fer à l'état d'hydrates; on les lave bien, et on sépare celui-ci par l'acide oxalique; il se forme un oxalate de fer soluble et un oxalate de zircone insoluble; on réitère les lavages, et on obtient par la calcination la zircone parfaitement pure. (Dubois et Silveira.)

Les jargons et les hyacinthes sont peu estimés des bijoutiers, de sorte qu'ils ont étendu ce nom à différentes pierres gemmes de qualité inférieure qui ne sont ni jargons ni hyacinthes.

IIe FAMILLE. *ALUMINIUM.*

Cette famille comprend vingt espèces.

1re ESPÈCE. *CORINDON.*

(*Aluminium oxidé.*)

633. *Caractères essentiels.* Le corindon est de l'alumine pure. Il est formé de 1 atome d'aluminium et de 3 atomes d'oxigène. Sa formule est donc $\dot{\ddot{Al}}$.

Son système cristallin dérive d'un *rhomboèdre obtus* de 86° 4' et 93° 56'.

M. Haüy avait d'abord fait deux divisions dans les corindons, la *thélésie* et le *spath adamantin;* mais comme on a observé qu'il existait aussi dans les thélésies un clivage rhomboïdal, et que l'analyse chimique est d'ailleurs exactement la même, il les a réunis dans la seconde édition de son

Traité de Minéralogie. Nous diviserons cette espèce en deux sous-espèces, qui sont le corindon cristallisé (comprenant la thélésie et le spath adamantin), et le corindon granulaire, qui n'est autre chose que l'émeri.

634. 1re sous-espèce. *Corindon cristallisé.*

En cristaux isolés dans des sables ou empâtés dans des roches, jamais en druzes. Les formes dominantes sont : 1°. le prisme hexaèdre régulier ; 2°. plusieurs dodécaèdres triangulaires isocèles tous aigus, et souvent même très aigus ; 3°. on observe aussi, mais rarement, le rhomboèdre primitif et un rhomboèdre tronqué. Le prisme hexaèdre est quelquefois tronqué sur trois angles en alternant, et les trois faces produites par ces troncatures sont celles du rhomboèdre primitif ; d'autres fois ce même prisme est tronqué sur trois angles et sur toutes les arètes. Les cristaux prismatiques sont toujours plus nets que les autres, mais en général, malgré la dureté dont ils jouissent, ils se présentent très fréquemment avec les arètes et les angles tellement émoussés qu'on peut à peine y reconnaître des formes régulières. Souvent aussi dans les cristaux qui sont pyramidés, les faces des pyramides sont recouvertes de stries ou sillons transversaux plus ou moins sensibles, qui leur donnent un aspect fusiforme et cylindroïdre. On observe dans le corindon des indices d'un clivage triple ou d'un clivage perpendiculaire au prisme, mais quelquefois on ne peut l'observer.

Sa transparence varie beaucoup, sa réfraction est double. Il raie tous les minéraux, excepté le diamant et peut-être la cymophane et le spinelle : quelques-uns cependant, qui viennent du Piémont, se laissent rayer par l'acier. Les couleurs, très nombreuses, varient suivant le gisement. Les variétés qui ont des couleurs sales sont seulement translucides sur les bords. Il est infusible au chalumeau, et donne un bleu sombre avec le nitrate de cobalt.

Sa pesanteur spécifique est souvent de 4.

Ses principales variétés sont :

Le *corindon limpide*, ou saphir d'eau;

Le *corindon rubis*, qui est le minéral le plus estimé après le diamant;

Le *corindon vermeil;*

Le *corindon saphir*, qui est le plus estimé après le rubis;

Le *corindon topaze* est aussi très estimé des bijoutiers; ainsi que le saphir, cette gemme perd sa couleur au feu, et devient semblable au diamant;

Le *corindon améthyste;*

Le *corindon girasol;*

Le *corindon chatoyant;*

Le *corindon astérie*, variété très remarquable, en ce qu'étant taillée en cabochon, elle présente, dans une direction perpendiculaire à l'axe, des reflets argentés qui se divisent en une étoile à six rayons qui suit les mouvemens de la pierre;

Le *corindon jaunâtre;*

Le *corindon gris;*

Le *corindon noirâtre* qui vient de la Chine, et qui, comme tous les précédens, appartient aux terrains primitifs.

635. *Gisement.* Le corindon adamantin paraît former une partie constituante accidentelle des roches primitives : on le trouve en cristaux disséminés dans des roches granitoïdes composées de quarz, de mica, de felspath, de grenat, etc. On le trouve ainsi dans différentes parties de l'Asie. Dans l'Inde, il est accompagné d'amphibole, d'épidote, de zircon jargon, de fer oxidulé, de chlorite et des minéraux nommés par M. de Bournon *fibrolite* et *indianite*. On le trouve encore en Chine et au Thibet dans un granite à felspath rougeâtre et à mica argentin; en Piémont, disséminé dans un micaschiste, et dans le fer oxidulé de Gellivara en Laponie.

Le corindon thélésie se trouve dans deux sortes de gisemens.

différens : 1°. dans des roches anciennes, comme la variété précédente ; c'est ainsi qu'on le rencontre en cristaux empâtés dans la dolomie du Saint-Gothard ; 2°. plus fréquemment dans des sables qui proviennent sans doute de la décomposition de roches primitives ; ces sables renferment en outre plusieurs minéraux particuliers et surtout des zircons (hyacinthes et jargons), des topazes, des spinelles, du quarz et du fer titané : tels sont les sables de plusieurs rivières de l'Inde (royaumes de Pégu et d'Ava), de l'île de Ceylan, et ceux de quelques ruisseaux (Expailly, Puy en Velay). On en rencontre dans le voisinage de terrains volcanisés.

636. *Usages.* Les cristaux transparens sont rarement gros. Ceux qui sont opaques ont quelquefois la grosseur du poing. Les premiers sont employés comme pierres gemmes pour faire des bijoux (ce sont les thélésies), les autres sont peu employés ; on se sert de leur poudre pour polir les pierres fines.

637. 2ᵉ sous-espèce. *Corindon granulaire* (émeri).

Se trouve en masses souvent mêlées avec d'autres minéraux. La cassure est unie en grand ; il est difficile à casser, sans éclat et sans transparence. Ces masses raient le quarz, elles sont d'un gris cendré, ou bleuâtres. L'émeri est toujours mélangé de minerai de fer, dont les quantités sont très variables. Il est infusible au chalumeau.

638. *Gisement.* Il paraît se trouver dans des terrains primitifs. On le rencontre en Saxe, disséminé dans une roche talqueuse. Il vient principalement des îles orientales, et particulièrement de celle de Naxos. On le trouve en morceaux roulés qui contiennent souvent du mica, du talc, du fer oxidulé en grains distincts, et quelquefois des petits cristaux prismatiques de corindon thélésie bleu.

639. *Usages.* Il est employé pour polir les pierres dures, les métaux. On obtient l'émeri de différentes grosseurs en le dé-

layant dans l'eau, et décantant cette eau après un temps plus ou moins long.

2ᵉ ESPÈCE. *WEBSTERITE.*

(*Alumine sous-sulfatée hydratée.*)

640. *Caractères essentiels.* Cette substance, encore fort rare, se présente sous forme de masses spongieuses d'un blanc mat. Elle est tendre, douce au toucher, se laissant aisément racler par le couteau, happant à la langue, insipide et insoluble; elle ressemble beaucoup à la craie, mais est soluble dans l'acide nitrique sans effervescence. Mise dans l'eau, elle s'imbibe d'une quantité de ce liquide, égale à environ $\frac{1}{20}$ de son poids. Elle présente dans sa poussière lavée des cristaux prismatiques assez nets.

Elle pèse 1,66.

Sa composition $= \overset{\therefore}{\text{Al}}\overset{\therefore}{\text{S}} + 9\,\text{Aq}$.

On en distingue trois variétés, suivant les lieux où elle se trouve.

La *websterite de Hall.* Elle est en nodules concrétionnés, disséminés dans un terrain d'argile. On la trouve en Saxe. On l'appelait autrefois *argile native.*

La *websterite de New-Haven*, trouvée auprès de New-Haven en Angleterre. Elle est en masses blanches, traversées par des lignes rougeâtres qui sont du gypse et de l'argile ferrugineuse. Elle est quelquefois pulvérulente.

La *websterite de Bernon*, près d'Épernay en France. Elle est d'un blanc mat, accompagnée de gypse et d'argile limoneuse. Elle ne renferme que 39 pour cent d'eau.

3e ESPÈCE. *ALUMINE TRI-SULFATÉE.*

640 *bis. Caractères essentiels.* Substance blanchâtre, soluble dans l'eau, se trouvant tantôt en petites masses mamelonnées à fibres divergentes du centre à la circonférence, tantôt en petites masses fibreuses, à fibres entrelacées, contournées. Sa solution donne un précipité gélatineux d'alumine par l'ammoniaque.

Sa composition $= \ddot{\mathrm{A}}\mathrm{l}\,\ddot{\mathrm{S}}^3 + 18\mathrm{Aq}$.

640 *ter. Gisement.* Cette espèce, fort rare dans la nature, a été trouvée par M. Boussingault dans des schistes noirs de transition des Andes de Colombia. Elle paraît particulière à d'autres schistes argileux de l'Amérique méridionale, car M. de Humboldt l'a observée dans ceux de la péninsule d'Araya, près de Cumana. Elle existe encore dans d'autres localités analogues. Dans ces divers pays on la ramasse; et après l'avoir dissoute, on évapore la dissolution jusqu'à ce qu'elle soit assez concentrée pour se prendre en masse par le refroidissement. La matière ainsi obtenue se rencontre dans le commerce sous forme de calottes sphériques, qui ressemblent assez aux pains de camphre; sa texture est celle du sel ammoniac. Elle n'attire pas l'humidité de l'air, elle s'effleurit seulement à l'extérieur. Dans le pays, on la nomme *alumbre* (alun), et on l'emploie aux mêmes usages que ce sel.

4e ESPÈCE. *WAVELLITE.*

(*Alumine phosphatée hydratée. Devonite; lasionite; hydrargilite.*)

641. *Caractères essentiels.* Se présente généralement en petites masses comme concrétionnées, sphéroïdales, composées d'aiguilles radiées, ayant un éclat vif et nacré, et une couleur grise; est un peu plus dure que le quarz; ne fond pas au

chalumeau, mais devient blanche et friable; dans le matras, dégage une eau dont les dernières gouttes sont acides, ont une consistance gélatineuse en raison de la silice qu'elles contiennent, et colorent en jaune le papier de Fernambouc.

Sa densité est de 2,22.

Composition. $= \dddot{A}l^{4}\,\ddot{\dddot{P}}^{3} + 12Aq.$

Gisement. On la trouve en Angleterre, en Islande, en Bohême, en Bavière et dans l'Amérique.

5e ESPÈCE. *TURQUOISE.*

(*Alumine phosphatée hydratée impure. Calaïte; agaphite.*)

642. *Caractères essentiels.* La turquoise, dite *de la vieille roche*, est une substance d'un bleu clair ou verdâtre, compacte ou terreuse, rayant le verre et même le quarz, inaltérable par les acides. Sa densité est de 2,4.

Composition. M. Berzélius regarde cette substance comme un phosphate d'alumine ferro-cuprifère. Dans son Essai du chalumeau, le même auteur considère cette substance comme un mélange de phosphate d'alumine, de phosphate de chaux et de silice, coloré en vert ou bleu verdâtre par du carbonate et de l'hydrate de cuivre.

On donne encore, dans le commerce, le nom de *turquoises* à des os fossiles pénétrés de phosphate de fer (560).

Cette substance vient de Nichabour, dans le Khorasan (Perse).

6e ESPÈCE. *AMBLIGONITE.*

(*Alumine* et *lithine sous-phosphatées.*)

643. *Caractères essentiels.* Substance verdâtre; cassure vitreuse; peut se cliver en *prisme* de 106° 10′ et 73° 50′.

Pesanteur spécifique de 2,9.

Composition. $= \ddot{L}^2 \overset{\cdot\cdot\cdot\cdot\cdot}{P} + \overset{\cdot\cdot\cdot}{Al} \overset{\cdot\cdot\cdot\cdot\cdot}{P}^3$. Contient un peu d'acide fluorique.

Indiquée à Schursdorf en Saxe.

7e ESPÈCE. *TOPAZE.*

(*Alumine fluo-silicatée. Pyrophysalite; pychnite.*)

644. *Caractères essentiels.* Sa cristallisation se rapporte à un *prisme rhomboïdal,* dont l'angle est de 124° 22'. Les cristaux de pychnite offrant d'ailleurs la même forme que ceux de la topaze, ont été rangés avec cette dernière espèce.

La topaze se trouve toujours à l'état cristallin ou roulée. Sa forme dominante est tantôt un prisme rhomboïdal dont les deux arêtes aiguës sont remplacées par un biseau, tantôt un prisme à 6 faces symétriques. Les cristaux sont assez souvent terminés par un pointement à 4 faces, qui repose sur les faces latérales du prisme de 124° 22'. L'angle des troncatures est de 93°. Dans d'autres cas, il y a un biseau obtus qui termine le prisme. Il arrive aussi que ce biseau se combine avec les 4 faces du pointement, et produit une espèce de pointement à 6 faces. Le biseau offre aussi quelquefois trois petites facettes sur les arêtes. On trouve encore ce prisme tronqué sur les arêtes de sa base. Les cristaux sont souvent prismatoïdes; les faces latérales du prisme sont fréquemment striées en longueur. On a trouvé en Suède des cristaux que l'on avait nommés *pyrophysalite,* qui ont jusqu'à 6 pouces de diamètre.

La cassure est éclatante; on trouve des variétés diaphanes, translucides. Elle raie le quarz. Sa couleur est le plus souvent jaune, tantôt pâle, tantôt brunâtre ou verdâtre; elle passe à l'orangé et au rouge cerise; ces dernières sont très rares, mais on se les procure artificiellement en chauffant celles qui sont brunes. On les connaît alors sous le nom de *topazes brûlées.* Il y a aussi des variétés verdâtres et bleuâtres. Les topazes sont électriques par la chaleur, infusibles au chalumeau, et de peu de valeur relativement aux autres gemmes. Les variétés rouges sont les plus estimées.

La pesanteur spécifique est de 3,6, de même que la pychnite.

Composition On observe une légère différence dans la composition des topazes et des pychnites. Les premières sont formées de 6 atomes de silicate d'alumine, et de 1 atome de sous-fluate d'alumine $= 6\dddot{A}l\ddot{S}i + \dddot{A}l^1F^3$, et les secondes de 6 atomes de silicate d'alumine, et de 1 atome de fluate de la même base $= 6\dddot{A}l\ddot{S}i + \dddot{A}l^2F^3$.

645. *Gisement.* On trouve les topazes dans les terrains primitifs. Elles existent dans les granites graphiques, empâtées avec du felspath. En Saxe, elles forment des veines granuliformes dans certaines roches. On les rencontre assez fréquemment dans les filons d'étain. La variété *pychnite* se trouve en Saxe en longs cristaux fendillés, empâtés dans un schiste micacé. Il en vient beaucoup du Brésil; on en a trouvé en Suède en gros cristaux dans du quarz. Celles de la Nouvelle-Hollande sont incolores.

8e ESPÈCE. *COLLYRITE.*

(*Alumine silicatée hydratée. Kollyrite.*)

646. *Caractères essentiels.* Substance opaline d'un éclat vitreux et résineux, se décomposant un peu à l'air, et donnant de l'eau par la calcination.

Composition. $= \dddot{A}l^3\ddot{S}i + 18Aq$.

Gisement. Se trouve dans la mine d'Étienne, à Schemnitz, en Hongrie, dans un grès et à Weissenfels en Thuringue.

9e ESPÈCE. *HALLOYSITE.*

(*Alumine silicatée hydratée.*)

647. *Caractères essentiels.* Substance compacte d'un blanc pur ou légèrement nuancé de bleu grisâtre, translucide sur les bords;

à cassure conchoïde cireuse. Elle happe fortement à la langue, se laisse rayer par l'ongle; mise dans l'eau, elle devient transparente comme l'hydrophane; il s'en dégage de l'air, et son poids augmente d'environ un cinquième. Elle donne de l'eau par la calcination, acquiert de la dureté, et devient d'un blanc de lait.

Composition. $= 2\dot{\ddot{A}}l\,\dot{\ddot{S}}i^2 + \dot{\ddot{A}}l\,Aq^6$.

647 *bis. Gisement.* Cette substance, décrite et analysée par M. Berthier, a été découverte par M. Omalius d'Halloy, à Angleure, près Liége. Elle se trouve en rognons ou tubercules quelquefois plus gros que le poing, dans un de ces amas de minerais de fer, de zinc et de plomb, qui remplissent les cavités du calcaire de transition du nord, et qui sont surtout si communs dans les provinces de Liége et de Namur.

Usages. Selon M. Berthier, on pourrait, si cette substance était plus abondante, l'employer avec avantage pour la fabrication de l'alun.

10ᵉ ESPÈCE. *PINITE.*

(*Alumine silicatée.*)

647 *ter. Caractères essentiels.* La cristallisation paraît se rapporter à un *prisme hexagonal régulier.* On la trouve en cristaux qui sont toujours empâtés; on y observe le prisme hexagonal, le même tronqué sur les arêtes, et offrant par conséquent 12 faces; il est rarement tronqué sur sa base. On y observe aussi le prisme quadrangulaire portant un biseau sur ses arêtes; ce n'est autre chose que le prisme hexagonal dont plusieurs troncatures ont pris assez d'accroissement pour faire disparaître presque entièrement les faces du prisme. On trouve une cassure un peu luisante, un clivage en général très facile parallèlement à la base. Le luisant paraît être dû à des paillettes de mica extrêmement fines. Sa couleur est le gris brun, le verdâtre ou le rougeâtre. Exposée au chalumeau, elle ne fond pas entièrement, mais se couvre de petites bulles. Il y

a cependant des variétés ferrugineuses qui fondent plus facilement.

Sa pesanteur spécifique est de 2,9.

Composition. On devrait peut-être faire deux espèces distinctes des pinites trouvées en Saxe et en Auvergne. Quoique toutes deux soient des silicates d'alumine, la proportion de leurs élémens est différente. La formule de celle d'Auvergne $= \dddot{A}l\,\dddot{S}i^2$, mélangé d'une plus ou moins grande quantité d'hydrate d'alumine et d'hydroxide de fer. La formule de celle de Saxe $= \dddot{A}l^2\dddot{S}i$.

648. *Gisement.* La pinite de Saxe, à laquelle il faut rapporter celles du mont Saint-Michel en Cornouailles, de la vallée de Chamouni, de Saint-Honorine près Falaise (Calvados), de Vir et des environs du Mans, de Limoges, du Connecticut et de Lancaster, dans le Massachuset (États-Unis d'Amérique), appartiennent aux terrains cristallisés granitoïdes les plus anciens. La pinite d'Auvergne, que l'on a observée aussi dans quelques autres lieux, appartient à des terrains granitoïdes voisins de la formation des porphyres pyrogènes. Les localités d'Auvergne où elle se présente disséminée sont Pontgibaud, Saint-Avit, Saint-Pardoux, Mauzat, sur la route de Clermont à Menat.

11e ESPÈCE. *DISTHÈNE.*

(*Alumine silicatée. Cyanite; sappare; rhætisite du Tyrol; kyanite; schorl bleu.*)

649. *Caractères essentiels.* Les cristaux se rapportent à un *prisme obliquangle à base oblique* reposant sur une face. L'incidence de sa base sur le pan rectangulaire est de 106°6', et celle des pans l'un sur l'autre de 102°50' et 77°50'. Se trouve le plus souvent en masses composées de cristaux aplatis et ac-

colés, toujours placés parallèlement aux feuillets de roches schisteuses. Les formes dominantes sont: ce prisme portant des troncatures sur les arêtes; d'autres présentent un biseau. Les cristaux sont en général aplatis, c'est-à-dire que deux des faces du prisme sont beaucoup plus grandes que les deux autres, et ces deux faces sont très éclatantes, tandis que les autres le sont très peu. Il y a un clivage très facile parallèlement à l'axe du prisme. Les cristaux sont électriques par frottement. On obtient l'électricité vitrée; mais dans quelques cas cependant on a obtenu aussi l'électricité résineuse : de là le nom de *disthène* (deux forces). On l'a nommé aussi *cyanite,* à cause de sa couleur qui est le bleu pur, rarement blanchâtre ou rougeâtre. Cette dernière couleur s'y manifeste par la calcination. Il raie le verre, est infusible au chalumeau.

Sa pesanteur spécifique est de 3,51.

Composition. $= \dddot{A}l^2\dddot{S}i$.

650. *Gisement.* On ne l'a encore trouvé que disséminé dans les terrains primitifs, accompagné de quarz, de grenat, de mica, de tourmaline, etc. Il existe au Saint-Gothard avec de la staurotide dans des roches talqueuses; on trouve même des cristaux de staurotide accolés à ceux de disthène. On en trouve quelques variétés tout-à-fait blanches. Il existe dans toute la chaîne des Alpes, dans l'Inde, les deux Amériques, etc. Comme il est infusible, on l'a employé pour soutenir des objets à exposer au chalumeau. On les y colle avec un peu de gomme arabique.

12e ESPÈCE. *FAHLUNITE.*

(*Alumine silicatée. Triclasite.*)

651. *Caractères essentiels.* Substance ordinairement d'un brun rougeâtre, rayant le verre; donne de l'eau par la calcination; blanchit au chalumeau, et se fond sur les bords en un verre blanc et bulleux. Cassure légèrement cireuse. Sa forme

primitive est un *prisme rhomboïdal oblique* de 109° 30′ et 70° 30′?

Il pèse 2,6.

Composition. $= \dot{A}l\ddot{S}i + 3Aq$.

Gisement. Elle a été trouvée à Fahlun en Suède, dans un talc schistoïde.

13ᵉ ESPÈCE. *CYMOPHANE.*

(*Alumine silicatée* et *glucine aluminatée. Chrysobéril; chrysolite.*)

652. *Caractères essentiels.* Substance vitreuse, d'un jaune verdâtre, rayant fortement le quarz; à cassure transversale, conchoïde, tantôt inégale et presque sans éclat, tantôt légèrement vitreuse; ayant une réfraction double; infusible. Sa forme primitive est un *prisme droit rectangulaire.*

Sa densité est de 3,796.

Composition. $= \dot{A}l^{4}\ddot{S}i + 2\dot{G}\dot{A}l^{4}$?

652 *bis. Gisement.* Ce minéral se trouve en cristaux épars ou en morceaux arrondis dans les terrains de transport et d'alluvion, au Pégu, au Brésil, dans l'île de Ceylan. A Haddam, dans le Connecticut (États-Unis d'Amérique), il fait partie d'une roche granitoïde composée de felspath, de quarz, de talc et de grenat.

14ᵉ ESPÈCE. *STAUROTIDE.*

(*Alumine* et *fer silicatés. Pierre de croix; croisette; granatite; schorl cruciforme.*)

653. *Caractères essentiels.* Sa cristallisation dérive d'un *prisme rhomboïdal droit* de 129° 20′ et 50° 40′; ne se trouve que cristallisée en prisme rhomboïdal, ou plus souvent hexagonal symétrique, ce qui n'est autre chose que le prisme rhomboïdal tronqué sur ses arêtes aiguës. On voit aussi une troncature sur les angles obtus de la base du prisme.

Les cristaux sont ordinairement groupés et croisés à angles droits ou sous des angles de 60 et 120°. Dans ceux qui sont croisés à angles droits, les deux arètes obtuses viennent se couper. Les cristaux atteignent rarement un pouce et demi de longueur ; ils sont empâtés dans des roches schisteuses parallèlement à leurs feuillets ; leur surface est lisse ; le croisement a quelquefois lieu sur trois prismes. On observe deux indices de lames peu marqués ; la cassure est par conséquent indistinctement lamelleuse. Dans les cristaux du mont Saint-Gothard, on observe une cassure horizontale très plane, qui paraît être plutôt une articulation qu'un clivage. Il y a ordinairement peu d'éclat ; les cristaux sont opaques ou un peu translucides ; la couleur est le brun noirâtre très foncé à l'intérieur. Cette substance est dure ; elle raie faiblement le quarz ; elle est infusible au chalumeau ; se fritte à sa surface.

Sa pesanteur spécifique est de 3,3.

Composition $= 6\dot{\ddot{A}}l^{2}\dot{\ddot{S}}i + \dot{F}e^{3}\dot{\ddot{S}}i.$

654. *Gisement* La staurotide se trouve empâtée dans des schistes micacés du gneis. On la trouve au Saint-Gothard, empâtée dans un schiste micacé avec le disthène. Elle existe aussi dans le département du Var, dans les Pyrénées, en Irlande, en Tyrol, dans le Valais, en Transylvanie, en Espagne, en Amérique.

15ᵉ ESPÈCE. *CARPHOLITE.*

(Alumine manganéso-silicatée.)

655. *Caractères essentiels*. Structure fibreuse, couleur jaunâtre ; donne de l'eau par la calcination ; pèse 2,93.

$$Composition = \left.\begin{matrix} \dot{\ddot{M}}n^{3} \\ \dot{F}e^{3} \end{matrix}\right\} \dot{\ddot{S}}i3^{a} + \dot{\ddot{A}}l\ \dot{\ddot{S}}i + 9Aq.$$

Indiquée dans le granite à Schlakenwald en Bohême.

16e ESPÈCE. ÉPIDOTE.

(*Alumine, chaux ou bi-oxide quelconque silicatés. Zoïzite; thallite; pistazite; arendalite; akanticone; skorza; delphinite; sanalpite.*)

656. *Caractères essentiels.* Cette substance, dont la cristallisation, assez irrégulière, se rapporte à un *prisme rhomboïdal* de 65° 30′ et 114° 30′, dont les deux côtés sont inégaux, se trouve cristallisée ou en masses cristallines, rarement compacte, et quelquefois arénacée. Elle offre pour formes dominantes deux prismes rhomboïdaux; mais comme les arètes ne sont pas semblables dans ces prismes, il en résulte que les modifications qui s'y font sentir sont également différentes. Les lames se croisent toujours suivant une ligne parallèle à la diagonale, ce qui donne à ces cristaux un aspect de travers. La base des prismes est droite; on observe un prisme tronqué sur deux arètes, terminé par un biseau à deux faces, reposant sur ses troncatures. Il y a aussi des cristaux qui sont terminés par une seule face horizontale, de sorte que l'on dirait que les masses ont été usées. Il en existe d'autres prismatoïdes très aplatis, d'autres aciculaires très fins. En général, ces cristaux sont allongés, accolés latéralement et peu divergens; ils sont très cassans. La cassure est lamelleuse dans deux directions : celle qui a lieu parallèlement aux faces des prismes est assez nette; l'autre l'est beaucoup moins. La cassure est aussi conchoïde dans les variétés transparentes, esquilleuse dans les variétés opaques.

L'éclat est vitreux, vif. La couleur dominante est le vert foncé, noirâtre, pistache, offrant toujours une teinte jaune, surtout dans la variété *akanticone*. Il y a aussi des variétés blanchâtres et rosées (*zoïzite*); elles viennent des Pyrénées et des Alpes. Cette substance raie facilement le verre; elle est rayée par le quarz. Elle est fusible en une scorie brune qui, chauffée pendant quelque temps, perd la faculté de se fondre.

Sa pesanteur spécifique est de 3,5 à 3,8.

657. *Composition.* L'épidote est composé d'un silicate d'alumine toujours constant, et d'un silicate de chaux ou de fer. C'est d'après cette variation de composition que plusieurs auteurs l'ont divisé en plusieurs sous-espèces, caractérisées surtout par leur formule de composition. C'est ainsi que M. Beudant le partage en deux sous-espèces.

1. *Zoïzite* ou *épidote calcaire*, dont la formule $= 4\dddot{Al}\dddot{Si} + \ddot{Ca}^3\dddot{Si}^2$.

2. *Thallite* ou *épidote calcaréo-ferrugineux*, dont la formule $= (4\dddot{Al}\dddot{Si} + \ddot{Ca}^3\dddot{Si}^2) + (4\dddot{Al}\dddot{Si} + \ddot{Fe}^3\dddot{Si}^2)$.

658. *Caractères d'élimination.* On distingue l'épidote de l'*amphibole actinote* en ce que celui-ci fond en un émail grisâtre; de la *tourmaline*, en ce que celle-ci est pyro-électrique; du *béril aigue-marine*, en ce que cette dernière se fond très difficilement au chalumeau et donne un verre blanc. Enfin, l'épidote en cristaux déliés diffère de l'*asbeste raide* par sa poussière, qui est très rude.

659. *Gisement.* L'épidote est assez abondamment répandu; il appartient généralement aux terrains de transition cristallisés, et même aux terrains primitifs. Il ne forme pas de roches à lui seul, n'entre dans la composition d'aucune d'elles comme principe constant, mais existe seulement comme principe accidentel dans quelques-unes : tels sont le granite et le gneis en Saxe, en Hongrie, en Norwège, en Suisse, etc.; la diorite de l'Isère et du Tyrol; le granite alpin du Dauphiné, de toute la chaîne des Alpes, des Pyrénées, etc.; la chlorite schistoïde du département de l'Isère, et dans l'éclogite. On trouve aussi l'épidote dans les mines de fer d'Arendal en Norwège, et dans celles d'argent de Konsberg en Saxe. Le

quarz et la chaux carbonatée sont les gangues les plus ordinaires de cette espèce.

17e ESPÈCE. *GRENAT*.

(*Alumine* ou *peroxide de fer silicaté avec chaux, magnésie, manganèse*, etc., *silicatés. Almandine; aplôme; topazolithe; succinite; allochroïte; essonite; rhotoffite; romanzovite; colophonite; mélanite; pyrénéite; pyrope.*)

660. On a décrit plusieurs fois, sous le nom de *grenat*, des substances minérales particulières; mais, en éliminant ces minéraux, l'espèce *grenat* renferme encore un grand nombre de sous-espèces dont M. Berzélius a fait beaucoup d'espèces différentes, à la vérité, dans leur composition, et que par cela même il a réparties dans les différens genres de sa méthode. On considère comme grenats des minéraux dont la composition chimique = 2 atomes de silicate d'alumine ou de peroxide de fer, avec 1 atome d'un silicate d'un bi-oxide quelconque, comme la chaux, la magnésie, le manganèse, etc. On peut exprimer cette formule par $2\dddot{R}\,\dddot{Si} + \ddot{R}\,\dddot{Si}^2$, le signe R signifiant *radical*. (Trolle-Wachtmeister.) Comme dans les minéraux, en général, les oxides qui contiennent le même nombre d'atomes d'oxigène peuvent se substituer les uns aux autres sans changer la forme cristalline, dans le grenat, l'oxide d'aluminium peut être remplacé par le tritoxide de fer, qui, comme lui, contient 3 atomes d'oxigène; et la chaux, dans la même espèce, peut être remplacée par la magnésie et l'oxide de manganèse, qui, comme elle, contiennent 2 atomes d'oxigène.

661. *Caractères essentiels.* Le grenat cristallise en *dodécaèdre rhomboïdal* et en *trapézoèdre*, qui n'est autre chose que ce dodécaèdre dont les arètes sont tronquées. Le trapézoèdre lui-même est aussi quelquefois tronqué sur ses arètes. Le gre-

nat se trouve le plus souvent en cristaux ou en grains cristallins, qui sont des cristaux arrondis. Ils sont assez petits; quelquefois cependant ils sont très volumineux. En général, ils sont assez égaux dans leurs dimensions; quelques-uns pourtant sont un peu allongés dans le sens du prisme hexagonal. La cassure est conchoïde; celle des masses granuleuses est inégale. Ils sont difficiles à casser, de même que les roches dans lesquelles ils sont disséminés. L'éclat, faible à l'extérieur, est assez vif à l'intérieur. Il y a une variété qui donne des reflets étoilés à quatre rayons (grenat astérie). Le grenat n'est que translucide, rarement diaphane. La couleur est presque toujours le rouge foncé ou noirâtre, ou le rouge de sang, rarement le verdâtre, le jaunâtre et le violet. On n'en a jamais trouvé de blanc ni de bleu; les teintes que l'on y observe sont toujours très foncées. Il raie le quarz, est rayé par la topaze. Il fond au chalumeau en un émail noir.

Sa pesanteur spécifique est de 2,5 à 4,3.

662. *Caractères d'élimination*. Les substances avec lesquelles on pourrait confondre le grenat sont le *zircon*, le *rubis*, l'*amphigène* et l'*idocrase*. On le distingue des trois premiers par leur fusibilité, et de l'*idocrase*, en ce que cette dernière substance donne, par la fusion, un verre brillant, tandis que le grenat donne un verre terne.

663. M. Berzélius partage les grenats en six sous-espèces, d'après leur composition :

1re sous-espèce. *Grossulaire*, dont la composition $= \ddot{\mathrm{C}}\mathrm{a}^3\dddot{\mathrm{S}}\mathrm{i}^2 + 2\dddot{\mathrm{A}}\mathrm{l}\dddot{\mathrm{S}}\mathrm{i}$.

2e sous-espèce. *Aplome*, dont la composition $= \ddot{\mathrm{C}}\mathrm{a}^3\dddot{\mathrm{S}}\mathrm{i}^2 + 2\dddot{\mathrm{F}}\mathrm{e}\dddot{\mathrm{S}}\mathrm{i}$.

3e sous-espèce. *Almandin*, dont la composition $= \ddot{\mathrm{F}}\mathrm{e}^3\dddot{\mathrm{S}}\mathrm{i}^2 + 2\dddot{\mathrm{A}}\mathrm{l}\dddot{\mathrm{S}}\mathrm{i}$.

4e sous-espèce. *Magnésien*.

5e sous-espèce. *Manganésien*, dont la composition $=\dot{M}n^3\dddot{S}i^2 + 2\dddot{A}l\dddot{S}i$.

6e sous-espèce. *Pyrope*, dont la compos. $= \left.\begin{array}{l}\ddot{C}a^3\\ \dot{M}g^3\\ \ddot{F}e^3\\ \ddot{C}r^3\end{array}\right\}\dddot{S}i^2 + 2\dddot{A}l\dddot{S}i.$

Outre ces six groupes, auxquels on peut rapporter les différentes espèces de grenats connus, M. Berzélius forme un appendice, dans lequel il range sous le titre de grenats mélangés tous ceux dont la composition ne peut se prêter à aucune formule simple, et qu'il désigne par le signe $\left.\begin{array}{l}\ddot{C}a^3\\ \dot{M}g^3\\ \ddot{F}e^3\\ \dot{M}n^3\end{array}\right\}\dddot{S}i^2 + 2\left.\begin{array}{l}\dddot{A}l\\ \dddot{F}e\end{array}\right\}\dddot{S}i.$

664. *Gisement.* Les grenats sont très répandus dans la nature. Suivant M. Brongniart, ils se trouvent dans quatre sortes de terrain de formation différente.

1°. Se trouvent comme partie constituante accidentelle dans la plupart des roches primitives, ou disposés en filons dans ces mêmes roches. Celles dans lesquelles on le rencontre le plus fréquemment et en plus grande abondance, sont le gneis, la diabase, l'amphibole, et surtout la serpentine, le talc et le micaschiste.

2°. Existent dans plusieurs roches des terrains postérieurs aux terrains primitifs, telles que la chaux carbonatée compacte du pic d'Érès-Lids dans les Pyrénées, le jaspe, le grès et quelques schistes.

3°. Disséminés à des profondeurs variables, et quelquefois en amas très volumineux dans des terrains d'alluvion formés aux dépens de roches préexistantes. Ces terrains sont principalement formés de débris de serpentine et de basalte en boules réunies par une marne grise, dans laquelle sont dispersés les grenats. Suivant M. Reuss, ils s'y trouvent associés à des bérils émeraudes, des péridots chrysolites, des zircons hyacinthes, des corindons saphirs, du fer magnétique, du quarz et quelques coquilles pétrifiées.

4°. On les rencontre enfin dans les terrains volcaniques : tels sont les grenats *mélanite* de la Somma, ceux de Frascaty, du Vésuve, etc.

Les localités où se rencontre cette espèce minérale sont en si grand nombre, qu'il est impossible de les énumérer.

665. *Usages*. On emploie les grenats en bijouterie. On distingue ceux qui sont d'un beau violet, sous le nom de *grenats syriens;* ceux qui sont d'un rouge hyacinthe, sous le nom de *grenats de Bohême;* ceux qui sont lie de vin se nomment *grenats de Ceylan*. Les plus beaux se taillent en coupes et en vases; on les emploie aussi en place d'émeri sous le nom d'*émeri rouge*. Ils sont si petits et si communs dans certains terrains, qu'ils sont employés aux mêmes usages que le sable. Quand on en a beaucoup, on s'en sert avantageusement comme fondant dans l'extraction du fer. Ils contiennent même quelquefois 30 pour cent de ce métal. Le grenat était un des cinq fragmens précieux que la Médecine employait autrefois.

18e ESPÈCE. *TOURMALINE*.

(*Alumine silicatée avec soude, lithine, potasse, magnésie, chaux,* etc., *silicatées. Rubellite; schorl; indicolite; aphrisite.*)

666. La composition des tourmalines est extrêmement variable; cependant ce sont des silicates d'alumine doubles à base de soude, de potasse, de lithine, de chaux, de magnésie, etc. M. Berzélius, guidé par leur composition, en a fait plusieurs espèces, qu'il a placées chacune dans sa famille.

Mais nous croyons plus naturel de les réunir ici en une seule espèce, en adoptant les sous-espèces que M. Beudant a formées d'après leur composition.

667. *Caractères essentiels*. Les cristaux de tourmaline dérivent d'un *rhomboèdre très obtus* de 133° 50′ et 46° 10′. Elle offre presque toujours pour forme dominante des prismes à 6, 9 et 12 pans. Se trouve toujours cristallisée. La forme la plus commune est le prisme à 9 pans, qui est la même chose qu'un prisme hexagonal dont trois arètes en alternant sont fortement tronquées. On trouve aussi des prismes à 12 et 18 faces; rarement le prisme à 6 faces est parfait. On trouve encore un rhomboèdre; mais il est très rare qu'il ne soit pas tronqué sur les arètes inférieures. On a trouvé des cristaux très gros; mais en général ils sont minces et allongés, le plus souvent aciculaires, et forment des masses rayonnées. La surface des prismes est souvent striée en longueur.

La tourmaline raie le verre; sa réfraction est double à un degré médiocre; sa cassure transversale est conchoïde, à petites évasures, quelquefois articulée. Quand on regarde la lumière dans une direction perpendiculaire à l'axe du prisme, le cristal paraît presque toujours transparent; mais si on la regarde dans le sens de cet axe, et par conséquent perpendiculairement aux bases du prisme, la tourmaline paraît toujours opaque, quand même le prisme aurait moins de hauteur que d'épaisseur. Elle devient électrique par le frottement et la chaleur: dans le premier cas, elle prend l'électricité vitrée; dans le second, les deux extrémités s'électrisent en sens contraire, et jusqu'à présent c'est le sommet le plus simple qui acquiert l'électricité résineuse. Elle est fusible au chalumeau en émail blanc ou gris.

Sa pesanteur spécifique est de 3 à 3,4.

La couleur ordinaire est un noir parfait, quelquefois le vert olive, brunâtre, vert poireau, jaunâtre. D'autres variétés sont d'un brun jaunâtre ou rougeâtre, et viennent du Brésil. Il en est d'un rouge cramoisi, traversées par des bandes purpurines perpendiculaires à l'axe du prisme; elles viennent de Sibérie et des États-Unis. On en observe aussi dans ces mêmes endroits qui prennent une teinte violette et passent au bleu indigo. La couleur la plus rare est le blanc grisâtre. On trouve la tourmaline qui la présente au Saint-Gothard, empâtée dans une dolomie. C'est la seule variété dont les cristaux se réunissent quelquefois en druzes.

668. *Caractères d'élimination.* La tourmaline diffère de l'*amphibole* en ce qu'elle est plus dure (quoique un peu moins que le quarz), et en ce qu'elle offre dans sa cassure une espèce de triangle équilatéral que ne présente pas l'amphibole.

1re sous-espèce. *Tourmaline de soude,* ou *rubellite.* (*Apyrite, daourite, siberite.*) Couleur généralement rouge, presque infusible.

Composition. $= 6\dddot{Al}\,\dddot{Si} + \dot{So}$? Dans plusieurs tourmalines le tri-oxide de manganèse est le principe colorant, et se trouve en remplacement d'une portion d'alumine.

2e sous-espèce. *Tourmaline de lithine,* ou *indicolite.* Presque infusible; couleurs variées.

Composition. $= 6\dddot{Al}\,\dddot{Si} + \dot{L}$?

3e sous-espèce. *Tourmaline de potasse, magnésie, chaux ou schorl.* Ordinairement assez fusible; couleurs variées.

Composition. Elle présente presque toujours des mélanges de tourmaline à base de potasse, de soude, et surtout de magnésie, quelquefois de chaux. Dans plusieurs on trouve du tri-oxide de fer en remplacement d'une portion d'alumine.

669. *Gisement.* La tourmaline se trouve toujours disséminée dans les roches des terrains primitifs, telles que le granite, le gneis, le mica schistoïde, le talc schistoïde, le felspath porphyrique, la chaux carbonatée lamellaire, la dolomie. Elle

n'a pas encore été trouvée jusqu'ici dans les terrains de transition ni dans les terrains secondaires. Elle est une des parties constituantes de la roche à topaze, appelée par Haüy *topazozème*. Souvent la tourmaline cristallisée a pour gangue le quarz. On la rencontre dans les mines métalliques de certains pays : les mines d'étain de Bohême, celles de fer de Norwège. Enfin, on trouve des tourmalines roulées dans les terrains de transport au Brésil, à Ceylan, et ailleurs.

670. *Usages*. On emploie quelquefois la tourmaline en bijouterie, mais c'est particulièrement la rubellite; on s'en sert aussi, à cause de sa propriété électrique, pour reconnaître l'électricité des minéraux.

19ᵉ ESPÈCE. *GYBSITE*.

(*Alumine hydratée.*)

671. *Caractères essentiels*. Minéral blanc ou verdâtre, en petites stalactites groupées sur leur longueur, à structure fibreuse et radiée. Sa densité est de 2,40.

Composition. $= \overset{\cdot\cdot\cdot}{A}l + 3Aq$

A été trouvée à Richemond, dans une mine de fer hydraté.

20ᵉ ESPÈCE. *DIASPORE*.

(*Alumine hydratée.*)

672. *Caractères essentiels*. Minéral d'un blanc jaunâtre ou verdâtre, en petites lames curvilignes dont les joints conduisent à un *prisme rhomboïdal* dont les angles seraient d'environ 130° et 50°. Il raie le verre et non le quarz, décrépite fortement par l'action du feu, dégage de l'eau par une calcination prolongée, et se divise en une multitude de petites paillettes brillantes. Le résidu de la calcination rougit le papier de curcuma. Sa densité est de 3,43.

Composition. $= \left.\begin{matrix}\dot{\ddot{A}}l^3 \\ \ddot{F}e^3\end{matrix}\right\} Aq.$

Se rencontre dans les terrains d'alluvion, au milieu d'une roche argilo-ferrugineuse.

APPENDICE.

Argiles.

673. *Caractères essentiels.* On donne le nom d'argiles à des substances qui peuvent former avec l'eau une pâte onctueuse, ayant assez de ténacité pour se laisser allonger en différens sens. Cette pâte devient solide en se desséchant, et se durcit bien plus encore par la cuisson qui lui fait perdre entièrement la propriété de se délayer dans l'eau et de faire pâte avec elle. C'est à l'affinité qu'elles ont pour ce liquide qu'elles doivent la propriété de happer à la langue. La plupart répandent une odeur particulière par l'insufflation de l'haleine ; presque toutes sont douces au toucher, et se laissent couper facilement.

Leur composition est extrêmement variable ; leur base est l'alumine unie à la silice, à la chaux, aux oxides de fer, de manganèse, etc., au carbonate de chaux. Celles qui contiennent du fer deviennent rouges par la cuisson : les unes sont infusibles, d'autres fondent à une température assez élevée ; dans tous les cas elles éprouvent un retrait plus ou moins considérable, suivant les variétés.

Il existe parmi elles un très grand nombre de variétés, qui deviendront peut-être un jour autant d'espèces, lorsque l'analyse aura fait connaître les lois de leur composition. Jusqu'ici on les considère comme des mélanges. On peut les partager en trois divisions : les *argiles apyres*, les *argiles fusibles* et les *argiles ocreuses*.

674. On doit placer dans la première division :

Le *kaolin*, qui est friable, maigre au toucher, fait difficilement pâte avec l'eau. C'est le produit de la décomposition spontanée du felspath (838).

La *cymolithe*, d'un gris de perle; rougit un peu par le contact de l'air. Elle est assez tendre, douce au toucher; sa texture est un peu feuilletée. Elle blanchit au chalumeau. Elle se trouve à l'île de Cymolis; on l'emploie, comme le savon, pour blanchir le linge.

L'*argile plastique* forme très bien pâte avec l'eau, ne se fond pas, et sert à faire une infinité de poteries fines. On en fait les objets en terre de pipe, les *gazettes* pour la porcelaine, les poteries de grès. Elle se trouve dans les terrains tertiaires, immédiatement au-dessus de la craie.

L'*argile lithomarge* paraît contenir de la magnésie; elle se délaie dans l'eau sans faire pâte avec elle. Elle est tendre, très légère; sa cassure est terreuse à grains très fins. Ses couleurs sont le blanc, le gris jaunâtre, le brun; il y en a une variété bleue, connue sous le nom de *terre miraculeuse*, qui se trouve en Saxe, alternant avec des couches de houille. La lithomarge appartient aux terrains primitifs; on la trouve en rognons dans les basaltes et dans les roches amygdaloïdes. Elle forme des filons dans les porphyres, les gneis, les serpentines; elle accompagne souvent l'étain, le mercure, les topazes, etc.

675. Parmi les argiles fusibles, on distingue:

L'*argile smectique* ou *terre à foulon*. Elle a une consistance ferme, à peu près comme le savon sec; elle est onctueuse au toucher, et devient luisante sous le doigt; sa cassure est conchoïde. Mise dans l'eau, elle se sépare en morceaux qui se laissent pétrir. Si l'on bat l'eau, elle mousse comme avec le savon. Exposée à un feu violent, elle forme un verre spongieux. Elle est employée pour enlever aux étoffes l'huile que l'on emploie dans leur fabrication. Les meilleures terres à foulon se trouvent en Angleterre, en Écosse, en Saxe; on en trouve aussi en France (Alsace).

L'*argile figuline* se délaie facilement dans l'eau, fait souvent effervescence avec les acides ; d'une couleur foncée ; devient rouge par la cuisson, et se vitrifie à demi, ce qu'elle doit en grande partie au fer et à la chaux qu'elle contient. Elle porte ordinairement le nom de *terre glaise* : on en fait les poteries de grès et la faïence : on y ajoute souvent du sable. La faïence ne diffère de la poterie grossière que par le plus grand degré de finesse du sable qu'on ajoute à l'argile, et surtout par la couverte d'émail blanc dont on l'enduit. Cet émail blanc doit son opacité à de l'oxide d'étain.

L'*argile légère*. Elle est extrêmement légère, surnage l'eau tant qu'elle n'en est pas imbibée. Elle est sèche au toucher, contient beaucoup de silice, résiste bien au feu, et conduit très mal le calorique. Elle ne fait pas d'effervescence avec les acides ; se trouve dans les terrains volcaniques. On en a fait des briques flottantes, très propres pour les constructions dans les vaisseaux et pour garnir l'intérieur des fourneaux, parce qu'elles conduisent à peine le calorique.

676. Parmi les argiles ocreuses, nous citerons :

L'*ocre jaune* et l'*ocre rouge*, qui peuvent être considérés comme des minerais de fer argileux.

Le *bol d'Arménie* et la *terre de Lemnos*. On donne le nom de terres bolaires à des argiles très fines, communément colorées par des oxides de fer qui s'y trouvent plus abondamment mêlés que dans l'argile commune. C'est ordinairement dans le voisinage des anciens volcans qu'elles se trouvent. Elles sont abondantes dans les îles de l'Archipel, qui sont presque toutes volcanisées.

La *terre sigillée* est une terre bolaire comme le bol d'Arménie, mais que l'on délaie dans l'eau afin d'en séparer les parties les plus grossières. On en forme ensuite de petites masses que l'on fait sécher, et sur lesquelles on applique un cachet avant leur entière dessication. Elle entre dans plusieurs préparations pharmaceutiques.

La *terre de Bucaros,* qui se trouve en Portugal, près d'Estremos. Elle acquiert au feu une belle couleur rouge, et l'on en fait des vases poreux, qui servent à faire rafraîchir de l'eau. Les *alcarasas* que l'on fait en Espagne ont la même propriété ; ils sont de couleur grise, et l'argile avec laquelle on les fabrique se trouve près d'Anduxar, en Andalousie.

La *terre de Patna* est encore une terre bolaire que l'on trouve près de la ville de Patna, sur le bord oriental du Gange. Elle est d'une couleur jaunâtre, et sert à faire de jolis vases très légers.

L'*argile ocreuse brune* (terre d'ombre). Substance terreuse d'une couleur brune, d'une texture compacte, offrant un éclat un peu gras à l'intérieur, une cassure conchoïde dont les fragmens ont les bords obtus; maigre au toucher, tache fortement le papier, happe à la langue et se délite en morceaux dans l'eau, fond à une température très élevée, et ne donne jamais d'odeur bitumineuse. C'est une argile hydratée qui contient une assez grande proportion d'oxide de fer et de manganèse.

Se trouve en couches dans l'île de Chypre, en Ombrie dans l'île de Crocera.

On emploie la terre d'ombre en peinture; elle entre dans la composition des pastels ; on s'en sert pour faire des fonds bruns sur la porcelaine.

Gisement général des argiles.

676. *bis.* Les argiles, très répandues à la surface de la terre, appartiennent en quelque sorte à tous les terrains. Mais les mêmes variétés ne font pas également partie des terrains anciens et modernes.

Les terrains anciens ne contiennent que les argiles kaolin et lithomarge. Les terrains de transition et secondaires anciens offrent assez souvent des collines d'argile, remarquables en ce qu'elles ne présentent jamais le moindre escarpement et sont d'une stérilité complète. Dans les terrains secondaires plus modernes, elles forment, comme dans les terrains tertiaires, des couches ordinairement horizontales, souvent fort étendues, et généralement situées à des profondeurs peu considérables. Telles sont la plupart des argiles dont les arts font une si grande consommation. La densité de ces couches et leur disposition, qui ne permet pas à l'eau de les traverser, influent considérablement sur la direction souterraine des eaux des sources.

Il se dépose encore de nos jours des matières argileuses, tantôt seules, tantôt mélangées avec les débris d'anciennes roches ou des terrains environnans, et qui forment des alluvions plus ou moins considérables; enfin plusieurs argiles ne se trouvent que dans les terrains volcaniques, et paraissent provenir de la décomposition lente et séculaire des laves qui constituent ces terrains, et de l'action que l'eau exerce sur elles. Quelquefois des argiles se trouvent dans le voisinage de houillères embrasées, et éprouvent une vitrification qui leur donne un aspect particulier: elles ressemblent à de la porcelaine, et leurs couleurs sont ordinairement assez agréables. Leur cassure est conchoïde, leur éclat faible, et leur dureté assez forte pour rayer le verre. On les désigne quelquefois sous le nom de *porcelanite*.

IIIe FAMILLE. *YTTRIUM.*

Cette famille comprend trois espèces.

Ire ESPÈCE. *YTTROCÉRITE.*

(*Yttria* et *cérium fluatés.*)

677. *Caractères essentiels*. Minéral très rare, dont les cristaux paraissent être des prismes hexaèdres, dont les arètes de la base sont tronquées. Ces cristaux ont une teinte brunâtre ou rougeâtre; leur cassure est résineuse. Ils ne fondent pas sur les charbons, mais prennent une couleur plus sombre; l'acide nitrique les attaque à chaud.

$$\textit{Composition.} = \left.\begin{array}{l}\ddot{Ca}\\ \ddot{Ce}\\ \ddot{Y}\end{array}\right\}\ddot{F}.$$

Se trouve dans des roches primitives; il a souvent pour gangue le quarz, qui renferme aussi du tantale oxidé yttrifère.

2e ESPÈCE. *YTTRO-TANTALE.*

(*Yttria tantalatée.*)

678. *Caractères essentiels.* Minéral également très rare; n'a encore été trouvé que dans quelques roches granitiques. Sa couleur, tantôt noire, tantôt jaune ou brunâtre, varie suivant les variétés.

$$\textit{Composition.} = \text{noir} \left.\begin{array}{l}\ddot{Ca}^3\\ \ddot{Y}^3\\ \ddot{Fe}^3\end{array}\right\}\begin{array}{l}\dddot{Ta}^2\\ \dddot{Tu}^2\end{array}$$

$$\text{brun} \left.\begin{array}{l}\ddot{Y}^3\\ \ddot{Ca}^3\end{array}\right\}\dddot{Ta}$$

$$\text{jaune} \left.\begin{array}{l}\ddot{Y}^3\\ \dot{\ddot{U}}^2\end{array}\right\}\dddot{Ta}^2.$$

3e ESPÈCE. *GADOLINITE.*

(*Yttria silicatée. Ytterbite.*)

679. *Caractères essentiels.* Substance noire, vitro-métalloïde, à cassure vitreuse, quelquefois esquilleuse, rayant légèrement le quarz, quelquefois sensible à l'aimant. Sa densité est de 4; elle donne un verre jaune avec le borax; se dissout dans l'acide nitrique, et se décolore; soluble à l'état de gelée; solution précipitant tous ses principes par la solution de potasse caustique. Sa forme primitive est un *prisme oblique rhomboïdal* d'environ 115° et 65°.

Composition. = $\dot{Y}^3 \dddot{Si}^2$? Ce minéral est toujours mélangé de silicate de fer, auquel il doit sans doute sa couleur, ou de silicate de cérium; quelquefois on y rencontre de l'oxide de manganèse, de la chaux, de l'alumine, de l'eau et de l'acide borique.

Se trouve à Ytterby, dans des filons de felspath coupés par des veines de mica, et à Finbo, Broddbo, Afvestad, etc., près de Fahlun en Suède.

679 *bis. Usages.* On emploie la gadolinite dans les laboratoires de Chimie, pour l'extraction de l'yttria : à cet effet on la pulvérise, on la traite par cinq à six fois son poids d'acide nitrique étendu; on chauffe un peu pour augmenter l'action de l'acide : tous les élémens de la pierre se dissolvent, excepté une portion d'oxide de fer qui reste avec la silice. Quand la liqueur a bouilli pendant quelque temps, on l'étend d'eau et on la filtre; on l'évapore jusqu'à siccité, pour chasser l'excès d'acide et décomposer une partie du nitrate de fer; on verse de l'eau sur la matière sèche: les nitrates d'yttria, de chaux, de cérium, de manganèse se dissolvent à la fois. On filtre une seconde fois, et on verse dans la liqueur un grand excès de sous-carbonate d'ammoniaque, qui précipite la chaux, le fer et le manganèse à l'état de sous-carbonates insolubles. On évapore pour volatiliser le sous-carbonate d'ammoniaque qui tenait les sous-carbonates de cérium et d'yttria en dissolution. On sépare l'yttria du cérium en dissolvant ces deux bases dans l'acide nitrique, chassant l'excès d'acide par l'évaporation, versant le tout dans environ cent fois son poids d'eau, et mettant dans la liqueur des cristaux de sulfate de potasse. Au bout de vingt-quatre heures, il s'est formé un sel double de potasse et de cérium qui, étant insoluble, se précipite; on filtre la liqueur, on y ajoute de l'ammoniaque qui précipite l'yttria, qui n'a plus besoin que d'être lavée et calcinée pour être pure.

IVe FAMILLE. *GLUCIUM*.

Cette famille renferme deux espèces.

1e ESPÈCE. *BÉRIL*.

(*Glucine alumino-silicatée. Émeraude ; aigue-marine ; agustite.*)

680. *Caractères essentiels.* Sa cristallisation dérive d'un *prisme hexagonal régulier.* Ses formes dominantes sont toujours le prisme hexagonal, dont les arètes latérales sont quelquefois tronquées. Le pointement n'est jamais complet; la base existe toujours. Dans beaucoup de gisemens, on voit des cristaux qui ne présentent pas de terminaison régulière. On observe aussi des prismes qui paraissent être soudés les uns aux autres; ils sont souvent cannelés et comme arrondis. Les cristaux sont quelquefois très gros, surtout ceux de Limoges, qui ne sont pas terminés, et qui atteignent 18 pouces de hauteur. Très rarement ils tapissent des cavités sous forme druzique.

Le béril a une cassure conchoïde très éclatante; sa transparence varie beaucoup. La couleur est le vert; quelques variétés passent au jaune de vin; il y en a de blanchâtres. Il est peu dur relativement aux autres pierres fines, raie à peine le quarz, est rayé par la topaze. Sa pesanteur spécifique est 2,7. Il fond au chalumeau en un verre blanc assez bulleux.

Composition $= 2\dddot{Al}\dddot{Si}^2 + \dddot{G}\dddot{Si}^4$.

On peut partager cette espèce en deux sous-espèces.

1re sous-espèce. *Béril aigue-marine.* Sa couleur est ordinairement d'un vert pré, d'un vert d'eau ou d'un vert de montagne, quelquefois bleuâtre, mais jamais d'un vert prononcé comme l'émeraude. Il doit sa couleur à une très petite quantité d'oxide de fer.

Gisement. L'aigue-marine est disséminée et rarement implantée dans les roches cristallisées des terrains primitifs, et surtout dans le granite graphique. C'est ainsi qu'on la trouve en France, en Saxe, en Sibérie, au Brésil. Ses associations les plus communes sont avec le fer arsenical, l'argile ferrugineuse, le mica, la topaze, l'étain oxidé, le schéélin ferrugineux, etc.

Usages. On se sert de l'aigue-marine pour obtenir la glucine dans les laboratoires de Chimie : pour cela, on traite la pierre successivement par la potasse et l'acide hydrochlorique; on évapore à siccité; on délaie le résidu dans l'eau, et on filtre. On verse dans la liqueur filtrée un excès de sous-carbonate d'ammoniaque; on filtre une seconde fois, et l'on fait bouillir; le carbonate de glucine, qui était rendu soluble par l'excès de sous-carbonate d'ammoniaque, se dépose; on le lave et on le calcine fortement pour dégager l'acide carbonique.

2e sous-espèce. *Béril émeraude* (*smaragdite*). Il doit sa belle couleur à quelques centièmes d'oxide de chrôme; il est plus dur et moins lamelleux que le béril aigue-marine; ses cristaux ne sont jamais volumineux, et leurs stries sont moins nettes que dans la sous-espèce précédente.

Gisement. L'émeraude appartient à des terrains plus modernes que l'aigue-marine; car elle se trouve engagée quelquefois dans un schiste argileux très carboné, qui a de l'analogie avec plusieurs schistes intermédiaires. M. de Humboldt la regarde néanmoins comme renfermée en général dans une roche amphibolique schisteuse subordonnée au micaschiste. C'est principalement du Pérou, de Santa-fé et de Carthagène que nous viennent les émeraudes. On en trouve aussi dans les déserts de la Haute-Égypte, près de la mer Rouge.

On les emploie en bijouterie. On donne encore le nom d'*émeraude* aux corindons verts, mais ils sont très rares

2e ESPÈCE. *EUCLASE.*

(*Glucine alumino-silicatée.*)

681. *Caractères essentiels.* Substance vitreuse, rayant le quarz, et en même temps fragile et se séparant facilement en lames par une légère percussion. Cassure transversale conchoïde; réfraction double à un haut degré; devient très électrique par la simple pression, et conserve le fluide pendant vingt-quatre heures. Couleur d'un vert bleuâtre, ordinairement peu intense. Au chalumeau, l'euclase perd sa tranparence et se fond ensuite en émail blanc.

Pesanteur spécifique de 3,06.

Sa forme primitive est un *prisme rectangulaire oblique.* Les cristaux se présentent toujours en prismes tendant au prisme rhomboïdal, modifié par des facettes terminales plus ou moins nombreuses.

Composition $= 2\dddot{Al}\,\dddot{Si} + \dddot{G}\,\dddot{Si}^2$.

Gisement. Elle vient du Pérou et du Brésil. L'euclase du Brésil se trouve dans des schistes chlorités décomposés : elle y est accompagnée de topaze, et peut-être de cymophane. Le gisement de celle du Pérou est encore ignoré.

Ve FAMILLE. *MAGNÉSIUM.*

Cette famille comprend dix-sept espèces.

1re ESPÈCE. *EPSOMITE.*

(*Magnésie sulfatée hydratée. Sel d'epsom; sel de Sedlitz.*)

682. *Caractères essentiels.* Substance blanche très tendre, ayant une saveur très amère, une réfraction double, une cassure transversale et souvent longitudinale, conchoïde; éprouve la fusion aqueuse à un léger degré de chaleur, se

dissout dans une quantité d'eau froide moindre que le double de son poids et dans la moitié de son poids, d'eau bouillante. La solution précipite en blanc par la potasse ou la soude. Sa densité est de 1,66.

Sa forme primitive est un *prisme droit à base carrée ;* mais les cristaux que l'on trouve dans la nature ne présentent jamais cette forme bien déterminée. Ce sont ordinairement des aiguilles prismatiques à quatre, six ou huit pans, terminées par des sommets à deux faces culminantes reposant sur les pans du prisme, et souvent modifiées par quelques facettes.

Composition $= \dot{M}g\dddot{S}^2 + 12Aq$.

683. *Caractères d'élimination.* L'epsomite se distingue d'abord de tous les autres sels naturels par sa saveur amère ;

De la *potasse nitratée*, en ce qu'elle ne détonne pas avec un corps combustible ;

De la *soude muriatée*, en ce qu'elle ne décrépite point au feu ;

De la *soude boratée*, en ce qu'elle ne se fond pas en verre ;

De la *soude carbonatée*, en ce qu'elle ne se dissout pas avec effervescence dans l'acide nitrique ;

De l'*ammoniaque muriatée*, en ce que, projetée sur les charbons incandescens, elle ne se volatilise pas ;

De la *soude sulfatée*, en ce qu'elle forme un précipité blanc par la potasse ou la soude ;

De l'*alun* ou *alumine* et *potasse sulfatées*, par sa saveur amère et non astringente, et par la forme de ses cristaux, qui ne sont jamais cubiques ni octaédriques ;

Du *zinc sulfaté*, en ce que celui-ci a une saveur styptique, non amère, et qu'exposé au feu, il donne des flocons blancs accompagnés d'une flamme brillante.

684. L'epsomite se trouve sous deux états dans la nature, à l'état solide et en dissolution dans les eaux.

A l'état solide, on en distingue deux variétés :

L'*epsomite granulaire*, qui est toujours impure, renferme du fer oxidé, et quelquefois du cobalt oxidé.

L'*epsomite soyeuse*, qui se présente sous forme de longues aiguilles blanches parallèles qui ont un aspect nacré, s'altérant à l'air et finissant par se réduire en poudre.

685. *Gisement*. L'epsomite se trouve en efflorescence à la surface de plusieurs roches magnésiennes et pyriteuses, dans les terrains schisteux et de serpentine, dans les mines de sel gemme. Elle paraît devoir sa formation à la décomposition des roches qui contiennent à la fois de la magnésie et des pyrites. C'est surtout pendant les grandes chaleurs que ce sel paraît sous forme d'efflorescence à la surface du sol.

On en a trouvé à Ménilmontant près Paris, à Salinelle près Montpellier, en Espagne, en Bavière, à la Guadeloupe, en Asie, etc. Il est un fait assez remarquable, c'est que les terrains houillers offrent fréquemment ce sel, dont la houille elle-même est quelquefois pénétrée. On observe, dans ce cas, qu'il remplace le sulfate de fer qui s'y trouve ordinairement disséminé. On trouve aussi quelques indices de magnésie sulfatée dans les solfatares et près des cratères des volcans. Dans cette dernière localité, c'est un des produits journaliers des réactions qui s'y opèrent.

En dissolution dans les eaux, l'epsomite se trouve dans celles d'Epsom en Angleterre, de Sedlitz en Bohême. Elle existe aussi dans celles d'Égra en Bohême, et dans plusieurs autres fontaines. Les eaux de la mer en contiennent une petite quantité; et, selon M. Chaptal, on peut en retirer de toutes les eaux potables des environs de Montpellier.

686. *Usages et préparation*. Cette substance est d'un usage très fréquent en Médecine, comme purgatif; on en consomme encore une très grande quantité pour la préparation du carbonate de magnésie artificiel; mais on ne l'emploie pas telle

que la nature nous la présente. On se la procure à l'état de pureté par différens procédés.

1°. Quand elle se trouve en dissolution dans les eaux, il suffit de faire évaporer ces eaux jusqu'à pellicule, de laisser déposer et de décanter la liqueur encore chaude dans des vases où elle cristallise par le refroidissement.

2°. Quand ses élémens sont contenus dans des schistes, on expose ceux-ci à l'air pendant plusieurs mois, et on les arrose de temps en temps. Les pyrites contenues dans ces schistes ne tardent pas à se décomposer et à former, aux dépens de l'oxigène de l'air, de l'oxide de fer et de l'acide sulfurique. Ce dernier ayant plus d'affinité pour la magnésie que pour l'oxide de fer, s'en empare et forme du sulfate de magnésie, que l'on obtient en lessivant les schistes et faisant évaporer la liqueur.

3°. On se procure encore le sulfate de magnésie en calcinant la *dolomie* (carbonate double de chaux et de magnésie), afin d'en chasser l'acide carbonique, puis y ajoutant de l'eau pour former un hydrate. On traite cet hydrate par l'acide hydrochlorique, mais en quantité seulement nécessaire pour dissoudre la chaux. Il reste alors de la magnésie, que l'on transforme en sulfate en la traitant par l'acide sulfurique ou le sulfate de fer.

Si l'on voulait obtenir cette substance très pure, il faudrait la dissoudre dans l'eau, faire bouillir la solution avec un peu de magnésie pour séparer le peu d'oxides de fer et de manganèse qu'elle contient toujours, clarifier avec du blanc d'œuf, écumer, décanter et faire cristalliser de nouveau.

2e ESPÈCE. *GIOBERTITE.*

(*Magnésie carbonatée.*)

687. *Caractères essentiels.* Se trouve en masses un peu caverneuses, souvent mamelonnées à la surface, fibreuses à l'intérieur, d'un blanc quelquefois jaunâtre. La cassure est tantôt conchoïde, tantôt fibreuse. En général, la giobertite est tendre, facile à casser; quelquefois cependant elle est très dure : c'est quand elle a reçu des infiltrations siliceuses. Elle happe un peu à la langue. Elle fait effervescence avec les acides, mais à chaud; est infusible au chalumeau. Mêlée avec du nitrate de cobalt, elle donne un verre couleur de chair. Elle ne cristallise pas.

Sa pesanteur spécifique, correction faite de l'imbibition, paraît être de 2,8.

Composition. = $\dot{M}g\ddot{C}^2$. Elle contient souvent en outre de l'eau ($\dot{M}g\ddot{C} + 6Aq$), de la chaux carbonatée et de la magnésie hydratée ($\dot{M}gAq^8 + 3\dot{M}g\ddot{C}^2$). C'est d'après leur composition que l'on distingue les trois variétés *plastique*, *silicifère* et *calcarifère*.

688. *Gisement.* La giobertite se trouve tantôt en veines, tantôt en nodules, tantôt en masses quelquefois considérables, mais jamais homogènes, dans les terrains de serpentine; quelquefois aussi elle se trouve en bancs interrompus, telle est particulièrement la giobertite calcarifère. Associée comme partie intégrante à la chaux carbonatée, elle constitue la *dolomie.* La variété silicifère, qui se trouve particulièrement aux environs de Turin, a été employée pendant long-temps avec succès, au lieu de kaolin, dans plusieurs manufactures de porcelaine.

3e ESPÈCE. *BORACITE.*

(*Magnésie boratée. Spath sédatif* ou *boracique; quarz cubique; borate magnésio-calcaire.*)

689. *Caractères essentiels.* Sa cristallisation dérive du *cube.* On la trouve toujours cristallisée. Ses formes dominantes sont le cube et le dodécaèdre rhomboïdal régulier : on ne trouve jamais le cube parfait; il a toujours des modifications, et quand il n'en a pas, certains angles sont arrondis; d'autres fois ses arètes sont tronquées, et quand les troncatures atteignent leurs limites, elles donnent le dodécaèdre rhomboïdal. On observe dans les cristaux qui sont tronqués sur les arètes, que les angles offrent aussi des modifications. Dans certains cas, le nombre des facettes est différent sur les angles opposés. Quatre angles du cube opposés en diagonale présentent constamment moins de facettes que les quatre autres; mais cette substance est électrique par la chaleur. Les angles qui offrent le plus de facettes donnent l'électricité vitrée, et ceux qui en ont le moins donnent l'électricité résineuse, en sorte qu'il y a dans ces cubes quatre axes et huit pôles électriques : les centres d'action électrique des axes sont très voisins de leur extrémité. On peut supposer qu'au moment où ces cristaux se formaient, l'électricité exerçait son action, et qu'alors ils ont éprouvé d'un côté des modifications qu'ils ne devaient pas éprouver de l'autre. Les cristaux sont petits ; les plus gros atteignent 6 lignes, mais ils sont très rares : ils ne sont jamais accolés ni implantés, mais empâtés dans du gypse. La surface est lisse, quelquefois un peu rude, et présente des cavités : dans ce cas, ils donnent difficilement des signes d'électricité.

L'éclat est faible ; la cassure est imparfaitement conchoïde ; la translucidité est très grande ; la dureté est assez forte ; elle raie le verre. Sa densité est de 2,6 ; sa couleur est le blanc grisâtre, verdâtre ou jaunâtre. Au chalumeau, elle fond avec bouillonnement, et donne un émail jaunâtre, qui se hérisse de petites pointes. Les acides sont sans action sur elle.

Composition. = $\dot{M}g\ddot{B}^{4}$. Elle contient ordinairement à l'état de mélange des quantités variables de fer, de silice, et aussi de chaux carbonatée, qui lui ôte alors sa translucidité.

690. *Gisement.* Les cristaux de boracite se trouvent disséminés dans une espèce de roche formée de chaux sulfatée granulaire assez compacte, près de Lunebourg, au mont Kalkberg et au Segeberg dans le Holstein. Ils sont ordinairement accompagnés de chaux carbonatée magnésifère, et selon M. Steffens, de succin ou au moins d'un fossile bitumineux et fétide.

4ᵉ ESPÈCE. *MAGNÉSIE NITRATÉE.*

691. *Caractères essentiels.* Substance incolore quand elle est pure, attirant fortement l'humidité de l'air, susceptible de cristalliser en *prismes rhomboïdaux.* Sa solution précipite par l'ammoniaque.

Composition. = $\dot{M}g\ddot{\ddot{A}}^{2}$.

Gisement. Se trouve en dissolution dans les eaux et dans les matériaux salpêtrés, accompagnant les nitrates de chaux et de potasse.

On la décompose pour la transformer en nitrate de potasse (827).

5ᵉ ESPÈCE. *WAGNERITE.*

(*Magnésie phosphatée.*)

692. *Caractères essentiels.* Substance blanchâtre ou jaunâtre, d'une texture vitreuse, susceptible de se diviser en *prisme rhomboïdal.*

Sa pesanteur spécifique est de 3,11.

Composition. = $\dot{M}g^{7}\ddot{\ddot{P}}^{2}$. Elle contient toujours une certaine quantité de fluate de magnésie.

On a trouvé ce minéral dans des schistes argileux et des micaschistes à Hollgraben près Werfen, dans le Salzburg et aux États-Unis d'Amérique.

6e ESPÈCE. *CONDRODITE.*

(*Magnésie silicatée. Maclurite.*)

693. *Caractères essentiels.* Minéral jaunâtre ou brunâtre, à cassure vitreuse, à texture laminaire, rayant légèrement le verre, opaque ou translucide. Les morceaux translucides dont la surface est lisse, étant isolés et frottés, acquièrent l'électricité résineuse. Les morceaux bruns agissent sur l'aimant, ce qui est dû à un peu de fer interposé. Sa densité est de 3,1. Sa forme primitive est un *prisme rectangulaire oblique*, dont la base est inclinée sur un des pans de 112°. Il fond très difficilement au chalumeau, mais noircit, effet qui est dû à la présence d'une petite quantité d'un corps combustible.

Composition. $= \dot{M}g^3 \dddot{S}i^2$. Il contient en outre un peu de chaux, d'alumine, d'eau et d'acide fluorique.

Gisement. On l'observe habituellement sous forme de lamelles ou de grains à texture lamelleuse, disséminés dans une gangue calcaire. On le rencontre en Finlande, en Suède, aux États-Unis. Dans cette dernière localité, on le trouve en petits prismes hexaèdres terminés par des pointemens à six faces.

7e ESPÈCE. *TALC.*

(*Magnésie silicatée. Craie de Briançon.*)

694. *Caractères essentiels.* Substance douce et grasse au toucher; se laissant facilement rayer, et laissant souvent des traces blanches et nacrées sur les corps que l'on en frotte; divisible en feuilles minces, flexibles, non élastiques. Sa texture est le plus souvent lamelleuse, quelquefois fibreuse; son as-

pect est luisant et même nacré. Elle est quelquefois pulvérulente. Le frottement lui communique l'électricité résineuse, et si l'on en frotte un morceau de résine, elle lui communique l'électricité vitrée, parce qu'alors une grande quantité de petites lamelles restent attachées à la résine. Ses couleurs sont : le blanc, le jaunâtre, le verdâtre, le rosâtre et le rougeâtre.

Sa pesanteur spécifique est de 2,5 à 2,8.

On la trouve quelquefois cristallisée en prismes hexaèdres, ou en petits cristaux triangulaires; la forme primitive paraît être un *prisme droit à base rhomboïdale*. On observe deux axes de double réfraction, attractifs, très rapprochés l'un de l'autre.

Au chalumeau, elle blanchit, mais ne se fond que très difficilement; l'acide sulfurique la dissout en partie à chaud; elle donne des indices de magnésie par les réactifs.

Composition. = $\dot{M}g\dddot{S}i^{2}$. Peut-être contient-elle un peu d'eau.

695. *Caractères d'élimination.* Le talc et le *mica* ont la plus grande analogie; il est même souvent très difficile à l'aspect de pouvoir les distinguer l'un de l'autre, surtout lorsqu'ils sont tous deux en lames transparentes. Cependant on différenciera le talc du mica en ce que celui-ci raie le talc, et a une élasticité sensible, qu'il acquiert l'électricité vitrée, et que sa surface est seulement douce au toucher, sans être onctueuse.

696. *Gisement.* Le talc fait partie des terrains qui font le passage des terrains primitifs aux terrains de transition; il y forme des montagnes entières, qui sont stratifiées avec beaucoup d'autres substances. On le rencontre du reste dans un grand nombre de roches. Il se trouve sous forme de veines et de filons dans celles de serpentine.

697. *Usages.* Le talc est fréquemment employé dans les arts; on s'en sert pour les papiers satinés, dans la pâte desquels on le fait entrer à l'aide d'une pierre à polir. On l'emploie pour préparer le blanc de fard, les pastels, etc. Dans le

commerce, on donne le nom de *craie de Briançon* au talc écailleux d'Haüy, et celui de *talc de Venise* au talc laminaire du même auteur.

8e ESPÈCE. *STÉATITE.*

(*Magnésie silicatée hydratée. Pierre de lard; talc stéatite*, Brongn.; vulgairem. *craie d'Espagne.*)

698. *Caractères essentiels.* Se trouve en masses, sous forme de croûtes, de petites couches, de petits filons. Elle offre aussi des formes cristallines, qui appartiennent à d'autres espèces : on y a observé le *prisme* du cristal de roche, le *rhomboèdre obtus* de la chaux carbonatée, les *formes* du felspath et du pyroxène. La cassure est inégale, à petits grains, presque terreuse; la couleur est très claire, d'un blanc grisâtre, jaunâtre ou rougeâtre, quelquefois rubanée. La surface des pseudo-cristaux est luisante. La stéatite est très tendre, se laisse rayer par l'ongle, ne happe pas à la langue, prend de l'éclat par le frottement.

Composition. $= \dot{M}g^{3}\dddot{S}i^{4} + x\mathrm{Aq}$.

Quelquefois la stéatite offre des dendrites dans son intérieur. On les a généralement attribuées à des infiltrations d'oxide de fer ou de manganèse; mais M. Linck croit que ce sont des vestiges de véritables corps organisés, et il les a décrits comme étant des fucus et des céramions analogues à ceux qu'on trouve dans la *mousse de Corse* des pharmacies (*fucus helminthocorthon;* off).

Gisement. Elle se trouve en petits filons qui traversent des terrains de serpentine ou des roches talqueuses. On en trouve en Angleterre, en Allemagne, en Écosse, en Norwège, etc.

Usages. Elle a été en usage, comme *pierre à porcelaine*, dans les fabriques anglaises. On a quelquefois gravé sur elle, et pour lui communiquer ensuite plus de solidité, on la chauffait fortement. On en fait des crayons ; on l'emploie dans quelques cas comme *terre à foulon;* enfin, les femmes indiennes en font des galettes qu'elles mangent avec délices, de même que la magnésite : elles choisissent de préférence celle qui contient le plus d'oxide de fer.

9ᵉ ESPÈCE. *MAGNÉSITE.*

(*Magnésie silicatée hydratée.*)

699. *Caractères essentiels.* Substance d'un blanc de lait, opaque, quelquefois translucide sur les bords, surtout quand elle est humectée ; à texture compacte fine ou terreuse ; en masses assez légères, tendres, mais pourtant tenaces, sèches au toucher ; à cassure raboteuse et conchoïde. L'acide sulfurique la dissout ; elle se ramollit dans l'eau, mais fait une pâte courte avec elle ; elle donne de l'eau par la calcination, et prend du retrait. Sa densité est de 1,2 à 1,6.

Composition. $= \dot{M}g\dddot{S}i^{2} + 5Aq.$

700. *Caractères d'élimination.* Elle est souvent difficile à distinguer à l'aspect de la *giobertite ;* elle en diffère en ce qu'elle ne fait pas effervescence avec les acides.

701. M. Brongniart en distingue cinq variétés principales, qui sont :

La *magnésite écume de mer,* qui se trouve en Asie-Mineure, en masses ou en rognons répandus dans du calcaire compacte. On en fait des pipes très estimées.

La *magnésite de Madrid,* qui se trouve près de cette ville, en couches qui alternent avec de l'argile, du silex pyromaque et du silex résinite. On l'emploie pour faire de la porcelaine.

La *magnésite de Salinelle* (pierre à détacher), qui se trouve dans le département du Gard, dans des terrains formés par des débris organiques appartenant aux eaux douces.

La *magnésite parisienne,* qui se trouve à Saint-Ouen, Crécy et Coulommiers, accompagnée de calcaire et de silex pyromaque.

La *magnésite pulvérulente*, qui doit peut-être cet état à la perte de l'eau qu'elle contenait. On la trouve aux États-Unis.

Annotations. On a remarqué qu'en général les pierres magnésiennes, et ici nous comprenons la plupart des espèces de cette famille, frappaient de stérilité les terrains dans lesquels elles se trouvent.

10ᵉ ESPÈCE. *SERPENTINE.*

(*Magnésie silicatée hydratée. Pierre ollaire.*)

702. *Caractères essentiels.* La serpentine a beaucoup d'analogie avec le talc ; elle se trouve en masses qui forment souvent des couches très étendues. La cassure est esquilleuse, à esquilles fines, nombreuses, quelquefois cireuse ou inégale, rarement à larges esquilles ou conchoïde ; difficile à casser. Quelques variétés sont translucides et presque jamais entièrement opaques, toujours d'un vert foncé, très rarement rouges ; présente cependant des couleurs mélangées qui sont souvent dues à des mélanges de chaux carbonatée. Se laisse rayer par le couteau, quelquefois même par de la chaux carbonatée ; elle contient souvent assez d'oxide de fer pour être attirable à l'aimant. Sa densité est de 2,5 à 2,7. Elle est infusible, sans addition, et donne de l'eau par la calcination.

Composition. $= \dot{M}g^3 \dddot{S}i^4 + 3\dot{M}gAq^2$. Souvent une portion de magnésie est remplacée par de l'oxidule de fer ; elle contient aussi quelquefois un peu d'oxide de chrôme, et M. Peschier vient de découvrir que le titane est un de ses principes constituans. Suivant le même chimiste, toutes les serpentines contiendraient une certaine quantité de soude.

703. *Gisement.* La serpentine constitue une roche particulière, qui forme des masses ou des couches considérables dans

les terrains de transition. Cette roche est la base des terrains de serpentine : elle ne renferme jamais ni débris organiques ni filons métallifères, mais on y trouve diverses espèces de minéraux, comme le fer oxidé, le fer chromé, le grenat, l'asbeste, la diallage, etc.

703 *bis*. *Usages*. On emploie la serpentine comme objet de décoration; on en fait aussi des mortiers. On se sert de la *pierre ollaire,* qui n'est qu'une variété de serpentine, pour faire des marmites, des poêles, des fourneaux et autres objets, qui résistent d'autant mieux à l'action du feu qu'ils sont infusibles, et durcissent par son action prolongée.

11e ESPÈCE. *PÉRIDOT*.

(*Magnésie silicatée ferrifère.*)

704. *Caractères essentiels*. Substance ordinairement vitreuse, de couleur verdâtre ou noire, rayant faiblement le verre, jouissant à un haut degré de la double réfraction (elle a lieu à travers une des grandes faces du sommet et le pan du prisme qui lui est opposé) ; agissant sur le barreau aimanté ; à cassure conchoïde, éclatante, quelquefois granulaire; infusible au chalumeau, mais y perd sa transparence et devient brune.

Sa forme primitive se rapporte à un *prisme droit rectangulaire,* dont les trois côtés sont entre eux comme les nombres 25, 14 et 11. Ses cristaux sont des prismes rectangulaires qui sont toujours modifiés; ils présentent un clivage facile, parallèlement à la face du prisme qui est la plus étroite. Les modifications sont des troncatures sur les arètes latérales. On observe une espèce de prisme hexagonal, mais c'est le prisme ordinaire avec un biseau sur chacune des arètes latérales ; deux faces s'étendent jusqu'à faire disparaître les arètes, ce qui donne six faces. Ce prisme devient quelquefois rhomboïdal. Les cristaux sont quelquefois parfaitement diaphanes ; mais il faut, pour bien observer ce caractère, qu'ils aient été polis, parce que les faces n'offrent pas d'éclat.

Composition. $= \dot{M}g^3 \dddot{S}i^2 +$ une certaine quantité de $\ddot{F}e^3 \dddot{S}i^2$.

705. *Caractères d'élimination.* On distingue le péridot de la *chaux phosphatée* en ce qu'il est beaucoup moins dur, et de l'*idocrase* par son infusibilité.

705 *bis.* M. Brongniart établit trois variétés principales.

Péridot chrysolite. Il est couleur vert de pistache. Cassure tantôt vitreuse, tantôt esquilleuse. Se trouve toujours en cristaux assez petits.

Sa pesanteur spécifique est de 3,4.

Péridot olivine. (*Chrysolite des volcans*). En masses granulaires, à cassure vitreuse; éclat vitreux légèrement gras. La couleur des masses varie ainsi que celle qui est particulière aux petits grains isolés, depuis le vert jusqu'au rougeâtre et au noirâtre.

Sa pesanteur spécifique est de 3,2.

Sa composition paraît différer un peu de la composition générale des péridots.

Les masses qui sont vertes doivent leur couleur au fer protoxidé, celles qui sont rouges au fer peroxidé; on remarque que les premières ne tardent pas à passer aux secondes, et cette altération est quelquefois même beaucoup plus forte, si bien que l'on ne peut plus reconnaître l'olivine.

Péridot limbilite. (*Schuzite* de Saussure). En grains friables, à texture ordinairement terreuse, opaque et présentant des couleurs sales, dont les plus communes sont le jaune et le rougeâtre. Il paraît provenir de la décomposition de l'olivine, qui se transforme en une substance argilloïde plus ou moins colorée. Sa composition paraît la même que celle de cette variété.

705 *ter. Gisement.* Le péridot appartient exclusivement aux roches basaltiques; il y est toujours disséminé. L'olivine se trouve en rognons formés d'une multitude de petits grains em-

pâtés dans des roches volcaniques, ou emplissant les cavités des grosses masses de fer météorique. Elle est toujours accompagnée de pyroxène augite, et ne se trouve dans aucun terrain trappéen, ce qui peut aider à distinguer ce terrain de celui de basalte : du reste, elle est très fréquente dans la plupart des terrains basaltiques. Le péridot limbilite se trouve dans les mêmes gisemens. Quant au péridot chrysolite, on présume que celui qui se trouve dans le commerce a été retiré de sables de transport.

Usages. On emploie le péridot dans la joaillerie; mais son peu de dureté, qui ne lui permet pas de conserver long-temps le poli qu'on lui donne, empêche qu'il ne soit aussi estimé que les autres pierres précieuses.

12e ESPÈCE. *DIALLAGE.*

(*Magnésie* et *fer silicatés.*)

706. *Caractères essentiels.* Cette substance offre un clivage particulier qui la caractérise. Elle se divise toujours en lames rhomboïdales, brillantes sur leurs grandes surfaces, ternes sur leurs bords. Ce clivage conduit à un *prisme oblique rectangulaire*, dont les angles sont de 75 à 85° environ. Elle est plus souvent en masses lamellaires ou fibreuses, que cristallisée. Elle raie à peine le verre, se fond au chalumeau en un émail grisâtre.

Sa pesanteur spécifique est de 3.

Composition. Elle n'est pas encore établie d'une manière bien certaine. On la regarde comme composée de bi-silicate de magnésie et de bi-silicate de fer quelquefois remplacé par un silicate de chaux. Quelques variétés renferment une grande quantité d'alumine. Sa formule $= 3\dot{M}g^3\dddot{S}i^4 + \ddot{F}e^3\dddot{S}i^4$.

On en distingue trois variétés principales.

Diallage verte. (*Smaragdite* de Saussure, *lotalite*, *émeraudite* de Daubenton.) Couleur verte grisâtre ou violâtre, éclat satiné ou nacré opaque. Elle doit sa couleur verte à de l'oxide de chrôme.

La diallage verte est une des parties essentielles de deux roches primitives que Haüy a nommées *euclogite* et *euphotide*. La première se trouve en Carinthie, en Styrie et dans les Alpes; la seconde dans l'île de Corse, aux environs de Turin, sur la côte de Gênes et près du lac de Genève. La diallage est toujours disséminée en petites parties cristallines, accompagnées de jade et de pétrosilex. La roche dans laquelle elle se trouve prend le nom de *marbre vert de Corse*.

Diallage chatoyante. (*Spath chatoyant* de Brochant.) Couleur vert bouteille foncé et gris satiné métallique, opaque, ayant un éclat très vif.

Se trouve disséminée dans une roche de serpentine, quelquefois dans du talc schistoïde, à Dortsoy en Banffshire, en Cornouailles, à Cultonhill en Écosse, etc.

Diallage métalloïde. (*Bronzite*, *pistasite.*) Texture lamellaire, lames courbées légèrement soyeuses, aspect métalloïde du bronze.

Elle est disséminée accidentellement en petites masses pseudo-régulières, dans la *serpentine diallagique*. Se trouve dans plusieurs lieux de l'Allemagne, pays de Bayreuth, Carniole en Autriche, et en France dans le département des Hautes-Alpes.

13e ESPÈCE. *HYPERSTÈNE.*

(*Magnésie* et *fer silicatés*. *Labradorische hornblende; paulite.*)

707. *Caractères essentiels.* Sa cristallisation est un *prisme droit rhomboïdal*, de 100° et 80° environ. Se trouve en masses laminaires, compactes, testacées et souvent en galets. Sa cassure est lamelleuse, son éclat miroitant sur les faces parallèles

à la base du prisme, avec chatoyement métalloïde. Sa couleur est le brun noirâtre ou verdâtre foncé; les reflets sont d'un rouge de cuivre : est aussi dure que le felspath, et plus dure que l'amphibole. S'électrise résineusement par le frottement; fond sur les charbons en un verre opaque.

Sa pesanteur spécifique est de 3,2 à 3,4.

Sa composition $= \ddot{M}g^3 \dddot{S}i^4 + \ddot{F}e^3 \dddot{S}i^4$.

Gisement. L'hyperstène se trouve dans des roches qui appartiennent aux terrains intermédiaires, sur la côte du Labrador, dans l'Amérique septentrionale. On en a trouvé aussi en Écosse, au Groenland, etc.

On en fait des bijoux.

14e ESPÈCE. *CHLO ITE.*

(*Magnésie, fer, alumine silicatés hydratés? terre verte.*)

708. *Caractères essentiels*. La chlorite se présente sous forme de masses plus ou moins considérables, formées par la réunion d'une infinité de petites paillettes d'un vert très foncé. Elle répand l'odeur argileuse par l'insufflation. Se fond au chalumeau en un émail noir et boursoufflé.

Composition. On n'est pas d'accord sur la composition de cette espèce. Quelques auteurs la regardent comme un mélange de plusieurs espèces et comme un résultat de décomposition; d'autres la considèrent comme formée d'un silicate à base alcaline avec silicate de magnésie (parfois remplacé par du fer) et avec un silicate d'alumine.

708 *bis*. On distingue quatre variétés principales de chlorite.

Chlorite commune. (*Chlorite terreuse*, Brochant.) D'un vert plus ou moins foncé, passant quelquefois au brun et au jaune roussâtre; présente parfois de petits cristaux hexaédriques allongés et courbés.

Se trouve en petites masses et souvent en croûtes sur des

cristaux qui tapissent des cavités, ou bien elle pénètre ces cristaux. Se trouve dans beaucoup d'endroits, dans les Alpes, où elle forme assez souvent de petits filons dans des serpentines.

Chlorite écailleuse. (*Chlorite schisteuse,* Brochant.) Est en masses solides à structure schisteuse, à feuillets courbes. Sa couleur est le vert foncé presque noir. Elle ressemble tellement au talc, que M. Haüy la regarde comme un evariété de celui-ci ; mais la présence du fer l'en distingue. On la considère comme une roche qui forme des couches assez puissantes dans les montagnes de schistes argileux. Elle renferme des cristaux de fer oxidulé, de quarz, des grenats. On la remarque surtout en Corse, en Norwège, en Suède, etc.

Chlorite compacte. (*Chlorite baldogée; talc zographique,* Haüy.) Est en masses d'un vert foncé tirant sur le bleuâtre, à cassure terreuse, à grains fins, un peu onctueuses au toucher et prenant de l'éclat par la raclure.

Se trouve ou en masses assez volumineuses, ou en petits nodules de la grosseur d'un pois, toujours disséminés sans régularité dans les basaltes, les porphyres, les roches amygdaloïdes, etc., dans les mêmes circonstances géologiques que les agates.

On l'exploite à Bentonico, au nord de Monte-Baldo près Vérone. Elle prend le nom de *terre de Verone.* Employée dans la Peinture.

Chlorite granulaire. En petits grains d'un vert plus ou moins pâle, arrondis, ressemblant beaucoup à des grains de chennevis. Quelquefois elle ne contient pas de magnésie. C'est surtout elle qui forme le sable vert disséminé dans les roches crayeuses.

Généralement elle se trouve disséminée dans les terrains calcaires de formation moderne, comme dans le calcaire grossier des environs de Paris.

15ᵉ ESPÈCE. *CORDIÉRITE.*

(*Alumine* et *magnésie silicatées. Dichroïte; saphir d'eau; iolite; peliom; steinheilite; luchssaphir; fahlunite dure.*)

709. *Caractères essentiels.* Substance vitreuse, d'une couleur bleuâtre ou violâtre, quelquefois assez pure; lorsque, en regardant à travers un cristal transparent, on dirige le rayon visuel parallèlement à l'axe, la couleur est d'un bleu violâtre; si, au contraire, le rayon visuel est dirigé perpendiculairement à l'axe, la couleur est d'un jaune brunâtre : de là le nom *de dichroïte.* Elle raie fortement le verre et légèrement le quarz. Sa cassure est vitreuse et inégale, quelquefois imparfaitement conchoïde; elle jouit de la double réfraction à travers une face parallèle à l'axe et une autre qui lui est oblique. Sa forme primitive est le *prisme hexaèdre régulier.* On la rencontre tantôt en cristaux, et plus souvent en petits grains, recouverts d'un enduit d'un blanc bleuâtre.

Sa pesanteur spécifique est de 2,56.

Composition. $= \left.\begin{matrix}\dot{M}g^3 \\ \dot{\dot{F}}e^3 \\ \dot{\dot{M}}n^3\end{matrix}\right\} \dot{\dot{S}}i^4 + 3\ \dot{\dot{\dot{A}}}l\,\dot{\dot{\dot{S}}}i.$

Gisement. La cordiérite se trouve disséminée, soit dans des roches de micaschiste en place, comme en Bavière, soit dans des fragmens de micaschiste enveloppés dans des débris ignés, comme au cap de Gate en Espagne. On en a rencontré aussi au Saint-Gothard; près d'Arendal en Norvège, et au Groenland.

16ᵉ ESPÈCE. *SPINELLE.*

(*Magnésie aluminatée.*)

710. *Caractères essentiels.* Substance rayant le quarz, à cassure vitreuse, quelquefois conchoïde et aplatie; à réfrac-

tion simple; infusible au chalumeau; ayant une pesanteur spécifique de 3,64 à 3,76.

Se trouve toujours en cristaux qui dérivent d'un *octaèdre régulier*. Les formes dominantes sont l'octaèdre primitif, l'octaèdre tronqué sur les arêtes, le dodécaèdre rhomboïdal présentant quelquefois huit angles triples sur lesquels naissent des triangles équilatéraux, qui ne sont autre chose que les faces de l'octaèdre primitif. On observe encore quatre facettes sur chacun des angles quadruples. On trouve aussi des cristaux hémitropes et d'autres dont les faces sont taillées en biseau.

Composition. $= \dot{M}g\,\ddot{A}l^{4}$.

On peut partager cette espèce en deux variétés principales, qui sont le *spinelle rubis* et le *spinelle pléonaste*. Plusieurs auteurs en admettent une troisième, le *spinelle gahnite*, que sa composition doit faire placer dans la famille du zinc (510).

Spinelle rubis. (*Rubis balais.*) La couleur est le rouge vif passant au rouge ponceau, au rouge rose et au rouge violet, et paraît due à de l'acide chromique; son clivage est facile, et les cristaux n'atteignent jamais de grandes dimensions. Selon Klaproth, il contiendrait un peu de silice, d'oxide de fer et de chaux.

Spinelle pléonaste. (*Spath fusible aluminifère.*) Sa couleur est ordinairement le noir foncé presque opaque; quelquefois cependant elle est purpurine, bleuâtre ou verdâtre; elle paraît due à de l'oxide de fer. Son clivage est difficile. Ses cristaux sont plus gros et moins durs que ceux de la variété précédente. Il contient aussi un peu de silicate d'alumine.

711. *Caractères d'élimination.* On distingue le spinelle du *corindon hyalin rouge* dit *rubis oriental*, en ce que celui-ci est plus dur, sa densité plus grande, qu'il a une double réfraction et une teinte très sensible de violet lorsqu'on le regarde au soleil. On distingue le *rubis balais* de la *topaze d'un rouge de rose* (rubis du Brésil) et de la *tourmaline rouge* (rubellite)

en ce que ces deux dernières possèdent la double réfraction et deviennent électriques par la chaleur. On le différencie des variétés de *grenat*, dites *grenat syrien*, de *Bohême* et de *Ceylan*, en ce qu'elles sont moins dures et qu'elles agissent sur l'aiguille aimantée. Enfin on pourrait encore le confondre avec le *zircon primitif*, mais l'octaèdre de ce dernier est bien plus surbaissé et sa couleur rouge disparaît au chalumeau.

711 *bis*. *Gisement*. Le spinelle rubis paraît appartenir aux terrains de micaschiste; on le connaît aussi dans des calcaires magnésiens lamellaires et dans des roches quarzeuses, micacées, rapportées de Ceylan. Il est accompagné de corindon hyalin, de tourmaline noire, brune, et même violette, de zircons, de grenats, de topazes, enfin de plusieurs autres pierres gemmes.

Le spinelle pléonaste se rencontre dans les mêmes lieux que le rubis; il existe à Ceylan dans une gangue calcaire; aux États-Unis d'Amérique accompagné de felspath; en Suède sous forme de cristaux dans un calcaire mêlé de mica et de serpentine; aux Indes en petits cristaux accompagnés de chaux phosphatée. Il se rencontre aussi dans les produits volcaniques, tels que dans les débris basaltiques qui se trouvent au pied de la colline de Montferrier (Hérault); dans des rognons felspathiques placés dans les débris de l'Aach (sur les bords du Rhin); enfin, il existe à la Somma, dans des roches micacées avec idocrase, etc., que l'on indique souvent comme rejetées intactes par le Vésuve.

Usages. Le spinelle est employé en joaillerie; il est assez estimé des lapidaires à cause de sa belle teinte.

17e ESPÈCE. *BRUCITE*.

(*Magnésie hydratée*. *Némalite*.)

712. *Caractères essentiels*. Substance blanche, nacrée, lamelleuse ou en filamens nacrés et flexibles; tendre, douce au

toucher, translucide, devenant opaque au contact de l'air, donnant de l'eau par la calcination; infusible, colorant en pourpre le nitrate de cobalt. Sa densité est de 2,63 à 2,13.

Sa forme primitive, selon Haüy, est un *prisme droit symétrique*.

Composition. $= \ddot{M}g + 2Aq$.

713. *Caractères d'élimination.* On la distingue du *mica* en ce que ses lames sont peu flexibles, et du *talc* en ce que, par le frottement, elle acquiert l'électricité vitrée, tandis que celui-ci acquiert l'électricité résineuse.

Gisement. Se trouve en veines dans des roches de serpentine, à Hoboc, dans le New-Jersey, et aux États-Unis, aux îles Chetlandes. Très rare.

VIe FAMILLE. *CALCIUM.*

Cette famille comprend vingt-cinq espèces.

1re ESPÈCE. *ANHYDRITE.*

(*Chaux anhydro-sulfatée. Karstenite; muriacite; spath cubique; phengite.*)

714. *Caractères essentiels.* Comme son nom l'indique, cette substance est de la chaux sulfatée, moins la quantité d'eau qu'elle contient ordinairement. Sa composition chimique est donc $\ddot{C}a\,\dot{\ddot{S}}^2$.

Sa cristallisation dérive d'un *prisme droit à base rectangle*, que l'on pourrait aussi rapporter à l'octaèdre à base rectangle.

On partage cette espèce en plusieurs sous-espèces, qui sont les anhydrites *lamelleuse*, *fibreuse*, *saccharoïde*, *compacte*.

1re sous-espèce. *Anhydrite lamelleuse.* Presque toujours laminaire, rarement cristallisée. Sa forme dominante est un prisme droit rectangulaire tronqué sur deux arêtes et sur ses angles. Les cristaux sont en général entrecroisés, souvent aplatis. Ses masses laminaires sont toutes fendillées. La cassure est lamelleuse dans trois sens perpendiculaires entre eux. Il existe aussi un clivage diagonal, mais moins facile que les trois autres; l'éclat est moins nacré que dans la chaux sulfatée ordinaire. Les couleurs sont le grisâtre, le bleuâtre, quelquefois le violet. Les cristaux sont rarement parfaitement diaphanes; la réfraction est double; les masses ne sont que translucides. Elle raie la chaux sulfatée et même la chaux carbonatée, mais elle est moins dure que la chaux fluatée; elle est très fragile, à cause de la facilité de son clivage.

Sa pesanteur spécifique est de 2,95.

Au chalumeau elle ne s'exfolie pas, ne blanchit ni ne se fond, mais se couvre d'un vernis. Le verre que l'on obtient avec un mélange de chaux fluatée et de chaux anhydro-sulfatée est opaque, et finit par devenir infusible si on le chauffe long-temps.

Quelquefois elle reprend de l'eau et conserve sa structure. C'est dans cet état que M. Haüy l'a nommée *chaux sulfatée épigène.*

2e sous-espèce. *Anhydrite fibreuse* (*polyhalite*). En masses assez analogues à celles de la chaux sulfatée fibreuse ordinaire. Ses couleurs sont le rouge, le violet. Quelques minéralogistes la considèrent comme une espèce particulière.

3e sous-espèce. *Anhydrite saccharoïde.* Forme de grandes masses disposées par couches. On y observe assez souvent une apparence concrétionnée. On voit que les masses sont formées par beaucoup de petits grains lamellaires offrant l'aspect de petites écailles. En grand, la cassure est inégale; elle est lamellaire en petit. Ses couleurs sont le gris blanchâtre ou bleuâtre, quelquefois violet ou rougeâtre.

Sa pesanteur spécifique est de 2,9.

La sous-variété bleuâtre est quelquefois employée, en

Italie, comme marbre, et elle porte le nom de *marbre bleu de Würtemberg*.

4ᵉ sous-espèce. *Anhydrite compacte.* On observe des passages de la sous-espèce précédente à celle-ci. On la trouve en masses compactes, un peu mamelonnées, aplaties, et formant des circonvolutions sur elles-mêmes, se joignant les unes aux autres, ce qui lui a fait donner le nom de *pierre de tripes*. Sa cassure est un peu esquilleuse. Ses couleurs sont le gris rougeâtre, bleuâtre, etc. En général elles sont sales, excepté une variété qui est d'un beau blanc.

Sa pesanteur spécifique est de 2,8.

715. *Gisement.* La chaux anhydro-sulfatée saccharoïde se présente en grandes masses, autour desquelles se trouvent les autres sous-espèces en petite quantité. Quand on trouve de l'anhydrite, on trouve aussi de la chaux sulfatée ordinaire; et l'on remarque à Bex, canton de Berne, que les masses sont formées de gypse jusqu'à une certaine profondeur, et ensuite d'anhydrite saccharoïde, ce qui peut faire supposer que la masse entière était de l'anhydrite, et que celle qui se trouve le plus à l'extérieur a repris de l'eau. L'anhydrite saccharoïde se trouve en grandes couches dans des terrains de transition et dans des terrains secondaires les plus anciens; on en rencontre dans les Alpes. La sous-espèce lamelleuse forme des amas, soit dans l'intérieur des masses saccharoïdes, soit dans de petits filons qui traversent les roches qui leur sont subordonnées. La variété lamellaire épigène vient de la Savoie, dans une masse de gypse qui paraît avoir été anhydre originairement. On en trouve aussi en rognons dans le même pays.

L'anhydrite est toujours accompagnée des substances qui se rencontrent avec le gypse. Ses variétés *lamellaire*, *fibreuse* et *compacte* forment des couches subordonnées à la soude muriatée dans les salines de Bex en Suisse, dans celles du Tyrol et de la Basse-Autriche, dans celles de Vic (département de la Meurthe). Il n'y a pas de gîtes de sel marin rupestre qui ne contienne de l'anhydrite ; mais l'inverse n'a pas également lieu.

APPENDICE.

On peut ajouter à la suite des précédentes variétés d'anhydrites deux autres qui résultent du mélange de l'anhydrite avec quelque corps étranger, savoir :

1°. L'*anhydrite quarzifère* (*vulpinite*). Elle renferme ordinairement 8 pour 100 de silice. Sa couleur, d'un blanc grisâtre, est uniforme ou mêlée de bleuâtre ; elle pèse 2,87 ; raie toutes les autres variétés ; se fond aisément au chalumeau ; est phosphorescente par collision et chaleur. Elle se trouve à Vulpino, dans le Bergamasc, en Italie. On l'emploie à Milan comme pierre à bâtir ; on la connaît sous le nom de *marbre Bardiglio de Bergame*.

2°. L'*anhydrite muriatifère* (*muriacite*). C'est un véritable mélange de chaux sulfatée, de sel marin, contenant en outre quelquefois un peu de chaux carbonatée. Elle jouit d'une saveur salée très sensible. Elle est ou radiée ou laminaire ; à Salzbourg.

2ᵉ ESPÈCE. *GYPSE*.

(*Chaux sulfatée hydratée. Sélénite ; pierre à plâtre.*)

716. *Caractères essentiels*. Substance assez tendre ; ne rayant pas la chaux carbonatée, et pouvant être rayée par l'ongle ; jouissant d'une réfraction double à un degré médiocre ; elle a lieu à travers une des grandes faces de la lame soumise à l'expérience et une face artificielle oblique à la précédente. Les grandes faces des lames ont quelquefois l'éclat nacré. On observe souvent des joints surnuméraires qui indiquent un clivage parallèle à la petite diagonale de la base de la forme primitive. Celle-ci est un *prisme droit à base parallélogramme*

obliquangle, dont les angles sont de 113° 8′ et 66° 52′.

Sa densité est de 2,26 à 2,31.

Par l'action du chalumeau le gypse décrépite, blanchit, et devient friable; il perd alors 22 pour cent de son poids. Un fragment de cristal, présenté au chalumeau par le plat de ses lames, ne fait que se calciner sans se fondre; mais si le dard de la flamme est dirigé vers le bord des lames, la fusion a lieu, et le fragment se convertit en émail blanc, qui tombe en poudre au bout de quelques heures. Les molécules intégrantes étant des prismes qui ont plus de hauteur que de base, doivent adhérer plus fortement par leurs pans ou faces latérales que par leurs bases, d'où il résulte qu'elles seront plus difficiles à désunir par l'action mécanique ou par celle du calorique dans le sens de leurs pans, que dans celui de leurs bases. (Haüy.) Le gypse fond sur-le-champ si on le mêle à la chaux fluatée.

Composition. $= \dot{Ca}\dddot{S}^2 + 4Aq$.

On peut partager cette espèce, comme la précédente, en plusieurs sous-espèces.

1re sous-espèce. *Gypse cristallisé* (*sélénite*). Les variétés de forme ne sont pas à beaucoup près aussi multipliées que celles de la chaux carbonatée, mais les cristaux présentent un caractère qui leur est particulier. Les arètes s'émoussent, leurs faces semblent s'arrondir, et ils prennent alors des formes qui ne sont plus ni régulières ni symétriques. Cependant on trouve des cristaux qui ont conservé leurs arètes et qui se rapprochent beaucoup de la forme primitive. Ils sont terminés par des biseaux qui représentent des trapèzes. La plupart des cristaux offrent encore un fait digne de remarque, c'est qu'on peut les courber très sensiblement sans les briser, mais aussi sans qu'ils reprennent leur premier état; ils sont flexibles, mais non élastiques : cela paraît dépendre de ce que leurs lames ne se brisent pas toutes sur la même ligne et restent emboîtées les unes dans les autres, quoique déjà brisées. La base des cristaux offre un clivage extrêmement facile qui lui est parallèle.

Outre les irrégularités de forme auxquelles ces cristaux sont presque toujours soumis, ils tendent encore beaucoup à se réunir et à donner naissance à des formes lenticulaires, qui se réunissent plusieurs ensemble pour former des *crêtes*, des *roses*, des *fers de lance*. Cette dernière forme est la plus commune ; elle résulte de l'insertion oblique d'une petite lentille sur une plus grande. Les cristaux sont ordinairement blancs ou jaunâtres, quelquefois rougeâtres.

2ᵉ sous-espèce. *Gypse laminaire*. Sa structure est lamelleuse ; ses lames sont quelquefois très grandes, tantôt transparentes et comme nacrées, tantôt d'un blanc laiteux. Quoique très tendre, il peut recevoir un beau poli. On en trouve de très belles masses à Lagny, près Paris. Ses lames sont quelquefois petites et brillantes comme celles du mica ; elle se rapproche alors de la variété *niviforme* qui se rencontre à Montmartre, près Paris, renfermée au milieu des masses de pierre à plâtre, et qui est formée d'une infinité de petites lamelles d'un blanc de neige, nacrées et légères.

On a essayé d'employer cette dernière variété pour falsifier le sulfate de quinine ; mais on préfère maintenant employer l'acétate de chaux. En traitant par l'alcool bouillant le sulfate de quinine soupçonné, on obtient toujours le sel calcaire pour résidu.

3ᵉ sous-espèce. *Gypse saccharoïde*. Ressemble beaucoup à la chaux carbonatée saccharoïde ; elle en a même quelquefois la texture grenue ; mais elle est plus tendre, et se laisse rayer par l'ongle. Elle est susceptible de poli. Elle est désignée, ainsi que la sous-espèce laminaire, sous le nom d'*albâtre gypseux*, et employée pour sculpter des vases d'ornement. Elle est presque toujours d'un beau blanc. Quelquefois cependant elle est grisâtre, et doit cette couleur à de la chaux carbonatée.

4e sous-espèce. *Gypse fibreux*. Se trouve en plaques minces composées de fibres tantôt droites, tantôt contournées, mais perpendiculaires aux parois des filons qui les contiennent. Ce sont des cristaux prismatiques très fins accolés latéralement. Ces masses ont l'aspect satiné, d'où leur est venu le nom de *gypse soyeux*.

5e sous-espèce. *Gypse compacte* (*pierre à plâtre*). Elle présente un grain généralement grossier et une texture compacte ou un peu lamellaire. Elle est mélangée d'argile, de sable, ou de chaux carbonatée, et, dans ce dernier cas, elle fait effervescence avec l'acide nitrique.

C'est avec cette pierre que l'on fabrique le plâtre. A cet effet, on la chauffe dans des fourneaux très simples jusqu'à ce qu'elle ait perdu l'eau qu'elle contient. La chaux que renferme celle des environs de Paris augmente la qualité du plâtre : c'est un mélange de chaux vive et de gypse sulfaté anhydre. Quand on le gâche, il absorbe la quantité d'eau qu'elle a perdue, et donne lieu à une cristallisation confuse, dont les cristaux, entrelacés, forment un tout d'une grande solidité. Presque toujours, pendant la calcination, il se forme, par l'intermède du charbon, un peu de sulfure de calcium ; et c'est sans doute à cause de sa présence que les bâtimens neufs sont malsains pendant un certain temps.

6e sous-espèce. *Gypse terreux*. Il a l'apparence de la craie et tache les doigts comme cette matière, mais il est d'un blanc moins mat et passe fréquemment au gypse niviforme. On le trouve en Saxe. On l'emploie pour amender les terres. Il paraît qu'il est journellement déposé dans les fentes des montagnes gypseuses.

717. *Gisement*. Le gypse est une des substances minérales le plus répandues dans la nature. Il forme des collines peu étendues, souvent arrondies, ou bien il est placé sous forme d'amas au pied des montagnes; mais il ne forme jamais de

terrains à lui seul, car ses couches (qui sont toujours obliques) n'ont jamais plus d'une demi-lieue d'étendue. Les terrains primitifs contiennent à peine du gypse, mais presque tous les autres en renferment. Le gypse que l'on trouve dans les collines des terrains tertiaires se divise quelquefois en colonnes prismatiques très nettes et semblables en tout aux prismes basaltiques : tel est celui de Montmartre. On trouve le gypse à des hauteurs très différentes, tantôt à la surface du terrain, tantôt sur le penchant des montagnes primitives, à une assez grande élévation. Les bancs de gypse des terrains secondaires et tertiaires alternent presque toujours avec des bancs plus ou moins épais de marne argileuse feuilletée ou de marne calcaire compacte. On rencontre dans cette marne des coquilles, des poissons et des végétaux fossiles, ainsi que les diverses variétés de gypse cristallisé.

Le gypse accompagne presque toujours la soude muriatée. Il se trouve aussi, mais plus rarement, dans les couches de houille et dans les filons métalliques. Il contient quelquefois du sulfure de plomb, du peroxide de manganèse sous forme globuleuse. On trouve aussi, dans les bancs de chaux sulfatée des terrains tertiaires, des débris d'animaux, surtout des mammifères, et même des squelettes d'oiseaux, et quelquefois des empreintes de végétaux. On y trouve plus rarement des coquilles, tandis qu'elles sont communes dans les couches de marnes qui séparent les bancs de gypse.

Enfin, on rencontre encore, au milieu des masses de gypse, des silex cornés aplatis, qui se lient avec lui par des nuances insensibles, des fragmens de chaux carbonatée compacte (près Grenoble), des cristaux isolés de grenat dodécaèdre, de la magnésie boratée, de l'arragonite, du soufre pur et cristallisé, de la strontiane sulfatée, de la soude et de la magnésie sulfatées, etc. (Bex, en Suisse). Les silex seuls paraissent appartenir au gypse des terrains tertiaires; les autres minéraux se trouvent dans celui des terrains secondaires.

La chaux sulfatée est commune aux environs de Paris. On la retrouve dans divers points de la France; mais il est des contrées entières, comme l'Angleterre, la Suède, qui en sont entièrement dépourvues. (Brongniart, *Traité de Minéralogie.*)

718. *Usages.* Outre l'emploi du gypse compacte comme plâtre, et celui du gypse lamellaire pour des vases d'ornement, on l'emploie encore comme pierre à bâtir, mais il est peu estimé pour cet usage. Les usages du plâtre sont assez nombreux. On s'en sert pour modeler, pour amender les trèfles et autres prairies artificielles, pour faire des enduits particuliers en le gâchant avec une dissolution de colle-forte (*stuc*).

3e ESPÈCE. *CHAUX FLUATÉE.*

(*Spath fluor; spath vitreux; spath fusible; spath phosphorique.*)

719. *Caractères essentiels.* Cette espèce offre le système cristallin régulier, le cube et ses dérivés, l'octaèdre et le dodécaèdre. On la rencontre le plus souvent à l'état cristallin, quelquefois cependant compacte ou terreuse. Chauffée avec l'acide sulfurique, elle donne lieu à une vapeur qui dépolit promptement le verre.

Composition. $= \ddot{C}a\ddot{\dot{F}}$.

Sa pesanteur spécifique est de 3,1.

On partage cette espèce en trois sous-espèces distinctes.

1re sous-espèce. *Chaux fluatée cristallisée.* En masses lamelleuses, concrétionnées, quelquefois pseudo-morphiques. Ses formes dominantes sont : 1°. le cube parfait; 2°. le cube tronqué sur tous ses angles, qui donne des triangles équilatéraux; 3°. le cube tronqué sur toutes ses arêtes, qui conduit au dodécaèdre; 4°. le cube portant un biseau sur chacune de ses arètes; 5°. le cube tronqué sur l'arète du biseau; 6°. la combinaison de cette dernière forme avec la troncature sur les angles; 7°. le même solide, portant sur chacun de ses angles trois nouvelles faces, dont chacune est semblablement placée par rapport à ses arètes; 8°. il peut arriver que les 24 facettes du biseau atteignent leurs limites, et donnent 24 faces. Quelques cristaux, bien plus composés, ont plusieurs rangées de troncatures et de petites faces, qui donnent lieu à des solides qui ont 72 faces. On en cite, trouvés en Angleterre, qui avaient 432 facettes. Les cristaux sont, en général, groupés : il y en a d'empâtés, mais ils sont rares.

On trouve des masses concrétionnées composées de plusieurs couches concentriques et présentant une cristallisation assez confuse. Chaque zone est diversement colorée, de sorte que la masse sciée dans un certain sens présente des couleurs très agréables. La cassure est lamelleuse. Le clivage est quadruple, parallèle aux faces de l'octaèdre. Il a lieu par les huit angles du cube. La surface de l'octaèdre est lisse et souvent éclatante. Le cube est quelquefois strié en oscillations. On observe des cristaux octaédriques, qui sont formés de l'agrégation d'une infinité de petits cubes qui démontrent la tendance que la nature avait à créer cette forme. Ces cristaux sont composés de petits cubes étagés.

Dans la cassure on observe un éclat vitreux très vif. La surface est miroitante, mais les faces du cube le sont moins que celles de l'octaèdre. On trouve pourtant des octaèdres mats, recouverts d'une matière pulvérulente. Les couleurs sont très variables : les plus communes sont le gris verdâtre, le blanc, le jaune, le violet; ensuite le bleu, le jaune de miel, etc.; le rose est très rare. La chaux fluatée est diaphane ou demi-diaphane, rarement opaque. Elle offre le dichroïsme d'une manière très sensible; elle est facile à casser;

raie la chaux carbonatée ; se laisse rayer par l'acier. Certaines variétés sont phosphorescentes par frottement ; d'autres le sont en les chauffant et les portant dans l'obscurité. Il y en a une variété de Sibérie qui donne une flamme verte, et que l'on nomme *chlorophane*. On en a trouvé qui était phosphorescente en la mettant dans l'eau bouillante. Elle décrépite sur les charbons incandescens, devient grisâtre au chalumeau. Quelques variétés donnent un émail qui se hérisse de petites végétations.

2e sous-espèce. *Chaux fluatée compacte*. En masses compactes concrétionnées, composées de petites couches ; facile à casser ; cassure testacée et esquilleuse ; couleur gris verdâtre, blanc de neige, jaunâtre ; pas d'éclat. On trouve des mélanges de cette sous-espèce avec la précédente. Elle offre une forte translucidité ; elle est assez rare, se trouve au Hartz, en Norwège, en Daourie, en Suède.

3e sous-espèce. *Chaux fluatée terreuse*. Parties friables de chaux fluatée qui incrustent d'autres minéraux. On en trouve à la surface de certains échantillons de chaux fluatée en Angleterre. Ses teintes sont en général claires, d'un blanc grisâtre.

720. *Gisement*. La chaux fluatée est très répandue dans la nature, mais ne forme pas de couches considérables à elle seule. Elle se présente toujours en petites masses disséminées dans les filons métallifères des terrains primitifs et de transition, dans les calcaires secondaires, et plus rarement dans les terrains volcaniques ; on l'indique aussi dans les dernières assises du calcaire grossier (Paris). Les filons qu'elle forme sont souvent puissans ; elle y est associée au quarz, à la chaux phosphatée, à la chaux carbonatée, à la baryte sulfatée, etc. Les filons métallifères dans lesquels elle est le plus abondamment répandue sont ceux de cuivre gris, de plomb sulfuré, de zinc sulfuré ; elle est plus rare dans ceux d'argent et d'étain. Les localités qui fournissent les plus beaux échantillons de chaux fluatée sont : le Hartz, les mines de Saxe, le Derbyshire (An-

gleterre), le New-Jersey (Amérique septentrionale), la Daourie, les monts Altaï (mine d'argent de Zmeof). En France, on la rencontre dans les départemens de l'Allier et du Puy-de-Dôme. On l'indique à Neuilly-sur-Seine, près Courbevoie.

720 *bis*. *Usages*. Les plus belles variétés servent à faire de très jolis vases. On en exploite un filon au Hartz, pour l'employer comme fondant dans l'exploitation des schistes cuivreux. En Angleterre, on emploie un mélange de chaux carbonatée et fluatée, dans l'exploitation de quelques mines de plomb. On s'est encore servi de la chaux fluatée pour donner le mat à des statues de porcelaine que la cuite avait vitrifiées.

4ᵉ ESPÈCE. *CHAUX CARBONATÉE*.

(*Calcaire rhomboédrique*, Brongn.; *spath d'Islande; spath calcaire.*)

721. *Caractères essentiels*. Cette espèce offre un système cristallin rhomboédrique extrêmement développé. Le *rhomboèdre primitif* est de 105° 5′ et 74° 55′ dans les variétés les plus pures, mais il varie entre 104° et 105° 50′ dans les variétés mélangées. Les faces du rhomboèdre sont inclinées à l'axe d'environ 45°. Elle fait effervescence avec les acides. Il en est cependant quelques variétés qu'il faut réduire en poudre pour obtenir cet effet. Elle donne de la chaux vive au chalumeau, et devient quelquefois magnétique, ce qui indique alors un mélange de carbonate de fer.

Sa pesanteur spécifique est de 2,3 à 2,8, selon sa pureté.

Composition. $= \dot{C}a\dot{\ddot{C}}^2$.

721 *bis*. *Caractères d'élimination*. Elle se distingue de l'*arragonite* par son système cristallin, qui est différent, et en ce que cette dernière, chauffée au chalumeau, se détache par parcelles et se disperse doucement, tandis que la chaux carbonatée se disperse avec force, de sorte que pour en obtenir

la chaux, il faut, avant de chauffer le carbonate, l'envelopper d'une petite feuille de platine. On reconnaît la chaux en la posant sur le dos de la main un peu humectée ; elle y produit un léger picotement de brûlure.

722. Cette espèce est extrêmement répandue dans la nature : tantôt elle forme des masses considérables, tantôt elle se présente en cristaux isolés ou réunis dans des filons métalliques ; de là la nécessité de la diviser en plusieurs sous-espèces, qui renferment elles-mêmes un grand nombre de variétés.

Les sous-espèces sont :

1°. Chaux carbonatée cristallisée ou lamelleuse ;
2°. fibreuse ;
3°. saccharoïde, } constituant les marbres ;
4°. compacte, }
5°. oolitique ;
6°. concrétionnée ;
7°. crayeuse ;
8°. grossière ;
9°. terreuse ;
10°. mélangée.
APPENDICE. Marnes.

722 *bis*. 1re sous-espèce. *Chaux carbonatée cristallisée* ou *lamelleuse*. (*Calcaire spathique*.) On la trouve en masses lamelleuses ou en cristaux réunis, plus rarement isolés, quelquefois pseudo-morphes, ou ayant pris la place de certains corps, tels que des coquillages, etc. Ses formes cristallines, excessivement variées, dérivent toutes, comme nous l'avons vu, du rhomboèdre primitif qui donne un clivage triple rhomboédrique parfait. On peut réduire ses formes dominantes à quatorze, parmi lesquelles on remarque :

1°. Six rhomboèdres ;

2°. Deux prismes hexagonaux réguliers ;

3°. Quatre dodécaèdres triangulaires scalènes;

4°. Deux rhomboèdres extrêmement aigus, que l'on trouve toujours tronqués dans la nature.

M. Haüy a donné à ces six rhomboèdres les noms de *primitif, équiaxe, inverse, contrastant, mixte* et *cuboïde*. L'*inverse* est un peu plus aigu que l'*équiaxe*, et le *contrastant* plus aigu que l'*inverse*; le *mixte* est un rhomboèdre fort aigu, et le *cuboïde*, comme son nom l'indique, se rapproche beaucoup du cube. Les deux prismes hexagonaux offrent un clivage sur les angles du prisme.

Ces formes dominantes donnent lieu par leurs combinaisons et par des facettes additionnelles à un nombre infini de formes, dont on trouvera les descriptions et les figures dans le *Traité de Minéralogie* d'Haüy.

Les cristaux de chaux carbonatée offrent assez souvent l'hémitropie; en général, ils sont accolés entre eux, et forment différens groupes ou druzes. Ils se trouvent plus rarement isolés, et toujours implantés sur une gangue. On en trouve aussi de lenticulaires, qui sont le *rhomboèdre équiaxe* extrêmement aplati. La cassure est lamelleuse; elle offre aussi des clivages supplémentaires.

Il existe aussi des cristaux aciculaires dont il est assez difficile de déterminer la forme : les uns sont aigus, les autres sillonnés en gouttière. On trouve des masses composées de parties grenues, formées par l'assemblage de cristaux rhomboïdaux; on trouve également des masses scapiformes composées de cristaux allongés et accolés parallèlement à leur axe. Il existe des cristaux striés, ce qui a lieu principalement sur les faces du rhomboèdre primitif.

La réfraction est double, très sensible.

La chaux carbonatée est souvent incolore, parfois grisâtre ou jaunâtre, très rarement bleue, rose ou noire; elle est quelquefois parfaitement transparente. L'éclat est toujours très vif dans la cassure lamelleuse. Plusieurs variétés ont un éclat vitreux. Elle est très facile à casser, est rayée par une pointe d'acier, par le quarz, la chaux fluatée; mais elle raie la chaux sulfatée. Quelques cristaux ont une odeur fétide, mais cela est rare.

La densité de celle qui est pure est de 2,715.

723. 2e sous-espèce. *Chaux carbonatée fibreuse.* Plusieurs variétés de cette sous-espèce appartiennent à l'arragonite. Les masses ont un tissu fibreux, mais les fibres sont toujours perpendiculaires aux filons dans lesquels elles se trouvent. Les couleurs pures sont généralement, le blanc de lait grisâtre ou bleuâtre. L'éclat est soyeux, et présente des reflets moirés, ce qui tient à sa grande translucidité. On en trouve sous forme de duvet extrêmement fin, dans les cavités de certaines roches. Il paraît que l'*agaric minéral* n'est autre chose qu'un dépôt de ce duvet entraîné par les eaux.

La chaux carbonatée fibreuse ordinaire se trouve dans les terrains calcaires; la belle variété moirée vient de Cumberland. Ce sont des cristaux scapiformes très petits et très allongés, accolés latéralement.

724. 3e sous-espèce. *Chaux carbonatée saccharoïde.* Se trouve en masses assez étendues; son tissu est formé de petites lames croisées dans tous les sens. Les couleurs sont peu variées, souvent mélangées par des veines ou de petites fentes. La cassure est grenue, et l'éclat est produit par les petites facettes qui sont mises à découvert; elle est plus difficile à casser et moins translucide que la chaux carbonatée lamelleuse.

La chaux carbonatée saccharoïde renferme quelquefois des matières étrangères, telles que des grenats, du mica, du quarz, de l'amphibole, du talc, de l'asbeste, etc. Elle ne contient aucun débris de corps organisés, et diffère par là de la sous-espèce suivante, qui en contient quelquefois beaucoup. On la trouve dans beaucoup de pays, en France, en Piémont près Turin, en Saxe, en Bohême, en Norwège, en Suède, en Angleterre.

Usages. Elle donne des marbres très estimés. C'est principalement cette sous-espèce que l'on emploie dans les laboratoires pour se procurer l'acide carbonique. On choisit la variété blanche, qui est aussi la plus commune, et on la traite par l'acide sulfurique ou l'acide hydrochlorique. Il vaut mieux employer ce dernier, parce qu'il forme avec la chaux un sel soluble qui n'empêche pas le reste de l'acide de réagir ; il suffit alors de laver le gaz pour l'obtenir pur.

725. 4ᵉ sous-espèce. *Chaux carbonatée compacte.* Elle varie beaucoup, soit par elle-même, soit par des mélanges de quarz, d'argile et de corps organisés, qui sont quelquefois imperceptibles ou du moins très difficiles à reconnaître. Il en résulte une foule de différences dans les caractères.

La cassure est terne ; les lames brillantes que l'on y observe sont dues à de la chaux carbonatée lamellaire, qui s'est substituée à des corps organisés. Elle est compacte et susceptible d'un beau poli ; elle présente des couleurs vives et très variées ; on y remarque quelquefois des arborisations ou dendrites, dues à de l'oxide de fer noir ou à de l'oxide de manganèse qui s'est infiltré, tantôt entre les feuillets de la pierre, tantôt dans les fissures nombreuses qui la traversent. Dans le premier cas, les dendrites sont superficielles ; dans le second, elles sont profondes, et ne deviennent visibles que lorsqu'on scie la pierre. On connaît sous le nom de *pierre de Florence* ou *calcaire ruiniforme,* une variété qui offre des dendrites disposées de manière à représenter grossièrement l'image d'une ville en ruines.

Parmi les variétés nombreuses que présente cette sous-espèce, nous citerons la *pierre lithographique* (calcaire compacte schistoïde d'Haüy). Elle a un grain très fin, uniforme, et jouit de la propriété de s'imbiber d'eau jusqu'à un certain point. On l'a d'abord trouvée à Ingolstadt, sur les bords du Danube, en Bavière. Depuis on en a trouvé à Châteauroux (Indre), à Belley (Ain), à Dijon (Côte-d'Or), etc., et même dans les environs de Paris dans les marnes qui accompagnent le gypse.

725 *bis*. C'est cette sous-espèce qui comprend les marbres, excepté quelques-uns qui appartiennent à la sous-espèce précédente.

On peut partager les marbres en deux séries, qui diffèrent par leur mode de formation. La première comprend ceux qui appartiennent à la sous-espèce précédente (chaux carbonatée saccharoïde), et qui sont formés par voie de cristallisation ; et la seconde ceux qui appartiennent à la sous-espèce compacte, et qui, par conséquent, sont formés par voie de dépôt. On observe cependant souvent dans ces derniers des indices de cristallisation ; mais ils sont dus à de la chaux carbonatée lamellaire, qui a remplacé les vides produits par la destruction de corps organisés.

I. Les marbres à structure cristalline portent communément les noms de *marbres salins*, *marbres blancs*, *marbres statuaires ;* ce sont ceux qui servent ordinairement aux sculpteurs. On les distingue dans les arts en marbres *antiques* et *modernes;* les premiers sont ceux dont les carrières sont perdues. Les plus célèbres d'entre eux sont :

Le *marbre de Paros*, dont les carrières étaient situées dans les îles de Paros, de Naxos et de Tinos : c'était le plus estimé. Il possède la translucidité à un haut degré.

Le *marbre pentelique* (cipolin statuaire), dont les carrières étaient près d'Athènes, sur le mont Pentèles.

Le *marbre thasien*, de l'île de Thaso, dans la mer Égée.

Le *marbre de Chio*, que l'on tirait du mont Pelleno.

Le *marbre cipolin*, qui s'exploitait en Égypte. Il offre des bandes ondulées blanches et vertes.

Les seconds ou *modernes* sont ceux dont les carrières en fournissent encore à l'architecture. Les principaux sont :

Le *marbre de Carrare* ou de *Luni*, à l'est du golfe de Gènes : c'est le plus estimé. Il était aussi employé par les anciens. Il est quelquefois veiné de gris, il y en a même de noir.

Le *marbre jaune de Sienne*, etc.

II. Les marbres à structure compacte sont beaucoup plus nombreux que les précédens, mais ne sont jamais employés par les statuaires ; leurs couleurs sont extrêmement variées, toujours plus ou moins vives, mais ils n'offrent jamais, comme les précédens, la translucidité, qui ne peut dépendre que de l'arrangement cristallin de leurs parties. On les partage en *marbres unicolores* et en *marbres mélangés*. On subdivise ensuite ces derniers en *marbres veinés* ou *tachés*, *marbres brèches* et *marbres lumachelles*.

A. Parmi les marbres unicolores, on distingue :

Les *marbres noirs*, qui servent à la décoration des tombeaux, des édifices, etc. Ils répandent presque toujours une odeur fétide par la chaleur ou le frottement : tels sont ceux de Dinant, de Namur, de Theux, de Spa (Pays-Bas) ; ceux des Hautes-Alpes, du Jura, du Tarn, de l'Arriège, de l'Hérault, de l'Isère, etc.

Les *marbres rouges*, dont les plus renommés sont le *rouge antique*, dont les carrières existent entre le Nil et la mer Rouge ; la *griotte d'Italie*, exploitée à Canne près Narbonne ; le *rouge sanguin*, le *beau Languedoc*, tirés de la Haute-Garonne et de l'Hérault, etc.

Les *marbres jaunes*, tels que le *jaune antique*, etc.

B. Parmi les marbres mélangés se trouvent :

Les *marbres veinés* et *tachés*. Les uns sont des marbres blancs veinés de gris, de violet, de rosâtre, de bleuâtre, etc. ; d'autres, à fond noir, sont parsemés de taches blanches ou de veines jaunes. Leurs variétés sont excessivement nombreuses, et sont connues dans les arts sous des noms différens, que nous ne pouvons reproduire ici.

Les *marbres brèches*. Ceux-ci offrent des taches dont les contours sont limités et anguleux, et le plus souvent ils sont composés de fragmens de diverses couleurs réunis par un ciment calcaire. Quand ils offrent de grandes taches, ils prennent le nom de *brèches*, et celui de *brocatelles* quand les fragmens sont beaucoup plus petits. On en exploite dans l'Arriège, dans les Basses-Pyrénées, les Bouches-du-Rhône, l'Aude, dans la Tarentaise, l'Andalousie, etc.

Les *marbres lumachelles* (de *lumach*, limaçon) sont ceux qui admettent dans leur composition des débris organiques assez nombreux et transformés en calcaire. Ces débris sont surtout des coquilles fossiles, des madrépores, et principalement des *encrinites*. Il en est quelques variétés qui paraissent être entièrement composées de coquilles brisées. On emploie surtout les lumachelles des environs de Troyes, du Jura, de Brest, des Écaussines près Mons, etc.

726. *Gisement*. Le calcaire compacte et le calcaire saccharoïde se rencontrent dans les mêmes terrains ; ils forment des couches puissantes et très étendues dans les terrains primitifs et de transition, quelquefois même dans les terrains secondaires Le calcaire compacte constitue à lui seul des montagnes entières souvent très hautes, et offrant quelquefois des escarpemens et un sommet ordinairement terminé par un plateau plus ou moins étendu (centre de la chaîne des Pyrénées, bord de la chaîne des Alpes, etc.). Leurs bancs sont souvent séparés par des couches d'argile, de schiste argileux, de houille. Les minéraux que l'on y trouve, tantôt en couches subordonnées, tantôt en filons, en amas ou disséminés, sont : le plomb sulfuré et molybdaté, le mercure sulfuré, le manganèse oxidé, le fer oxidé rouge, le fer sulfuré, le cuivre carbonaté, la baryte sulfatée, la chaux fluatée, des grenats, quelquefois des silex et du felspath, etc. Enfin, on y trouve des coquilles et autres débris marins fossiles, tantôt entiers, tantôt brisés : ce sont principalement des *ammonites*, des *térébratules*, des *entroques* et des *bélemnites*.

Considérés géognostiquement, les marbres et les calcaires

compactes forment des couches *indépendantes* et plus ou moins puissantes dans les divers terrains. Ces couches ont reçu, relativement à leur position, différens noms, tels que ceux de *calcaire de transition*, *calcaire alpin*, *calcaire jurassique*, etc., et ont constitué des variétés bien distinctes dans la série des roches. Ce n'est pas ici le lieu d'examiner leurs caractères géognostiques ; nous les détaillerons quand nous traiterons des roches simples, dans le livre III, consacré à la Géognosie.

726 *bis*. *Usages*. On pourrait employer cette sous-espèce, comme la précédente, pour se procurer de l'acide carbonique ; mais celui qu'on obtient emporte presque toujours avec lui une odeur désagréable, quelquefois sulfureuse, qui est due à ce que plusieurs variétés contiennent du bitume, et même du soufre.

C'est avec les nombreuses variétés de cette sous-espèce que l'on se procure la chaux pour les besoins des arts et de la Médecine. On prend des fragmens qui ne soient ni trop petits ni trop gros ; on en remplit un grand fourneau vertical et cylindrique, que les *chaufourniers* désignent sous le nom de *four à chaux*. A la partie inférieure de ce fourneau existe un dôme où l'on fait du feu avec du bois, des bruyères ou tout autre combustible ; on entretient ce feu pendant plusieurs jours, en l'augmentant graduellement jusqu'à faire rougir toute la masse ; on laisse refroidir, et quand elle est assez froide pour être retirée sans qu'elle puisse brûler les ouvriers, on la renferme dans des tonneaux pour la priver du contact de l'air. On doit éviter de donner un trop haut degré de chaleur, parce que la pierre contenant presque toujours un peu de silice, éprouverait une vitrification qui en changerait les propriétés ; on dit alors vulgairement qu'elle est *brûlée*. On reconnaît qu'elle est calcinée convenablement quand elle ne fait aucune effervescence avec les acides.

On suit quelquefois dans les laboratoires un procédé particulier pour se procurer de la chaux pure; il consiste à prendre des fragmens de marbre blanc appartenant à la sous-espèce précédente (*chaux carbonatée saccharoïde*), à les placer dans un creuset de Hesse muni de son couvercle, et à les chauffer très fortement pour en chasser l'acide carbonique. Il faut que la température soit beaucoup plus élevée que lorsqu'on prépare la chaux pour le besoin des arts; car, dans ce dernier cas, la décomposition se fait assez facilement, à cause de l'eau contenue dans les matières combustibles, et qui s'unit à la chaux pour former un hydrate, effet qui n'a pas lieu quand on agit dans un creuset.

La chaux est employée, en Pharmacie, à différens usages. On s'en sert pour opérer plusieurs décompositions, pour la préparation de l'ammoniaque, pour faire l'eau phagédénique. On en fait un usage assez fréquent comme réactif, mais alors on l'emploie en dissolution. Cette dissolution prend le nom d'*eau de chaux*. Pour la préparer, on délaie de la chaux dans de l'eau; on agite, on laisse déposer, puis on filtre la liqueur. On distinguait autrefois l'eau de chaux *première* et l'eau de chaux *seconde*. Cette distinction, qui paraît ridicule au premier abord, puisque l'eau ne peut dissoudre qu'une quantité donnée de chaux, n'était cependant pas sans fondement. Comme la chaux contient presque toujours un peu de potasse, provenant de la combustion du bois qui a servi à sa préparation, celle-ci se dissout dans la première eau que l'on fait agir sur la chaux, et facilite la dissolution d'une plus grande quantité de cette substance.

727. 5e sous-espèce. *Chaux carbonatée oolitique*. (*Chaux carbonatée globuliforme* d'Haüy; *calcaire oolite*, Brongn.; *pierre d'œuf*.) Ce calcaire est en globules agglutinés ordinairement par un ciment calcaire, d'un volume à peu près uniforme dans un même lieu, mais variable d'un lieu à un autre, depuis la grosseur d'un pois jusqu'à celle d'un grain de millet.

L'intérieur de ces globules est compacte. On en trouve, dans quelques endroits, qui présentent des indices de couches concentriques, mais celles-ci sont peu distinctes, et se réduisent communément à une ou deux, beaucoup plus rapprochées de la circonférence que du centre, qui n'est jamais occupé par un noyau particulier, comme cela a lieu dans les *pisolithes* et autres variétés de chaux carbonatée. Les couleurs sont le blanc, le jaunâtre, le rougeâtre ou le noir. On distingue ce calcaire, suivant la grosseur des globules, en

Calcaire oolite milliaire,
cannabin,
globuleux ou *noduleux.*

727 *bis. Gisement.* Il appartient presque exclusivement à la formation du *calcaire du Jura* et à ses analogues. Il forme des bancs ou masses considérables au milieu d'autres couches calcaires. Généralement, ces bancs sont placés aux pieds de montagnes, et on les rencontre surtout sur la limite intermédiaire des terrains cristallisés et des terrains plus modernes formés par voie de dépôt. L'oolite est quelquefois pénétré de sable au point d'acquérir assez de dureté pour recevoir le poli. La Suède, la Suisse, la Turinge (Artern, Eisleben), les environs d'Alençon (Orne), sont les localités où le calcaire oolitique se trouve en plus grande abondance.

Les géologues s'accordent à regarder ce calcaire comme formé par voie de dépôt dans de l'eau sans cesse agitée.

Usages. L'oolite milliaire est employée dans quelques pays comme pierre de construction. La facilité avec laquelle quelques variétés se décomposent fait qu'on les emploie en guise de marne pour amender les terres.

728. 6e sous-espèce. *Chaux carbonatée concrétionnée.* Peut-être pourrait-on placer dans cette sous-espèce plusieurs variétés des sous-espèces précédentes, qui paraissent avoir été for-

mées par concrétions ; mais on réserve particulièrement l'épithète de *concrétionnées* à celles qui paraissent dues évidemment à la réunion de plusieurs couches concentriques, comme les tufs, les stalactites, les albâtres.

Les variétés contenues dans cette sous-espèce sont composées de couches minces et successives, tantôt concentriques, tantôt planes, ordinairement ondulées, et toujours à peu près parallèles entre elles. Ces couches sont souvent composées de fibres ou de baguettes déliées ; mais ces fibres ou baguettes ont la cassure transversale lamelleuse, ce qui les distingue de la chaux carbonatée fibreuse, dans laquelle on pourrait peut-être placer les stalactites. Elles sont tantôt opaques et d'une texture lâche et comme cariée, tantôt translucides, compactes et susceptibles de poli.

C'est dans cette sous-espèce qu'il faut placer le *tuf*, qui est la plus poreuse, la plus impure et la plus irrégulière des concrétions calcaires. Il enveloppe, en se formant, des feuilles et d'autres débris de corps organisés. On le trouve en grandes masses dans divers terrains.

Le *travertino* qui a servi à construire les monumens de Rome paraît avoir été formé par les dépôts de l'Anio et de la solfatare de Tivoli.

La variété *incrustante* ne diffère de la précédente qu'en ce qu'elle se moule sur des corps étrangers qui conservent leur forme, comme des végétaux ou des corps inorganiques. C'est ce qui fait que les eaux qui la contiennent obstruent promptement les conduits par où elles passent.

Les *pysolithes* (dragées de Tivoli, orobites, bézoard minéral) sont des concrétions sphéroïdales formées de couches concentriques très distinctes, qui ont presque toujours pour noyau un grain de sable. Elles se forment dans des eaux qui laissent précipiter des matières calcaires, et qui sont agitées par une sorte de tournoiement. Les plus connues sont celles de Saint-Philippe en Toscane, celles de Hongrie et de Perchesberg en Silésie.

Les *stalactites* sont, comme les autres concrétions calcaires, formées de couches concentriques et parallèles; mais on ne les aperçoit que dans celles qui atteignent un certain volume. Elles se présentent sous forme de cylindres irréguliers dont l'axe est souvent creux. Leur structure est lamelleuse ou fibreuse.

L'*albâtre calcaire* est très différent de l'*albâtre gypseux*. Il est en couches parallèles, mais ondoyantes. Sa texture est grenue, fibreuse ou lamellaire. Les différentes couches sont souvent de couleur différente. Quand ces couleurs sont bien tranchées et qu'il peut recevoir un beau poli, il prend le nom d'*albâtre oriental*, et sert à faire des vases d'ornement. Toutefois, cette concrétion ne prend le nom d'*albâtre* qu'autant qu'elle se trouve en grandes masses; car lorsqu'elle ne forme que des plaques ou des incrustations de peu d'épaisseur sur le sol et les parois des cavernes, elle conserve le nom général de *stalagmite*. L'albâtre diffère du marbre par les couches parallèles et ondoyantes que l'on remarque dans l'intérieur.

729. 7e sous-espèce. *Chaux carbonatée crayeuse*. (*Craie*.) Sa couleur est le blanc jaunâtre, quelquefois le blanc de neige et le blanc grisâtre. Elle est matte, opaque, tendre.

Sa pesanteur spécifique est de 2,31 à 2,65.

Sa cassure est terreuse, à grains fins. Elle happe légèrement à la langue. Elle est maigre, rude au toucher, est tachante et écrivante; se laisse couper au couteau.

730. *Gisement*. La craie se présente toujours, dans la nature, en couches puissantes, étendues dans toutes les dimensions. Elle forme des collines entières peu élevées et souvent dégradées. Elle constitue les dernières assises des terrains secondaires; assises qui reposent le plus généralement sur le

grès vert, et souvent recouvertes par l'argile plastique (grès tertiaire à lignites). Ses couches renferment fréquemment des lits d'argile, de sable, de grès, de silex pyromaque, très multipliés, et dont le parallélisme est assez constant. Ces silex sont en rognons sphéroïdaux ou de formes diverses, de couleurs très variées, tantôt très purs, tantôt mêlés de sable et de craie. La craie renferme, en outre, un grand nombre de débris de corps organisés, et surtout des coquilles et madrépores de divers genres, et dont les noyaux sont formés de silex. Ces débris sont loin d'être disséminés également dans toute la masse; ils semblent quelquefois confinés dans des espaces très limités, et ne laissent aucune trace dans la craie environnante. Le sulfure de fer, souvent globuleux, est la seule substance métallique qui s'y rencontre.

La craie forme des terrains très étendus en Angleterre, dans le nord de la France (Champagne, côtes de la Manche, environs de Rouen, de Paris, etc.), en Galicie, en Pologne, etc.

Purification. La craie, contenant souvent du sable ou quelques corps étrangers, on l'en sépare en la délayant dans l'eau, décantant le liquide qui la tient en suspension, après avoir donné le temps au sable de se déposer, et faisant sécher le dépôt qui s'y forme. On la moule ordinairement en petits cylindres, que l'on connaît sous le nom de *blanc d'Espagne*, *blanc de Meudon*.

D'après M. Berthier, la craie de Meudon et celle des environs de Nemours, dégagées, par le lavage, du sable qui y est interposé, sont composées ainsi qu'il suit :

	Craie de Meudon	Craie de Nemours.
Chaux carbonatée	98	97
Magnésie et un peu de fer	1	3
Argile	1	0
	100	100

Usages. La craie est employée dans les laboratoires pour opérer diverses décompositions. Elle sert à falsifier le blanc de plomb, et certains droguistes en préparent des trochisques dits de *corne de cerf calcinée.*

731. 8e sous-espèce. *Chaux carbonatée grossière.* (*Calcaire grossier,* Brongn.; *pierre à bâtir des Parisiens, calcaire à cérites,* etc.) Le *calcaire grossier* est la pierre à bâtir des environs de Paris. Sa texture est lâche et son grain grossier. Il est facilement entamé par les instrumens tranchans, et ne peut recevoir aucun poli. Sa couleur est le blanc sale ou jaunâtre. Quelques variétés ont le grain fin, assez de blancheur et peu de dureté; d'autres ont le grain plus grossier, mais sont encore très tendres; d'autres enfin, quoique d'une texture très lâche, d'un grain grossier et parsemées de coquilles, ont une grande dureté. Cette sous-espèce donne de très mauvaise chaux.

731 *bis. Gisement.* Comme plusieurs des sous-espèces que nous venons d'étudier, ce calcaire forme des bancs puissans et très étendus, mais il ne constitue jamais de hautes montagnes. Les collines qu'il forme sont plus ou moins arrondies; leurs flancs sont parfois escarpés. Il fait aussi la base d'assez grandes plaines en France : telles sont celles des environs de Paris, de Caen, etc. Ces couches distinctes, horizontales, dont l'épaisseur varie, sont quelquefois séparées par du sable ou de la marne, par de l'argile, et plus rarement par des masses géodiques de quarz et de chaux carbonatée cristallisée (Neuilly près Paris). Il est surtout caractérisé par les coquilles nombreuses dont il conserve les noyaux, ou même le test : telles sont surtout les *cérites*, les *cythérées*, les *madrépores*, les *nummulites*, etc. (banc de Grignon près Versailles). Les silex pyromaques, si abondans dans la craie, sont remplacés ici par des silex cornés sphéroïdaux et en couches horizontales interrompues. On n'y observe pas non plus de substances métalliques, si ce n'est quelques traces de fer hydroxidé et quelques petits

amas de zinc carbonaté. On cite aussi de petits dépôts de lignites.

Les carrières des environs de Paris qui fournissent les meilleures pierres à bâtir sont celles de Saint-Nom dans le parc de Versailles, de La Chaussée près Saint-Germain, de Poissy, de Nanterre, de Saillancourt près Pontoise, de Conflans-Sainte-Honorine, de Saint-Nicolas près Senlis, de Saint-Leu (Oise), etc.

732. 9e sous-espèce. *Chaux carbonatée terreuse.* Cette sous-espèce comprend :

L'*agaric minéral,* qui se trouve dans les fentes ou les endroits creux des montagnes calcaires. On suppose qu'il y a été déposé par les eaux de pluie filtrant à travers les roches. Il est très abondant en Suisse. Sa couleur ordinaire est le blanc jaunâtre, quelquefois le blanc de neige ou le blanc grisâtre. Il est composé de particules pulvérulentes sans éclat, qui ont peu de cohérence entre elles. Il est doux au toucher, fortement tachant. Il ne happe pas à la langue, est léger, et presque surnageant ;

La *farine fossille,* qui est blanche, légère comme du coton. Elle se réduit en poudre par la plus faible pression. Elle recouvre, sous forme d'un enduit d'un centimètre d'épaisseur, les surfaces inférieures ou latérales des bancs de chaux carbonatée grossière. On en trouve à Nanterre près Paris.

733. 10e sous-espèce. *Chaux carbonatée mélangée.*

A l'exemple de plusieurs minéralogistes, nous réunissons sous ce nom diverses variétés de chaux carbonatée qui contiennent des quantités variables de matières étrangères, et parmi lesquelles nous citerons:

A. *Chaux carbonatée quarzifère.* (*Grès cristallisé de Fontainebleau.*)

Se trouve en cristaux, en concrétions mamelonnées et en masses amorphes. Les cristaux ont pour forme dominante le rhomboèdre *inverse;* ils raient le verre et étincellent sous le choc du briquet, effet dû à la grande quantité de quarz qui s'y trouve interposée. Il est d'un blanc grisâtre à l'extérieur, d'un gris sombre à l'intérieur, et soluble en partie et avec effervescence dans l'acide nitrique. Il pèse 2,6.

On le trouve dans les carrières de grès voisines de Fontainebleau et de Nemours. Ses cristaux sont tantôt implantés dans des cavités qui existent dans l'intérieur des masses de grès, tantôt disséminés dans le sable qui remplit ces cavités.

B. *Chaux carbonatée siliceuse.* (*Calcaire siliceux* de Brongniart; *silicalx* de Saussure.)

C'est un mélange intime de silice et de chaux carbonatée; aussi est-il assez dur pour étinceler avec le briquet, et ne se dissout-il qu'en partie dans les acides. Il n'affecte pas de formes particulières, et offre dans son intérieur des infiltrations de quarz hyalin, et quelquefois, mais très rarement, des débris de corps organiques fluviatiles ou terrestres.

Il forme des couches puissantes entre les assises supérieures du calcaire grossier et les assises inférieures du terrain gypseux (partie méridionale et orientale de Paris entre la Seine et la Marne).

C. *Chaux carbonatée ferrifère.* (*Calcaire jaunissant.*)

Il a pour caractères essentiels de jaunir par le contact de l'acide nitrique, de laisser, lorsqu'on le chauffe au chalumeau, un globule attirable à l'aimant, et de ne pas brunir par l'action de la chaleur, ce qui indique l'absence du manganèse. La couleur varie entre le gris noirâtre et le noir brunâtre. Il pèse 2,81. Il offre, à peu de chose près, les mêmes caractères géométriques que le calcaire pur; il est probable que c'est une combinaison en proportions fixes de carbonate de fer et de carbonate de chaux.

Il se trouve engagé dans un gypse compacte blanc ou gris, aux environs de Salsbourg en Bavière, près de Hall en Tyrol; engagé dans un fer oxidé brunâtre en Espagne.

D. *Chaux carbonatée ferro-manganésifère.* (*Calcaire brunissant,* Brongniart; *spath brunissant,* Brochant; *spath perlé; sidérocalcite* de Kirwan.)

Il brunit par l'action de l'acide nitrique, par celle du feu, par celle de l'air; il se dissout lentement dans l'acide nitrique. Ses formes sont à peu près celles du calcaire pur. Ses cristaux sont généralement courbes, et ont un éclat perlé; tantôt ils sont incolores, et tantôt colorés. Sa densité est de 2,88.

Il se trouve le plus souvent en filons, tantôt en masses, tantôt en petits cristaux groupés en stalactites sur d'autres cristaux; accompagne assez souvent la chaux carbonatée ordinaire, et se rencontre dans beaucoup de filons métallifères (Sainte-Marie-au-Mines; Baigorry dans les Pyrénées; Saxe, Hartz, Hongrie, Suède, etc.).

E. *Chaux carbonatée manganésifère.* (*Calcaire rose,* Brongniart.)

Il est rose, brunit par la chaleur, et se dissout lentement dans l'acide nitrique; il est opaque, quelquefois translucide sur les bords, plus dur que la chaux carbonatée pure; se trouve ordinairement en petites masses, et plus rarement en cristaux qui présentent le rhomboèdre primitif de la chaux carbonatée.

Il accompagne les minerais aurifères de Nagyag en Transylvanie.

F. *Chaux carbonatée fétide.* (*Calcaire fétide, pierre puante,* Brochant; *lucullite,* Jameson; *pierre de porc.*)

Il est généralement noir, exhale une odeur d'œufs pourris par le frottement, effet dû à la décomposition des pyrites qu'il contient. Il fait une vive effervescence dans l'acide nitrique; il est ou en prismes fasciculés, qui se divisent très nettement en rhomboèdres primitifs, ou plus souvent en petites masses terreuses et grossières, qui forment des amas considérables dans le calcaire de transition.

G. *Chaux carbonatée bituminifère.*

C'est un mélange de calcaire et de bitume employé quelquefois dans certains pays comme combustible. Les marbres noirs de Namur et de Dinant appartiennent à cette variété.

APPENDICE.

Marne.

734. Les marnes sont des mélanges d'argile et de chaux carbonatée, dans lesquels la proportion de cette dernière substance est assez variable. D'après cette proportion on en distingue deux variétés principales : la *marne argileuse* et la *marne calcaire*. Les marnes ont l'aspect de l'argile ou de la craie; elles sont tendres, friables, et font une vive effervescence avec les acides. Elles se distinguent des *argiles,* en ce qu'elles ne forment pas une pâte liante avec l'eau et ne se durcissent pas au feu, et des *pierres calcaires pures*, par le résidu considérable qu'elles laissent quand on les traite par l'acide nitrique.

1. *Marne argileuse.* Tantôt compacte, tantôt feuilletée ou friable; se délite facilement à l'air, se gonfle et se délaie dans l'eau. Sa couleur est ordinairement grise, quelquefois brunâtre ou verdâtre; chauffée au chalumeau, elle donne un verre noirâtre.

On l'emploie dans la composition des faïences communes.

2. *Marne calcaire.* Elle est bien plus aride au toucher que la précédente; elle ne se délaie pas dans l'eau, et ne fait pâte avec elle qu'après avoir été long-temps broyée. Elle est bien plus dure qu'elle, mais ordinairement elle se délite à l'air, et se réduit d'elle-même en une poussière assez fine. Ses couleurs sont le blanc, le gris, le jaunâtre sale, le brun pâle; elle est tantôt compacte, tantôt friable.

734 *bis. Gisement.* Le gisement des marnes est à peu près le même que celui des argiles. Elles se trouvent, comme ces

matières, en couches ou en rognons dans les terrains secondaires et tertiaires. Les marnes argileuses paraissent être les plus nouvelles, et les marnes calcaires compactes les plus anciennes. Ces marnes forment quelquefois des masses sphéroïdales au milieu des couches d'autres marnes. Ces sphères sont souvent creuses et composées de prismes irréguliers, dont les intervalles sont quelquefois remplis d'une matière calcaire spathique. On nomme ces masses *jeux de Vanhelmont*. Les marnes calcaires sont généralement situées plus profondément que les marnes argileuses; mais ni les unes ni les autres n'atteignent jamais une grande profondeur. Les dernières sont fréquemment superficielles et à peine recouvertes par quelque dépôt sablonneux.

Usages. On emploie les marnes pour amender les terres. Celles qui sont argileuses exigent des marnes calcaires, et celles qui sont légères des marnes argileuses. (Brongniart, *Traité de Minéralogie*.)

Gisement général des calcaires.

735. Il n'y a peut-être pas de substance minérale aussi répandue que la chaux carbonatée. Elle se trouve dans toutes les époques de formations, en amas, en couches, en dépôts plus ou moins étendus, et constitue même des montagnes et des chaînes de montagnes tout entières.

Voici la liste des calcaires purs ou mélangés, placés suivant l'époque de leur formation.

Terrains	Variétés
Terrains primitifs.	Calcaire cristallisé.
	fibreux.
	saccharoïde.
	ferro-manganésifère.
	manganésifère rose.
Terrains de transition.	Calcaire compacte sublamellaire,
	noir et gris (marbres).
	saccharoïde (marbres).
Terrains secondaires inférieurs.	Calcaire compacte fin, gris noir et jaunâtre.
	fétide et bituminifère.
Terrains secondaires moyens.	Calcaire compacte blanc.
	oolithe.
Terrains secondaires supérieurs.	Calcaire craie.
Terrains tertiaires et plus modernes.	Calcaire grossier.
	concrétionné.
	quarzifère.
	siliceux.
	marne.
	terreux.
	incrustant.

Nous avons indiqué à la suite des principales variétés les gisemens particuliers qu'elles nous offrent; nous observerons seulement que celles d'entre elles qui forment des couches et même des terrains très étendus, renferment dans leurs cavités et dans les filons qui les traversent, les variétés nombreuses du calcaire cristallisé et le calcaire fibreux. Le calcaire concrétionné, dont la formation est toujours beaucoup plus récente que celle des roches dans les cavernes desquelles il se rencontre, tapisse les voûtes, le sol et les parois de ces cavernes, qu'il finit quelquefois par remplir entièrement. Il se forme encore de nos jours.

5e ESPÈCE. *ARRAGONITE.*

(*Chaux carbonatée prismatique,* Brongn. ; *calcaire excentrique* de Karsten ; *chaux carbonatée dure* de M. de Bournon.)

736. *Caractères essentiels.* Cette espèce se distingue de la précédente par son système cristallin, qui peut être rapporté par le clivage à un *octaèdre symétrique rectangulaire* de 115° 56′, et de 109°28′. Dans l'arragonite, la symétrie est donc ordonnée par les nombres 2,4,8, et dans la chaux carbonatée par les nombres 3,6,12.

Tantôt l'arragonite se trouve à l'état de concrétions, et diffère alors très peu de la chaux carbonatée fibreuse ; tantôt, et c'est le cas le plus ordinaire, elle se trouve en cristaux disséminés, ou plus souvent réunis en masses rayonnées, à rayons divergens. Ses principales formes sont : 1°. un prisme hexagonal irrégulier, mais symétrique ; il a deux angles de 116°, et deux de 128° ; 2°. un prisme hexagonal qui n'est pas même symétrique ; 3°. un autre prisme hexagonal qui n'est ni régulier ni symétrique, et qui présente sur une de ses faces un angle rentrant ; 4°. plusieurs autres prismes hexagonaux dans lesquels il y a deux angles rentrans ; 5°. un autre qui offre deux faces latérales qui ne sont pas parallèles, et deux faces avec angle rentrant ; 6°. l'octaèdre primitif, le plus souvent cunéiforme, et offrant quelquefois une troncature ; 7°. un autre octaèdre cunéiforme, mais plus aigu dans le pointement.

Lorsqu'on casse des cristaux prismatiques d'une certaine dimension, on y observe des espèces de lignes qui se coupent à angles droits ; d'autres paraissent hérissés d'aspérités, qui ne sont autre chose que les pointemens de tous les petits prismes qui composent le gros. Quelquefois les cristaux présentent une double pyramide très aiguë ou dodécaèdre triangulaire isocèle. Il arrive souvent que l'on n'aperçoit pas la forme prismatique dans les cristaux, on n'en voit que le pointement.

Ils se trouvent tantôt isolés, tantôt réunis ou groupés, mais très rarement parallèles. Il résulte de la tendance qu'ils ont à diverger, que lorsqu'ils se trouvent en grande quantité, les masses sont toujours rayonnées. La cassure est conchoïde; on y voit quelquefois des indices de lames parallèles aux faces.

La couleur est ordinairement le blanc grisâtre ou verdâtre. Il y en a aussi des variétés vertes, des rouges, des violettes, mais elles sont plus rares. En général, les couleurs sont ternes et pâles. Extérieurement l'éclat est tantôt vif, tantôt terne; il est toujours vif à l'intérieur; il y a cependant des variétés qui sont sans éclat. Certains cristaux sont diaphanes; mais ils le sont toujours moins que ceux de l'espèce précédente. La réfraction est double, mais à travers deux faces non parallèles; elle est aussi moins intense que dans la chaux carbonatée. L'arragonite est assez facile à casser; il n'en est pas de même des masses composées de cristaux groupés en travers. Elle raie la chaux carbonatée et la chaux fluatée. Elle donne de la chaux pure au chalumeau, mais ne décrépite pas, et se disperse lentement: c'est un assez bon caractère pour la distinguer de la chaux carbonatée rhomboédrique.

Sa pesanteur spécifique est de 2,995.

Composition. $= \ddot{C}a\ddot{C}^2$, la même que celle de l'espèce précédente. Elle contient ordinairement en plus une très petite quantité de carbonate de strontiane et un peu d'eau. Comme toutes les variétés ne contiennent pas de strontiane, on ne peut attribuer à la présence de cet alcali la différence de forme qui existe entre elle et l'espèce précédente.

Ses variétés de structure sont peu nombreuses et assez distinctes; les principales sont:

Arragonite aciculaire. En petites aiguilles déliées, éclatantes, tantôt libres, tantôt réunies et radiées.

Arragonite baccillaire. En grosses baguettes prismatiques, d'une longueur souvent très considérable.

Arragonite fibreuse.

Arragonite coralloïde (flos ferri). Formée de petits cylindres blancs, souvent contournés et repliés sur eux-mêmes. Leur intérieur présente un assemblage d'aiguilles convergentes. Dans ce dernier cas, l'arragonite est difficile à distinguer de la chaux carbonatée ordinaire, lorsqu'on ne peut avoir recours à l'observation de la forme primitive et à celle de la plupart des caractères physiques.

Arragonite compacte. Il est presque impossible de la distinguer de la chaux carbonatée romboédrique.

737. *Gisement.* L'arragonite ne forme jamais de terrains à elle seule ; elle se présente accidentellement dans les roches de serpentine, les argiles ferrugineuses, les gypses qui accompagnent la soude muriatée, et dans plusieurs roches pyrogènes, comme les basaltes, les tufs basaltiques et quelques laves. On en rencontre aussi dans les amas et filons métallifères, tels que ceux d'argent, de cuivre, de plomb argentifère, de fer hydroxidé, etc. On voit d'après cela que l'arragonite accompagne toujours le gypse, les roches volcaniques et le fer oxidé. Ce dernier cas est le plus commun, et c'est à cette circonstance particulière qu'une de ses variétés doit le nom de *flos ferri.*

Les localités où l'on trouve principalement cette espèce sont : près de Molina en Arragon (d'où lui est venu le nom d'arragonite), et à Valence en Espagne ; une grande partie de l'Allemagne, le Piémont, l'Écosse, et en France, Bastènes près Dax (Landes), Faydel (Tarn), Framont (Vosges), Vertaison (Allier), etc., etc. Elle existe au Vésuve, à l'Etna, à l'île de Bourbon, dans les cellules des laves.

6e ESPÈCE. DOLOMIE.

(*Chaux* et *magnésie carbonatées. Chaux carbonatée magnésifère* d'Haüy ; *conite ; muricalcite* de Kirwan ; *miemite ; calcaire lent.*)

738. *Caractères essentiels.* Cette espèce se trouve à l'état cristallin, soit en cristaux isolés, soit en druzes ou en masses laminaires. Sa forme primitive est un *rhomboèdre* peu différent de celui de la chaux carbonatée. Ses angles sont de 106° 15′ et 73° 45′. Sa dureté est plus grande que celle de la chaux carbonatée. Sa densité est de 2,9.

Composition. $= \dot{Ca}\ddot{C}^2 + \dot{Mg}\ddot{C}^2$.

On peut partager cette espèce en trois sous-espèces.

1re sous-espèce. *Dolomie lamellaire.* (*Picrite ; spath magnésien*, Brochant.) C'est à cette sous-espèce que l'on rapporte tous les cristaux de la dolomie. Ils ne sont pas toujours terminés ni faciles à reconnaître au premier abord ; mais le clivage amène bientôt à la forme primitive. Les formes dominantes approchent beaucoup de celle-ci ; quelquefois cependant on trouve la dolomie sous forme de prismes hexagonaux et de cristaux lenticulaires. La couleur est ordinairement brune ou jaunâtre. Comme les autres sous-espèces, elle fait difficilement effervescence avec les acides ; il faut, pour que cet effet ait lieu, la réduire en poudre et la chauffer avec ces liquides.

2e sous-espèce. *Dolomie granulaire.* Elle est grise ou blanche ; forme des espèces de marbres grenus non susceptibles de poli. Elle est presque toujours mêlée de talc, d'arsenic sulfuré et de la sous-espèce précédente. Réduite en lames assez minces, elle devient flexible, ce qui tient à ce que son tissu est assez lâche pour permettre à leurs particules de jouer jusqu'à un certain point, sans cependant perdre leur adhérence. Elle est d'autant plus flexible qu'elle est plus pénétrée d'eau.

3e sous-espèce. *Dolomie compacte.* Se présente en masses compactes, à structure grenue, fine, tantôt blanche, tantôt grise, ressemblant beaucoup au calcaire saccharoïde. Sa cohésion est très forte. Elle se disgrège au contact de l'air, comme toutes les terres magnésiennes. Elle rend le sol sur lequel on la jette d'une stérilité complète; mais au bout d'un certain temps, ce même sol devient plus fertile qu'auparavant. Le premier effet est attribué à la magnésie, le second à la chaux.

739. *Gisement.* La dolomie se trouve dans les terrains primitifs en cristaux implantés ou disséminés, ou bien en couches puissantes, intercalées avec des micaschistes et des roches de serpentine. Elle est souvent associée, comme au Saint-Gothard, avec la chaux carbonatée, l'arsenic, l'antimoine, le fer et le zinc sulfurés, la trémolite, le corindon, le mica, la tourmaline, etc. Mais elle appartient aussi à des terrains plus nouveaux, dans lesquels elle forme des masses considérables, des collines, des montagnes; et elle y est en quantité d'autant plus grande que ces terrains se rapprochent davantage des terrains volcaniques, qui contiennent surtout du pyroxène. Aussi certains auteurs pensent-ils que c'est cette dernière substance qui a introduit la magnésie dans la chaux carbonatée, par un moyen analogue à celui de la cémentation.

Elle est commune en Angleterre, en Thuringe, dans le Salzbourg, la Carinthie, les Alpes; on la cite aussi en Suède, en Espagne, dans la vallée de Sésia en Italie, et au mont Somma; au Mexique, dans les filons d'argent aurifères, etc.

Usages. La dolomie est employée pour préparer du sulfate de magnésie. *Voyez* Epsomite (686).

7° ESPÈCE. *GAY-LUSSITE.*

(*Chaux* et *soude bi-carbonatées hydratées.*)

739 *bis. Caractères essentiels.* Cette substance, qu'on n'a encore trouvée qu'en cristaux, est tendre, aigre et très facile à casser. Sa cassure est conchoïde, jouit d'un éclat vitreux très vif, passant à l'éclat adamantin. Sa poussière est d'un blanc grisâtre, matte au toucher, et tache faiblement. Ses cristaux sont, ou diaphanes et sans couleur, ou demi-transparens et salis par une très légère teinte grise, due à la présence d'une très petite quantité d'argile disséminée en particules impalpables. Ils ne sont ni phosphorescens par frottement, ni électriques par chaleur. Chauffés dans le petit matras, ils décrépitent légèrement, deviennent opaques, et abandonnent une certaine proportion d'eau. Traités au chalumeau, ils se fondent rapidement en un globule opaque, qui, refroidi et mis sur la langue, y développe une saveur alcaline très prononcée.

Sa pesanteur spécifique est de 1,9.

La forme primitive de la gay-lussite est, suivant M. Cordier, un *octaèdre irrégulier* de 70° 30′, 109° 30′ et 104° 45′. On observe plusieurs formes secondaires, qui sont composées en grande partie de facettes additionnelles.

Composition. Cette substance est un double carbonate de chaux et de soude, avec une certaine proportion d'eau; sa formule chimique, suivant M. Boussingault, $= \dot{Ca}\ddot{C}^2 + \dot{\dot{So}}\ddot{C}^2 + 11 Aq$.

Gisement. La gay-lussite a été trouvée depuis peu par M. Boussingault dans les environs de Bogota, à Lagunilla, petit village indien, situé à un jour de marche au sud-ouest de la ville de Merida. Elle se trouve en très grande abondance disséminée dans un terrain argileux qui contient de gros fragmens de grès secondaire, et qui repose sur une couche de carbonate de soude, nommé *urao* par les naturels. Ce dernier sel, situé au milieu d'une lagune d'une assez grande étendue, est analogue au carbonate de soude (trona) de Sukena en Afrique, et a été également découvert et décrit par M. Boussingault et M. Rivero. (*Annales de Chimie et de Phys.*, tom. XXIX, pag. 110.)

8e ESPÈCE. *DATHOLITE.*

(*Chaux boro-silicatée. Botryolite; esmarkite.*)

740. *Caractères essentiels.* Substance vitreuse, d'un aspect nébuleux, jaunâtre ou verdâtre, rayant la chaux fluatée, et étincelant sous le choc du briquet. Exposée au chalumeau, elle blanchit, devient friable, se boursoufle et se fond; elle fait gelée dans les acides. Sa densité est de 2,98. Sa forme primitive est un *prisme droit rhomboïdal* de 109° 28′ et 70° 32′. On y est amené, non par le clivage, mais par la consideration de la forme secondaire.

Composition. $= \ddot{C}a\,\dddot{B}^2 + \ddot{C}a\dot{S}i^2 + Aq.$

On a donné le nom de *botryolite* à une datholite concrétionnée, rougeâtre à l'extérieur, grise à l'intérieur. Sa cassure est écailleuse, et son tissu quelquefois fibreux, à fibres très déliées. Quelques chimistes la considèrent comme une espèce particulière. Elle contient moins d'acide borique que la précédente ($\ddot{C}a\,\dddot{B} + \ddot{C}a\dot{S}i^2 + Aq.$).

Toutes deux se trouvent à Arendal en Norwège, accompagnées de talc et de chaux carbonatée laminaire.

9ᵉ ESPÈCE. *PHARMACOLITE.*

(*Chaux arseniatée.*)

741. *Caractères essentiels.* Substance d'un blanc de lait, quelquefois colorée en rose par du cobalt arsenical; insoluble dans l'eau, soluble sans effervescence dans l'acide nitrique, et donnant une odeur d'ail par le chalumeau. Elle est toujours sous forme de mamelons, dont l'intérieur est légèrement nacré et strié du centre à la circonférence, quelquefois en fils déliés. Selon M. Beudant, elle cristallise en prisme hexagonal.

Sa pesanteur spécifique est de 2,54.

Composition. $= \ddot{\mathrm{Ca}}\overset{\therefore}{\dot{\mathrm{As}}} + 6\mathrm{Aq}$. Elle est quelquefois mélangée d'un peu de magnésie arseniatée. Elle constitue alors un minéral connu sous le nom de *picropharmacolite,* dont la formule est $\left.\begin{matrix}\ddot{\mathrm{Ca}}^5\\ \dot{\mathrm{Mg}}^5\end{matrix}\right\}\overset{\therefore}{\dot{\mathrm{As}}}{}^4 + 30\mathrm{Aq}$.

741 *bis. Caractères d'élimination.* La chaux arseniatée peut être confondue avec l'*arsenic oxidé* et la *chaux carbonatée.* On la distingue du premier en ce qu'il est soluble dans l'eau et volatil sans résidu; de la seconde, en ce que celle-ci fait effervescence dans l'acide nitrique et ne dégage pas une odeur d'ail par la chaleur.

Gisement. Elle se trouve en Souabe dans la mine appelée *Sophie.* Sa gangue est un granite à gros grains, qui est accompagné de chaux et de baryte sulfatées.

10ᵉ ESPÈCE. *PHOSPHORITE.*

(*Chaux phosphatée.*)

742. *Caractères essentiels.* Son système cristallin dérive d'un *prisme hexagonal régulier.* On la trouve, tantôt à l'état cristallin, tantôt à l'état terreux.

Composition. $= \ddot{C}a^3 \overset{\therefore}{\ddot{P}}{}^2$.

On peut la partager en deux sous-espèces.

1re sous-espèce. *Phosphorite cristallisée.* (*Apatite, chrysolite, béril de Saxe* ou *agustite* de Tromsdorff.) Se trouve rarement en masses. Ses formes dominantes sont : 1°. le prisme à six faces, régulier; 2°. le même, tronqué sur toutes les arètes latérales; 3°. le même, ayant les bords de la base tronqués : il y a des cristaux à la fois tronqués sur les bords latéraux et sur ceux de la base; 4°. le prisme hexaèdre tronqué sur les bords de la base et sur les angles : il y a douze facettes à chaque sommet; 5°. le prisme hexaèdre terminé par un pointement à six faces, reposant sur les faces latérales. C'est la même forme que celle du quarz, mais le pointement est moins allongé. Dans tous les autres cristaux la base existe, mais, comme on le voit, elle n'existe pas dans ceux-ci. 6°. Le prisme hexaèdre tronqué sur les arètes, tronqué sur les angles. Il y a trois facettes qui naissent sur chaque arète, et deux faces qui sont adjacentes.

On ne trouve jamais dans le même gisement les cristaux pyramidés et ceux qui ne le sont pas; ils sont tantôt isolés, tantôt implantés en forme de druzes, assez petits. Les plus volumineux viennent de la Norwège. On en trouve quelquefois des masses carriées mélangées de quarz, auquel elles doivent la propriété de faire feu avec le briquet. La cassure est souvent conchoïde. Des fissures indiquent quelquefois très nettement trois clivages parallèles aux faces et un parallèle à l'axe. Il arrive souvent que les faces latérales du prisme sont striées. Il y a aussi des cristaux en Norwège, dont les faces sont arrondies et présentent quelques bulles. Les couleurs sont très variées. On en trouve d'incolores au Saint-Gothard. Les variétés blanc de lait, bleues, violettes, appartiennent à des cristaux non pyramidés; les variétés vertes, olives, jaunâtres ou brunâtres appartiennent aux cristaux pyramidés. La variété *bleue* a été désignée sous le nom d'*agustite;* la variété *verte* a été appelée *pierre d'asperge, asparagolite;* enfin les variétés de diverses couleurs se présentant sous la forme guttulaire ont reçu le nom de *moroxite*. La cassure offre un éclat vif, mais gras et résineux. La transparence varie beaucoup. La chaux phosphatée cristalline raie la chaux carbonatée, et non la chaux fluatée, excepté cependant la variété cariée qui contient du quarz.

Sa pesanteur spécifique est de 3,2.

Les variétés qui ont la base du prisme sont phosphorescentes. Elle se dissout lentement et sans effervescence dans l'acide nitrique; elle est infusible au chalumeau. Si on la fond avec l'acide borique, et que l'on enfonce dans le globule un fil de fer, et que l'on chauffe de nouveau, le fer est attaqué, et il se forme un peu de phosphure.

Gisement. On la trouve dans les petits filons des roches anciennes, et rarement implantée dans ces mêmes roches, en Saxe, en Bohême, en Norwège, accompagnant un minerai de fer; en Espagne, au Saint-Gothard, dans les fentes des roches; en Moravie, dans des masses talqueuses. Elle se trouve près de Nantes, implantée dans une espèce de granite. Ses associations les plus communes sont avec le quarz, la chaux fluatée, la baryte sulfatée, l'argile lithomarge, la topaze, le felspath, le fer et la chaux tungstatée, le fer arsenical, etc. La variété nommée *chrysolite* se trouve principalement dans les produits volcaniques, accompagnée d'idocrase (Vésuve, cap de Gate, environs d'Albano près Rome, Mont-Ferrier près Montpellier, etc.).

2e. sous-espèce. *Phosphorite terreuse.* Se trouve en masses solides (Espagne), et en masses friables (Hongrie). Celles qui sont solides ont une structure un peu concrétionnée, une cassure inégale; elles sont un peu fibreuses, opaques, tendres, se laissent rayer par l'ongle. La chaux phosphatée terreuse contient quelquefois du quarz. Sa couleur est d'un blanc jaunâtre. La variété pulvérulente est grisâtre ; sa poussière est phosphorescente sur les charbons, phénomène que l'on n'observe pas avec la chaux phosphatée artificielle.

La variété qui vient de Hongrie avait été regardée pendant long-temps comme de la chaux fluatée terreuse. Celle qui se trouve en Espagne constitue une roche simple, disposée par grandes couches entrecoupées de quarz, aux environs du village de Logrosan, juridiction de Truxillo, dans l'Estramadure. On trouve dans quelques amas de fer oxidé magnétique des terrains primitifs de petits nodules verdâtres, composés de chaux phosphatée, contenant 38 pour 100 de fer, probablement à l'état de phosphate (Suède, Laponie, Norwège). Cette variété se présente aussi dans des terrains assez modernes, comme dans la craie (cap de la Hève, près le Havre), et dans l'argile et les terrains de lignites (environs de Paris, Auteuil).

743. *Usages*. On pourrait employer la chaux phosphatée dans la préparation du phosphore ; mais on préfère employer pour cet usage les os des animaux, qui sont formés de chaux phosphatée et de gélatine. Par la calcination, la gélatine est détruite, et le phosphate de chaux se trouve alors dans un état de friabilité qui permet de le diviser plus facilement que le phosphate de chaux naturel.

11e ESPÈCE. *CHAUX NITRATÉE*.

744. *Caractères essentiels*. Ce sel est peu abondant et tombe facilement en déliquescence ; il fuse lentement sur les charbons enflammés, et y laisse un résidu blanc, pulvérulent, qui n'attire plus l'humidité de l'air ; il est phosphorescent dans l'obscurité après sa calcination. Quand on le fait cristalliser artificiellement, sa forme est un prisme hexaèdre terminé par

une pyramide à six faces; mais dans la nature on ne le trouve que sous forme d'efflorescences ou de houpes soyeuses.

Composition. = $\dot{Ca}\,\overset{\cdot\cdot\cdot\cdot\cdot}{A}{}^{2}$.

Il se trouve sur les parois des vieux murs, des cavernes, ou des roches calcaires, près desquelles se trouvent des matières animales en décomposition. Il en existe dans les eaux de quelques fontaines, et dans presque tous les lieux où se trouve la potasse nitratée. On emploie les substances qui en contiennent dans la préparation du salpêtre. (Voyez *Potasse nitratée*, 827.)

12e ESPÈCE. *SCHÉÉLITE.*

(*Chaux schéélatée. Tungstate de chaux* des chimistes.)

745. *Caractères essentiels.* Minéral ordinairement blanchâtre, quelquefois couleur de rouille ou bleuâtre, d'un aspect gras; éclat assez vif dans le sens des joints parallèles à la forme primitive; structure et cassure laminaires; ne faisant pas effervescence avec les acides, et devenant jaune par le contact de l'acide nitrique.

Sa pesanteur spécifique est de 6,06.

Sa forme primitive est un *octaèdre symétrique surbaissé*, auquel le clivage conduit assez facilement.

Composition. = $\dot{Ca}\,\dddot{Tu}{}^{2}$.

Gisement. La schéélite accompagne le schéélin ferrugineux dans plusieurs mines d'étain, de Bohême, de Saxe, d'Angleterre; on l'a rencontrée aussi en Suède, dans un terrain de gneis.

13e ESPÈCE. *SPHÈNE.*

(*Chaux titano-silicatée. Titanite.*)

746. *Caractères essentiels.* Substance fragile, mais assez difficile à pulvériser, rayant la chaux phosphatée, et rayée par

le felspath, ayant une cassure vitreuse et raboteuse, tantôt transparente, tantôt translucide; infusible au chalumeau sans addition; colore le phosphate d'ammoniaque et de soude en jaune à chaud, et en violet à froid. Sa forme primitive se rapporte à un *octaèdre rhomboïdal* de 103° 20′ et 131° 16′. Les variétés de forme sont remarquables par la tendance qu'elles ont à se réunir. On trouve des cristaux dont les deux sommets ne sont pas identiques, ce qui tient à ce qu'ils sont pyro-électriques.

Composition. = $\ddot{Ca}\,\dddot{Si}^{4} + \ddot{Ca}\,\ddddot{Ti}^{3}$.

746 *bis.* *Caractères d'élimination.* Le sphène brunâtre se distingue de l'*étain oxidé* en ce que celui-ci raie le verre, étincelle sous le briquet, et a une pesanteur spécifique double de la sienne; du *titane oxidé*, en ce que celui-ci raie le verre et offre un clivage qui conduit au prisme rectangulaire; de l'*épidote* et de l'*amphibole* dit *actinote*, en ce que ceux-ci se divisent parallèlement à l'axe de leurs cristaux, tandis que le sphène offre un clivage qui est oblique à l'axe.

Gisement. La chaux titano-silicatée se trouve rarement dans les terrains primitifs, mais assez fréquemment, au contraire, dans les terrains de transition qui contiennent beaucoup de cristaux, comme au Saint-Gothard, et aussi dans des terrains volcaniques. Les cristaux canaliculés sont toujours implantés, et les cristaux simples et réguliers seulement disséminés.

14e ESPÈCE. *WOLLASTONITE.*

(*Chaux silicatée. Spath en table.*)

747. *Caractères essentiels.* Minéral d'un blanc grisâtre, tendre et friable, devenant phosphorescent par collision, faisant une légère effervescence avec l'acide nitrique, et s'y divisant ensuite en grains qui restent au fond de la liqueur;

fond très difficilement. Sa densité est de 2,86. Il a une structure laminaire très sensible, qui conduit par le clivage à sa forme primitive, qui est l'*octaèdre rectangulaire* de 92° 18′ et de 139° 42′.

Composition. = $\dot{\dot{C}}a^3 \dot{\dot{\dot{S}}}i^4$.

Gisement. Se trouve dans des terrains de transition, à Dognatska (Bannat); dans des terrains volcaniques, au Vésuve. On a aussi rapporté à cette espèce un minéral trouvé en Italie, à Capo di Bove, mais qui paraît en différer.

15e ESPÈCE. *AMPHIBOLE.*

(*Chaux, magnésie, fer silicatés.*)

748. *Caractères essentiels.* On a réuni sous le nom d'amphibole des minéraux de composition différente, mais qui se rapprochent du reste par plusieurs caractères, et notamment par leurs formes cristallines, qui dérivent d'un *prisme oblique rhomboïdal* d'environ 124° 30′ à 127°? et dont la base est inclinée sur l'arête obtuse d'environ 105°. Ils raient le verre, donnent difficilement des étincelles par le briquet, offrent une texture ordinairement lamelleuse, et un éclat assez vif, tirant sur le nacré. Quelques variétés fortement colorées agissent sur l'aiguille aimantée.

Exposés au chalumeau, ils fondent et donnent un émail grisâtre, blanc et bulleux, selon les variétés et les mélanges étrangers.

La pesanteur spécifique est de 2,8 à 3,45.

Composition. Variable, généralement formée par 1 atome de tri-silicate et 1 atome de bi-silicate. On peut l'exprimer par la formule suivante, R signifiant radical, $= \dot{\dot{R}}\dot{\dot{\dot{S}}}i^2 + \dot{R}^3\dot{\dot{\dot{S}}}i^4$.

M. Beudant partage les variétés d'amphibole en trois sous-espèces, d'après leur composition; ce sont les suivantes.

749 1re sous-espèce. *Amphibole trémolite* ou *calcaréo-magnésien* (amphibole fibreux, asbeste, amiante, grammatite vitreuse). Substance blanche, ou légèrement grisâtre ou verdâtre, ayant un éclat nacré ou vitreux, une translucidité plus ou moins grande, une structure fibreuse à fibres plus ou moins cassantes. Se trouve tantôt en cristaux dérivant d'un prisme de 126° à 127°, tantôt en masses plus ou moins fibreuses et plus ou moins dures.

Sa pesanteur spécifique est de 0,6 à 2,57.

Composition. $= \ddot{Ca}\dddot{Si}^2 + \ddot{Mg}^3\dddot{Si}^4$.

C'est à cette sous-espèce qu'il faut rapporter les différentes variétés d'asbeste désignées sous les noms d'*amiante*, de *papier*, de *liége*, de *bois* de *montagne*, de *lin minéral*, de *papier*, de *carton* et de *cuir fossiles*. Ces diverses variétés sont remarquables surtout par leur tissu fibreux, dont les fibres sont tantôt assez dures pour rayer le verre, et tantôt assez molles et flexibles pour offrir l'aspect du coton et se laisser imbiber par l'eau. Leur densité présente les deux limites indiquées dans cette sous-espèce. Elles peuvent se réduire par trituration en une poussière fibreuse ou pâteuse, mais sans onctuosité.

750. 2e sous-espèce. *Amphibole actinote* ou *calcaréo-ferrugineux* (stralite, karinthine). Substance d'une couleur verte plus ou moins foncée, due à de l'oxide de chrôme; se présentant ordinairement en longs prismes déliés, très fragiles, d'un éclat vitreux, n'offrant jamais la structure fibreuse de la *trémolite*, et dérivant d'un prisme de 125° à 126°. Fond au chalumeau en émail gris ou jaunâtre.

Sa pesanteur spécifique est de 3,3.

Composition. $= \ddot{Ca}\dddot{Si}^2 + \ddot{Fe}^3\dddot{Si}^4$, toujours mélangée d'une quantité variable de trémolite.

751. 3e sous-espèce. *Amphibole schorlique* (hornblende, pargassite). Se trouve en cristaux, et plus souvent en masses

cristallisées, tantôt saccharoïdes, tantôt rayonnées. La forme dominante des cristaux est un prisme rhomboïdal de 124°30′, mais le plus souvent tronqué sur les arètes aiguës. Il en résulte un prisme à six faces symétriques ; la terminaison n'est pas très variée. On observe rarement des cristaux libres ; ils sont presque toujours hémitropes. On observe aussi des troncatures sur les arètes obtuses et sur les arètes inférieures. La couleur est ordinairement le noir ou le vert bouteille foncé, dû à de l'oxide de fer. Sa texture est sensiblement lamelleuse. Quelques-unes de ses variétés sont attirables à l'aimant.

Composition. M. Beudant considère cette sous-espèce comme un mélange de *trémolite* et d'*actinote*, avec une matière de la formule $\ddot{\mathrm{Ca}}\dddot{\mathrm{Al}}^2 + \ddot{\mathrm{Fe}}^3\dddot{\mathrm{Al}}^4$.

752. *Caractères d'élimination*. L'amphibole noir se distingue de la *tourmaline* en ce qu'il n'est pas électrique par la chaleur comme cette dernière, et qu'il fond au chalumeau en verre noir ; de l'*épidote* par la forme de ses prismes, qui sont de 124° environ, et non de 114°, et par le verre qu'il donne au chalumeau, verre qui n'est jamais gris. Sa fusibilité et la mesure des angles, qui est de 124° au lieu de 92°, le distinguent suffisamment du *pyroxène*.

753. *Gisement*. Les diverses variétés d'amphibole appartiennent aux terrains anciens et aux terrains volcaniques. Dans les premiers, l'*amphibole schorlique* forme à lui seul des couches très étendues, tantôt à l'état *lamellaire* et constituant le *gemeine hornblende* de Werner, tantôt *schistoïde* et formant le *hornblende-schiefer* du même auteur. Uni au felspath, il forme la *diorite* (grünstein de Werner) ; il se trouve aussi disséminé dans quelques roches ; mais les plus beaux cristaux proviennent des terrains volcaniques, où il se rencontre, soit dans les trachytes, soit dans les basaltes et les laves (comme en Auvergne, au Vésuve, au mont Etna, etc.).

L'*amphibole actinote* se rencontre surtout dans les terrains primitifs supérieurs et dans ceux de transition. Il forme des couches dans des micaschistes, et se trouve disséminé dans des roches talqueuses et micacées, comme dans les Alpes de la Suisse, du Tyrol, etc.

L'*amphibole trémolite*, qui contient les nombreuses variétés d'asbeste, appartient aussi, soit aux terrains primitifs supérieurs, soit aux terrains de transition; les roches dans lesquelles on le trouve communément sont la stéatite, des ophiolites, des serpentines, etc. Il tapisse les cavités et les fissures de ces roches; il se mêle souvent avec les cristaux qui l'accompagnent, et les pénètre dans toutes sortes de directions : quelquefois il adhère à la surface des roches qu'il revêt de ses filamens. On en trouve dans les montagnes de la Tarentaise, en Savoie, au Brésil, et surtout à l'île de Corse.

Usages. La variété flexible nommée *amiante* était employée autrefois pour faire des toiles incombustibles, célèbres par l'emploi que l'on en faisait pour recueillir les cendres des morts.

16ᵉ ESPÈCE. *PYROXÈNE.*

(*Chaux, magnésie, fer, manganèse silicatés.*)

754. On a réuni sous le nom de *pyroxène* plusieurs variétés qui ont été décrites comme des espèces, telles que l'*augite* des Allemands, qui est le pyroxène noir ordinaire, la *malacolite* de Suède, la *diopside*, qui réunissait l'*allalite* et la *mussite*, la *coccolite* de Norwège, la *lerzolite*, etc. Les motifs de cette réunion sont la cristallisation et le clivage, et non la composition chimique. Cependant cette dernière offre aussi quelques rapports, et les pyroxènes sont formés par 1 atome d'un bi-silicate de bi-oxide avec 1 atome d'un bi-silcate d'un autre bi-oxide. On peut exprimer cette composition par la formule suivante dans laquelle R signifie *radical* ou le bi-oxide, $\dot{R}^3\dddot{Si}^4+\dot{R}^3\dddot{Si}^4$. Seulement il faut remarquer ici, comme dans le gre-

nat et plusieurs autres minéraux, que certains silicates peuvent se remplacer dans la même espèce, sans changer la cristallisation.

754 *bis. Caractères essentiels.* La cristallisation dérive d'un *prisme rhomboïdal à base oblique reposant sur une arête*. La base sur laquelle l'arête repose est un angle aigu de 87°5', tandis que dans l'amphibole il est obtus et de 124°. La composition offre aussi de l'analogie avec celle de l'amphibole ; c'est en général un silicate de chaux et de magnésie. Les variétés colorées contiennent du fer ou du manganèse ; mais, comme nous venons de le faire observer, on ne remarque aucune variation dans les angles des cristaux, tandis que dans la chaux carbonatée les angles offrent des mesures différentes, selon qu'elle contient du carbonate de fer ou du carbonate de magnésie.

Le pyroxène se trouve le plus souvent cristallisé, plus rarement granulaire, rayonné ou en masses compactes. Il ne présente qu'une seule forme dominante, c'est le *prisme rhomboïdal primitif.* Ce prisme peut être tronqué sur ses arêtes aiguës et sur ses arêtes obtuses ; il en résulte un prisme à 6 et à 8 faces : mais si les troncatures sur les quatre arêtes existent à la fois et sont très fortes, il en résulte un prisme rectangulaire ou un octaèdre cunéiforme ou à base rectangle, irrégulier. Dans quelques cas, la base du prisme existe seulement avec quelques troncatures. Les cristaux sont tantôt terminés de tous côtés, tantôt implantés ou amoncelés. La cassure est lamelleuse dans cinq directions ; cependant quelques cristaux la présentent conchoïde. L'éclat est ordinairement vif à l'extérieur et à l'intérieur ; il est nul dans les masses rayonnées ; il y a translucidité sur les bords. Le vert est la couleur dominante ; il est souvent noirâtre, brunâtre, vert poireau (augite), brun jaunâtre, vert grisâtre (lerzolite), vert clair, vert émeraude (diopside, allalite), blanc verdâtre très clair (mussite). Il existe aussi des cristaux blancs qui viennent des États-Unis. On en a trouvé des masses rayonnées, qui présentent en travers le clivage oblique de cette espèce. Le pyroxène raie difficilement le verre. Sa pesanteur spécifique est de 3,15 à 3,40. Il fond difficilement au chalumeau, et donne un émail diversement coloré.

755. M. Beudant partage cette espèce en quatre sous-espèces, d'après la composition.

1re sous-espèce. *Pyroxène sahlite* ou *calcaréo-magnésien.* (*Diopside; allallite; malacolite; fassaïte; mussite; coccolite.*) Sa composition $= \ddot{Ca}^3\dddot{Si}^4 + \dot{Mg}^3\dddot{Si}^4$. Une portion de chaux est souvent remplacée par le bi-oxide de fer qui donne au composé une couleur verte.

2e sous-espèce. *Pyroxène hédenbergite*, ou *calcaréo-ferrugineux*. Sa composition $= \ddot{Ca}^3\dddot{Si}^4 + \dot{Fe}^3\dddot{Si}^4$.

3e sous-espèce. *Pyroxène pyrosmalite*, ou *ferro-manganésien*. Sa composition $= \ddot{Mn}^3\dddot{Si}^4 + \ddot{Fe}^3\dddot{Si}^4$.

4e sous-espèce. *Pyroxène augit.* (*Lherzolite; schorl volcanique.*) C'est un mélange de pyroxène de chaux et de magnésie, de chaux et de fer, avec des quantités très variables de diverses substances jusqu'à 50 pour cent.

755 *bis. Caractères d'élimination.* Le pyroxène se distingue de la *tourmaline* par sa moins grande fusibilité, et sa non pyro-électricité; de l'*amphibole*, en ce qu'il est aussi moins fusible que lui, et de la *staurotide* en cristaux croisés, en ce que chez celle-ci le croisement des cristaux se fait constamment sous l'angle de 60° et de 90°, tandis que dans le pyroxène il a lieu sous d'autres angles, qui n'ont rien de constant.

756. *Gisement.* On a trouvé le pyroxène dans les terrains volcaniques, en cristaux nombreux, empâtés surtout dans les basaltes. On l'a observé aussi dans des terrains qui ne sont nullement volcaniques, tapissant des cavités ou en filons, formant des veines et des couches dans les terrains primitifs, surtout dans les terrains talqueux.

17e ESPÈCE. *WERNERITE.*

(*Chaux, soude* et *alumine silicatées. Rapidolite; scapolite; paranthine; micarelle; arktisite.*)

757. *Caractères essentiels.* Substance vitreuse ou lithoïde, rayant le verre et étincelant sous le choc du briquet, translucide ou opaque, d'une couleur verdâtre ou grisâtre, et dont la forme primitive est un *prisme droit à base carrée.*

Sa pesanteur spécifique est de 2,6.

Au chalumeau, elle se boursouffle et fond en émail blanc; elle est phosphorescente par la chaleur.

Composition. $= \left.\begin{matrix} \ddot{Ca}^3 \\ \ddot{So}^3 \end{matrix}\right\} \dddot{Si}^4 + 4\dddot{Al}\dddot{Si}$?

757 *bis. Caractères d'élimination.* Le wernerite diffère de l'*épidote*, de l'*idocrase* et du *zircon*, par sa poussière phosphorescente et sa fusibilité au chalumeau, avec boursoufflement.

Gisement. Cette substance se trouve principalement dans les mines de fer d'Arendal en Norwège, où elle est accompagnée de quarz, de felspath, d'amphibole, de grenat, de chaux carbonatée et de mica.

18e ESPÈCE. *PREHNITE.*

(*Chaux* et *alumine silicatées. Koupholite; sthral; zéolite radiée; chrysolite du Cap.*)

758. *Caractères essentiels.* Substance assez dure pour rayer le verre; se boursoufflant beaucoup avant de fondre; à cassure raboteuse dans deux sens, et lamelleuse dans un autre. La cristallisation dérive d'un *prisme rhomboïdal,* dont l'angle est de 102°40′. Elle s'électrise par la chaleur. Les cristaux sont généralement composés de lames rhomboïdales ou hexagonales, isolées ou réunies par le milieu, et implantées dans leur

gangue. Ces lames sont courbes et un peu divergentes par leur extrémité. La couleur verte paraît commune à toutes les variétés de cette substance. Sa pesanteur spécifique est de 2,61 à 2,69. Il en existe une variété en masses compactes, à texture fibreuse, et souvent même radiée, remarquable en ce qu'elle renferme du cuivre natif.

Composition. $= \ddot{C}a^3\dddot{S}i^4 + 4\dddot{A}l\dddot{S}i + Aq$. Elle contient aussi quelquefois un peu d'oxide de fer et de manganèse, en remplacement de la chaux.

758 *bis. Caractères d'élimination.* On peut la confondre avec la *stilbite*, la *mésotype* et le *felspath*. La première de ces substances n'est pas électrique par la chaleur, est rayée par le verre, blanchit et se divise sur un charbon allumé ; la seconde se réduit en gelée dans les acides ; la troisième ne se fond pas en se boursoufflant comme la prehnite.

758 *ter. Gisement.* Se trouve en petits nids et en veines, dans les roches granitiques des terrains primitifs. Elle y est presque toujours accompagnée de chlorite, d'épidote, de felspath, etc. On la trouve aussi dans les roches amygdaloïdes du terrain de transition, et dans quelques roches pyrogènes. Elle existe en Angleterre, à Oberstein (Deux-Ponts), en Écosse, en Styrie, à Fassa (Tyrol), à l'île de Féroë, etc.

19e ESPÈCE. *CHABASIE.*

(*Chaux* et *alumine silicatées hydratées. Zéolite cubique.*)

759. *Caractères essentiels.* Sa cristallisation a pour type un *rhomboïde obtus* très voisin du cube, dont l'angle au sommet est de 94° 46′. Se trouve toujours cristallisée ou en masses cristallines. La forme dominante est ce même rhomboïde tronqué sur ses deux arètes et sur ses angles latéraux. Une autre forme dominante est le dodécaèdre triangulaire isocèle, métastatique, très aigu. La cassure est imparfaitement lamel-

leuse ; l'éclat est assez vif, vitreux ; sa couleur est le gris blanchâtre ou jaunâtre ; raie faiblement le verre ; fond facilement au chalumeau en émail blanc écumeux ; ne forme pas de gelée avec les acides.

Sa pesanteur spécifique est de 2,7.

Composition. M. Berzélius distingue deux espèces de chabasie, une à base de chaux (*levyne*), et une à base de soude.

La première a pour formule $= \left.\begin{matrix} \ddot{C}a^3 \\ \ddot{S}o^3 \\ \ddot{P}o^3 \end{matrix}\right\} \dddot{S}i^4 + 3\dddot{A}l\,\dddot{S}i^2 + 6Aq.$

La seconde $= \left.\begin{matrix} \ddot{S}o^3 \\ \ddot{P}o^3 \end{matrix}\right\} \dddot{S}i^4 + 3\dddot{A}l\,\dddot{S}i^2 + 6Aq.$

On voit que dans la première la chaux peut être remplacée par la soude ou la potasse, et qu'elle ne diffère de l'autre que par la présence de la chaux.

759 *bis. Caractères d'élimination.* On pourrait confondre avec elle la *chaux carbonatée* et la *mésotype*. La première fait effervescence avec les acides ; la seconde est électrique par la chaleur.

Gisement. Se trouve dans des cavités de roches amygdaloïdes et volcaniques. On la rencontre en Islande, en Suède, en Tyrol, au Groenland, etc. Elle tapisse l'intérieur de géodes d'agate. Elle est commune à Oberstein (Deux-Ponts).

20ᵉ ESPÈCE. *STILBITE.*

(*Chaux* et *alumine silicatées hydratées. Blatter zéolite ; crocoïte ; sarcolite.*)

760. *Caractères essentiels.* Ses cristaux dérivent d'un *prisme droit à base rectangle ;* le clivage est facile, et découvre une face latérale du prisme. Il existe un autre clivage parallèle à

l'autre face ; mais il est bien moins facile. La forme dominante est un prisme rectangulaire, terminé par un pointement moins aigu que celui de l'apophyllite et tronqué au sommet. Elle offre un éclat nacré très vif, sur les faces découvertes par le clivage facile. Elle est translucide, raie la chaux carbonatée, et non la mésotype.

Sa pesanteur spécifique est de 2,5.

Il en existe une variété qui est d'un blanc nacré souvent très éclatant, offrant des feuillets disposés en éventail comme ceux de la prehnite. Une autre est en feuillets d'un rouge orangé.

Composition. $= \ddot{Ca}\,\dddot{Si}^2 + 2\dddot{Al}\,\dddot{Si}^3 + 12Aq.$

760 *bis. Caractères d'élimination.* On la distingue de la *chaux sulfatée* en ce que celle-ci se fond en verre sans bouillonner, et que ses lames se divisent par la percussion en rhombes de 113° et 67° ; de la *mésotype*, en ce que celle-ci est pyro-électrique et forme une gelée avec les acides.

Gisement. La stilbite se trouve en masses globuleuses laminaires, empâtées, ou en croûtes recouvrant d'autres minéraux. Les cristaux sont implantés ou groupés. Cette substance se trouve dans les cavités des terrains basaltiques (île de Féroë, Fassa en Tyrol, Vicentin en Italie) et dans quelques filons des terrains primitifs, comme à Arendal en Norwège, Andréasberg au Hartz, Strontian en Écosse, au bourg d'Oisans (Isère), etc.

21e ESPÈCE. *LAUMONITE.*

(*Chaux* et *alumine silicatées hydratées. Zéolite efflorescente; zéolite de Bretagne.*)

761. *Caractères essentiels.* Ses cristaux dérivent d'un *octaèdre à base rectangle* de 98° 12′ et 117° 2′. Ils sont groupés, entrelacés, et donnent un octaèdre cunéiforme pour forme dominante; se décomposent à l'air comme un sel efflorescent. Ils

deviennent opaques, et se délitent parallèlement au clivage (on les conserve en les vernissant avec une solution de gomme arabique). Ils sont incolores, pèsent 3,4, fondent au chalumeau avec boursoufflement, et forment une gelée avec l'acide nitrique.

Composition. $= \ddot{\mathrm{Ca}}^3\dddot{\mathrm{Si}}^4 + 8\dddot{\mathrm{Al}}\,\dddot{\mathrm{Si}}^2 + 36\,\mathrm{Aq}$.

Gisement. La laumonite a d'abord été trouvée dans un filon de minerai de plomb à Huelgoët en Bretagne; depuis on en a retrouvé en beaucoup d'autres endroits, au Saint-Gothard, en druzes sur des cristaux de felspath ou sur de la chaux phosphatée, en Suède, en Chine, etc. Elle appartient généralement aux terrains primitifs, dans lesquels elle est accompagnée de chaux fluatée, de chlorite, de felspath, etc.

22e ESPÈCE. *IDOCRASE.*

(*Chaux, alumine* et *fer silicatés. Vésuvienne; égéran; cyprine; frugardite; wilnite; loboïte; hyacinthe brune des volcans; chrysolite du Vésuve.*)

762. *Caractères essentiels.* Ses cristaux dérivent d'un *prisme droit rectangulaire* ou d'un *octaèdre à base carrée*; se trouve en cristaux et en masses cristallines. La forme dominante est le prisme rectangulaire souvent complet, ou tronqué sur ses arêtes latérales, portant un pointement à 4 faces, reposant le plus souvent sur les arêtes, et plus rarement sur les faces. Les sommets sont très modifiés; il y a aussi des troncatures entre la jonction des faces du prisme et celles de la pyramide. Il peut arriver aussi que le cristal paraisse dodécaèdre par le rappetissement des faces; mais les angles ne sont jamais de 120°. Les cristaux sont souvent prismatoïdes et comme fibreux sur les faces latérales. Sa cassure est conchoïde, inégale, à petits grains; l'éclat est vif : celui des masses l'est moins. L'idocrase est rarement diaphane, offre une double réfraction, raie le verre et

le quarz. La couleur est le brun rougeâtre noir, le vert jaunâtre, le jaune topaze.

Sa pesanteur spécifique est environ 3,4.

Composition. Elle varie : elle contient de la silice, de la chaux, de l'alumine, de la magnésie (loboïte et frugardite), des oxides de fer, de manganèse, de cuivre (cyprine).

763. *Caractères d'élimination.* L'idocrase se distingue du *zircon* cristallisé en dodécaèdre, en ce que celui-ci a une densité supérieure dans le rapport de 5 à 4, une double réfraction plus puissante ; du *péridot,* en ce que sa couleur jaune verdâtre est moins foncée ; de la *méionite*, en ce que cette dernière se fond en un verre spongieux boursoufflé ; de la *tourmaline du Brésil taillée,* en ce que celle-ci est électrique par la chaleur, tandis que l'idocrase ne l'est que par le frottement ; enfin du *grenat,* en ce que, dans ce dernier, les angles quadruples terminaux ne sont pas tronqués, tandis qu'ils le sont dans l'idocrase.

763 *bis. Gisement.* L'idocrase se trouve principalement dans les terrains anciens, disséminée dans des micaschistes, des roches calcaires et magnésiennes. C'est ainsi qu'on la trouve en Sibérie, à Saint-Nicolas près du Mont-Rose, en Tyrol, dans les vallées d'Ala et de Mussa en Piémont. Elle existe aussi, mais moins abondamment, dans les terrains pyrogènes (mont Somma). En effet, les cristaux qu'on rencontre dans ces terrains sont toujours très nets ; or, comme ils sont très fusibles, ils ne peuvent pas avoir été rejetés par des éruptions volcaniques. Ses associations sont très nombreuses dans ces derniers terrains ; elle y est accompagnée de spinelles, de grenats, de méionite, de mica, de népheline, d'amphibole, de fer oligiste, de chaux fluatée, etc.

Usages. On l'emploie quelquefois comme objet d'ornement.

23e ESPÈCE. *AXINITE.*

(*Chaux, alumine, fer silicatés. Thumerstein; schorl violet; yanolite.*)

764. *Caractères essentiels.* La forme générale des cristaux, si l'on fait abstraction des facettes qui les altèrent un peu, est un prisme quadrangulaire tellement oblique et aplati, que ses arètes s'amincissent et deviennent tranchantes comme le fer d'une hache. Son système cristallin dérive d'un *prisme obliquangle à base oblique,* de 135° 10′ et 44° 50′. Elle se trouve le plus souvent cristallisée et en masses cristallines. Il y a deux clivages perpendiculaires à la base. On observe souvent des modifications différentes aux deux extrémités opposées, ce qui tient à ce que les cristaux sont électriques par la chaleur. Ils sont quelquefois pénétrés de chlorite, et alors moins modifiés que les autres. Ils sont accolés assez irrégulièrement dans des cavités; ils se croisent et se pénètrent quelquefois tellement, qu'on leur a donné le nom d'*axinite compacte.* L'éclat est vif, vitreux; elle est demi-diaphane ou translucide, facile à casser; la cassure est inégale; elle raie le verre et non le quarz. La couleur est le rouge violet. On en trouve en masses grisâtres ou d'un brun foncé. Au chalumeau elle bouillonne, et donne un émail jaunâtre.

Sa pesanteur spécifique est de 3,3.

Composition. Les analyses de l'axinite ont toujours indiqué des mélanges de diverses espèces d'axinite, tantôt à base de chaux, tantôt à base de fer ou de manganèse. L'axinite de chaux pure serait composée de $\ddot{Ca}^3\dddot{Si}^4 + 2\dddot{Al}\dddot{Si}$.

764 *bis. Caractères d'élimination.* L'axinite pourrait être confondue avec le *felspath,* mais on l'en distinguera facilement en ce que le dernier se fond en émail blanc, a une densité plus grande dans le rapport de 5 à 4, et que sa dureté lui permet

de rayer le quarz, ce qui n'a pas lieu avec les cristaux d'axinite.

Gisement. Ce minéral est peu abondant. On le trouve en petites veines et en petits filons dans des roches primitives et de transition; en Saxe, au Hartz, en Norwège, en Angleterre, en France, dans les Pyrénées, et au bourg d'Oisans, dans le département de l'Isère.

24e ESPÈCE. *GEHLÉNITE.*

(*Chaux, alumine, fer silicatés; stylobat.*)

765. *Caractères essentiels.* Minéral vert, infusible au chalumeau, cristallisant en prisme droit rectangulaire. La plupart des cristaux ont leurs surfaces couvertes d'un enduit jaunâtre qui paraît dépendre d'une altération particulière. Ils sont ordinairement accolés les uns aux autres comme les pierres d'une mosaïque.

Sa pesanteur spécifique est de 2,98.

Sa composition n'est pas assez bien connue pour en donner la formule. Elle paraît composée de silicate de chaux et de silicate d'alumine, qui est quelquefois remplacé par du silicate de fer.

On la trouve près Fassa en Tyrol, dans de la chaux carbonatée.

25e ESPÈCE. *ANTOPHYLLITE.*

(*Chaux, alumine, fer, magnésie*, etc., *silicatés.*)

766. *Caractères essentiels.* Substance ayant une couleur brunâtre jointe à un aspect métalloïde dans le sens des joints les plus nets, rayant fortement la chaux fluatée, et quelquefois légèrement le verre. Infusible au chalumeau. Sa pesanteur spécifique est de 3,2. Sa forme primitive est un *prisme droit rhomboïdal* de 73°44′ et 106°.

Composition. C'est un double silicate de chaux et d'alumine, qui admet du fer, de la magnésie, de l'eau, etc., dans sa composition, qui, du reste, est trop mal connue pour qu'on puisse établir une formule.

Elle se trouve toujours en cristaux disséminés dans les roches des terrains primitifs, comme celles de quarz et de micaschistes, en Norwège, au Groenland, etc.

VIIe FAMILLE. *STRONTIUM.*

Cette famille comprend deux espèces.

1re ESPÈCE. *CÉLESTINE.*

(*Strontiane sulfatée.*)

767. *Caractères essentiels.* Substance dont le clivage conduit à un *prisme rhomboïdal* de 104° 48′ et 75° 12′.

Chauffée au chalumeau, elle décrépite et donne un globule d'un blanc laiteux qui devient tout hérissé. Ce globule produit sur la langue une saveur aigre et quelquefois sulfureuse. Décomposée par le charbon de manière à former un sulfure, que l'on transforme en hydrochlorate, elle colore en pourpre la flamme de l'alcool. Cet hydrochlorate dissous dans l'eau précipite en blanc par un sulfate, et non par l'arseniate de soude.

Sa pesanteur spécifique est de 3,6.

Composition. $= \dot{Sr}\dddot{S}^{2}$.

On peut la partager en trois sous-espèces.

1re sous-espèce. *Célestine cristallisée.* Se trouve en cristaux ou en masses cristallines rayonnées. La forme qui domine le plus souvent est un prisme obliquangle. Les cristaux ont un clivage triple parallèle aux faces de la forme primitive. Ce clivage est plus facile que ceux qui ont lieu parallèlement à la base. En général, ils sont moins faciles que ceux de la baryte sulfatée. Les cristaux et la cassure des masses ont un éclat vitreux un peu nacré. Ils sont tantôt incolores, tantôt d'un blanc grisâtre, mais le plus souvent bleuâtre. Il y a une variété jaunâtre. Il existe des cristaux plus ou moins diaphanes. Cette substance raie la chaux carbonatée, la baryte sulfatée, mais non la chaux fluatée. La réfraction est double à travers une des bases du prisme et une facette oblique.

2° sous-espèce. *Célestine fibreuse.* En masses aplaties, composées de fibres transversales parallèles. Elle a été formée dans de petits filons qui ont été remplis par de la strontiane sulfatée. Quelquefois les fibres sont assez grosses pour qu'on puisse y observer le clivage. La couleur est le bleu de ciel ou d'indigo.

3e sous-espèce. *Célestine compacte* (strontiane sulfatée calcarifère d'Haüy.) Ce sont des masses réniformes ou des veines assez étendues. Elles sont souvent crevassées à l'intérieur, et semblent avoir pris du retrait. Les cavités de ces masses sont souvent tapissées de petits cristaux. La cassure est esquilleuse. Les fragmens sont à peine translucides sur les bords. Elle se présente quelquefois sous la forme de la *chaux sulfatée lenticulaire*, dont elle a pris la place. Elle contient ordinairement 10 pour cent de chaux carbonatée.

768. *Gisement.* La célestine ne se trouve pas sous forme de couches, et ne forme jamais de filons; mais elle s'offre en masses globuleuses ou réniformes, ou bien en cristaux implantés. Peut-être existe-t-elle dans les terrains de transition; mais elle est assez fréquente dans les terrains plus modernes, tels que les secondaires et les tertiaires. Dans les premiers, elle accompagne le plus ordinairement le gypse, la chaux carbonatée, quelques débris organiques, et surtout le soufre. Les plus beaux cristaux qui nous viennent de Sicile se trouvent dans les cavités de bancs de soufre qui alternent avec

des bancs de gypse. Dans les seconds (les terrains tertiaires), elle est tantôt pure, tantôt mélangée de calcaire et de marne argileuse. Enfin, quelques auteurs prétendent qu'elle existe dans les terrains trappéens, soit disséminée, soit en cristaux, et remplissant certaines coquilles. Les localités où l'on indique la célestine sont peu nombreuses; on cite principalement la Sicile, Fassa en Tyrol, Arau en Suisse, Bristol dans le Devonshyre (Angleterre), environs de Toul (département de la Meurthe), etc.; mais en France, c'est surtout à Montmartre près Paris qu'elle se rencontre, sous forme de rognons disséminés dans une marne qui alterne par bancs avec la chaux sulfatée.

768 *bis*. *Usages*. Cette substance sert à préparer la strontiane et ses différens sels dans les laboratoires de Chimie. C'est toujours la célestine compacte qu'on emploie à cet usage. L'extraction de cette base est absolument la même que celle de la baryte; seulement, comme le sulfate contient une certaine quantité de carbonate de chaux, il faut, avant de le traiter par le charbon, le faire digérer quelque temps avec deux ou trois fois son poids d'acide hydrochlorique étendu d'eau, pour dissoudre ce sel.

2e ESPÈCE. *STRONTIANITE*.

(*Strontiane carbonatée*.)

769. *Caractères essentiels*. Substance encore très rare. Se trouve en masses rayonnées, confusément cristallisées en aiguilles ou en cristaux implantés. La forme primitive est un *rhomboïde obtus* de 99° 30'? Les formes secondaires sont peu nombreuses. On observe un prisme hexagonal simple, un prisme hexagonal annulaire, et un autre prisme hexagonal doublement tronqué sur les arêtes de la base. Les masses présentent la cassure rayonnée un peu fibreuse. En travers, la

cassure est inégale; la couleur est le blanc jaunâtre, parfois grisâtre ou verdâtre. Elle raie la chaux carbonatée, et non la chaux fluatée. Sa densité est de 3,65. Elle est fusible au chalumeau, et communique à la flamme une couleur pourpre. Elle fait effervescence avec les acides.

Composition. = $\dot{Sr}\ddot{C}^2$.

770. *Gisement.* Elle a été trouvée en Écosse près de Strontian, dans un filon contenant du plomb sulfuré et de la baryte sulfatée. On en a trouvé depuis en Saxe des cristaux mieux prononcés.

VIIIe FAMILLE. *BARIUM.*

Cette famille comprend trois espèces.

1re ESPÈCE. *BARYTINE.*

(*Baryte sulfatée; spath pesant.*)

771. *Caractères essentiels.* Le clivage donne pour forme primitive un *prisme rhomboïdal* de 101° 42′ et 78° 18′. Elle raie la chaux carbonatée, et non la chaux fluatée. La réfraction est double. On l'observe en remplaçant par une facette oblique l'angle obtus de la base du prisme.

Elle fond au chalumeau, mais décrépite fortement avant de fondre. Elle donne un émail blanc, et colore en verdâtre la flamme qui est au-delà du morceau. Cet émail se réduit en poudre dix à douze heures après. Quand on met le petit globule d'émail sur la langue, il manifeste un goût très sensible d'œufs pourris, et ne donne pas la saveur aigre que l'on observe dans le même cas avec la strontiane. Sa solution dans les acides précipite en blanc par un sulfate et l'arseniate de soude.

Sa pesanteur spécifique est de 4,7.

Composition. = $\dot{Ba}\dddot{S}^2$. Elle contient quelquefois un peu de strontiane.

772. *Caractères d'élimination.* Cette espèce se distingue de la *célestine* par la mesure des angles de la forme primitive, par la pesanteur spécifique, par le moyen de l'alcool enflammé sur leur muriate, par la différence de saveur que présentent les deux globules obtenus par l'action du chalumeau et par l'arseniate de soude. Elle diffère du *plomb carbonaté baccillaire,* en ce que ce dernier noircit par la solution d'un hydrosulfate alcalin, tandis que le sulfate de baryte n'éprouve pas d'altération. Elle ne fait pas effervescence avec les acides, ce qui la distingue de la *baryte* et de la *strontiane carbonatées.* On pourrait quelquefois la confondre avec la *chaux fluatée;* mais cette dernière offre une densité moindre dans le rapport de 3 à 4, des angles d'une valeur différente; et sa poussière, jetée sur un charbon ardent, est phosphorescente, tandis que celle de la barytine ne présente pas ce caractère.

772 *bis.* La baryte sulfatée se trouve à l'état cristallin ou concrétionné, tantôt en masses fibreuses, saccharoïdes, compactes, ou à l'état terreux ; de là plusieurs sous-espèces.

1re sous-espèce. *Barytine cristallisée.* Les lames sont faciles à séparer par la division mécanique. Les formes secondaires peuvent être rapportées à trois principales : 1°. une table rhomboïdale droite ; 2°. une table rectangulaire ; 3°. un prisme rhomboïdal. Dans la table rhomboïdale, le clivage a lieu parallèlement aux faces ; dans la table rectangulaire, il a lieu sur les angles. Ces différentes formes sont souvent modifiées par des facettes. Les cristaux en table rectangulaire sont très communs. Les cristaux prismatiques sont assez rares, ainsi que les tables rhomboïdales. Les cristaux qui portent dans leur terminaison les deux faces du prisme, les présentent presque toujours sous un angle aigu. Dans la strontiane sulfatée, il y a des allongemens semblables, et les cristaux présentent ces faces sous un angle obtus. En général les cristaux de barytine sont assez volumineux. Leur surface est éclatante, surtout sur les faces de la forme primitive; il y a quelquefois un éclat nacré. Les couleurs sont le blanc de lait, le bleuâtre, le jaunâtre, le bleu de ciel, le rouge de sang produit par l'arsenic sulfuré, le rouge carmin produit par le mercure sulfuré. La transparence varie beaucoup. Les différentes manières dont les cristaux sont groupés donnent lieu à plusieurs variétés.

Barytine crêtée. C'est un assemblage de tables minces, dont la réunion simule des dentelures sur les bords.

Barytine baccillaire. Ce sont des prismes allongés et profondément cannelés. Une autre variété est en cristaux allongés, qui ne sont que le produit de l'assemblage bout à bout d'une infinité de petites tables. Ces cristaux s'entre-croisent en différens sens, ce qui l'a fait nommer *vermiculaire.*

Barytine radiée. Se rencontre sous forme de boules à surface tuberculeuse, qui, dans leur cassure, sont radiées du centre à la circonférence. Les rugosités extérieures sont dues aux extrémités cristallisées des prismes déliés qui les composent.

On la trouve en Italie, à Bologne. Elle est engagée dans une marne argileuse grise, au milieu de laquelle elle paraît s'être formée. On la trouve aussi roulée dans le bas de la montagne. On la connaît sous le nom de *phosphore de Bologne*, parce que, réduite en poudre, et fortement calcinée avec un mucilage destiné à lier ses parties, elle luit dans l'obscurité.

Barytine fétide. Sa structure est lamelleuse et quelquefois compacte. Elle répand par le frottement ou par l'action du feu une odeur fétide d'hydrogène sulfuré.

2e sous-espèce. *Barytine fibreuse.* Se trouve en masses entièrement fibreuses, réniformes, mamelonnées, botryoïdes. Elle est d'un brun marron. Son éclat extérieur est gras. Ses fibres sont divergentes. C'est de la baryte sulfatée pure colorée par du fer.

Sa pesanteur spécifique est de 4,8.

On la trouve à Liége ; dans le Palatinat ; en Angleterre.

3e sous-espèce. *Barytine saccharoïde.* Se trouve en masses ou en filons. Elle paraît formée de petits grains agglutinés, qui semblent avoir été séparés d'abord, et réunis ensuite. Il y a quelques points brillans dans la cassure. Elle est d'un blanc de neige, ou noirâtre ou jaunâtre. Cette substance est assez rare ; elle contient de la silice.

On la trouve en Styrie avec du plomb sulfuré, en Saxe, en Sibérie.

4e sous-espèce. *Barytine compacte.* Se trouve disséminée ou en masses. Ce sont des cristaux agglomérés qui se sont détruits. La cassure est compacte, unie, quoiqu'un peu esquilleuse. Il n'y a pas d'éclat.

Se trouve dans les filons en Saxe, en Suisse, et dans les Basses-Alpes.

5e sous-espèce. *Barytine terreuse.* Se trouve en masses pulvérulentes ou friables ; d'un gris jaunâtre ou rougeâtre sale, quelquefois d'un blanc de neige. Elle n'est pas tachante. Se trouve dans les lieux où existe la baryte sulfatée cristalline, dont elle recouvre assez souvent les cristaux.

Se trouve en Hongrie, en Bohême, en Tyrol, en Angleterre.

773. *Gisement.* La baryte sulfatée se rencontre sous forme de filons qui traversent les terrains primitifs et de transition, ou bien elle accompagne les minerais métallifères, particulièrement ceux d'antimoine sulfuré, de plomb sulfuré, d'argent natif, etc. Ses associations les plus fréquentes sont avec la blende, les pyrites, le fluor, le quarz, la chaux carbonatée, etc. Son gisement diffère essentiellement de celui de la strontiane sulfatée. Cette dernière se trouve dans les terrains modernes, et presque toujours en amas, tandis que la baryte sulfatée ne se rencontre que dans les terrains anciens, et toujours en filons.

774. *Usages.* La première sous-espèce étant la plus répandue, c'est elle que l'on emploie comme fondant dans quelques mines pour faciliter la fusion de leurs gangues. On s'en sert aussi pour se procurer la baryte et ses sels dans les laboratoires de Chimie. On choisit à cet effet les morceaux les plus purs; on les pulvérise, et après avoir tamisé la poudre, on la mêle avec le sixième de son poids de charbon. On place le mélange dans un creuset de terre, que l'on remplit et que l'on couvre. On expose le mélange, dans un fourneau à réverbère ou dans une forge, à l'action d'un feu violent pendant deux ou trois heures, selon la quantité sur laquelle on opère. Le sulfate se trouve changé par le charbon en sulfure de barium. On pulvérise ce sulfure; on le met dans un vase de terre avec huit à dix fois son poids d'eau : la matière s'y délaie et s'y dissout en partie; alors on y verse peu à peu de l'acide nitrique, étendu d'eau jusqu'à ce qu'il y en ait un excès. L'eau est alors décomposée; son hydrogène s'unit à une portion du soufre, et forme de l'acide hydrosulfurique qui se dégage. L'autre partie du soufre se précipite; l'oxigène s'unit au barium, et donne lieu à de la baryte, qui se combine à l'acide nitrique, et forme un nitrate qui reste en dissolution dans la liqueur. On décante, et l'on fait bouillir dans une chaudière de fonte; et quand elle est suffisamment rapprochée pour cristalliser, on y verse un petit excès d'eau de baryte pour précipiter un peu d'oxide de fer qu'elle contient. On filtre alors la liqueur, et l'on sature par quelques gouttes d'acide nitrique le petit excès de baryte qu'elle renferme : le sel ne tarde pas à cristalliser. C'est avec ce nitrate que l'on prépare la baryte pure et les autres sels de baryte.

2° ESPÈCE. *WITTHÉRITE.*

(*Baryte carbonatée.*)

775. *Caractères essentiels.* Son système cristallin dérive d'un *rhomboèdre* légèrement obtus, de 88°6′ et 91°54′. La forme dominante est un prisme hexagonal régulier à la base duquel on observe une troncature sur toutes les arètes. Quelquefois cette troncature atteint sa limite, et donne un pointement à six faces; elle ressemble beaucoup alors à du quarz, d'autant plus que l'on trouve quelquefois les doubles pyramides. Enfin on observe des cristaux qui ont trois rangs de facettes sur les arètes de la base du prisme. Les masses présentent une cassure confusément rayonnée, esquilleuse. On voit que ces masses rayonnées sont formées par la réunion des cristaux prismatiques. Il y a quelques cristaux demi-diaphanes. Cette substance raie la chaux carbonatée, et non la fluatée. L'intérieur des masses est souvent jaunâtre. Elle fait effervescence avec les acides; mais il faut que ceux-ci ne soient pas trop concentrés. Sa poussière est phosphorescente par la chaleur; sa dissolution acide se comporte comme celle du sulfate (771). Elle décrépite fortement au chalumeau, fond ensuite en un émail blanc; colore la flamme en jaune.

Sa pesanteur spécifique est de 4,3.

Composition. = $\ddot{B}a\ddot{C}a^{2}$.

775 *bis. Caractères d'élimination.* On peut la confondre avec la *baryte* et la *strontiane sulfatée;* mais elle en diffère en ce qu'elle peut faire effervescence avec les acides (772). On la distingue de la *strontiane carbonatée* en ce que celle-ci a une densité plus faible, dans le rapport de 6 à 7, et que sa dissolution colore en pourpre la flamme de l'alcool.

Gisement. La baryte carbonatée se trouve en masses ou en croûtes superficielles, quelquefois cariées; elle est peu répandue dans la nature ; on la trouve en Angleterre dans des filons métallifères, en Sibérie, en Stirie avec du fer carbonaté.

Elle est employée pour détruire les souris. Le carbonate artificiel n'est pas si vénéneux.

3e ESPÈCE. *HARMOTOME.*

(*Baryte* et *alumine silicatées hydratées. Kreuzstein; andréolite; andreasbergolite; ercinite; pierre cruciforme; hyacinthe blanche cruciforme*, de l'Isle.)

776. *Caractères essentiels.* Se trouve en cristaux qui dérivent d'un *octaèdre symétrique* de 86° 36′, assez semblable à celui du zircon. Ses formes dominantes sont un prisme droit rectangulaire, et un prisme à six faces symétriques : le prisme rectangulaire est souvent terminé par un pointement à quatre faces, qui repose sur les arètes. Ces prismes sont souvent croisés dans le sens de leur longueur, en sorte qu'ils semblent un prisme quadrangulaire, qui porterait une rainure ou un angle rentrant sur chacune de ses arètes. On trouve aussi des cristaux implantés ou groupés. Les faces du pointement dans les cristaux croisés sont striées parallèlement à la face étroite du prisme ; l'éclat est vitreux, un peu nacré ; la couleur est le blanc de lait, le jaunâtre ou le rougeâtre. Cette substance raie le verre. Elle est phosphorescente par la chaleur ; fond au chalumeau en un émail blanc. Elle donne de l'eau par la calcination. Sa dissolution dans les acides précipite par l'acide sulfurique.

Sa pesanteur spécifique est de 2,35.

Composition. $= \dot{Ba}^3 \dddot{Si}^8 + 8 \dddot{Al} \dddot{Si}^2 + 42 Aq.$

776 *bis. Caractères d'élimination.* On distingue l'harmotome de la *stilbite*, par les caractères cristallographiques, et en ce que cette dernière, exposée pendant quelque temps sur un charbon incandescent, blanchit et s'exfolie; de la *mésotype*,

en ce que celle-ci est électrique par la chaleur; du *zircon dodécaèdre,* en ce que la densité du zircon est plus grande dans le rapport d'environ 15 à 8, et qu'il est infusible au chalumeau; enfin de la *méïonite,* en ce que celle-ci n'a pas de joints parallèles aux faces de ses sommets, comme on en observe dans l'harmotome, que ces mêmes faces sont inclinées entre elles de 122° dans l'harmotome, et de 136° dans la méïonite, et que celle-ci est fusible en un verre spongieux avec boursoufflement, tandis que l'harmotome est fusible en un émail blanc.

Gisement. L'harmotome se trouve presque toujours associée à la *chabasie,* la *stilbite,* l'*analcime,* la *mésotype,* et les autres substances que l'on a désignées autrefois sous le nom collectif de *zéolites.* Elle est beaucoup plus rare que ces espèces. On l'a trouvée dans des filons au Hartz, et dans des cavités d'amygdaloïdes en Saxe, en Écosse, etc.

IXe FAMILLE. *LITHIUM.*

Cette famille contient deux espèces.

1re ESPÈCE. *TRIPHANE.*

(*Lithine et alumine silicatées; spodumen de* Dandrada.)

777. *Caractères essentiels.* Substance ordinairement verdâtre, chatoyante, rayant le verre, étincelant par le choc du briquet, fusible; mêlée avec du carbonate de soude et chauffée sur une lame de platine, elle colore le métal en jaune brunâtre autour de la masse fondue. Sa pesanteur spécifique est de 3,19. Sa forme primitive est un *octaèdre à triangles isocèles,* dont quatre ont leurs sommets obtus, et les quatre autres leurs sommets aigus.

Composition. $= \dot{L}\dddot{S}i^2 + 3\dddot{A}l\dddot{S}i^2$.

Gisement. Le triphane n'a été trouvé jusqu'ici qu'en petites masses clivables, verdâtres, quelquefois violâtres, disséminées dans des roches granitiques, accompagnées de mica et de felspath à Utö en Suède, en Bavière dans le Tyrol, au Groenland.

2e ESPÈCE. *PÉTALITE.*

(*Lithine* et *alumine silicatées. Berzélite.*)

778. *Caractères essentiels.* Substance blanche, rose ou verdâtre, à structure laminaire ou lamellaire, donnant pour solide de clivage un *prisme droit rhomboïdal* de 137° 10′ et 42° 50′. Elle raie fortement le verre; étincelle par le choc du briquet; a un éclat vif et quelquefois nacré; fusible au chalumeau, sans addition, en un verre transparent et bulleux; fait éprouver à la lame de platine l'altération particulière à la lithine (777); insoluble dans les acides.

Sa pesanteur spécifique est de 2,44.

Composition. $= \ddot{L}\,\dddot{Si}^{\text{[illegible]}} + 3\dddot{Al}\,\dddot{Si}^{3}$.

779. *Gisement.* La pétalite se trouve à Utö en Suède, dans des filons de peu de largeur, qui traversent les couches de mines de fer que l'on exploite dans le même endroit.

780. *Extraction de la lithine.* C'est de la pétalite, du triphane, et quelquefois de la tourmaline d'Utö, que l'on extrait la lithine dans les laboratoires de Chimie. On calcine fortement dans un creuset de platine un mélange à parties égales de carbonate de baryte, et de l'une de ces pierres pulvérisées. On chauffe au moins pendant deux heures. Le carbonate de baryte est décomposé, et la baryte, en s'unissant à la pierre, en change la nature, et la rend attaquable par les acides. On dissout, à l'aide de la chaleur, la masse dans de l'acide hydrochlorique étendu, et l'on dessèche ensuite les hydro-chlorates formés. On délaie le résidu dans l'eau, et on filtre pour en séparer la silice. La dissolution ne contient plus que les hydrochlorates d'alumine, de baryte, de fer et de lithine. Par l'acide sulfurique, on sépare toute la baryte; on ajoute de

l'ammoniaque pour saturer l'excès d'acide. Quand la liqueur est bien neutre, on verse un excès de carbonate d'ammoniaque, qui décompose tous les sels, et les précipite à l'état de carbonate, excepté la lithine. Ayant eu l'attention de mettre dans la liqueur assez d'acide sulfurique pour décomposer les hydrochlorates, il n'y reste que du sulfate de lithine, du sulfate et de l'hydro-chlorate d'ammoniaque. On calcine fortement le résidu pour décomposer les sels ammoniacaux, et il ne reste que du sulfate de lithine pur; on redissout le sulfate de lithine dans l'eau distillée, et on sature l'acide sulfurique par l'eau de baryte. Il se précipite du sulfate de baryte insoluble, et le nouvel alcali reste en dissolution dans la liqueur : on évapore celle-ci jusqu'à siccité dans une cornue, pour éviter que la lithine n'absorbe l'acide carbonique de l'air. Il est préférable d'achever l'évaporation sous le récipient de la machine pneumatique.

Xe FAMILLE. *SODIUM.*

Cette famille renferme dix-neuf espèces.

1re ESPÈCE. *THÉNARDITE.*

(*Soude sulfatée anhydre.*)

780 *bis. Caractères essentiels.* Substance saline, cristalline, transparente quand elle sort du sein de la terre, et perdant sa transparence par son exposition à l'air en absorbant l'eau qui s'y trouve répandue. Sa forme primitive, selon M. Cordier, est un *prisme droit à bases rhombes,* dont les angles sont, à peu de chose près, de 125° et 55°. Le clivage peut avoir lieu dans trois sens, dont l'un surtout donne des lames parfaitement planes et miroitantes. Les formes dominantes sont un octaèdre symétrique très aplati dans un sens, et ce même octaèdre portant à chacun de ses deux sommets une facette

rhomboïdale, qui est parallèle aux bases de la forme primitive.

Sa pesanteur spécifique est d'environ 2,73.

Composition. C'est du sulfate de soude anhydre, mélangé d'une très petite quantité de carbonate de soude.

Gisement. Cette substance a été découverte en Espagne par M. Rodas, à 5 lieues de Madrid et à 2 lieues et demie d'Aranjuez, dans un endroit connu sous le nom de *salines d'Espartines*.

Dans l'hiver, des eaux salines transsudent du fond d'un bassin; et dans l'été, par l'évaporation, le liquide se concentre; parvenu à un certain degré de concentration, il laisse déposer, sous forme de cristaux plus ou moins réguliers, une partie du sel qu'il retenait en dissolution.

Usages. Cette substance est employée, avec beaucoup d'avantage, pour la préparation de la soude artificielle; on est dispensé de transformer l'hydrochlorate de soude en sulfate, comme cela a lieu dans les fabriques. (Casaseca, *Journal de Pharmacie*, t. XII, p. 393.)

2ᵉ ESPÈCE. *REUSSIN.*

(*Soude sulfatée hydratée. Hydrosulfate de soude*, Beudant; *sel de Glauber.*)

781. *Caractères essentiels.* Substance très soluble dans l'eau, d'une saveur amère, fraîche et salée, très efflorescente à l'air, ayant une transparence parfaite lorsqu'elle est pure, un éclat vitreux dans les cassures récentes. Sa solution ne laisse précipiter sa base par aucun réactif; fusible à une légère chaleur, en perdant plus de la moitié de son poids; devient ensuite assez difficile à fondre. Sa forme primitive est un *octaèdre symétrique* de 100°. Elle offre peu de variétés dans la forme de ses cristaux; elle se présente quelquefois à l'état concrétionné,

sous forme d'aiguilles, ou formant des incrustations et des efflorescences. Ses couleurs sont le blanc jaunâtre ou grisâtre, rarement le blanc pur.

Sa pesanteur spécifique est de 2,24.

Composition. $= \dot{S}o\dddot{S}^2 + 20Aq$.

782. *Gisement.* La soude sulfatée existe sous deux états dans la nature, à l'état solide et en dissolution. Dans le premier cas, elle est toujours sous forme d'une poussière ou d'une efflorescence à la surface de différens corps, et principalement dans les mines de sel gemme, les terrains houillers, sur quelques schistes houillers, associée presque toujours au sel marin et au gypse ; ses efflorescences recouvrent quelquefois des étendues considérables, telles que les plaines de Mariemberg en Allemagne (*). On l'a trouvée depuis peu dans les terrains volcaniques, près de Pouzzoles, au nord de la Solfatare.

A l'état liquide, on la trouve en dissolution dans les eaux de plusieurs fontaines, particulièrement de celles qui contiennent du sel marin, telles que les sources de Dieuze, Château-Salins, etc. ; dans les eaux de la plupart des lacs qui fournissent le *natron;* dans beaucoup d'eaux minérales, dans les galeries des mines et dans les excavations des dépôts salifères. La formation du sulfate de soude, dans ces diverses circonstances, paraît provenir de la réaction du sel commun et du

(*) M. Charles de Gimbernat vient de découvrir l'existence de la soude sulfatée cristallisée dans le canton d'Argovie (Suisse). Ce sel est disséminé en plaques ou concrétions cristallines de plusieurs lignes d'épaisseur, dans un gypse secondaire exploité à un quart de lieue du village de Muhligues, sur la rive gauche de la Reuss, et qui repose sur une formation salifère. La soude sulfatée s'y présente aussi sous forme de poudre blanche, par suite de son efflorescence au contact de l'air. L'existence de ce sel dans l'intérieur de la terre rendrait superflue l'hypothèse à l'aide de laquelle on explique la présence du sulfate de soude dans les eaux minérales, les lacs, etc. (*Ann. de Chim. et de Physiq.*, tome XXXIII, page 98.)

sulfate de magnésie, sels qui existent toujours dans les mêmes lieux que lui; réaction qui se manifeste surtout à de basses températures. Aussi est-ce en hiver que le sulfate de soude se trouve en plus grande quantité dans les lacs.

783. *Préparation* ou *extraction*. On obtient le sulfate de soude en faisant évaporer l'eau des fontaines qui le contiennent, ou bien en lessivant les efflorescences qu'il forme. Dans l'un ou l'autre cas, quand la solution est évaporée à pellicule, on l'abandonne à elle-même pour la laisser cristalliser Si l'on voulait avoir ce sel plus pur, il faudrait le dissoudre dans l'eau, clarifier la solution, et la faire cristalliser de nouveau. Souvent on trouble sa cristallisation pour lui donner l'apparence du sulfate de magnésie. La majeure partie du sulfate de soude employé dans les arts et la Médecine est préparé artificiellement, en décomposant le chlorure de sodium par l'acide sulfurique.

783 *bis*. *Annotations*. M. Beudant donne le nom de *reussine* à un double sulfate de soude et de magnésie, dont il fait une espèce distincte, à laquelle il donne pour composition la formule $(\ddot{S}o\dddot{S}^2 + 20Aq) + (\dot{M}g\dddot{S}^2 + 12Aq)$. Il l'indique en *prismes obliques rhomboïdaux*. Elle se trouve en efflorescence avec le sulfate de soude.

3e ESPÈCE. *GLAUBÉRITE*.

(*Soude* et *chaux sulfatées anhydres*. *Brongniartine*.)

784. *Caractères essentiels*. Cette substance a la même saveur que la précédente. Mise dans l'eau, elle devient d'un blanc laiteux à sa surface, et perd sa transparence, ce qui parait provenir de ce que le sulfate de soude, en se dissolvant dans l'eau, laisse dans le sulfate de chaux insoluble une multitude de petits vides qui se remplissent d'air, en sorte qu'elle devient opaque par cette interposition d'un corps d'une den-

sité si différente. Peut-être ce phénomène provient-il aussi de ce que le sulfate de soude, en absorbant de l'eau, se transforme en sel de Glauber, qui a la propriété de s'effleurir dès qu'il a le contact de l'air.

La glaubérite est plus dure que le gypse. Sa couleur dominante est le jaune pâle. Il y a des cristaux qui sont presque limpides. Elle devient électro-négative par le frottement, elle décrépite au feu, et se fond en émail blanc. Sa structure est sensiblement laminaire; sa densité est de 2,73. Ses cristaux tabulaires, à biseaux unilatéraux tranchans, dérivent d'un *prisme rhomboïdal oblique* de 75° 32′ et 104° 28′.

Composition. $= \ddot{S}o\dddot{S}^2 + \ddot{C}a\dddot{S}^2$.

Gisement. On n'a encore trouvé la glaubérite qu'en Espagne, dans la Nouvelle-Castille. Ses cristaux y sont engagés dans des masses de soude muriatée laminaire.

4ᵉ ESPÈCE. *SEL MARIN.*

(*Sodium chloruré. Soude muriatée* ou *hydro-chloratée; sel commun; sel gemme; chlorure de sodium; quadri-chlorure de sodium*, Beudant.)

785. *Caractères essentiels.* Substance aussi soluble dans l'eau à froid qu'à chaud. Saveur salée qui lui est particulière.

Sa pesanteur spécifique est de 2,5.

Sa forme primitive est le *cube.*

La forme dominante est également le cube; on observe quelquefois cependant le cubo-octaèdre et l'octaèdre.

On obtient constamment le sel marin cristallisé en octaèdre lorsqu'on emploie l'urine comme dissolvant. On pense que cet effet est déterminé par l'urée, avec laquelle le sel se mélange ou se combine en cristallisant. Lorsque, dans les fabriques, on fait évaporer les eaux qui sont chargées de sel marin, on l'obtient sous la figure d'un entonnoir carré ou d'une trémie dont les faces, tant intérieures qu'extérieures, sont cannelées parallèlement à leur base. Ces trémies sont des pyramides creuses, qui semblent être formées de cadres diminuant successivement de grandeur, et appliqués les uns sur les autres. Voici comment ces trémies se forment : il paraît d'abord un petit cristal à la surface du liquide, dans lequel il s'enfonce presque en totalité, ne laissant qu'une de ses faces à découvert. Ce cristal devient un centre d'attraction, autour duquel il s'en forme continuellement de nouveaux, et qui, se joignant de manière à ce que leurs bords inférieurs touchent les bords supérieurs du cristal initial, produisent ainsi une espèce de cadre. Il en résulte une petite masse creuse, qui s'enfonce un peu plus dans le liquide, et dont les bords s'élèvent encore par la réunion de nouvelles molécules autour des précédentes. C'est cette forme que M. Haüy appelle *soude muriatée infundibuliforme*. Ce qu'il y a de particulier, c'est que cette forme ne se présente que dans les fabriques, et jamais dans la nature.

Les masses cristallines sont assez difficiles à casser, à cause du croisement des cristaux, ce qui fait que la cassure est inégale. L'éclat est très vif sur les cassures récentes ; la translucidité est très grande. La couleur ordinaire est le gris sale, blanchâtre ou jaunâtre. Quelques variétés plus rares sont rouges, bleues, violettes. Les masses concrétionnées sont souvent d'un beau blanc.

Sa solution ne précipite sa base par aucun réactif. Il décrépite au feu, effet dû à ce qu'il contient toujours de l'eau, environ 6 pour cent : mais les chimistes ne la regardent pas comme essentielle à sa composition. Suivant M. Haüy, le sel gemme retiré du sein de la terre ne décrépite pas, et si l'on en prend un fragment avec une petite pince de platine, et qu'on l'expose à la flamme d'une bougie, il se fond par sa partie extérieure, et s'arrondit en globule qui s'attache à la pince.

Selon M. Brongniart, le sel marin serait plus soluble dans une eau chargée de sels étrangers que dans une eau pure.

Composition. = SoCh⁴. Il est rarement pur dans la nature, tantôt il est mélangé de chaux sulfatée, tantôt il est coloré par des matières argileuses, des oxides métalliques, tels que ceux de fer, de manganèse, etc.

785 *bis. Caractères d'élimination.* Il diffère de toutes les autres substances appelées *sels* par sa saveur particulière et la forme cubique de ses fragmens.

785 *ter. Gisement.* Le sel marin se présente dans la nature sous deux états, en couches plus ou moins considérables dans le sein de la terre, et en dissolution dans certaines eaux, telles que celles de la mer, des lacs et fontaines salés.

I. Le sel marin en couches, qui prend alors les noms particuliers de *sel gemme*, de *sel rupestre*, paraît s'être formé à trois époques différentes, puisqu'on en trouve dans les terrains de transition, dans les terrains secondaires, et dans les terrains tertiaires; on n'en connaît point encore dans les terrains primitifs. Examinons successivement, mais d'une manière générale, ces diverses sortes de formation.

A. Le sel gemme est très peu abondant dans les terrains de transition; il paraît appartenir aux dernières couches de ces terrains. Il fait partie de la formation du calcaire de transition, et s'y trouve toujours disséminé dans le gypse anhydre, qui caractérise particulièrement ces dépôts salifères; tels sont ceux de Bex en Suisse, ceux de la montagne de Cardona en Espagne, ceux de Colancolan (à l'est d'Ayavaca, Andes du Pérou), et les petits dépôts de Saint-Maurice (Arbonne en Savoie).

B. Mais la formation principale du sel gemme appartient évidemment, suivant M. de Humboldt, au calcaire alpin ou *zechstein* des terrains secondaires; tel est le vaste dépôt de Zipaquira dans la partie septentrionale du plateau de Santa-Fé de Bogota, à 1380 toises d'élévation au-dessus du niveau de la mer : ce dépôt, de plus de 130 toises d'épaisseur, est recouvert de grandes masses de gypse saccharoïde. Tels sont encore les dépôts de Sulz, de Wimpfen et de Friedrichshall dans l'Allemagne méridionale, sur les bords du Necker, ceux du grand-duché de Bade, etc., qui sont formés de couches alternantes de sel gemme, d'argile salifère, et de gypse blanc et grisâtre.

Mais dans le calcaire alpin, c'est moins aux couches de gypse lamelleux qu'à une formation particulière d'argile nommée *salzthon* ou *argile muriatifère* par M. de Humboldt, que sont surbordonnées les masses de sel gemme qui s'y rencontrent. Cette argile caractérise dans les deux hémisphères les dépôts de sel marin, de même que l'argile schisteuse ou *argile à fougères* caractérise les dépôts de houille. Cette argile salifère, diversement colorée par le charbon et l'oxide de fer, est plus généralement grise, presque toujours mélangée d'une petite quantité de carbonate de chaux, offrant quelquefois des masses tenaces et dures mêlées de silice, faisant feu sous le briquet. Elle ne présente ni les paillettes du mica, ni les empreintes de fougères de l'argile schisteuse des houilles, cependant on y observe quelquefois des corps organisés végétaux, de petites coquilles pélagiques et des madrépores. Elle renferme des couches subordonnées et plus ou moins épaisses de gypse grenu blanc-grisâtre, rarement anhydre, mêlé parfois de calcaire fétide et de dolomie. Généralement le gypse y est plus abondant que dans les couches de sel même; partout où il manque, il est remplacé par des cristaux épars de gypse spéculaire. On y trouve d'ailleurs très peu d'autres matières étrangères disséminées, si ce n'est cependant du plomb et du zinc sulfurés, des rognons de pyrites et de chaux carbonatée ferrifère remplis de fer spathique cristallisé. C'est à la présence des pyrites que l'on doit rapporter l'odeur d'hydrogène sulfuré qu'exhalent si souvent les sources salées ; quant à celle de goudron, qu'elles répandent aussi, elle dépend des bitumes qui accompagnent très souvent le sel marin : on s'en aperçoit lorsqu'on le dissout dans l'eau, et qu'on fait ensuite évaporer la dissolution.

Le sel gemme s'offre de deux manières dans l'argile muriatifère, ou disséminé en parcelles plus ou moins visibles, ou formant des couches épaisses alternant avec des couches argileuses. Dans le premier cas, il est ou en grains arrondis, ou en petites lames ou en *amas entrelacés*, c'est-à-dire en petits filons qui se croisent et se ramifient dans tous les sens. Sous ces diverses formes, il remplit toutes les fentes qui divisent fréquemment les masses argileuses en fragmens polyédriques, de telle sorte qu'il en résulte des brèches argileuses cimentées par du sel gemme. Quelquefois de grandes masses d'argile (Hall en Tyrol) sont entièrement privées de sel marin : on peut présumer, avec quelque fondement, qu'elles ont été lessivées par l'action des eaux qui circulent dans la terre, et qu'elles ont donné naissance à des sources salées.

Mais dans les terrains secondaires, le sel marin n'est pas borné au seul zeichstein ; on le trouve encore en très grande abondance dans une formation plus récente, dans le grès bigarré, ou, plus exactement, dans le *terrain d'argile* et de *grès bigarré*. C'est à ce terrain arénacé qu'appartiennent les dépôts de sel de Northwich en Angleterre, ceux de Pampelune en Espagne, et le riche dépôt découvert, en 1819, près de Vic (Meurthe). Dans cette dernière localité, le terrain d'argile bigarrée renferme de petites couches de calcaire de Gœttingue, et est recouvert à son tour de calcaire jurassique.

C. Il n'est pas encore suffisamment prouvé que le muriate de soude existe, dans les terrains tertiaires, au-dessus de la craie. Suivant le célèbre Humboldt, à qui nous empruntons une partie de ces détails géognostiques, les immenses dépôts salifères de Wieliczka et de Bochnia, ceux qui s'étendent depuis la Galicie jusqu'à la Bukawin et en Moldavie, semblent reposer immédiatement sur le terrain houiller, et renferment à la fois, ce qui paraît extraordinaire, du gypse anhydre, des *tellines*, des coquilles univalves cloisonnées, des fruits à l'état charbonneux, des feuilles et des lignites à odeur de truffes; mais M. Beudant croit que ces sables et ces grès sont analogues à la mollasse d'Argovie, et que toutes les formations salifères avec lignites de Galicie sont contemporaines à l'argile plastique du terrain tertiaire, placée entre la craie et le calcaire grossier de Paris (calcaire à cérites). Suivant M. Brongniart les sources salées du Volterrannois, dans la Toscane, sourdent de couches marneuses alternant avec du gypse grenu, et recouvertes immédiatement d'un terrain tertiaire. Quoi qu'il en soit, M. de Humboldt professe l'opinion qu'il existe des dépôts salifères dans les terrains tertiaires, et il cite comme tels, non les montagnes de sel gemme dans les vastes plaines au nord-est du Nouveau-Mexique, qui paraissent liées au grès houiller, mais d'autres dépôts très problématiques, savoir: les argiles salifères superposées à des conglomérats trachytiques de la Villa d'Ibarra (plateau de Quito, à 1190 toises de hauteur), les énormes masses de sel exploitées à la surface de la terre (déserts du Bas-Pérou et du Chili), dans les steppes de Buenos-Ayres et dans les plaines arides de l'Afrique, de la Perse et de la Transoxane, etc., etc. Dans ces diverses contrées du globe, qui sont ou des plateaux ou des plaines peu inclinées, le muriate de soude, ordinairement mêlé de différens sels, et accompagné de pétrole et d'asphalte endurci, est sous forme d'efflorescence à la surface du sol.

En comparant les dépôts de sel gemme

D'Angleterre	. à	30 toises.
De Wieliczka . . .		160
De Bex . . .		220
De Berchtolsgaden . .		330

D'Aussée	450	toises.
D'Ischel	496	
De Hallein	620	
De Hallstadt	660	
D'Arbonne (Savoie)	750	
Et de Hall (Tyrol)	800	

M. de Buch a judicieusement observé que la richesse des dépôts diminue en Europe avec la hauteur au-dessus du niveau de l'Océan. Dans les Cordilières de la Nouvelle-Grenade à Zipaquira, d'immenses couches de sel gemme, non interrompues par de l'argile, se trouvent jusqu'à 1400 toises d'élévation ; il n'y a que la mine de Huaura, sur les côtes du Pérou, qui soit encore plus riche. On y exploite le sel en dalles, comme dans une carrière de marbre. (Humboldt.)

On remarque dans l'exploitation des mines de sel gemme, que les eaux très abondantes deviennent tellement rares lorsqu'on est arrivé au sel, que souvent l'on est obligé d'en transporter pour le besoin des ouvriers : cela doit être, en effet, puisque ces mines se trouvent placées au-dessous de l'argile, qui s'oppose aux infiltrations de l'eau.

Enfin, pour terminer tout ce qui est relatif à l'histoire du sel marin en couches, nous dirons qu'on le cite aussi dans les terrains volcaniques; car on en a trouvé à la surface des masses ferrugineuses provenant de l'éruption du Vésuve, en 1812.

II. Le sel marin se trouve aussi en dissolution dans certaines eaux, telles que celles de la mer, des lacs et de plusieurs sources.

La mer est le liquide qui renferme le sel marin en plus grande abondance; il y est réparti partout à peu près en égale quantité, quel que soit le lieu et quelle que soit la profondeur; cependant quand les mers, comme la Baltique, par exemple, reçoivent beaucoup d'eau de sources ou de rivières, elles sont moins chargées de sels. Nous avons déjà indiqué la composition de l'eau de la mer (115).

Les lacs salés ont ceci de remarquable, qu'ils n'ont aucune communication avec la mer, et sont le produit de sources; leurs eaux ont ordinairement une couleur rougeâtre, et cette teinte est d'autant plus prononcée que les chaleurs sont plus fortes; ils dégagent aussi presque toujours une odeur bitumineuse. Ils se rencontrent principalement en Afrique, en Asie, en Hongrie etc., etc.

Dans les eaux des sources, le sel marin est associé à d'autres sels, et principalement à du gypse et à du sulfate de magnésie. Ces sources assez nombreuses viennent de terrains salés, qu'elles ont lavés sur leur passage; et telle est la circulation des eaux dans l'intérieur du globe, que les plus salées peuvent souvent être les plus éloignées du lieu où elles dissolvent le sel gemme. On cite des sources salées en Allemagne, dans la grauwacke schisteuse du terrain de transition, en Westphalie; dans le porphyre du terrain de grès rouge (Creuznach); dans le grès rouge même près Waldenbourg; dans le gypse du calcaire alpin sur les bords du Necker, dans la formation d'argile et de grès bigarré (Dax en France, Allemagne); dans le calcaire de Gœttingue (Saxe); dans le calcaire du Jura, et peut-être dans la mollasse (grès tertiaire à lignites) de Suisse.

786. *Extraction*. L'extraction du sel gemme est toujours très simple; il suffit, quand il est pur, de l'extraire du sein de la terre, et de lui faire éprouver une nouvelle cristallisation, lorsqu'il ne l'est pas. Mais quand, au lieu d'être en couches ou en masses dans les terrains, il s'y trouve disséminé de manière à ne pas y être visible, ou du moins à ne pas être en masses assez volumineuses pour qu'on puisse les extraire directement, on brise la mine, et l'on y fait arriver de l'eau. Après un certain temps, on retire cette eau au moyen de pompes, et après l'avoir laissée déposer, on la soumet à l'évaporation.

Comme tous les pays n'ont pas des mines de sel gemme, on retire aussi une très grande quantité de sel des eaux de la mer et des sources salées : on suit à cet égard des procédés qui ont tous pour résultat la séparation de l'eau d'avec le sel, mais qui varient selon les localités et la température du climat. Quand ce sont des eaux de sources qui contiennent 14 ou 15 centièmes de sel, on l'extrait en concentrant les eaux par le feu dans de vastes chaudières de fonte ; il se précipite pendant l'évaporation une matière formée de sulfate double de chaux et de soude, que l'on appelle *schlot*. On sépare ce dépôt, et on évapore le sel presqu'à siccité ; on le fait égoutter et sécher.

Dans les pays chauds, on a recours à la chaleur du soleil pour l'évaporation des eaux salées. A cet effet, on creuse sur le rivage des bassins tapissés d'argile, qu'on appelle *marais salins*. Le premier de ces bassins est un vaste réservoir qui reçoit l'eau d'un canal au moyen d'une écluse ; de là, elle se distribue par un plan légèrement incliné dans d'autres bassins peu profonds et très larges, qui communiquent les uns avec les autres de telle manière que l'eau, avant d'y entrer, parcourt une grande étendue. Aussitôt que l'eau diminue, on la remplace par de nouvelle ; quand elle est sur le point de cristalliser, ce que l'on distingue aisément à la teinte rougeâtre qu'elle prend, on l'abandonne à elle-même. De temps en temps on retire le sel, et on le met égoutter sur le bord des bassins, où il se dépouille des sels déliquescens. L'opération, que l'on commence en avril, est ordinairement terminée en septembre.

En Normandie, on profite de la chaleur de l'été pour obtenir le sel par un procédé différent. On dresse une aire bien unie sur le rivage de la mer ; on recouvre cette étendue de sable de manière à ce qu'elle puisse être baignée par l'eau des hautes marées. Les eaux s'étant écoulées, le sable se dessèche et se couvre d'efflorescences salines ; on le lave avec de l'eau de la mer ; on réitère plusieurs fois cette opération, et les

quantité. Ces lacs sont communs dans différentes contrées; on les rencontre en Égypte, dans une vallée qui porte le nom de *Vallée des Lacs de Natron*, et qui est située à 20 lieues du Caire; en Amérique, au Mexique, et dans les environs de Buenos-Ayres; en Asie, en Perse, en Arabie, au Thibet, à la Chine, dans l'Inde, et au milieu des plaines qui avoisinent la mer Caspienne. On en trouve également en Europe, dans les plaines de la Hongrie, et non loin des côtes de la mer Noire. Quelquefois ces lacs contiennent en même temps de la soude muriatée qui cristallise la première; elle est ensuite recouverte par une couche de natron, qui est elle-même recouverte par une nouvelle couche de soude muriatée; et ainsi de suite, de manière à former des couches superposées, dont le nombre augmente chaque fois que l'eau des lacs vient à s'évaporer. On attribue le sel marin que contiennent ces eaux aux mines de sel gemme qui les avoisinent. On rencontre presque toujours dans leur voisinage de la chaux carbonatée en masses ou même en solution, et dans ce dernier cas, celle-ci est accompagnée d'une certaine quantité de sulfate de soude et de sulfate de magnésie. Suivant Berthollet, le carbonate de soude est le résultat de l'action réciproque du carbonate de chaux et du sel commun, action aidée par l'humidité du terrain et par la chaleur du climat, probablement encore favorisée par la tendance qu'a le natron à s'effleurir à la surface de ces lacs desséchés, et par la très grande solubilité du chlorure de calcium qui se forme. Cette théorie est appuyée par les observations de M. Beudant, faites sur les lacs des environs de Debreczin (Hongrie). Il rapporte que ces lacs se trouvent au pied des montagnes calcaires qui forment les avant-postes des hautes montagnes de la Transylvanie, et derrière lesquelles existent des dépôts salifères considérables. Il est même à présumer, dit ce savant, que ces dépôts se prolongent dans la plaine, et que ce sont leurs argiles qui forment le fond des lacs.

Lors de l'évaporation des eaux des lacs natrifères par la chaleur, le natron qu'elles contiennent s'effleurit à la surface du sol, et couvre des espaces de terrains très étendus. On le remarque encore, sous forme d'efflorescence, à la surface de certaines roches, sur de vieilles murailles, dans les caves des villes, etc.; mais il est beaucoup plus rare dans ces dernières localités, et l'on ignore au juste de quelle manière il se produit ainsi journellement sous nos yeux.

Enfin, la soude carbonatée existe encore, mais en petite quantité, dans certaines eaux minérales, telles que celles de Vichy, et une grande partie de celles de l'Auvergne.

789. Outre la soude carbonatée qui existe toute formée dans la nature, on s'en procure encore en brûlant les plantes qui croissent sur les bords de la mer; telles sont les *salicornia,* les *statice,* les *salsola,* les *atriplex,* etc., dans lesquelles la soude se trouve, suivant M. Gay-Lussac, à l'état d'oxalate. On fauche ces plantes dans le moment de leur plus grande vigueur, et on les brûle. Le produit de la combustion, qui est en masses grisâtres, contenant beaucoup de substances hétérogènes, est expédié dans le commerce sous différens noms, selon le pays d'où il vient. Les soudes d'*Alicante,* de *Carthagène,* de *Narbonne,* et celle de *varek* ou de *Normandie,* sont les plus connues. Elles contiennent, dans cet état, du carbonate de soude, du sulfate de soude, du sulfure de sodium, du sel marin, du carbonate de chaux, de l'alumine, de la silice, de l'oxide de fer, du charbon, et quelquefois de l'iodure de sodium.

790. *Soude artificielle.* Maintenant on prépare artificiellement du carbonate de soude plus pur que celui qui nous est fourni par la nature. A cet effet, on prend 180 parties de sulfate de soude sec, 180 parties de craie en poudre fine, et 110 de poussier de charbon; on en fait un mélange exact; on le jette dans un four à réverbère dont la forme est elliptique et dont la

température est plus élevée que le rouge cerise, et on brasse de quart d'heure en quart d'heure le mélange. La matière ne tarde pas à devenir pâteuse; alors on la pétrit bien avec un ringard, puis on la retire, et on la met dans des chaudières. On laisse refoidir; on verse de l'eau froide sur cette masse. Tout le carbonate de soude formé par la décomposition mutuelle de la craie et du sulfate de soude se dissout, tandis que le sulfure de chaux étant très peu soluble à froid, n'est pas sensiblement attaqué. On réunit les diverses lessives; on fait évaporer jusqu'à siccité, et on expose à l'air, afin de faire passer à l'état de carbonate la soude qui pourrait encore être caustique. Au bout de 15 à 20 jours, si le sel est effleuri, on lessive de nouveau, et après avoir fait évaporer convenablement, on laisse cristalliser la liqueur par refroidissement.

Dans la préparation de la soude artificielle, il est probable que le charbon réduit le sulfate de soude à l'état de sulfure de sodium, qui, étant en contact avec le carbonate de chaux, est transformé en sulfure de calcimu et en carbonate de soude. Quelle que soit, au reste, la manière dont la réaction se fait, on obtient une masse composée de ces deux substances, de sulfate de soude, de chlorure de sodium échappés à la décomposition, et d'un excès de charbon.

6e ESPÈCE. BORAX.

(*Soude boratée. Tinkal.*)

791. *Caractères essentiels.* Substance ayant une saveur douceâtre, sensiblement soluble dans l'eau froide, beaucoup plus dans l'eau chaude; verdissant le sirop de violettes; légèrement efflorescente; éprouvant la fusion aqueuse, puis la fusion ignée, et se convertissant en un verre transparent par l'action prolongée du calorique. Elle jouit de la réfraction double à un assez haut degré, mais ce caractère appartient

plutôt au borax des laboratoires qu'à celui qui existe dans la nature. Sa cassure transversale est ondulée et brillante. Ses couleurs sont ordinairement sales ; rarement elle est incolore, presque toujours blanchâtre, ou un peu verdâtre.

Sa densité est de 1,74.

Sa forme primitive est un *prisme rectangulaire oblique* de 106° 30′ et 73° 30′. Ses variétés de forme sont peu nombreuses, et n'ont été observées que sur des cristaux obtenus artificiellement.

Composition. = $\ddot{S}o\dddot{B}^6 + 18Aq$.

792. *Gisement.* Le borax se trouve en assez grande quantité dans la nature, et l'on en cite dans beaucoup de localités, telles que la Perse, la Chine, la Tartarie méridionale, l'île de Ceylan, la Transylvanie et la Saxe. Il paraît qu'il existe aussi en grande abondance dans les mines d'Escapa et de Viquintizoa (dans le Potosi au Pérou), mais c'est principalement en dissolution dans certains lacs de l'Inde, proche des montagnes du Thibet, qu'il se rencontre avec profusion. Ces lacs ne reçoivent que des eaux salées. Le borax forme des masses volumineuses au fond et près de leurs bords ; au milieu, il ne se trouve que du sel marin. Il paraît que le borax se rencontre encore, sur plusieurs autres points du Thibet, sous forme de couches cristallines, à la profondeur de deux mètres. Il est probable que, dans ce cas, il provient de l'évaporation des eaux de pareils lacs.

Le borax de l'Inde est ordinairement recouvert d'une matière grasse, qu'on a originairement nommée *tinkal,* nom que l'on a ensuite, par erreur, appliqué au borax même. Cette matière grasse empêche son efflorescence, et l'on remarque que celui qui n'en contient pas (comme celui de Chandernagor) est très efflorescent.

On pense que le borax se forme journellement dans les lacs où on le trouve, par la combinaison de l'acide borique qui existe dans ces terrains, comme en Toscane, avec la soude libre ou combinée, qui paraît aussi appartenir à ces mêmes terrains.

793. *Extraction.* Le borax est souvent employé dans les arts, mais non pas tel que nous le présente la nature : il faut auparavant le séparer de la matière grasse avec laquelle il est combiné. MM. Robiquet et Marchand ont fait connaître un procédé à l'aide duquel on parvient facilement à le purifier sans que la perte surpasse 10 pour cent. On commence par mettre le borax brut dans une cuve ; on y verse de l'eau en assez grande quantité pour le recouvrir en totalité ; on le laisse macérer une demi-journée, après quoi on ajoute dans la cuve 1 partie de chaux éteinte sur 400 de borax, et on abandonne la liqueur à elle-même jusqu'au lendemain, ayant soin cependant de brasser de temps en temps pour renouveler les surfaces. Il se forme avec la matière grasse une sorte de savon calcaire qui se dépose. On sépare ensuite le sel par le moyen de tamis à larges mailles; on le redissout à chaud dans deux fois et demie son poids d'eau, et l'on y verse 1 partie d'hydrochlorate de chaux pour 50 de borax. La liqueur, filtrée et concentrée jusqu'à 20° de l'aréomètre, est versée dans des cônes de plomb pour qu'elle cristallise. Il faut que le refroidissement s'opère lentement si l'on veut obtenir des cristaux tels que les désire le commerce. On fabrique aussi maintenant beaucoup de borax en combinant directement l'acide borique, qui vient des lacs de l'Italie, au carbonate de soude artificiel. Il suffit de chauffer convenablement l'acide et la soude dans l'eau et de faire concentrer la dissolution comme ci-dessus.

7e ESPÈCE. SOUDE NITRATÉE.

(*Nitre cubique.*)

794. *Caractères essentiels.* Sel incolore quand il est pur, ordinairement sali par quelques matières terreuses, soluble

dans l'eau, et donnant des cristaux qui dérivent d'un *rhomboèdre obtus*. Sa solution ne précipite sa base par aucun réactif.

Sa pesanteur spécifique est de 2,096.

Composition. = $\ddot{S}o\overset{\cdot\cdot\cdot\cdot\cdot}{A}$.

Gisement. Ce sel se trouve dans la nature sous forme de couches minces et très étendues (de plus de 50 lieues), offrant une structure granulaire, placées près de la surface du sol et recouvertes par des matières sablonneuses et de l'argile. C'est au Pérou, dans le district d'Atacama, près du Port-Yquique, qu'on vient de le découvrir. Il paraît qu'il est pur dans quelques portions de ces couches. On ne l'a point encore trouvé dans d'autres localités.

8e ESPÈCE. *CHRYOLITE.*

(*Soude* et *alumine fluatées. Kryolite du Groenland.*)

795. *Caractères essentiels.* Minéral blanc ou un peu coloré en jaune de rouille; rayé par la chaux fluatée; rayant la chaux sulfatée; ayant un éclat un peu vitreux, quelquefois gras; translucide ou opaque. Réduit en petits morceaux et mis dans l'eau, il y acquiert de la transparence et présente l'aspect d'une gelée; fond très facilement au chalumeau. Insoluble dans l'eau; donne des vapeurs blanches par l'acide sulfurique.

Se trouve en masses laminaires qui offrent un clivage triple, parallèle à un *prisme rectangulaire*, qui est sa forme primitive.

Sa densité est de 2,95.

Composition. = $3\ddot{S}o\dot{F} + \overset{\cdot\cdot\cdot}{A}l^{2}\dot{F}^{3}$.

Gisement. Il a d'abord été trouvé près Copenhague parmi des pierres qui avaient servi de lest à un vaisseau venant du

Groenland, et a ensuite été retrouvé dans cette dernière localité en veines minces dans un gneis.

9ᵉ ESPÈCE. *SODALITE.*

(*Soude* et *alumine silicatées.*)

796. *Caractères essentiels.* Minéral blanc ou légèrement verdâtre ; ayant un éclat un peu vitreux avec quelque chose de gras; rayant le verre ; à structure laminaire ; infusible ; soluble en gelée dans l'acide nitrique. Sa forme primitive est le *dodécaèdre rhomboïdal.*

Sa pesanteur spécifique est de 2,37.

Composition. = $\ddot{So}^{3}\dddot{Si}^{4} + 4\dddot{Al}\dddot{Si}$.

Gisement. La sodalite a été découverte au Groenland, dans une roche composée de felspath blanc, d'amphibole noir et de grenat. Plus récemment, on l'a trouvée au Vésuve en cristaux implantés dans les roches de la Somma.

10ᵉ ESPÈCE. *LAZULITE.*

(*Soude* et *alumine silicatées. Outre-mer; pierre d'azur; lapis lazuli; klaprothite; voraulite; tyrolite.*)

797. *Caractères essentiels.* Le principal caractère de cette pierre consiste dans sa couleur, d'un beau bleu d'azur, jointe à l'opacité. Elle raie le verre, et quelquefois étincelle sous le choc du briquet. Sa structure est presque toujours compacte, parfois lamellaire. Sa cassure est matte, à grains très serrés. Elle acquiert l'électricité résineuse par le frottement, lorsque le fragment est isolé. A 100 degrés du pyromètre, elle conserve sa couleur ; à un feu plus violent, elle se boursouffle et se fond en une masse d'un noir jaunâtre. Si la température est encore plus élevée, elle se change en émail blanchâtre. Elle est soluble en gelée dans les acides, après la calcination. Ses cristaux, qui sont très rares, sont des dodécaèdres rhomboïdaux.

Sa pesanteur spécifique est de 2,76 à 2,94.

Composition. $= \ddot{S}o^3\dddot{S}i^2 + 6\dddot{A}l\dddot{S}i$, mais elle est ordinairement impure; renferme un peu de soufre. Quelquefois une portion de soude est remplacée par une égale portion de potasse. Plus souvent elle renferme, à l'état de simple mélange, des veines de fer sulfuré.

798. *Gisement.* Son gisement n'est pas encore bien connu. Le lazulite paraît appartenir aux terrains primitifs, comme en Sibérie près le lac Baikal. On le trouve encore, en Perse, en Natolie, en Chine, dans la petite Bucharie. Il est ordinairement associé dans ses gisemens au felspath, au grenat, à la stéatite, au talc nacré et au fer sulfuré.

799. *Usages.* On l'emploie comme ornement et pour extraire l'*outre-mer*, qui est à la fois la plus belle et la plus inaltérable des couleurs bleues. Pour obtenir cette couleur, on commence par faire rougir la pierre, puis on la jette dans l'eau, pour la rendre moins dure; ensuite on la pulvérise et on la mêle intimement avec un mastic formé de résine, de cire et d'huile de lin cuite; on met la pâte qui résulte de ce mélange dans un linge, et on la pétrit dans l'eau chaude à plusieurs reprises. La première eau est ordinairement sale, on la jette; la seconde est celle qui donne le plus beau bleu; la troisième en donne un encore très beau; et on continue ainsi les lavages jusqu'à ce que l'eau ne donne plus de bleu. Le dernier qu'on obtient est très pâle et prend le nom de *cendres d'outre-mer.* Cette extraction est fondée sur la propriété qu'a le bleu d'outre-mer d'être moins adhérent à ce mastic que les matières étrangères qu'il contient.

11ᵉ ESPÈCE. *MÉSOTYPE.*

(*Soude* et *alumine silicatées hydratées. Zéolithe; mésotype; natrolite; scolézite.*

800. *Caractères essentiels.* Minéral à cassure vitreuse, rayant la chaux carbonatée, offrant une réfraction double assez difficile à observer; fusible au chalumeau, avec bouillonnement, en un émail spongieux ; donnant de l'eau par la calcination, et formant gelée avec les acides.

Sa pesanteur spécifique est de 2,1.

Sa forme primitive est le *prisme droit rhomboïdal* de 93°22′ et 86°38′. Il se présente le plus souvent sous forme de cristaux prismatiques à quatre pans plus allongés dans un sens que dans l'autre, et ordinairement disposés en faisceaux divergens. Ils sont terminés d'un côté par un pointement à quatre faces qui repose sur les faces latérales du prisme; l'autre bout est implanté, mais il est présumable que le nombre des facettes du pointement serait différent, puisqu'ils sont pyro-électriques. Il est souvent phosphorescent par frottement.

Cette espèce peut se partager en quatre sous-espèces.

1ʳᵉ sous-espèce. *Mésotype zéolithe.* Tantôt limpide, tantôt légèrement colorée en rose (krocalite), transparente, translucide ou opaque. Elle perd quelquefois son eau de cristallisation, et tombe en poussière. Elle se présente ou en baguettes cristallines, ou en fibres déliées ou en cristaux filamenteux capillaires, ou en masses presque compactes.

Composition. $= \dot{So}\dddot{Si}^2 + 2\dddot{Al}\dddot{Si} + 4Aq$.

Se trouve en Angleterre, en Écosse, en Irlande, en Islande, dans l'île de Feroë, en Suède, en Italie, dans les Alpes du Tyrol, dans l'Amérique septentrionale (Baltimore, New-Jersey, etc.). En France on la cite en Auvergne, dans les environs de Vayre, de Georgovia, Saint-Sandoux, au lieu dit le Puy-de-Marmant, et dans quelques parties du Vivarais.

2e sous-espèce. *Mésotype natrolite.* Couleur jaunâtre ou rosée; se trouve en masses globuliformes, fibreuses ou radiées, ou en masses mamelonnées, un peu granulaires.

Composition. Elle est la même que celle de la précédente.

On la trouve dans un phonolite à Hohentwiel (Souabe), en Écosse, en Bohême, etc.

3e sous-espèce. *Mésotype scolésite.* Se trouve en cristaux limpides, blancs, d'un aspect vitreux. Elle est bacillaire, fibreuse ou radiée.

Composition. $\ddot{Ca}\dddot{Si}^2 + 2\dddot{Al}\dddot{Si} + 6Aq$.

On la cite en Islande, à Féroë, à Pargas (Finlande), en Tyrol et à Staffa (îles Hébrides).

4e sous-espèce. *Mésotype farineuse.* Se trouve toujours en poudre, ce que l'on attribue à la perte de l'eau qu'elle contenait.

Composition. Elle est la même que celle de la scolézite. On la rencontre en Écosse, en Suède, à l'île de Féroë, etc.

800 *bis.* *Caractères d'élimination.* On peut confondre la mésotype avec la *stilbite*, la *préhnite*, la *chabasie*, l'*harmotome*, l'*analcime* et la *chaux carbonatée radiée*. Ses caractères distinctifs d'avec les quatre premières substances ont été donnés plus haut (758 *bis*, 759 *bis*, 760 *bis*, 776 *bis*); quant à la cinquième, elle s'en distingue par ses formes cristallines qui dérivent d'un prisme droit rhomboïdal, et non du cube; et quant à la dernière, on l'en distinguera toujours facilement, en ce qu'elle est pyro-électique, et qu'elle se réduit en gelée dans les acides, au lieu d'y faire effervescence comme cette chaux carbonatée.

801. *Gisement.* La mésotype ne se rencontre jamais dans les terrains primitifs; on la trouve presque toujours dans ceux d'origine ignée, surtout dans les basaltes, dans la wacke, etc., où elle est accompagnée d'analcime, de calcédoine, de chaux carbonatée, de chlorite, etc. Elle est tou-

jours en cristaux implantés dans l'intérieur des cavités de ces roches. On en a trouvé aussi dans des amygdaloïdes du grès rouge, mélangée avec la chabasie, l'analcime, la stilbite, etc.

12ᵉ ESPÈCE. *ALBITE.*

(*Soude* et *alumine silicatées. Felspath de soude* de Beudant; *cléavelandite; sanidin.*)

802. *Caractères essentiels.* Elle diffère du felspath par sa composition et par la mesure de ses angles. Sa structure est laminaire; sa couleur ordinaire est le blanc mat, quelquefois rosé ou rougeâtre. Son aspect est vitreux, et sa pesanteur spécifique de 2,73. Ses masses sont quelquefois radiées, grenues ou aciculaires; elle se fond très difficilement.

Composition. $= \ddot{S}o\,\dddot{S}i^3 + 3\dddot{A}l\,\dddot{S}i^3$.

Ses cristaux, qui ne diffèrent de ceux du felspath que par la mesure de leurs angles, sont presque toujours hémitropes.

803. *Gisement.* L'albite se trouve dans les terrains primitifs, près de Fahlun en Suède, avec le quarz et le mica, et à Penig en Saxe, dans un granite. On rapporte à cette espèce la plupart des cristaux de felspath qui se trouvent dans les fissures des granites du Dauphiné et des Pyrénées, où ils sont souvent accompagnés d'épidote fibreux-soyeux, ainsi que les cristaux qu'on observe dans les produits ignés du Tyrol.

13ᵉ ESPÈCE. *ANALCIME.*

(*Soude* et *alumine silicatées hydratées. Zéolithe cubique; zéolithe dure; cubicite; sarcolite.*)

804. *Caractères essentiels.* Minéral un peu plus dur que le verre, à peine électrisable par le frottement, ayant une cassure un peu ondulée lorsque la transparence existe, compacte à grains très fins quand elle est remplacée par l'opacité; donnant

de l'eau par la calcination ; soluble, à chaud, en gelée dans les acides ; fusible au chalumeau en un verre transparent.

Sa pesanteur spécifique est de 2,53.

La forme primitive est le *cube*. Ses formes secondaires sont peu nombreuses et analogues à celles du grenat. On la trouve toujours en cristaux ou en masses cristallines.

Composition. $= \ddot{So}^3\dddot{Si}^4 + 6\dddot{Al}\dddot{Si}^2 + 18Aq$. Quelquefois elle se trouve mélangée d'une substance à base de chaux de même formule, prend une couleur de chair et le nom de *sarcolithe*.

805. *Caractères d'élimination.* Elle se distingue de l'*amphigène* par sa fusibilité ; du *grenat*, par sa moindre dureté, de la *stilbite* et de la *mésotype*, par les caractères déjà exposés (760 *bis*, 800 *bis*).

806. *Gisement.* Elle se trouve dans les mêmes terrains, et presque dans les mêmes localités que la mésotype, en cristaux implantés, associée au felspath, à la strontiane sulfatée, à la chaux carbonatée, etc. Elle a quelquefois pour gangue l'apophyllite laminaire. On la trouve cependant dans les terrains primitifs, puisqu'on la cite dans les amas métallifères d'Arendal.

14e ESPÈCE. *EUDYALITE.*

(*Soude, chaux, zircone,* etc., *silicatées.*)

807. *Caractères essentiels.* Substance rougeâtre, ayant un éclat vitreux, une structure lamellaire qui conduit à un *dodécaèdre rhomboïdal,* qui est sa forme primitive. Elle raie la chaux phosphatée, fond très facilement en un verre clair ; se dissout en gelée dans les acides.

Sa pesanteur spécifique est de 2,90.

Composition. M. Haüy considère cette espèce comme un mélange de sodalite et de zircon.

le verdâtre, le blanchâtre et l'olivâtre. Il est quelquefois tacheté. On le travaille difficilement, et le poli qu'il reçoit a toujours quelque chose de gras. Il se laisse pénétrer par l'eau, et augmente de pesanteur, ce qui est très remarquable dans une pierre aussi dure.

Sa pesanteur spécifique est de 3 environ.

Composition. Il est formé de silice, de chaux, de soude, de potasse et d'alumine; il renfermerait quelquefois de l'oxide de fer et de l'oxide de chrôme, mais en faible proportion.

Gisement. Le jade néphrétique vient de la Chine, du Japon, de l'Inde et de l'Amérique, sur les bords de la rivière des Amazones. Ses relations géologiques sont inconnues. On l'apporte taillé de diverses manières, et souvent à jour, ce qui fait supposer, dit M. Brongniart, qu'il a beaucoup moins de dureté quand on le travaille, et que probablement alors on le laisse s'imbiber d'eau.

On a confondu, pendant long-temps, sous le nom de *jade* des substances très différentes, telles que des serpentines dures et autres roches hétérogènes, des variétés de jaspe, des felspaths compactes, de la prélnite, etc.

813. 2e sous-espèce. *Jade de Saussure.* (*Saussurite, lemanite* et *felspath tenace* d'Haüy.) Il est aussi dur et aussi tenace que le précédent. Son éclat est un peu gras; sa couleur d'un vert bleuâtre; sa structure un peu lamellaire ou compacte: il est très peu fusible.

Sa pesanteur spécifique est de 3,389.

Composition. Il est formé de silice, d'alumine, de soude, de chaux, et de quelques traces de magnésie et d'oxide de fer.

Gisement. Il se trouve rarement isolé dans la nature; il fait la base d'une roche primitive nommée *euphotide,* avec la diallage verte ou métalloïde. Quelquefois il est accompagné de talc. On le rencontre dans les Hautes-Alpes, les Apennins, la Corse, Turin, sur les bords du lac Léman près de Genève, et dans l'Amérique septentrionale.

814. 3e sous-espèce. *Jade axinien.* (*Pierre de hache, pierre de la circoncision, pierre des amazones, casse-tête.*) Ce jade est très dur, très sonore. Sa cassure est écailleuse; sa couleur est le vert foncé ou le vert olivâtre; son éclat est vitreux. Il est opaque ou légèrement translucide. Sa structure est schistoïde; il fond assez difficilement en un émail blanc mêlé de noir; il est susceptible d'un beau poli.

Composition. Elle est inconnue; mais comme il est très hétérogène, on devrait plutôt le considérer comme une roche que comme une espèce minéralogique.

Gisement. On sait qu'il existe à Tavai-Poenammoo, partie la plus méridionale de la Nouvelle-Zélande; mais on n'a rien de certain sur sa situation géologique.

Les sauvages en forment des haches et des coins.

18e ESPÈCE. *LABRADOR.*

(*Soude, chaux* et *alumine silicatées. Pierre de Labrador; felspath opalisant; felspath opalin,* Haüy; *labradorite,* de Lamétherie.)

815. *Caractères essentiels.* Sa structure est laminaire, et conduit à la forme primitive, qui est celle du felspath ordinaire, mais dont la mesure des angles est différente. Il est moins dur et un peu moins fusible que le felspath; il est décomposable par l'acide hydrochlorique concentré; il est surtout remarquable par la vivacité des reflets blancs, jaunes, verdâtres, cuivrés, etc., qu'il présente sous diverses inclinaisons. Le fond de la pierre est ordinairement gris et marqué dans certains morceaux de veines blanchâtres, qui forment des rhombes en se croisant.

Composition. $= \ddot{So}\,\dddot{Si}^2 + 3\ddot{Ca}\,\dddot{Si}^2 + 12\dddot{Al}\,\dddot{Si}$.

Gisement. Le Labrador appartient au granite et à la siénite, qui font partie des terrains primitifs ; il est quelquefois accompagné de pyrites, d'amphibole, de mica, de bismuth natif. On le rencontre au Groenland, sur la côte de Labrador ; dans l'Ingrie, sur les bords de la Néva, en Norwège et en Finlande.

On l'emploie comme pierre d'ornement.

19e ESPÈCE. *RÉTINITE.*

(*Soude* et *alumine silicatées hydratées. Pierre de poix.*)

816. *Caractères essentiels.* Substance ayant un éclat vitreux, gras, analogue à celui de la poix ; une cassure raboteuse ou écailleuse ; une dureté très faible ; une translucidité sensible. Se fond facilement en se boursoufflant. Ses couleurs sont le vert foncé, le rouge, le jaunâtre. Elle ressemble à de la poix noire.

Composition. Elle est formée de soude, de chaux, d'alumine, de silice et d'eau ; elle renferme en outre un peu de bitume. Sa composition ne diffère de celle de l'obsidienne qu'en ce que cette dernière ne renferme pas d'eau.

Gisement. Le rétinite se trouve en couches dans des terrains trappéens, en amas considérables, et quelquefois en espèce de filons au milieu des grès rouges. On le rencontre au mont Cantal en Auvergne, près de Frieberg en Saxe, en Écosse, etc.

XIe FAMILLE. *POTASSIUM.*

Cette famille renferme douze espèces.

1re ESPÈCE. *ALUN.*

(*Alumine* et *bi-oxide quelconque sulfatés hydratés. Alumine sulfatée*, Haüy.)

Cette espèce, offrant de grandes différences dans sa composition, peut être partagée en trois sous-espèces.

817. 1re sous-espèce. *Alun potassé.*

Caractères essentiels. Sel dont la saveur est légèrement acidule et astringente, la cassure vitreuse, la réfraction simple, la transparence assez complète, la couleur blanchâtre, quelquefois un peu rosée; soluble dans l'eau, plus à chaud qu'à froid; solution donnant par l'ammoniaque un précipité gélatineux et une substance alcaline en solution. Devient bleu par le nitrate de cobalt, fond avec boursoufflement par l'action du calorique, et laisse une masse spongieuse après la calcination.

Sa pesanteur spécifique est de 1,71.

La forme primitive est l'*octaèdre régulier;* ses formes dominantes sont: l'octaèdre primitif, le cube dont les faces sont toujours ternes, le cubo-octaèdre dont les faces parallèles à l'octaèdre sont transparentes, tandis que celles qui sont parallèles aux faces du cube sont opaques, ce qui indique bien l'octaèdre pour forme primitive; et le triforme, qui dérive du cube, de l'octaèdre et du dodécaèdre rhomboïdal. On ne trouve pas ces diverses formes dans la nature, mais on peut les obtenir artificiellement.

Composition. $= 2\dddot{A}l\dddot{S}^3 + \ddot{P}o\dddot{S}^2 + 48Aq.$

Les variétés de structure sont peu nombreuses; on y remarque surtout:

Alun vitreux. C'est celui qui est cristallisé ou en masses cristallines. Il est ordinairement limpide, quelquefois cependant jaunâtre ou rosâtre, ce qui dépend de substances étrangères qu'il renferme. Celui dont les cristaux sont des cubes, contient ordinairement de l'alumine interposée. On remarque dans les fabriques, où l'alun cristallise dans de grandes cuves, que les cristaux qui tapissent le fond de ces vases sont octaédriques, tandis que ceux qui sont à la surface sont cubiques.

Alun butyriforme (beurre de montagne). En masses concrétionnées, mamelonnées, d'une couleur jaune, ayant une saveur très acide, peu de dureté. Il paraît qu'il découle des cavités de roches schisteuses en Sibérie; on l'a trouvé également dans le canton d'Aubin (Aveyron). Dans cette dernière localité, il paraît provenir de l'embrasement des houillères que contient le même terrain.

817 *bis*. *Caractères d'élimination*. On peut confondre l'alun avec la *soude boratée* et la *magnésie sulfatée ;* on le distingue de toutes deux par ses formes cristallines, bien différentes de celles de ces dernières substances, et en outre, de la *première*, en ce qu'il ne se réduit pas en verre au chalumeau ; de la *seconde*, par sa saveur, qui est légèrement astringente, et non amère.

818. *Gisement*. L'alun potassé ne se trouve, dans la nature, qu'en très petite quantité. On le rencontre dans plusieurs espèces de terrains : 1°. dans ceux de transition, où il est sous forme d'efflorences à la surface des roches schisteuses, que l'on a nommées *ampélites;* 2°. dans les terrains secondaires, sur les schistes houillers; 3°. dans les terrains tertiaires, dans l'argile plastique supérieure à la craie, dans les tourbes des environs de Soissons. Ces diverses circonstances géologiques prouvent que l'alun se forme journellement par la décomposition des pyrites qui se trouvent disséminées dans différentes roches schisteuses.

On le trouve rarement en dissolution dans les eaux.

Pour son extraction et ses usages, voir (824).

819. 2e sous-espèce. *Alun ammoniacal*.

Cette sous-espèce, bien moins répandue que la précédente, n'a encore été trouvée que sous la forme de filamens soyeux, engagés entre les feuillets des lignites, des schistes, etc. On la reconnaît facilement à l'odeur ammoniacale qu'elle dégage par sa trituration avec la potasse caustique.

Dans ce composé, l'ammoniaque remplace la potasse en tout ou en partie.

M. Berzélius indique la formule suivante : $A^2H^6\dddot{S} + \dddot{Al}\dddot{S}^3 + 26Aq$.

820. 3e sous-espèce. *Alun ferrugineux.* (*Alun capillaire, alun de plume, sulfate double d'alumine et de fer,* Beudant.)

Caractères essentiels. Il est en filamens blancs réunis par faisceaux, quelquefois disposés confusément, et offrant le brillant de la soie ; il est presque toujours coloré par du fer.

Composition. $= \dddot{Al}\dddot{S}^3 + \ddot{Fe}\dddot{S}^2 + 28Aq$ (*). Il renferme toujours, suivant M. Berthier, un peu de sulfate de magnésie, que ce chimiste considère comme accidentel, et qui lui donne sa texture capillaire.

820 *bis. Caractères d'élimination.* L'alun ferrugineux peut être facilement confondu avec la *chaux sulfatée fibreuse*, le *fer sulfaté fibreux* et l'*amiante.* On peut le distinguer de la première de ces substances en ce que celle-ci est peu soluble dans l'eau, insipide, qu'elle blanchit et se réduit en poussière sur les charbons, au lieu de s'y fondre avec boursoufflement ; de la seconde (fer sulfaté fibreux), par la saveur beaucoup plus astringente de celle-ci, et en ce qu'elle précipite très abondamment en noir par l'infusion de noix de galle, l'alun ferrugineux précipitant très faiblement en noir par le même réactif ; enfin, de la troisième (amiante), par sa saveur et sa solubilité.

Gisement. Se trouve dans les mêmes localités que l'alun potassé, et paraît provenir comme lui de la décomposition des schistes pyriteux.

821. *Annotations.* L'ammoniaque et le bi-oxide de fer ne sont pas les seules substances qui puissent remplacer la potasse dans l'alun ; il se forme encore accidentellement dans la

(*) Une analyse de M. Phillips donne pour formule $\dddot{Al}\dddot{S}^3 + 3\ddot{Fe}\dddot{S}^2 + 48Aq$.

nature des aluns à base de magnésie, de manganèse, de cuivre, et rien ne s'oppose à ce que l'on en trouve un jour un bien plus grand nombre. M. Mitscherlich a aussi observé que l'alumine pouvait être remplacée dans les aluns par plusieurs trioxides, comme ceux de fer, de chrôme, de manganèse, etc. On connaît en effet, dans les laboratoires, un sulfate de peroxide de fer et de potasse, un sulfate de peroxide de fer et d'ammoniaque, un sulfate de chrôme et d'ammoniaque, un sulfate de chrôme et de potasse, et un sulfate de manganèse et d'ammoniaque, qui tous cristallisent, comme l'alun, en octaèdre, et qui contiennent les mêmes nombres proportionnels de sulfate et d'eau. (Mitscherlich, *Annales de Chimie et de Physique.*)

2e ESPÈCE. *ALUNITE.*

(*Alumine* et *potasse sulfatées* et *alumine hydratée. Alumine sous-sulfatée alcaline* d'Haüy. *Pierre d'alun; pierre alumineuse de la Tolfa; pierre sarcophage.*)

822. *Caractères essentiels.* Substance ayant un aspect lithoïde, une couleur blanche ou souvent rosâtre, une texture compacte; généralement opaque, plus dure que la chaux carbonatée; à cassure inégale et vitreuse; n'ayant aucune saveur, aucune solubilité, décrépitant par l'action du chalumeau et devenant en partie soluble dans l'eau par la calcination; elle perd en même temps 30 pour cent de son poids. Elle offre la double réfraction lorsqu'elle est transparente. Sa forme primitive est un *rhomboèdre légèrement aigu* de 92° 50′ et 87° 10′, ce qui l'a fait pendant long-temps considérer comme un cube.

Sa pesanteur spécifique est de 2,5 à 2,7.

Composition. Suivant M. Cordier, $= 20\dddot{Al}\dddot{S} + \ddot{Po}^3\dddot{S}^4 + 42Aq$. On peut la considérer comme une combinaison de 56,927 d'alun anhydre et de 43,063 d'hydrate d'alumine.

On peut en distinguer deux sous-espèces.

1re sous-espèce. *Alunite cristallisée.* Se trouve en petits cristaux qui sont des rhomboèdres basés, implantés dans les fissures des masses compactes d'alunite. Ils sont quelquefois recouverts superficiellement par une pellicule de fer oxidé brun. On les rencontre à la Tolfa et en Hongrie. Quelquefois aussi l'alunite se trouve en cristaux lenticulaires.

2e sous-espèce. *Alunite compacte.* Se trouve en masses compactes, ayant beaucoup de ressemblance avec la craie. Il est très rare qu'elle ne contienne pas de silice, et on ne l'a encore rencontrée pure qu'en Toscane. Presque toujours elle en renferme en plus ou moins grande quantité, et se présente alors en masses compactes, homogènes et blanches. Cette silice, dont elle renferme quelquefois 60 pour 100, rend cette alunite très dure et lui donne la propriété de faire gelée avec les acides. C'est la variété *alumine sous-sulfatée silicifère* d'Haüy.

823. *Gisement.* L'alunite silicifère forme des collines entières à la Tolfa et à Piombino en Italie. On la trouve aussi en Hongrie et dans l'Archipel grec. M. Cordier vient de la découvrir en Auvergne, en assez grande quantité pour qu'on puisse l'exploiter. On voit d'après cela que cette substance fait partie des terrains anciennement volcanisés. On la trouve au milieu des débris de ponce, de terrains trachytiques, et toujours accompagnée de felspath, dont la potasse a peut-être pu contribuer à sa formation.

824. *Préparation de l'alun.* L'alun existe tout formé dans la nature, comme nous venons de le voir en étudiant l'espèce précédente; d'autres fois il est uni à d'autres substances, comme cela a lieu dans l'alunite; ou bien on trouve seulement ses élémens disséminés dans des schistes ou des lignites pyriteux : de là plusieurs procédés dont nous allons donner une idée.

1°. Quand l'alun existe tout formé, il suffit, pour l'obtenir, de lessiver les terres qui le contiennent, de réunir les eaux de lavage, de les faire évaporer jusqu'à un certain point, et, après les avoir laissées déposer, de les décanter dans des cristallisoires.

Tel est le procédé suivi à la Solfatare près Pouzzoles, dans le royaume de Naples, où l'on met à profit la chaleur naturelle du sol (qui est de 40° cent.) pour évaporer les dissolutions salines.

2°. Pour obtenir l'alun de l'*alunite*, on brise la roche et on calcine les fragmens dans des fours. On retire ensuite le produit de la calcination et on l'expose à l'air, ayant soin de l'arroser de temps en temps, pour le faire effleurir et le réduire en pâte. On lessive ensuite la masse effleurie, on laisse déposer les eaux de lavage, et elles donnent, par l'évaporation et la cristallisation, de l'alun bien plus pur que celui que l'on obtient par les autres procédés. La théorie de cette opération devient très simple, en supposant avec M. Cordier que l'alunite est une combinaison d'alun et d'alumine hydratée. Ce dernier composé se trouve détruit par la calcination, et il reste un mélange d'alun et d'alumine que l'on parvient facilement à séparer par les lavages. Ce procédé est particulièrement suivi à la Tolfa, près de Civita-Vecchia, à Piombino dans la campagne de Rome, et même à la Solfatare.

3°. On prépare une très grande quantité d'alun en exposant à l'air et à l'humidité des schistes et des lignites, qui contiennent en même temps de l'argile et du sulfure de fer. Ce dernier absorbe peu à peu l'oxigène de l'air et se transforme en sulfate ; mais comme l'acide sulfurique a pour le moins autant d'affinité pour l'alumine que pour l'oxide de fer, il en résulte à la fois des sulfates de fer et d'alumine. Après un temps plus ou moins long, lorsque les tas que l'on forme avec les schistes ou les lignites sont couverts d'efflorescences, on les lessive et l'on soumet les eaux à l'évaporation. Le sulfate de fer cristallise, et les eaux mères retiennent le sulfate d'alumine, qui est bien plus soluble. On ajoute alors à ce dernier sel du sulfate de potasse ou d'ammoniaque, pour le transformer en alun; car il arrive rarement que les matières premières contiennent de la potasse, ce qui alors évite cette addition. Quelquefois les schistes alumineux ont trop de densité pour pouvoir s'effleurir au contact de l'air; il faut alors employer le grillage, et pour cela on commence d'abord par les exposer au contact de l'air pendant un mois, puis on les dispose lit par lit avec du bois auquel on met le feu. La combustion dure très long-temps et ne donne guère pour produit que du sulfate d'alumine, parce que le sulfate de fer ne peut pas se former à cette température en présence de l'alumine. On lessive les matières, on fait évaporer les eaux de lavage et l'on obtient, par la cristallisation, une certaine quantité d'alun dont la formation est due à la potasse contenue dans le bois qui a servi au grillage. On ajoute dans les eaux mères du sulfate de potasse ou d'ammoniaque, et l'on obtient une nouvelle quantité d'alun.

Mais il s'en faut de beaucoup que l'alun obtenu par la décomposition des schistes et des lignites pyriteux soit aussi pur que celui qui provient de l'alunite; il contient toujours une plus ou moins grande quantité de sulfate de fer, dont plusieurs cristallisations ne le séparent pas entièrement. Il arrive aussi que le grillage de ces schistes a lieu naturellement par des houillères embrasées, comme dans le département de l'Aveyron; il suffit alors de les lessiver.

Ce troisième procédé s'exécute dans un assez grand nombre de lieux, et principalement à Liége et en Picardie, dans les départemens de l'Aisne et de l'Oise.

4°. Enfin, on prépare encore l'alun de toutes pièces en faisant agir l'acide sulfurique sur des argiles, les plus pures possibles et préalablement calcinées, afin de pouvoir les pulvériser et pour faire passer l'oxide de fer qu'elles contiennent au maximum d'oxidation, ce qui le rend insoluble dans l'acide. Quelquefois, au lieu d'acide, on fait agir sur elles le sulfate acide de potasse que l'on obtient pour résidu de la fabrication de l'acide nitrique. Autrefois, lorsqu'on préparait ce dernier acide en décomposant le salpêtre par l'argile, il suffisait de traiter les résidus de l'opération par l'acide sulfurique, pour en obtenir de l'alun.

Usages. Les usages de l'alun sont très nombreux ; on s'en sert dans les arts pour fixer sur les tissus les couleurs solubles dans l'eau, pour passer les peaux, pour donner de la solidité au suif, etc. En Médecine, on l'emploie comme astringent à l'intérieur, et, après l'avoir calciné, comme escharrotique, à l'extérieur.

On distingue dans le commerce plusieurs espèces d'alun, selon les pays d'où ils proviennent : tels sont ceux de *Roche*, de *Rome*, de *Liége*, de *Javelle*, de *Picardie*, d'*Angleterre*, etc. Tous contiennent une petite quantité de sulfate de fer, mais en proportions variables pour chacun d'eux. Le plus impur est celui d'Angleterre, qui renferme en outre une matière animale huileuse. Le plus pur est celui qui porte le nom d'*alun fin*, et qui se prépare de toutes pièces, principalement à Paris. Il ne renferme, comme celui de Rome, que 0,005 de sulfate de fer, et ne contient pas, comme ce dernier, 2 ou 3 centièmes de matières insolubles composées de sous-sulfate de potasse et d'alumine, de silice et d'oxide de fer. On peut, à l'aide de cristallisations réitérées, purifier tous les aluns et les obtenir aussi purs que celui de Paris.

3ᵉ ESPÈCE. *NITRE.*

(*Potasse nitratée. Salpêtre.*)

825. *Caractères essentiels.* Sel dont la saveur est d'abord un peu fraîche, ensuite désagréable, soluble dans l'eau, plus à chaud qu'à froid ; non déliquescent ; fuse sur les charbons ardens. Sa forme primitive est l'*octaèdre rectangulaire* de 68° 46′ et 60°.

Sa pesanteur est de 1,93.

Composition. = $\dot{P}o\dddot{A}^2$.

Ses cristaux, qui sont toujours le produit de l'art, sont généralement des prismes hexaèdres simples ou pyramidés, très allongés, profondément cannelés, ou des prismes aplatis rectangulaires à biseaux. Ils sont fragiles ; leur cassure est vitreuse et articulée.

825 *bis. Caractères d'élimination.* La potasse nitratée se distingue des différens sels solubles autres que des nitrates, en ce que, mélangée avec un corps combustible, elle détonne lorsqu'on la projette sur des charbons ardens. On pourrait alors la confondre avec la *chaux nitratée*, mais la déliquescence de cette dernière l'en fait aisément distinguer.

826. *Gisement.* Le nitre est assez abondamment répandu dans la nature, mais il est rarement pur. Presque toujours il est accompagné des nitrates de chaux et de magnésie, du sel marin, etc. Il existe à l'état solide et en dissolution dans les eaux.

Dans le premier état, c'est-à-dire à l'état solide, le salpêtre recouvre, sous forme d'efflorescences (*salpêtre de houssage*), la surface de vastes plaines sableuses, en Hongrie, en Perse, en Arabie, en Égypte, au Bengale, etc. Il s'effleurit journellement à la surface des vieux murs des écuries, des caves et de tous les endroits habités par les animaux ou renfermant des matières animales ou végétales en putréfaction. On le trouve aussi à la surface de collines calcaires ou calcaréo-sableuses, en Espagne, sur la rive gauche du Rhône, dans les Landes, à la Roche-Guyon près Paris, etc.; et encore sur les parois de plusieurs cavernes des terrains calcaires qui sont habitées par des hommes ou des animaux.

Le nitre en dissolution dans les eaux est beaucoup plus rare que le précédent. Il existe dans les eaux des mares et des lacs, que l'on rencontre dans les plaines où se trouvent les efflorescences salpétrées, ainsi que dans les eaux des puits creusés dans ces terrains, ou dans les grandes villes, comme à Paris.

827. *Préparation.* Lorsque le nitrate de potasse vient s'effleurir à la surface du sol, il suffit de balayer et de lessiver le produit; mais en France on le retire presque toujours des vieux plâtras, où il est mélangé avec les nitrates de chaux et de magnésie. C'est ce qui constitue l'art du salpétrier.

Après avoir pulvérisé grossièrement ces plâtras, on les met dans des baquets, où on les lessive, faisant passer successivement l'eau qui s'écoule d'une série de baquets, sur les plâtras contenus dans une seconde série, et ainsi de suite, jusqu'à ce que l'on ait une lessive assez chargée. On met souvent dans le fond de ces baquets une certaine quantité de cendres, afin de décomposer la majeure partie des nitrates de chaux et de magnésie, et de les transformer en nitrate de potasse. Quand on n'a pas de cendres, on lessive de même: on réunit les lessives dont le degré de force est assez considérable, et on les fait évaporer dans une chaudière de cuivre; on a soin d'enlever l'écume qui se forme à la surface, et de séparer le dépôt (principalement formé de sulfate et de carbonate de chaux) qui se forme dans le fond de cette chaudière; alors on ajoute dans la liqueur du sous-carbonate de potasse, en quantité bien plus grande quand on n'a pas mis de cendres dans les baquets, que lorsqu'on a pu en employer. On peut encore décomposer les nitrates de chaux et de magnésie par le sulfate de potasse provenant des résidus de la fabrication de l'acide nitrique. Quand la réaction a eu lieu, on laisse déposer la liqueur, et on la décante; on la fait évaporer de nouveau : à une certaine époque de l'opération, il s'en sépare une certaine quantité de chlorure de sodium, qui, n'étant pas plus soluble à chaud qu'à froid, ne peut rester en dissolution. On continue l'évaporation: on fait cristalliser le sel, et on le purifie par de nouvelles solutions et de nouvelles cristallisations; on clarifie la solution avec de la colle, et on achève de purifier le sel en le mettant en contact pendant un certain temps avec une solution saturée de nitrate de potasse qui ne peut plus en dissoudre, mais qui dissout les sels étrangers qui en altèrent la pureté. Il est rare, malgré tout cela, que le nitrate de potasse ne contienne pas une petite quantité de chlorure de potassium. Si l'on voulait l'avoir très pur, il faudrait y verser goutte à goutte une solution de nitrate d'argent, en ayant bien soin de n'en pas mettre en excès, jusqu'à ce qu'il ne se formât plus de précipité.

828. La formation des nitrates n'a jamais lieu que dans les cas où l'azote et l'oxigène peuvent se trouver en contact à l'état de gaz naissans, et lorsque l'acide nitrique, qui doit résulter de cette combinaison, peut rencontrer de suite une base salifiable à laquelle il puisse s'unir. Il est même nécessaire que cette base ait beaucoup d'affinité pour l'acide; sans cela la formation de ce dernier n'aurait pas lieu; aussi ne trouve-t-on dans la nature que des nitrates alcalins (*). Comme on con-

(*) La présence des matières organiques est-elle indispensable à la production des matériaux salpêtrés? C'est ce qui n'est pas encore bien démontré. On sait, en effet, que certaines pierres calcaires poreuses se convertissent en nitrate au seul contact de l'air, et sans le concours des matières azotées. Il paraîtrait alors que l'acide nitrique proviendrait seulement de l'azote et de l'oxi-

naît très bien les circonstances dans lesquelles ces nitrates peuvent se former, comme on sait qu'ils ne se produisent jamais que dans les lieux exposés à des émanations animales, quand une humidité continuelle favorise la réaction, on a cherché à établir des nitrières artificielles, et l'on y a très bien réussi en réunissant les diverses circonstances que nous venons d'indiquer. On a soin seulement d'employer des substances terreuses ou calcaires, qui ne soient pas trop denses, et qui puissent être facilement pénétrées par l'eau : aussi les marbres, ainsi que les autres pierres calcaires compactes et tous les minéraux quarzeux, ne donneraient jamais lieu à la formation des nitrates, même en les plaçant dans les circonstances les plus favorables.

En Prusse, on fait un mélange d'une partie de cendres lessivées avec cinq parties de terre noire végétale; on gâche ce mélange avec de l'eau de fumier, ayant soin d'y ajouter de la paille, afin de rendre la matière moins compacte. On en élève des murs de vingt pieds de long sur six à sept de haut, dans lesquels on place des bâtons que l'on retire dès que ces murs ont pris assez de consistance; ils sont alors percés de trous qui permettent à l'air et à l'humidité de pénétrer dans leur intérieur. On construit ces murs dans des lieux humides, on les abrite du soleil en les couvrant d'un toit de paille; on les arrose de temps en temps, et on les lessive au bout d'un an, pour en tirer le salpêtre. (Chaptal, *Chimie appliquée aux arts*, tome IV)

En Suède les nitrières artificielles se font dans de petites cabanes de bois dont le plancher est tantôt en bois, tantôt en

---

gène de l'air, formation déterminée par la présence de la base. Cependant il est reconnu que les matières organiques, si elles ne sont pas indispensablement nécessaires à la production du salpêtre, influent singulièrement sur la quantité qui peut se former.

argile très comprimée et compacte; on y met un mélange de terre ordinaire, de sable calcaire ou de marne et de cendrès lessivées, et on arrose ce mélange avec de l'urine de bœufs ou de vaches; pendant l'été on remue cette masse une fois par semaine, et pendant l'hiver une fois toutes les deux ou trois semaines. Cela se fait en ménageant un petit espace le long d'un côté de la cabane, rejetant la terre une fois vers le côté gauche, l'autre fois vers le côté droit, et prenant soin de ne pas comprimer la terre dans le nouveau tas que l'on forme. Ce tas a ordinairement de deux et demi à trois pieds de hauteur sur toute l'étendue de la cabane. Celle-ci est pourvue de volets que l'on ferme pour empêcher le soleil d'y pénétrer. (Berzélius.)

829. *Usages.* Le nitrate de potasse est employé pour la préparation de l'*acide nitrique,* de l'*acide sulfurique*, de la *poudre à canon.* Dans les pharmacies, il sert à préparer le *foie d'antimoine,* le *crocus metallorum,* l'*antimoine diaphorétique,* le *fondant de Rotrou,* le *cristal minéral* et les *carbonates de potasse,* connus sous les noms de *nitre fixé par les charbons, nitre fixé par le tartre.* On s'en sert aussi en Métallurgie pour préparer le *flux blanc* et le *flux noir,* et quelquefois aussi pour brûler le soufre et l'arsenic dans le traitement de quelques minerais.

4e ESPÈCE. *AMPHIGÈNE.*

(*Potasse* et *alumine silicatées. Leucite, grenat blanc; leucolithe; vésuvienne; grenatite.*)

830. *Caractères essentiels.* Substance plus dure que la chaux phosphatée, et moins dure que le felspath. Cassure raboteuse ou vitreuse; réfraction simple; infusible au chalumeau, malgré la grande quantité de potasse qu'elle contient, et très remarquable en ce que, d'après l'observation de M. Berzélius, il suffit d'y ajouter 0,2 de potasse pour la rendre fusible. Sa poussière verdit le sirop de violettes.

Elle se rencontre toujours sous forme de cristaux sphéroïdaux à vingt-quatre facettes trapézoïdales, lisses ou rugueuses, mais jamais striées comme celles du grenat. Ils offrent des joints naturels qui conduisent à deux solides simples que l'on peut regarder comme étant les formes primitives, savoir le *cube* et le *dodécaèdre rhomboïdal*. C'est cette circonstance qui lui a fait donner le nom d'*amphigène* (double origine).

Sa pesanteur spécifique est de 2,46.

Ses couleurs sont le gris, le blanchâtre et le gris jaunâtre. Elle est opaque, translucide ou transparente. Souvent son apparence est gélatineuse; presque toujours elle s'altère par le contact de l'air long-temps prolongé; elle devient blanche, opaque, terreuse, analogue au kaolin, mais elle conserve sa forme.

Composition. $= \ddot{P}o^3\dddot{S}i^4 + 3\dddot{A}l\dddot{S}i^2$.

830 *bis. Caractères d'élimination.* L'amphigène pourrait être confondu avec l'*analcime trapézoïdal* et le *grenat trapézoïdal*; mais on l'en distinguera toujours aux caractères que nous avons déjà indiqués (805 et 662).

831. *Gisement.* Les cristaux d'amphigène se trouvent disséminés dans les roches d'origine ignée, parmi les déjections volcaniques; ils sont communs aux environs de Naples et dans diverses contrées de l'Italie. Ils sont tantôt incorporés avec des laves et des matières compactes qui pénètrent quelquefois dans leur intérieur, et que l'on regarde comme des basaltes; tantôt solitaires et dispersés parmi des débris de substances volcaniques; tantôt enfin associés en proportion plus ou moins grande avec le mica, l'amphibole, le felspath, la méïonite, la sodalite, la népheline, etc., dans des blocs qui ont été lancés hors des cratères sans avoir quelquefois subi l'action du feu; telles sont les roches de la Somma, au Vésuve.

Les géologues ne sont pas d'accord sur l'époque de la formation de l'amphigène; les uns croient qu'il fait partie des roches primitives détachées par les volcans; les autres pensent qu'il a été fondu et qu'il a cristallisé dans les laves quelque temps après leur irruption du cratère. Quoique cette dernière opinion soit celle qui est admise le plus généralement, on pourrait cependant la mettre en doute, attendu que l'on a découvert dans les Pyrénées de l'amphigène, qui ne se trouve nullement dans une situation volcanique, mais dans une roche granitique composée de quarz, de mica et de grenat rouge.

5e ESPÈCE. *MÉÏONITE D'ARFWEDSON.*

(*Potasse* et *alumine silicatées. Méïonite du Vésuve.*)

832. *Caractères essentiels.* Elle se présente en petits grains irréguliers, souvent agglomérés et en petits prismes droits à quatre ou à huit pans, terminés par des pyramides très surbaissées, à quatre ou à huit faces, reposant tantôt sur les pans, tantôt sur les arètes de ce même prisme dont le solide de clivage est un *prisme à quatre pans,* aplati et symétrique. Les cristaux sont incolores, blancs, grisâtres; leur cassure est éclatante et ondulée; ils raient le verre, se fondent au chalumeau en émail spongieux et blanchâtre, avec boursoufflement et en produisant un bruit particulier.

Sa pesanteur spéficique est de 2,6.

Composition. = $\dot{P}o\ddot{S}i^{2} + 2\dddot{A}l\ddot{S}i^{2}$. (Arfwedson.)

Gisement. On ne l'a encore trouvée que dans les cavités d'une roche micacée à la Somma (Vésuve), associée à plusieurs autres substances de même origine, telles que la sodalite, l'amphigène, la népheline, etc.

832 *bis. Caractères d'élimination.* On peut confondre la méïonite cristallisée avec l'*harmotome,* le *wernerite,* le *zircon,* l'*idocrase,* et la méïonite granuliforme avec la *népheline amorphe.* Les caractères cités plus haut suffiront pour la faire distinguer de ces diverses espèces.

882 *ter*. *Annotations*. La composition de cette espèce la distingue d'un minéral rose qui porte également le nom de *méionite*, et qui se présente en petites masses fendillées ou en cristaux prismatiques carrés ou octogones, dérivant d'un *prisme droit à bases carrées*, implantés dans une lave des carrières de Capo-di-Bove près Rome. Cette dernière espèce, dont la composition n'est pas encore bien fixée, pourrait avoir pour formule, suivant M. Beudant, $4\dddot{Al}\dddot{Si} + \ddot{Ca}^3\dddot{Si}^2$, qui est celle de l'épidote zoïsite, et peut-être mieux $6\dddot{Al}\dddot{Si} + \ddot{Ca}^3\dddot{Si}^2$, qui est celle du wernerite, dont elle se rapproche beaucoup par ses formes cristallines. Quoi qu'il en soit, elle paraît renfermer toujours quelques traces d'un silicate alcalin, soit de soude, soit de potasse, soit de lithine.

6e ESPÈCE. *HAUYNE*.

(*Potasse* et *alumine silicatées. Latialite; saphirine.*)

833. *Caractères essentiels*. Substance hyaline bleue ou d'un vert bleuâtre; rayant sensiblement le verre, quoique fragile; devenant électro-négative par le frottement; soluble en gelée dans les acides, fusible en un verre blanc et bulleux.

Sa pesanteur spécifique est de 3,33.

Sa forme primitive est le *dodécaèdre rhomboïdal*. On la trouve en cristaux primitifs, en grains irréguliers et en masses compactes, peu volumineuses.

Composition. $= \dot{Po}\dddot{Si}^2 + 2\dddot{Al}\dddot{Si}$?

834. *Gisement*. L'haüyne se trouve disséminée dans des roches d'origine ignée, au mont d'Or en Auvergne, sur les bords du lac de Leach, département du Rhin-et-Moselle, en Italie, à la Somma, et aux environs de Nemi, de Frascati et d'Albano dans les montagnes de l'ancien Latium (aujourd'hui Campagne de Rome), d'ou lui est venu le nom de *latia-*

lite, sous lequel elle a été primitivement décrite par M. l'abbé Gismondi. Elle est toujours accompagnée de mica, de pyroxène vert, d'idocrase, de méïonite et de felspath.

7ᵉ ESPÈCE. *FELSPATH* (*).

(*Potasse* et *alumine silicatées.*)

835. *Caractères essentiels.* Substance vitreuse ou pierreuse, rayant le verre, étincelant sous le choc du briquet, jouissant à un degré médiocre de la réfraction double, phosphorescente par le frottement; ayant une structure laminaire ou vitreuse; fusible au chalumeau en émail blanc.

Sa pesanteur spécifique est de 2,4 à 2,7.

Sa forme primitive est un *prisme oblique rhomboïdal* dont les faces latérales sont inclinées entre elles d'environ 120° et 60°, et dont la base est inclinée sur les pans, d'environ 112° et 68°. (Beudant, d'après H. Rose.)

On observe toujours deux faces ternes et deux faces brillantes; le clivage est assez facile dans quatre sens, et difficile dans deux autres.

Composition. = $\ddot{P}o\dddot{S}i^2 + 3\dddot{A}l\dddot{S}i^3$. Elle ne diffère de celle de l'albite (802), qu'en ce que, dans cette dernière, la soude tient la place de la potasse. Il est rare que le felspath soit pur, il est presque toujours plus ou moins mélangé d'oxides qui le colorent.

M. Peschier vient de reconnaître que le titane est un des principes constituans de la plupart des felspaths. (*Ann. de Chim. et de Phys.*, t. XXXI, p. 294.)

(*) On dit souvent feld-spath au lieu de felspath : ce dernier mot, signifiant *spath des roches*, paraît bien préférable au premier, qui signifie *spath des champs.* (Kirwan.)

On peut le partager en trois sous-espèces.

836. 1re sous-espèce. *Felspath lamelleux.* Se trouve en petites masses, en grains cristallins dans lesquels on peut voir le clivage, quelquefois en cristaux druziques, ou empâtés très nets ou en masses laminaires. Les principales formes dominantes sont au nombre de deux : 1°. un prisme hexaèdre, le plus souvent aplati, et terminé par un ou deux biseaux. Ce biseau repose sur l'arète, entre deux faces latérales du prisme. 2°. Un prisme rectangulaire à base oblique, dont l'axe, comparé à celui de l'autre prisme, ferait un angle de 65° : dans le cas où les facettes de ce prisme rectangulaire disparaissent, on retrouve toujours un arrondissement. Assez souvent, on observe une modification sur un des angles de la base du prisme, tandis que l'on n'en trouve aucune sur les autres. On pourrait rapporter cette cristallisation à un prisme hexagonal à base oblique, mais on n'a pas encore observé cette forme dans les cristaux que présentent les diverses espèces minérales. En outre, les angles, dans le prisme hexagonal, offrent toujours 120°, tandis que dans le felspath ils ne présentent pas tous cette ouverture. Les biseaux et les facettes sont aussi souvent modifiés par des troncatures, et l'on observe souvent des cristaux hémitropes.

Parmi les variétés de cette sous-espèce, on distingue.

Le felspath adulaire ou nacré. Il est en cristaux transparens, quelquefois simplement translucides, ayant un éclat vitreux, des reflets blanchâtres, souvent avec une teinte légère de bleuâtre ou de verdâtre, qui partent d'un fond légèrement laiteux, effets dus à de nombreuses fissures. Quelquefois les reflets nacrés, au lieu de partir de l'intérieur, s'étendent sur la surface comme dans les perles. C'est à cause de cet aspect particulier que l'on a donné à cette variété le nom de *pierre de lune, œil de poisson, argentine ;* le nom d'*adulaire* lui vient d'*adula*, mot par lequel les Latins désignaient le mont Saint-

Gothard où on la trouve. Ses cristaux sont quelquefois volumineux, et ont les faces profondément striées.

Le felspath vitreux. Il a l'apparence de l'*adulaire*, mais un éclat plus vitreux et non nacré. Il est criblé de fissures qui font croire qu'il a été fondu. Ses couleurs sont le blanc ou le grisâtre. En général, ses cristaux sont petits, agrégés, disséminés et non implantés dans des roches évidemment volcaniques, comme au mont d'Or, au mont Etna, à la Guadeloupe, etc.; il fond plus difficilement que les autres.

Le felspath commun. On rassemble sous ce nom les felspaths que l'on ne peut rapporter aux variétés précédentes. Ils sont généralement opaques, à structure laminaire, cristallisés ou en masses saccharoïdes ou grenues. Les couleurs sont le blanc, le rosâtre, le rouge brunâtre, le verdâtre, le vert foncé. Il est quelquefois d'un beau vert, et prend le nom de *pierre des amazones;* ou bien il offre des paillettes brillantes dues à du mica empâté dans un fond vert, incarnat, brun jaunâtre, etc. On le connaît alors sous le nom de *pierre du soleil, felspath aventuriné.*

836 *bis. Caractères d'élimination.* La grande mutabilité d'aspect des diverses variétés du felspath permet de le confondre avec un assez grand nombre de substances, qui au premier coup d'œil, semblent offrir tous les caractères qui lui appartiennent : parmi ces substances, on peut citer surtout *la chaux carbonatée* (quelques variétés), la *diallage verte* (smaragdite), le *corindon,* la *cymophane*, le *quarz chatoyant* (œil de chat), le *triphane,* etc. Les caractères suivans suffiront pour distinguer ces espèces des variétés de felspath qui leur ressemblent. La *première* est plus dure que le felspath et fait effervescence avec les acides; la *seconde* est rayée par lui et ne se divise nettement que dans un sens, tandis qu'il est susceptible de deux coupes perpendiculaires entre elles, d'un éclat inégal et plus vif que celui qui a lieu dans la diallage; la

troisième (le corindon) est beaucoup plus dure, et offre une densité plus faible dans le rapport d'environ 10 à 7 ; la *quatrième* (la cymophane) est bien plus dure, jouit d'une densité plus forte dans le rapport de 7 à 5, et s'électrise très facilement par le frottement, ce qui n'a lieu qu'avec peine pour le felspath ; la *cinquième* (quarz chatoyant) a une cassure raboteuse, est plus dure, et ne se divise pas nettement comme le felspath nacré (pierre de lune), qui est la variété dont le *facies* est analogue ; enfin, la *sixième* (triphane) s'exfolie et devient pulvérulente avant de se fondre au chalumeau, et toutes ses faces sont également brillantes.

Gisement. Le felspath se trouve dans deux sortes de terrains, dans les terrains primitifs et dans les terrains volcaniques anciens.

1°. Dans les terrains primitifs, il ne forme pas à lui seul de dépôts considérables, mais il entre comme partie constituante essentielle, et souvent même prédominante, dans la composition d'un grand nombre de roches. Uni à l'amphibole, il constitue *les siénites;* à la diallage, l'*euphotide;* au quarz, les roches nommées *pyroméride, pegmatite ;* uni au quarz et au mica, il constitue les *granites*, les *gneis*, etc.

Il paraît qu'il ne se rencontre que rarement dans les filons métalliques ; cependant il s'associe aux mines de fer d'Arendal en Norwège. Ses associations sont assez nombreuses ; ainsi, on le trouve accompagné dans les diverses roches dont nous venons de parler, de quarz, d'épidote, de préhnite, de tourmaline, d'axinite, de mica, de chlorite, d'asbeste, de titane oxidé, de fer oligiste, etc.

2°. Le felspath est bien moins répandu dans les terrains volcaniques; il fait partie d'une roche nommée *trachyte.* Les cristaux que l'on rencontre dans ces terrains appartiennent à la variété vitreuse.

837. 2e sous-espèce. *Felspath compacte.* (*Pétrosilex.*) Cette

sous-espèce a une texture dense, de la translucidité, une cassure écailleuse et cireuse très facile, une dureté considérable, un aspect cireux ou jaspoïde. Elle se distingue du *quarz* par sa fusibilité, et du *jaspe* par sa cassure facile. Sa composition est souvent altérée par des mélanges mécaniques. M. Brongniart qui, maintenant, considère le pétrosilex comme une espèce distincte, admet trois variétés principales.

Petrosilex céroïde. Son aspect est analogue à celui du quarz-agate. Il est généralement translucide; sa cassure est écailleuse; ses couleurs varient du blanc sale au jaunâtre, au rougeâtre, au verdâtre.

Pétrosilex jaspoïde. Son aspect extérieur ressemble à celui du quarz-jaspe. Il est opaque; sa cassure est terne, très unie et largement conchoïde. Il est peu fusible. Ses couleurs sont moins vives, et varient seulement entre le blanchâtre et le grisâtre.

Pétrosilex fissile. Structure généralement fissile, en grand surtout; cassure raboteuse en grand, écailleuse en petit, un peu translucide; couleurs variant entre le verdâtre et le rougeâtre seulement.

Gisement. Le gisement du pétrosilex est tout-à-fait différent de celui de la sous-espèce précédente, qui ne forme jamais de terrains à elle seule. Celui-ci, au contraire, constitue des montagnes, et même des pays entiers. Il est souvent traversé par des filons métalliques, et fait partie, comme le felspath lamelleux, des terrains volcaniques et des terrains primitifs, où il est la base de plusieurs roches. Quelquefois il empâte de petits cristaux de felspath lamelleux ou d'albite, et constitue les porphyres dont on trouve des couches dans les terrains primitifs et de transition, ainsi que dans les anciens terrains volcaniques. On le cite dans toutes les chaînes de montagnes primitives.

838. 3ᵉ sous-espèce. *Felspath terreux.* (*Kaolin.*) Le felspath saccharoïde est susceptible d'éprouver une espèce d'al-

tération qui le change entièrement. Il perd, en tout ou en partie, la potasse qu'il contient, devient très friable, se délaie dans l'eau sans y faire pâte, devient doux au toucher, infusible au chalumeau, et constitue le *kaolin*. Le pétrosilex est susceptible aussi de se décomposer en kaolin, comme la variété saccharoïde du felspath laminaire, mais cela arrive plus rarement, et l'altération qu'il éprouve n'a jamais lieu que sur les surfaces exposées à l'air. Cette altération des felspaths est plus ou moins complète ; aussi le kaolin passe quelquefois à la sous-espèce *compacte*, et même à la sous-espèce *lamelleuse*. Quand il ne contient pas de potasse, il est tout-à-fait infusible ; quand il en contient (ce qui est dû au felspath lamelleux non décomposé qui s'y trouve mélangé), il devient fusible et constitue alors le *petunzé*. Ces deux matières (le kaolin et le petunzé) sont employées dans la fabrication de la porcelaine ; le petunzé, qui sert de fondant au kaolin, n'entre dans la composition du mélange que pour quinze à vingt centièmes, mais il en forme seul la couverte. On trouve abondamment ces deux substances à Saint-Yrieix près Limoges.

On peut rapporter à la sous-espèce terreuse les variétés qui dominent dans certains granites graphiques qui se trouvent en masses considérables. Ces granites sont très faciles à tailler, et s'emploient à bâtir près Limoges.

8e ESPÈCE. *ÉLÉOLITHE.*

(*Potasse* et *alumine silicatées. Lithrode; pierre grasse; feltstein.*)

839. *Caractères essentiels.* Substance ayant un aspect gras ou huileux joint quelquefois à un léger chatoiement ; structure laminaire dans un sens, raboteuse dans un autre ; plus dure que le verre, étincelant sous le choc du briquet ; fusible en émail blanc au chalumeau ; soluble en gelée dans les acides.

Sa pesanteur spécifique est de 2,6.

Sa forme primitive paraît être le *prisme droit rhomboïdal.* On ne l'a encore trouvée qu'en masses sublaminaires ou compactes. Les couleurs sont le gris verdâtre et le brun rougeâtre.

$$Composition. = \left.\begin{array}{l}\ddot{S}o^3\\ \ddot{P}o^3\end{array}\right\}\ddot{S}i^2 + 3\ddot{A}l\ddot{S}i.$$

840. *Gisement.* L'éléolithe se trouve disséminée dans des roches que l'on croit pouvoir considérer comme des roches granitiques. Elle y est accompagnée de zircon, d'amphibole, de felspath. Elle est très rare, et n'a encore été trouvée qu'à Friderischwern, en Norwège.

M. Beudant la considère comme une espèce très voisine, ou peut-être une variété de wernerite.

9e ESPÈCE. *APOPHYLLITE.*

(*Potasse* et *chaux silicatées hydratées. Albin; ictyophtalme; Zéolithe d'hellesta.*)

841. *Caractères essentiels.* Substance à structure cristalline, se divisant en lames, plus facilement dans un sens que dans l'autre; plus dure que la chaux fluatée, ayant un éclat vitreux nacré, s'électrisant vitreusement par le frottement, se délitant en feuillets à la flamme d'une bougie, et fondant difficilement, au chalumeau, en un émail blanc. Mise en contact avec l'acide nitrique, elle se réduit d'abord en feuillets, puis en gelée.

Sa pesanteur spécifique est de 2,3.

Sa forme primitive est le *prisme droit à base rectangulaire.* Sa forme dominante est un prisme rectangulaire terminé par un pointement à quatre faces, reposant sur les arêtes latérales. Le sommet est ordinairement tronqué, rarement il est entier; de là le nom de *mésotype épointée*, que M. Haüy donna à cette substance. Quelques cristaux sont incolores, mais le plus souvent l'apophyllite est blanchâtre, grisâtre, verdâtre, ou couleur de chair.

Composition. $= \dot{P}o\ddot{S}i^4 + 8\dot{C}a\ddot{S}i^2 + 16Aq.$

842. *Caractères d'élimination.* On peut confondre cette substance avec la *stilbite* et quelques variétés de *felspath;* mais sa forme primitive et sa composition l'en feront toujours distinguer.

843. *Gisement.* Ce minéral se rencontre dans des roches appartenant aux terrains pyrogènes, telles que les wackes, les cornéennes, les amygdaloïdes, etc., comme à la vallée de Fassa (Tyrol), à Dunvagen dans l'île de Skyre, à Féroë dans l'Islande, au Groenland, à Moriaberg (Bohême), etc. Il se rencontre aussi dans les terrains primitifs et intermédiaires, et quelquefois dans les filons métalliques accompagnant la chaux carbonatée, dans la mine de fer magnétique de Utö en Suède, à Strontian (Écosse), Cziklova et Oravieza (Bannat), à Nordenfield (Norwège), dans les filons de plomb du Hartz, etc.

844. *Annotations.* L'apophyllite est susceptible de s'altérer en perdant l'eau qu'elle contient; elle devient alors opaque, et prend le nom d'*albin*. Le nom d'*apophyllite* (dont le sens est qui s'*exfolie*) lui a été donné par M. Haüy, à cause de la tendance qu'elle a à se réduire en feuillets, soit par le frottement, soit par la chaleur, soit par l'acide nitrique.

10e ESPÈCE. *MICA.*

(*Potasse, alumine, magnésie* et *fer silicatés.*)

845. *Caractères essentiels.* Le mica est une substance feuilletée, facilement divisible en feuilles minces, brillantes, flexibles, élastiques; très facile à rayer, peu fragile, et se laissant plutôt déchirer que briser; donnant une poussière blanche et onctueuse, ayant un éclat vitreux tirant sur le mé-

tallique ; acquérant, à l'aide du frottement, l'électricité vitrée ; fusible, au chalumeau, en un émail blanc, quelquefois noir, et alors attirable à l'aimant.

Sa pesanteur spécifique est de 2,6 à 2,9.

Les formes dominantes sont le prisme droit rhomboïdal, le prisme rectangulaire et le prisme hexagonal ; mais les cristaux, qui sont assez rares, sont toujours sous forme de lames, ou du moins très courts. On remarque généralement que le mica a une tendance à prendre une forme sphérique. Ses lames recourbées ont l'air de faire partie d'une sphère, et ne paraissent pas provenir de décroissemens réguliers, comme cela a lieu pour les autres substances cristallisées en sphéroïde.

Le mica a une réfraction double répulsive, triple de celle du quarz. Ses propriétés optiques sont très curieuses ; elles indiquent un ou deux axes de double réfraction, et par conséquent au moins deux systèmes de formes incompatibles : aussi M. Biot en a-t-il conclu que l'on devait établir plusieurs espèces dans ce que l'on appelle *mica*. En attendant que ces espèces soient définitivement établies, nous en ferons toujours deux sous-espèces, le mica à un axe, et le mica à deux axes.

Les variétés de structure du mica sont :

Le *mica lamelliforme*. Mica en petites lames.
foliacé. Mica en grandes feuilles.
fibreux. Divisible en filamens déliés.
hémisphérique ou *testacé*. En lames courbes.
pulvérulent ou *pailleté*. Sable doré.

Les variétés de couleur du mica sont assez nombreuses :

Le *mica blanc argentin*. Argent de chat.
vert. Couleur due à de l'oxide de cuivre.
brun. Ressemble à des minerais de plomb et de fer.

On pourrait le confondre avec un sable métallique ; mais la poussière de ce dernier serait noire, celle du mica est grisâtre.

Le *mica bronzé,* ou d'un *jaune d'or,* vulgairement *or de chat.*

rosâtre. Couleur due au manganèse.

rougeâtre. Couleur due au fer.

noir. Celui-ci est fort rare. (Le mica vert paraît souvent noir par réflexion.) Cette variété est toujours opaque lorsqu'on la prend en masse.

Composition. Les micas sont composés, en général, de trois silicates, ceux de potasse, d'alumine et de fer ; on peut y joindre encore les silicates de magnésie et de manganèse. Ceux qui contiennent du silicate de magnésie appartiennent au mica à un axe. On n'a pas encore assez de données précises pour pouvoir discuter les nombreuses analyses du mica, et en tirer des formules chimiques.

Selon M. Vauquelin, les micas contiennent un peu d'acide titanique. Suivant M. Peschier, cette substance y serait en assez grande proportion. Beaucoup contiennent des traces d'acide fluorique, d'après M. Rose.

846. 1re sous-espèce. *Mica à un axe.* L'axe de double réfraction est répulsif dans les uns, et attractif dans les autres. L'intensité de la double réfraction diffère dans divers échantillons. Ces deux caractères indiquent plusieurs subdivisions.

Les indications cristallines conduisent à prendre le *prisme hexagonal* pour forme primitive.

Il est sensiblement attaquable par l'acide sulfurique bouillant ; il contient toujours de la magnésie.

On rapporte à cette espèce :

Le *mica noir de Sibérie;*
vert du Vésuve;
de Moscovie;
vert du Groenland;
rouge du Piémont;
cristallisé verdâtre de Ceylan;
volcanique des bords du Rhin;
verdâtre des États-Unis (Topsham).

847. 2ᵉ sous-espèce. *Mica à deux axes.* Axes toujours répulsifs ; écarts des axes différens dans divers échantillons, ce qui indique plusieurs subdivisions.

Les indications cristallines conduisent à prendre le *prisme droit rhomboïdal* de 120° et 60° pour forme primitive.

A peine attaquable par l'acide sulfurique bouillant. Il rougit au feu, et prend un aspect plus métalloïde ; il ne contient pas de magnésie ; renferme quelquefois, mais rarement, un peu d'acide borique.

On rapporte à cette espèce :

Le *mica du Mexique;*
rose des États-Unis;
de Kimito en Finlande;
de Broddbo;
foliacé de Sibérie;
argentin de Russie;
d'Arendal (Norwège) ;
hexagonal du Saint-Gothard;
du Couserans (Pyrénées) ;
de Zinwald (Bohème).

Il est à remarquer que plus le fer est abondant dans ces micas, plus les axes se rapprochent. Ainsi, dans le mica ferrugineux de Zinwald les deux axes font entre eux un angle de 50°, tandis que dans le mica des État-Unis, où il n'y a pas de fer, cet angle est de 74 à 76° : dans tous les autres, il est intermédiaire. Il paraîtrait donc que dans le mica de fer pur l'angle des deux axes devrait être très petit ; et en voyant la manière dont il décroît dans les espèces analysées, on serait porté à penser qu'il devrait être alors entre 20 et 30° ; d'où l'on voit que s'il se joignait de la magnésie à ce composé, il en faudrait probablement peu pour faire réunir les deux axes en un seul. (Beudant.)

848. *Caractères d'élimination.* On distingue le mica, 1°. de la *chaux sulfatée* en lames minces, en ce qu'il fond au chalumeau en émail blanc, quelquefois noir, et alors attirable à l'aimant, et qu'il donne une poussière onctueuse au toucher ; 2°. du *disthène,* en ce que celui-ci est infusible et beaucoup plus dur ; 3°. de l'*urane phosphatée laminaire,* par les caractères déjà indiqués (487) ; 4°. du *molybdène sulfuré* et de la *plombagine,* en ce que ceux-ci tachent le papier sur lequel on les passe avec frottement. On distingue encore le mica d'un gris noirâtre du *fer oligiste écailleux,* en ce que celui-ci est friable et adhérent aux doigts, qu'il agit souvent sur le barreau aimanté, et se fond en une scorie noire ; le mica gris, de la *diallage grise éclatante,* en ce que celle-ci raie le mica, et est frangible sans élasticité ; enfin, le mica blanc ou verdâtre, du *talc* proprement dit (talc de Venise), en ce que ce dernier est très onctueux au toucher, et communique à la cire d'Espagne l'électricité vitrée par le frottement, tandis que le mica lui communique l'électricité résineuse.

849. *Gisement des micas.* Le mica est une des substances les plus répandues dans la nature ; mais il n'existe jamais isolé en grandes masses. Il entre comme partie essentielle dans la composition de certaines roches, ou bien il est disséminé en petites parties isolées, ou encore, implanté de champ, et cristallisé dans les cavités de quelques-unes.

Il existe dans les terrains primitifs, uni au quarz et au felspath, et constituant les roches que l'on a nommées *granite*, *gneis*, *micaschiste*. On le trouve dans les terrains de transition, moins abondamment que dans les précédens, et faisant partie de différentes roches, telles que les *psammites*, etc.

Les terrains supérieurs à ceux-ci n'en contiennent presque pas. On n'en rencontre pas dans le calcaire grossier, mais on le retrouve en quantité sensible dans les parties supérieures de formation moderne, comme, par exemple, dans les sables des environs de Paris et autres lieux. Il paraît avoir été transporté dans ces sables de quelque terrain plus ancien. Il y est sous forme de lamelles disséminées, et ce sont elles qui donnent à ces dépôts arénacés la structure schisteuse qu'ils présentent presque toujours.

On retrouve aussi le mica dans les dépôts d'origine ignée; il y est assez abondamment répandu, et présente presque toujours une teinte noire dans les diverses variétés de roches trachytiques, quelquefois dans les basaltes, les tufs basaltiques et dans les laves. On le trouve quelquefois implanté de champ dans l'intérieur des cavités des roches. Il est probable que quelques circonstances particulières lui ont permis de se volatiliser.

850. *Usages*. On se sert du mica pulvérisé au lieu de sable pour absorber l'encre du papier; on le connaît alors sous le nom de *poudre d'or*. On s'en sert comme porte-objet dans les microscopes et pour faire des carreaux de vitres, qui sont surtout en usage dans les vaisseaux, parce qu'ils résistent aux décharges de l'artillerie qui casseraient le verre à vitre.

11e ESPÈCE. *LÉPIDOLITE*.

(*Potasse*, *lithine* et *alumine silicatées*. *Lilalithe*.)

851. *Caractères essentiels*. La lépidolite se présente en masses peu volumineuses, composées de paillettes brillantes,

très petites, de diverses couleurs, flexibles, tenaces, translucides et presque transparentes. Sa couleur dominante est le violet; on en trouve aussi de blanche, de jaunâtre de verdâtre, de bleuâtre, etc.

Très fusible au chalumeau; s'y boursouffle, et se réduit en émail d'un blanc de cire.

Composition. Encore mal connue, mais remarquable par la présence de la lithine et de l'acide fluorique.

852. *Gisement.* On l'a trouvée en petites masses disséminées irrégulièrement dans des roches granitoïdes, à Rosena (Moldavie), aux États-Unis, en Bohème, à Pfitsch en Bavière, à l'île d'Elbe, à Utö en Suède accompagnant la pétalite, en France aux environs de Chanteloup près Limoges, etc.

Quelques minéralogistes considèrent ce minéral comme une variété de mica.

12e ESPÈCE. *JAMESONITE.*

(*Potasse* et *alumine silicatées. Andalousite; mâcle.*)

M. Brongniart réunit sous ce nom deux substances qui, auparavant, formaient deux espèces, *l'andalousite* et la *mâcle.* En effet, elles ont tant de rapports, que l'on ne peut tout au plus les considérer que comme deux sous-espèces, et peut-être même deux variétés.

853. *Caractères essentiels.* La forme primitive est le *prisme droit rhomboïdal* de 91° 20′ et 88° 40′. Le clivage est souvent assez sensible.

Composition. $= \ddot{\mathrm{Po}}\dddot{\mathrm{Si}}^2 + 6\dddot{\mathrm{Al}}^2\dddot{\mathrm{Si}}$.

854. 1re sous-espèce. *Jamesonite andalousite.* (*Felspath apyre,* Haüy; *micaphilite; spath adamantin; stanzaïte.*) Elle raie ordinairement le quarz; quelquefois cependant se laisse entamer par l'acier, mais c'est que, dans ce cas, elle est mélangée d'une matière talqueuse. Ses couleurs ordinaires sont

le rouge violet et le blanc grisâtre. Elle est fusible au chalumeau. Elle est presque toujours enveloppée de talc. Elle se présente ordinairement cristallisée en prismes simples, quelquefois modifiés sur les angles solides et sur les arètes latérales obtuses. (Beudant.)

Sa pesanteur spécifique est de 3.

Gisement. L'andalousite se trouve dans des roches granitiques, accompagnant le felspath. On la cite dans le Forez, près de la ville d'Aix (France), en Castille, dans la montagne de Stanza (Bavière), à Lisens (Tyrol), etc., etc.

855. 2e sous-espèce. *Jamesonite mâcle.* (*Pierre de croix; crucite; chiastolite.*) Elle raie le verre lorsque son tissu est vitreux. Sa cassure est à grain fin et serré. Sa poussière est douce au toucher.

Sa pesanteur spécifique est de 2,94.

La *mâcle* est composée de deux matières, dont l'une, d'un noir bleuâtre, est enveloppée par l'autre, qui est d'un blanc jaunâtre. Ces deux matières sont toujours réunies de manière à former un compartiment soumis aux règles d'une exacte symétrie. Quelquefois l'une de ces matières disparaît, et alors la mâcle ne se distingue en aucune manière de l'andalousite.

Au chalumeau, la partie la moins colorée donne une fritte blanchâtre; la partie noirâtre se fond en un verre noir.

La mâcle présente des joints naturels assez nombreux. Quelques-uns d'entre eux sont parallèles aux pans du prisme, qui est sa forme ordinaire. Le prisme présente lui-même des variétés assez remarquables dans la disposition des parties noires et blanches. On observe :

1°. Un seul rhombe noir dans le milieu du prisme blanc;

2°. Outre le rhombe du milieu, quatre rhombes noirs aux quatre angles du prisme blanc;

3°. Des lignes noirâtres parallèles aux côtés des rhombes noirs;

4°. Le prisme entièrement noir, dont les pans sont seulement recouverts d'une pellicule de la substance blanche nacrée.

855 *bis.* On peut expliquer comment a eu lieu la disposition particulière de la matière noire au centre des prismes de mâcle. On sait que toutes les fois que des cristaux se forment rapidement au milieu de matières pulvérulentes ou réduites en bouillie, il arrive fréquemment qu'ils en entraînent une portion dans leur intérieur, non pas disséminée, mais placée à leur centre, et suivant plus ou moins leur diagonale. Or, c'est ce qui est arrivé probablement pour la mâcle, qui se trouve au milieu de certaines roches formées de particules de mica, souvent très divisées, qu'on peut soupçonner de s'être trouvées dans un certain moment à l'état pâteux. (Beudant.)

La singulière disposition des matières qui composent cette pierre la fait aisément distinguer de toutes les autres.

Gisement. La mâcle se trouve empâtée dans les roches schisteuses des terrains anciens, et se rencontre dans un grand nombre de localités. Les principales sont la vallée de Barrèges (Pyrénées), près de Saint-Brieux (Côtes-du-Nord), à la Lieue de Grève (Côtes-du-Nord), près de Nantes (Loire-Inférieure), en Saxe, en Irlande, aux États-Unis, etc.

SECONDE CLASSE.

Corps composés d'après le principe de la composition organique, c'est-à-dire dans lesquels les molécules composées du premier ordre contiennent plus de deux élémens.

PREMIER GENRE.

Corps provenant d'une décomposition plus ou moins lente de substances organiques. (Substances phytogènes d'Haüy.)

1re ESPÈCE. *HUMUS.*

(*Terreau.*)

856. *Caractères essentiels.* Substance terreuse, d'une couleur foncée, assez douce au toucher, pouvant perdre par la dessication l'eau qu'elle a absorbée, et brûler alors, en répandant une odeur végétale ou animale. Elle contient une grande quantité de carbone uni à des matières végétales ou animales à demi décomposées; se dissout en partie dans l'eau, et lui communique une couleur foncée.

857. *Gisement.* Le terreau ou l'humus se forme dans tous les lieux où se trouvent des matières organiques en décomposition. Sa formation est favorisée par la chaleur et l'humidité. Il se forme continuellement à la surface de la terre, se mélange aux matières qui constituent le sol et favorise singulièrement la végétation. Le sol des forêts est celui qui en contient le plus. Il paraît que lorsque les matières végétales se décomposent sous l'eau, elles se transforment en *tourbe* au lieu de se changer en terreau.

2e ESPÈCE. TOURBE.

858. *Caractères essentiels.* Substance plus ou moins colorée en brun, renfermant presque toujours des débris d'herbes sèches, non décomposées; brûlant facilement avec ou sans flamme, donnant une fumée semblable à celle du foin brûlé, et laissant pour résidu une braise très légère.

Sa texture est tantôt compacte, tantôt grossièrement fibreuse, ce qui est dû aux végétaux non décomposés qu'elle contient.

859. *Gisement.* La tourbe se forme dans les dépôts d'eau stagnante; mais il paraît qu'elle se forme plus abondamment dans les pays du nord que dans ceux du midi. Elle se produit aussi à toutes les hauteurs, et dans de très petites mares. Elle doit varier de nature selon les espèces de plantes qui l'ont produite, mais la différence est peu sensible dans les tourbières d'Europe. Il paraît que les plantes marines peuvent, dans quelques circonstances donner naissance à de la tourbe, mais généralement elle est formée par des plantes d'eau douce.

Parmi celles-ci, il faut particulièrement compter les *utriculaires*, les *potamots*, les *charagnes*, les *cornifles*, les *myriophylles*, les *conferves*, les *sphaignes*, les *callitriches*, les *lenticules*, les *scirpes*, les *carex*, les *pessés*, les *prêles*, etc.

La tourbe se forme encore de nos jours en assez grande quantité; on en trouve souvent de grandes masses dont la formation a été interrompue par un dessèchement plus ou moins long, et alors elles sont coupées par un banc de terre végétale; d'autres ont éprouvé les effets de grandes alluvions qui les ont à diverses reprises couvertes de sable, d'argile, et ont, par conséquent, formé des bancs de diverses épaisseurs; d'autre fois, les mélanges se sont faits annuellement et en petite quantité; aussi est-il rare de trouver la tourbe pure; elle contient toujours plus ou moins de sable, plus ou moins d'argile, plus ou moins de terre calcaire. Lorsque ces matières sont en petite quantité, et également disséminées dans sa masse, elles en améliorent la qualité, parce qu'elles retardent sa combustion et font qu'elle conserve plus long-temps sa chaleur; mais lorsqu'elles dépassent une certaine proportion, elles nuisent beaucoup à sa qualité.

Quelques tourbes contiennent une grande quantité de coquilles, toutes d'eau douce, et dont les animaux se sont décomposés avec elles. Les arbres charriés dans les tourbières s'y conservent pendant très long-temps sans s'altérer, mais ils en prennent la couleur; il est probable qu'à la fin, ils se décomposent et se mêlent à la tourbe.

Lorsque la tourbe est imprégnée d'eau, elle est très dilatée et très compressible, aussi le terrain qui en contient bombe-t-il toujours dans son milieu, tremble-t-il sous les pieds, repousse-t-il les corps légers, tels que les pieux que l'on y enfonce, et finit-il par absorber les corps lourds dont on le charge, à moins qu'ils n'embrassent une grande surface. C'est ce qui explique comment on rencontre dans les tourbières des instrumens, des objets travaillés par la main des hommes et même des chaussées entières, qui certainement n'ont pas été recouvertes par une formation de tourbe, mais qui se sont enfoncées dans de la tourbe toute formée.

On a observé que lorsque la tourbe est imbibée de toute l'eau qu'elle peut absorber, elle ne la laisse plus passer; aussi l'emploie-t-on avec avantage dans quelques contrées pour construire des digues qui ne demandent pas beaucoup de solidité, mais qui exigent une grande sûreté.

Il paraît que la tourbe se régénère dans les fosses d'où on l'a extraite, mais on n'est pas d'accord sur le temps nécessaire à sa reproduction. Le meilleur moyen d'accélérer son renouvellement dans les fosses anciennement exploitées serait de former sur leurs surfaces, avec des bottes de *sphaignes*, de petites îles flottantes dans lesquelles on ficherait des pieds de *carex*, de *roseaux*, etc. Ces petites îles croîtraient tous les ans en hauteur et en largeur, et s'enfonceraient graduellement.

Il existe des tourbières considérables en France dans les environs d'Amiens, en Belgique dans les environs de Liége, etc.

860. *Usages*. La tourbe est employée principalement comme combustible. On en fait une grande consommation en Hollande, dans la plupart des manufactures, pour la cuisson des briques, de la chaux, etc. On la carbonise en vases clos, et le charbon que l'on obtient est employé aux mêmes usages que le charbon de bois. On s'en sert aussi en agriculture pour amender les terres sableuses et crayeuses. Ses cendres fertilisent singulièrement les prairies.

3ᵉ ESPÈCE. *LIGNITE*.

861. *Caractères essentiels*. Matière noire, sans éclat, charbonneuse, quelquefois cependant assez dure pour être travaillée au tour et polie, s'allumant et brûlant facilement avec flamme, fumée noire et odeur bitumineuse, souvent accompagnée d'odeur animale; donnant un charbon semblable à la braise et une cendre analogue à celle du bois.

Le lignite diffère de la houille par la manière dont il brûle; il ne se boursouffle pas, et ses parties ne se collent pas comme celles de la houille: lorsque celle-ci est retirée du feu, elle s'éteint aussitôt; le lignite, au contraire, continue à brûler et se recouvre d'une croûte blanche.

Sa pesanteur spécifique est de 1,2 à 1,4.

Sa composition chimique varie souvent, mais en général, il est formé de charbon, de bitume ou de matière huileuse, d'eau et de matière terreuse.

Il donne à la distillation de l'acide acétique en partie saturé d'ammoniaque.

On peut partager les lignites en plusieurs sous-espèces ou variétés.

1re sous-espèce. *Lignite piciforme*. Noir, luisant, ayant une cassure droite ou conchoïde, un éclat presque résineux ; brûlant assez bien ; tantôt massif et tantôt fragmentaire ; il offre deux variétés.

Le *lignite commun*. Il pèse 1,3 ; se trouve en bancs puissans comme la houille, mais jamais plus de trois au-dessus les uns des autres. Se rencontre en Provence, en Suisse, à Vevay, à Zurich, etc.

Le *lignite jayet*. Noir, luisant, assez pur, ayant une texture très dense qui le rend susceptible de recevoir un beau poli. Il pèse 1,7 ; diffère peu du précédent.

On le trouve en petites veines, en nodules ou petits amas au milieu du lignite commun même.

Il est assez remarquable que le jayet se montre de préférence sur les empreintes du corps des poissons pétrifiés ; il remplace dans ces empreintes organiques le sulfure de fer, et (dans le duché de Deux-Ponts) le mercure natif et le cinabre. (Humboldt.)

2e sous-espèce. *Lignite candellaire*. (*Charbon chandelle*, *cannel-coal*.) Il a une texture compacte ; sa couleur est le noir grisâtre et terne. Il se laisse tailler et même polir assez facilement. Brûle très bien et donne une flamme brillante, sans cependant produire une forte chaleur.

Sa pesanteur spécifique est de 1.

Se trouve principalement dans le Lancashire. Il paraît que ce lignite est placé sur un terrain de houille ; on le substitue au jayet.

3e sous-espèce. *Lignite terne*. Aspect noir, terne, cassure raboteuse ; structure schistoïde ou fragmentaire, et à fragmens cubiques ou trapézoïdaux ; texture compacte en petit. Se présente tantôt sous forme massive schistoïde, friable; tantôt sous forme terreuse, ressemblant à des bois altérés.

4e sous-espèce. *Lignite fibreux.* (*Bois bitumineux.*) Brunâtre, à tissu ligneux ; aspect variable ; tantôt en grands cylindres, tantôt en petites baguettes.

5e sous-espèce. *Lignite papyracé.* (*Dysodile.*) En masses peu épaisses, composées de feuillets minces. Se trouve à Mélite près de Syracuse en Sicile.

862. *Gisement.* Parmi les variétés de lignites que nous venons d'examiner, le *lignite terne* est le seul qui constitue une véritable roche, les autres n'existent qu'accidentellement. Ce que nous allons dire sur le gisement de cette espèce se rapportera donc à cette variété de lignite. Il se présente de deux manières dans le sein de la terre, ou en lits réguliers plus ou moins étendus, ou en amas interrompus qui semblent avoir rempli de vastes cavités. Dans la première circonstance, il paraît ne se trouver que dans un seul terrain; dans la seconde, il se rencontre dans des formations assez différentes, depuis les terrains houillers proprement dits, jusqu'aux terrains les plus superficiels.

I. Le lignite en bancs continus, que l'on peut caractériser, en le nommant, d'après M. Brongniart, *lignite soissonnais* (à cause des grands dépôts qui existent autour de Soissons) appartient aux parties inférieures des terrains tertiaires placées au milieu de l'argile plastique.

Il est recouvert par plusieurs formations de ce terrain, telles que le gypse à ossemens, le terrain marin supérieur à ce gypse, le terrain d'eau douce qui le surmonte ; enfin, par le terrain de transport. Quelquefois, mais plus rarement, il est recouvert, comme dans quelques parties de l'Allemagne, par le terrain basaltique. Il est toujours postérieur à la craie blanche; il est accompagné de différentes substances dont la quantité varie. Les minéraux les plus abondans et qui s'y trouvent disséminés ou en lits ou en nodules, sont :

Le quarz soit hyalin, soit grossier ;
La chaux carbonatée ;
La strontiane sulfatée ;
Le gypse cristallisé ;
Le fer hydroxidé ;
Le fer pyriteux prismatique ;
Le succin ;
Les résines succiniques ;
Le mellite.

On y trouve beaucoup de débris organiques, tant végétaux qu'animaux. Parmi les premiers, on remarque surtout :

Des tiges et des débris de feuilles, fruits ou graines appartenant aux végétaux mono et dicotylédonés. La plupart de ces plantes n'existent plus à la surface des terrains qui recèlent leurs débris. On n'y connaît aucune plante marine, ni aucun vestige que l'on puisse rapporter à la famille des fougères. Ces deux dernières circonstances distinguent surtout géologiquement le *terrain de lignite* du *terrain houiller*.

Parmi les restes d'animaux, on remarque principalement :

Des débris de mammifères (*anthracotherium*, Cuv. ; *mastodonte*, etc.) ;

Des reptiles ;

Beaucoup de poissons, de mollusques, de testacés d'eau douce ;

Et des débris d'animaux marins, qui ne s'observent qu'à la partie la plus supérieure de ces lignites.

II. Le lignite en amas épars et en fragmens, que l'on peut considérer comme roche subordonnée, a reçu le nom de *lignite de l'île d'Aix* (lieu où on le remarque le plus distinctement). On le rencontre dans le terrain houiller ancien ou *filicifère*, dans le calcaire jurassique et coquiller, et dans des terrains meubles qui semblent appartenir aux terrains de transport postérieurs au terrain d'eau douce. Le lignite du calcaire jurassique est accompagné de sable vert, de marne argileuse, de silex cornés, de quarz hyalin, de fer pyriteux prismatique, de résines succiniques, de quelques débris de végétaux appartenant aux dicotylédonés et quelquefois aux *fucus*. Quant aux débris animaux, on ne trouve ni mammifères, ni poissons, ni reptiles, mais seulement des coquilles marines et des zoophytes, la plupart changés en silex.

Localités. Les lignites sont trop abondamment répandus à la surface du globe, pour que nous puissions énumérer toutes les localités où ils se trouvent. Leurs gîtes principaux sont : en France, dans les départemens de l'Isère, de la Drôme, de Vaucluse, des Bouches-du-Rhône, du Var, du Gard, de l'Aisne, du Nord, etc.; en Suisse, à Vevay, près Lausanne, dans le pays de Vaux, de Zurich; en Allemagne, dans la Hesse, la Thuringe, la Saxe, la Bohême, la Haute-Autriche, la Hongrie; en Angleterre, en Irlande, en Italie, en Espagne, en Islande, etc.

863. *Usages*. Le jayet est employé pour faire des bijoux de deuil ; on lui substitue quelquefois le lignite candellaire (cannel-coal), qui est assez dur pour recevoir le poli. On emploie fréquemment les lignites en agriculture, surtout dans les départemens du nord, où ils sont connus sous le nom de *cendres noires*. On les sème en petite quantité sur les terres, et surtout sur les prairies, soit au moment où l'on vient de les extraire, soit après les avoir laissés long-temps exposés à l'air. Dans le département du Nord, où le plâtre n'existe pas, on en prépare artificiellement pour amender les prairies artificielles, en faisant un mélange de ces lignites pyriteux et de chaux vive. La combustion ne tarde pas à se développer, et l'on obtient pour résidu un mélange de plâtre, de cendres et

de tritoxide de fer. Les lignites sont employés très avantageusement comme combustibles. Ils donnent une flamme claire et de la braise semblable à celle du bois ; mais on ne peut employer (du moins dans les appartemens et dans les villes) que ceux qui ne répandent pas une odeur désagréable en brûlant. Enfin on se sert des lignites chargés de pyrites pour obtenir de l'alun et du sulfate de fer par l'action de l'oxigène de l'air, qui change le sulfure de fer en sulfate, dont une partie réagit alors sur l'alumine, et forme ainsi des sulfates de fer et d'alumine. (Voyez *Alunite* et *Fer sulfaté*.) Le résidu lessivé, provenant de la fabrication de ces sels, est employé, en agriculture, sous le nom de *cendres rouges*.

APPENDICE AUX LIGNITES.

Bois altérés.

864. *Caractères essentiels.* Les bois altérés diffèrent des lignites par une moindre altération de leur tissu. Le plus souvent, le tissu et même la forme du bois sont conservés. Parfois ils offrent un aspect terreux, comme dans la *terre de Cologne*. Leur couleur est foncée; leur pesanteur spécifique presque toujours moindre que celle de l'eau. Ils donnent, à la distillation, les mêmes produits que le bois. Ils brûlent facilement, avec ou sans flamme, et répandent souvent une fumée piquante comme celle du bois. Ils produisent une odeur bitumineuse et quelquefois fétide. Le résidu de leur combustion est de la braise semblable à celle du bois.

865. *Gisement.* Les bois altérés se rencontrent dans les terrains tertiaires et dans les terrains d'alluvions modernes. Les bois altérés terreux ne se trouvent que dans la partie inférieure des terrains tertiaires; mais ceux qui ont conservé leur forme et leur tissu existent presque toujours sur les rivages de la mer ou dans le lit et sur les bords des rivières. Ce

sont des amas d'arbres couchés et enveloppés de matières terreuses. On y distingue des *chênes*, des *bouleaux*, des *ifs*, bien entiers et garnis de leur écorce, des fruits de palmiers, des insectes, des bois de cerfs, et même des instrumens domestiques, ce qui fait voir l'origine moderne de ces forêts souterraines. On a observé de ces dépôts dans le Dauphiné, à 1100 toises d'élévation, dans des lieux où la végétation cesse actuellement à 900 toises. Il en existe près Paris, au Port-à-l'Anglais, à l'île de Chatou près Saint-Germain-en-Laye, près Morlaix en Bretagne, en Angleterre, etc.

866. *Usages.* Ces bois sont employés comme combustibles quand ils ne répandent pas de trop mauvaise odeur en brûlant. Le résidu de leur combustion est employé avec succès en agriculture pour l'amendement des terres.

SECOND GENRE.

SUBSTANCES RÉSINEUSES

1re ESPÈCE. *SUCCIN.*

(*Ambre jaune; électrum; karabé; bernstein.*)

867. *Caractères essentiels.* Substance jaunâtre, transparente; ayant une texture vitreuse, une réfraction simple; cassante, susceptible d'être tournée et polie; acquérant l'électricité résineuse d'une manière très sensible par le frottement, et une odeur assez agréable. Cassure conchoïde. Combustible avec bouillonnement, et en répandant une odeur tantôt agréable, tantôt fétide; donnant presque toujours de l'acide succinique à la distillation. Soluble dans les huiles et les alcalis, peu dans l'alcool.

Sa pesanteur spécifique est de 1,07 à 1,08.

Le succin se trouve en masses plus ou moins volumineuses,

compactes, granuliformes, feuilletées ou concrétionnées. Ses couleurs sont le jaune plus ou moins foncé, et même le brunâtre et le blanchâtre.

868. *Caractères d'élimination*. La *résine Copal* ressemble beaucoup au succin; aussi souvent falsifie-t-on celui-ci avec cette matière. On pourra cependant les distinguer l'un de l'autre par le moyen suivant : si l'on brûle un fragment de succin, on observe qu'il brûle jusqu'à la fin sans couler; la résine Copal, dans le même cas, brûle en tombant goutte par goutte. Si le fragment du succin enflammé tombe sur un plan, on le voit courir en bondissant, ce qui n'a pas lieu pour la résine. Le succin est très électrisable; la résine l'est peu; elle est, en outre, moins dure, et ne prend pas un aussi beau poli; enfin, elle ne donne point d'acide succinique par la distillation.

869. *Gisement*. Le succin se trouve dans des terrains meubles qui sont recouverts ordinairement par l'argile plastique, le calcaire grossier, le gypse, et les autres roches qui sont au-dessus de ce dernier. Il est accompagné, dans ces terrains, de bois fossiles, de débris organiques, et souvent de matières métalliques, telles que de la blende, des pyrites, comme à Auteuil près Paris. Souvent le succin renferme des insectes tout entiers et d'espèces différentes de celles que nous connaissons; celui qui se trouve sur les bords de la mer est rempli de corps marins. Il y a des morceaux de cette substance qui offrent une forme analogue à celles de certaines gommes et résines, et qui semblent avoir coulé des arbres comme celles-ci; aussi beaucoup de naturalistes pensent-ils que le succin provient d'une altération particulière des résines. Cette opinion a acquis encore plus de probabilité depuis que l'on a découvert que l'acide succinique existe dans les *térébenthines*.

Le succin abonde dans la Prusse orientale, en Poméranie, sur les côtes de la mer Baltique, où il accompagne des cailloux roulés et diverses substances, surtout du bois fossile. On l'y extrait pour le compte du Gouvernement ; mais il s'en détache des portions qui sont entraînées par les vagues, et les habitans du pays profitent de la marée montante pour le pêcher avec de petits filets. On trouve aussi du succin en Autriche, en Belgique près des frontières de France, en France du côté d'Aix, où il est engagé dans l'argile ; près de Saint-Paulet, département du Gard, sous la forme de rognons auxquels une houille brune sert d'enveloppe ; en Espagne, également dans la houille. Enfin, on a découvert dans le Groenland du succin granuliforme disséminé dans une houille schisteuse.

870. *Usages.* Le succin est employé comme objet d'ornement. On s'en sert aussi en Médecine. Il entre dans la composition du sirop de karabé. On en prépare une huile volatile d'une odeur très forte, et l'acide succinique est employé aussi en Chimie, comme réactif, pour séparer le fer du manganèse.

APPENDICE.

résines succiniques.

871. M. Brongniart donne le nom de résines succiniques à certaines matières résineuses enfouies dans le sein de la terre, à peu près dans les mêmes circonstances que le succin, et qui en ont pris presque tous les caractères. Elles se brisent par la pression du doigt ; sont très fusibles ; ne prennent pas un aussi beau poli que le succin, et ne fournissent jamais comme celui-ci de l'acide succinique. Leur position géologique est dans les parties supérieures de l'argile plastique des terrains tertiaires, argile ordinairement placée sur la craie. C'est ainsi qu'on les trouve aux environs de Paris, à Marly, Auteuil ; dans les argiles bleues de la colline d'Highgate et à Brentford, près Londres, où elles sont disséminées en petits nodules accom-

pagnés de coquilles marines non déterminées, et au lieu dit Cap-Sable, sur la rivière Magothy, dans l'état du Maryland.

2e ESPÈCE. *RÉTINASPHALTE.*

872. *Caractères essentiels.* Substance solide, jaune brunâtre et quelquefois ocreuse à la surface, opaque, très fragile, à cassure résineuse, quelquefois terreuse; à structure légèrement schistoïde; fusible à une faible température; brûlant avec une flamme claire, en répandant une odeur d'abord agréable, puis bitumineuse, accompagnée de fumée, et laissant un résidu charbonneux plus ou moins abondant; soluble en partie dans l'alcool et la potasse.

Elle est formée de résine, d'asphalte et de quelques centièmes de matières terreuses.

Sa pesanteur spécifique est de 1,15.

Gisement. Le rétinasphalte se trouve dans les terrains de lignites et de houille en Angleterre, dans le Devonshire.

3e ESPÈCE. *HATCHETINE.*

873. *Caractères essentiels.* Substance blanchâtre ou jaunâtre, offrant un éclat gras, quelquefois nacré, tantôt translucide, tantôt opaque, fondant très facilement, et donnant à la distillation une odeur de bitume et une matière d'un jaune verdâtre ayant la consistance du beurre; laissant un résidu charbonneux dans la cornue.

4e ESPÈCE. *BITUME ÉLASTIQUE.*

(*Élatérite; dapèche; caoutchouc fossile.*)

874. *Caractères essentiels.* Corps solide ou mou, brun noirâtre ou roussâtre, translucide, souvent flexible et élastique, surtout lorsqu'il a été chauffé dans l'eau bouillante; se déchire par fragmens; a une odeur bitumineuse assez forte

lorsqu'il est mou; fusible à une faible température, et réductible en matière grasse; donnant par la combustion une flamme claire et une odeur assez forte; laissant un résidu terreux, fusible en émail; est insoluble dans l'alcool.

Sa pesanteur spécifique est de 0,9 à 1,23.

875. *Gisement.* Le bitume élastique se trouve en petites masses, tantôt à la surface de masses pierreuses, tantôt dans les cavités qui se trouvent entre elles ou dans des filons; quelquefois enfin dans l'intérieur des coquilles. Il est entrelacé par petites veines avec des substances métalliques, surtout du plomb sulfuré, comme dans le Derbyshire, où il est dans un schiste argileux. Il est souvent accompagné de chaux carbonatée, de chaux fluatée, de baryte sulfatée. En Bretagne, il est dans des filons de plomb sulfuré. Sa position géologique est donc surtout dans les filons des terrains de transition. Il est assez rare. M. Ollivier d'Angers vient de le rencontrer dans des mines de houille, situées dans le département de la Loire-Inférieure.

TROISIÈME GENRE.

SUBSTANCES BITUMINEUSES.

ESPÈCE UNIQUE. *BITUME.*

876. *Caractères généraux.* Corps liquide ou ayant la mollesse de la poix, ou solide, mais très friable, et s'égrénant facilement entre les doigts; se liquéfiant à une température peu élevée; répandant à l'état liquide une odeur forte; s'enflammant facilement, et brûlant avec flamme et fumée épaisse, accompagnées d'une odeur forte et âcre; ne laissant presque pas de résidu, et ne donnant jamais d'ammoniaque Leur pesanteur spécifique varie depuis 0,8 jusqu'à 1,6, qui est le maximum, aussi les trouve-t-on souvent à la surface de l'eau. On peut partager les bitumes en quatre sous-espèces, qui

quelquefois passent de l'une à l'autre par des nuances insensibles.

877. 1re sous-espèce. *Bitume naphte.* Liquide diaphane, d'un blanc un peu jaunâtre ; répandant une odeur forte qui se rapproche de celle de l'huile de térébenthine, qu'on y ajoute souvent pour le falsifier. Il est très volatil, très combustible sans résidu ; il surnage l'eau et la plupart des liquides. Il se colore, s'épaissit avec le temps, et se rapproche de l'état du pétrole.

Sa pesanteur spécifique est de 0,8.

Gisement. Le naphte est le plus rare des bitumes. On ne le trouve presque jamais pur dans la nature. On prétend qu'il est assez commun en Perse, sur les bords de la mer Caspienne près de Bakou, dans la presqu'île d'Apcheron. Dans cette localité, il se dégage perpétuellement du sol des vapeurs très odorantes et très inflammables. Les gens du pays s'en servent pour faire cuire leurs alimens. C'est dans des puits de 10 mètres de profondeur, creusés à 600 mètres de distance de ces feux perpétuels, que se rassemble le napthe, qui n'est pas parfaitement limpide, mais d'une couleur ambrée. On le distille pour en extraire le napthe pur employé en Médecine.

On trouve aussi du napthe en Calabre sur le mont Zibio près de Modène ; en Sicile, en Amérique, au Pérou, etc.

878. 2e sous-espèce. *Bitume pétrole.* Le pétrole diffère peu du naphte. Il paraît cependant que ce dernier ne contiendrait que de l'hydrogène et du carbone, tandis que le pétrole admettrait un peu d'oxigène dans sa composition.

Le pétrole est liquide, mais moins que le naphte, et souvent d'une consistance huileuse et onctueuse au toucher. Il est d'un brun noirâtre ou rougeâtre presque opaque. Son odeur bitumineuse est forte et très tenace. Il est plus léger que l'eau. Il est moins combustible que le naphte ; laisse un peu de résidu à la distillation, et le produit que l'on obtient est du naphte pur.

Sa pesanteur spécifique est de 0,85.

Gisement. Le pétrole est plus abondant dans la nature que le précédent. On en trouve en France à Gabian, près de Béziers. Il sort de terre avec une assez grande quantité d'eau sur laquelle il flotte. On l'appelle dans le commerce *huile de Gabian.* On le trouve aussi en Auvergne, en Angleterre, en Italie, en Sicile, en Hongrie, en Transylvanie, aux Indes, au Japon, etc.

879. 3ᵉ sous-espèce. *Bitume malte.* (*Pissasphalte, poix minérale.*) Ce bitume est visqueux ou glutineux, presque solide dans les temps froids; se liquéfie à plus de 40°; a la même odeur que les précédens, et brûle, comme eux, avec flamme et fumée abondante; laisse plus de résidu que le pétrole à la distillation; est un peu plus dense que lui, mais nage encore sur l'eau.

Gisement. On le trouve quelquefois pur dans la nature; mais le plus souvent il est entremêlé de sable, tantôt quarzeux, tantôt moitié quarzeux et moitié felsphatique. On le rencontre dans les mêmes lieux que le pétrole; mais plus particulièrement près de Clermont, département du Puy-de-Dôme, dans le lieu nommé *Puy-de-la-Pège.* Il enduit le sol d'un vernis visqueux qui s'attache aux pieds des voyageurs.

880. 4ᵉ sous-espèce. *Bitume asphalte.* (*Bitume de Judée.*) Il est tout-à-fait solide, sec et friable; sa cassure est tantôt conchoïde et luisante, tantôt raboteuse et terne. Souvent il est parfaitement noir et opaque, d'autrefois il a sur les bords une demi-transparence et une nuance rougeâtre. Il ne répand d'odeur bitumineuse que lorsqu'il est échauffé ou frotté: dans ce dernier cas, il acquiert aussi l'électricité résineuse. Il brûle avec flamme, sans entrer en fusion parfaite.

Sa pesanteur spécifique est de 1 à 1,6.

Gisement. On le trouve particulièrement à la surface du lac de Judée, nommé *lac Asphaltique,* dont les eaux sont très salées, et jouissent par conséquent d'une densité supérieure à celle de l'asphalte. Ce bitume, produit par des sources, s'accumule à la surface du lac, et y prend de la consistance. On le trouve aussi dans le Palatinat, au Hartz, en Suisse, en Perse, etc.

881. *Gisement général des bitumes.* Les bitumes ont deux sortes de position géologique : une originaire et une de dépôt ; la première est souvent incertaine.

Ils commencent à peine à se montrer dans les terrains houillers et dans les terrains secondaires qui leur sont supérieurs ; mais ils se rencontrent en quantité plus ou moins grande dans les terrains tertiaires. Quelquefois, cependant, ils pénètrent dans les filons des terrains de transition. Il paraît que ces bitumes se volatilisent de l'intérieur des terrains plus anciens, et viennent se répandre dans les sables des terrains plus nouveaux.

Enfin, on trouve ces bitumes en assez grande abondance dans les terrains d'origine volcanique, comme au Vésuve, autour des îles du Cap-Vert, etc.

882. *Usages des bitumes.* On emploie les bitumes pour imprégner des toiles avec lesquelles on couvre les bâtimens. On en fait aussi des espèces de dalles en les mélangeant avec du sable, et on exploite pour cet objet des bancs de sables bitumineux qui existent dans différentes localités. Ces dalles ont l'avantage de pouvoir être soudées par leurs bords, au moyen d'un fer chaud, et de former alors des terrasses entièrement imperméables à l'eau.

On se sert des bitumes comme combustibles, soit pour cuire de la chaux, soit pour cuire des alimens. Ce sont principalement le napthe et le pétrole que l'on fait servir à cet usage dans les contrées où ils se dégagent naturellement du sol. Il suffit d'y enfoncer un tuyau et de mettre le feu à la vapeur bitumineuse qui s'en dégage. Ces mêmes bitumes servent aussi à l'éclairage, comme cela a lieu en Perse, à Parme en Italie, etc.

On emploie le napthe pur en Médecine, en Chimie pour conserver des corps qui, comme le potassium et le sodium, décomposeraient les liquides qui contiennent de l'oxigène. L'asphalte servait autrefois aux Égygtiens pour les embaumemens, et c'est encore ce bitume que l'on emploie en peinture sous le nom de *momie*.

QUATRIÈME GENRE.

SUBSTANCES CHARBONNÉES.

1re ESPÈCE. *ANTHRACITE.*

883. *Caractères essentiels.* Substance noire avec un éclat métalloïde assez vif, opaque, friable, brûle avec difficulté sans flamme, ni fumée, ni odeur, et se couvre à peine d'un enduit de cendres blanches en se refroidissant. Sa texture est compacte, ordinairement fragmentaire. Sa structure, quelquefois schistoïde, semble mener à un clivage; en effet, l'anthracite est susceptible d'être divisée mécaniquement, et le résultat de cette division conduit à un *prisme droit rhomboïdal* de 120° et 60° suivant Haüy, ou plutôt à un *prisme hexaèdre régulier*. Son toucher est sec.

Sa pesanteur spécifique est de 1,5 à 1,8.

L'anthracite se trouve en masses compactes, schistoïdes, sublamellaires, souvant réniformes ou irrégulières, offrant un éclat métalloïde, quelquefois irisé.

Elle est composée de carbone presque pur, uni à deux ou trois centièmes de matière terreuse, qui est composée de silice, alumine et chaux, et quelquefois d'un peu de carbure de fer. Suivant M. Proust, elle contient de l'eau et un peu d'azote.

883 *bis. Caractères d'élimination.* L'anthracite diffère de la houille par son éclat métalloïde, sa densité plus grande dans

le rapport de 9 à 7, et sa moins grande combustibilité; du *molybdène sulfuré*, par son toucher sec, et en ce que celui-ci acquiert par le frottement, et lorsqu'il est isolé, l'électricité résineuse; du *fer carburé*, en ce que celui-ci a une densité plus grande dans le rapport de 14 à 9 environ, qu'il tache plus facilement le papier, et y laisse des traces d'un gris métallique.

884. *Gisement.* L'anthracite est d'une formation plus ancienne que la houille, et d'une formation plus récente que le graphite ou fer carburé. Elle se trouve dans les terrains anciens, non pas dans les terrains primitifs, mais dans ceux de transition. C'est là son gîte principal, et il n'y a que ce corps combustible dans ces sortes de terrains; elle est tantôt en petites couches, tantôt en masses, en amas, en filons au milieu des roches arénacées les plus anciennes, qu'on nomme *grauwackes*, des roches schisteuses, des roches amygdaloïdes, de porphyre, de quarz, de micaschiste intermédiaire, etc. Dans la partie supérieure de ces terrains, les roches qui accompagnent l'anthracite renferment des débris organiques qui appartiennent tous à des végétaux que l'on doit rapporter à des plantes herbacées monocotylédones, comme les *fougères*, les *equisetum*, les *graminées*, etc. Ces débris ne se trouvent que dans les matières sableuses ou terreuses qui accompagnent le combustible, jamais dans la masse même de l'anthracite, où l'on ne voit que quelques parties fibreuses, brillantes, qui ressemblent au charbon de fusain, et n'ont aucune forme qui puisse permettre de les rapporter à des genres. Souvent ces débris végétaux sont remplacés par du talc qui a pris leur empreinte.

Les terrains houillers placés immédiatement sur les terrains de transition renferment assez souvent de l'anthracite, tantôt sous forme de nids particuliers, tantôt auprès des *failles* qui traversent les couches de houille.

Enfin, les lignites des terrains tertiaires, lorsqu'ils sont en contact avec les basaltes, se transforment en anthracite. Probablement que cet effet est dû au basalte, qui, par la chaleur, a fait distiller le bitume du lignite, et a amené ce dernier à la nature de l'anthracite.

Les localités où se trouve l'anthracite ne sont pas très nombreuses; les principales sont : les Alpes du Dauphiné, la Savoie, le Valais, le Hartz, la Saxe, la Bohême, les Pyrénées et l'Espagne, l'Angleterre, les États-Unis, etc.

885. *Usages.* L'anthracite n'est usitée que comme combustible; encore n'est-elle employée à cet usage que dans les usines où l'on a besoin d'un grand feu, car elle ne peut brûler qu'en grande masse. L'absence du bitume et sa forte densité la rendent très difficile à allumer, mais quand une fois elle est prise, elle donne une chaleur très forte et sert avec avantage dans les fonderies. Pulvérisée, unie à de la houille et à une petite quantité d'argile, on en fait des briquettes et des bûches économiques pour placer dans le fond des cheminées.

2ᵉ ESPÈCE. *HOUILLE.*

(*Charbon de terre.*)

886. *Caractères essentiels.* Substance d'un noir généralement pur et presque toujours éclatant, peu dure, friable, mais jamais assez tendre pour se laisser rayer par l'ongle; inodore par le frottement et non électrique, à moins qu'elle ne soit isolée; brûle facilement avec une flamme blanche, une fumée noire et une odeur bitumineuse particulière qui a quelque chose de fade, mais rien de piquant; elle laisse après sa combustion un résidu quelquefois très abondant et qui est au moins de 3 pour 100. La cendre de la houille n'est jamais complètement *pulvérulente;* elle se présente sous la forme de scories légères, ou au moins sous celle d'une poussière mêlée de scories.

Distillée dans une cornue, elle donne du gaz hydrogène carboné en grande quantité, un peu d'acide acétique, des produits ammoniacaux, de l'huile empyreumatique, et il reste dans la cornue un charbon volumineux, dur, brillant, nommé *coack* ou *coke*.

La pesanteur spécifique de la houille est de 1,3 à 1,8 ; variations qui dépendent de mélanges terreux.

Elle est composée de 60 à 70 de charbon, de 30 à 40 de bitume et 3 à 5 de résidu terreux ; mais ce sont les meilleures qualités de houille qui offrent cette composition. Le bitume diminue quelquefois jusqu'à manquer entièrement, et la houille passe, dans ce cas, à l'anthracite. Les matières terreuses, qui sont alors accidentelles, vont quelquefois jusqu'à 50 et plus pour 100.

La houille n'est jamais cristallisée, elle se présente toujours en masses considérables, dont la texture est quelquefois schisteuse et la cassure souvent conchoïde, mais plus ordinairement droite. Dans ce cas, la masse se divise en fragmens rhomboïdaux ou en parallélépipèdes assez réguliers. Enfin, dans quelques variétés, la surface des fragmens est ornée des couleurs les plus vives et les plus variées.

Les différentes variétés de houille peuvent toutes se ranger en deux sous-espèces, qui sont la *houille grasse* et la *houille sèche*. Quelques variétés de cette dernière sont placées maintenant parmi les lignites : tel est, par exemple, le *lignite candellaire* ou *cannel-coal* des Anglais.

1re sous-espèce. *Houille grasse*. Elle est légère, assez friable, très combustible, brûlant avec une flamme blanche et longue. Elle se gonfle, et semble presque se fondre. Elle s'agglutine facilement, propriété qu'elle doit à la grande quantité de matière huileuse qu'elle renferme. Elle laisse peu de résidu. On distingue, parmi ses variétés, la houille *cuboïde*, la houille *schistoïde* et la houille *fragmentaire*.

2ᵉ sous-espèce. *Houille sèche.* Elle est moins noire, beaucoup plus solide et plus lourde que la première; brûle moins facilement, sans se gonfler ni s'agglutiner, et laisse aussi plus de résidu. Sa flamme est bleuâtre. Elle ne donne dans sa combustion ni ammoniaque ni odeur bitumineuse, mais beaucoup de gaz sulfureux, ce qu'elle doit à la grande quantité de pyrite qu'elle contient. C'est elle qui présente le plus souvent les variétés à surfaces irisées et les variétés compactes.

887. *Gisement et description du terrain houiller.* La houille, sous le rapport géologique, joue un très grand rôle dans la nature. Elle se trouve toujours en masses, quelquefois en amas, le plus ordinairement en couches, et rarement en filons dans les grands dépôts arénacés désignés sous le nom de *grès houiller,* et par lesquels commence la série des terrains secondaires. Ce grès est souvent formé par des fragmens de quarz, quelquefois de felspath et de mica, ce qui lui a fait donner le nom de *granite recomposé.* Ces fragmens sont plus ou moins gros. C'est surtout dans la partie inférieure du terrain que l'on rencontre les grès dont les grains sont les plus gros, et que quelques géologues regardent comme d'une formation particulière. Quand le grès est à grains fins et le mica abondant, il devient schisteux; ou bien si le mica est très divisé, il devient semblable à un schiste argileux, mais il ne faut pas le confondre avec l'*argile schisteuse.* On voit quelquefois dans le grès houiller de gros interstices remplis par de l'argile blanche.

La seconde roche des terrains houillers est l'argile schisteuse peu solide, se fendillant facilement, même par le seul contact de l'air. Sa couleur est un gris noirâtre ou bleuâtre. Elle est quelquefois imprégnée de bitume, et prend le nom de *schiste bitumineux, schiste inflammable, argile schisteuse charbonneuse.* D'autrefois, elle est micacée et passe au grès schisteux. C'est dans ces argiles schisteuses que se trouvent les empreintes et les trones de végétaux.

L'argile schisteuse, souvent bitumineuse, sert de toit et de murs aux couches de houille. Ces couches sont plus ou moins nombreuses, et vont quelquefois jusqu'à soixante, toujours séparées les unes des autres par l'argile schisteuse et le grès houiller. Leur épaisseur varie beaucoup aussi, depuis 8 à 15 pouces jusqu'à 20 pieds et au-delà.

L'argile bitumineuse qui enveloppe la houille contient du fer carbonaté lithoïde qui forme une série continue d'amas, de rognons, de veines, que le grès houiller même renferme quelquefois. Ce fer carbonaté passe facilement à l'état d'hydrate, et existe assez souvent en quantité exploitable.

On observe aussi quelquefois dans le terrain houiller des roches trappéennes, en général de couleur noire, amygdaloïdes ou porphyroïdes. Ces roches, qui ordinairement sont un mauvais indice pour la houille, sont bien plus fréquentes dans le terrain de grès rouge que dans le terrain houiller.

Enfin, on trouve aussi des roches calcaires dans ce terrain, mais elles n'existent jamais que dans les couches supérieures.

888. *Stratification des terrains houillers.* La stratification de ces terrains est très prononcée. Ils présentent très nettement les stratifications périodiques, c'est-à-dire que l'on observe toujours le même ordre dans la disposition des couches qui recouvrent chaque couche de houille. Ces couches de houille sont toujours parallèles aux couches pierreuses qui les accompagnent, et ne les coupent jamais. Elles sont tantôt presque horizontales, tantôt fortement inclinées à l'horizon, mais le plus souvent elles ont une forme que l'on nomme *en bateau* ou *en cul de chaudron*, comme on peut le voir dans la fig. 8, pl. IV, c'est-à-dire qu'elles se relèvent également de chaque côté, et suivent toutes les sinuosités des collines contre lesquelles elles sont adossées. D'autrefois, comme on peut l'observer dans les

houillères de Mons et de Valenciennes, les couches se replient sur elles-mêmes en zigzag, et forment en descendant une suite de crochets qui conservent une sorte de régularité. Les deux lisières schisteuses suivent les mêmes inflexions, de sorte que les trois couches ne cessent pas d'être parallèles entre elles; mais il résulte nécessairement de cette disposition que la même lisière devient alternativement *lit* et *toit* de la couche de charbon. On ne peut guère expliquer ces espèces de fractures ou de zigzags, qu'en supposant que quelques parties du sol ont éprouvé un affaissement avant que les matières du terrain houiller ne se soient entièrement solidifiées. Cela est d'autant plus probable, que souvent le grès houiller n'a pas subi de dérangement, tandis que les couches de houille et d'argile schisteuse ont été reployées, ce qui tient à ce que le grès était solidifié avant les matières que nous venons de citer. Il est arrivé encore, dans ces mêmes houillères, que des strates composés de plusieurs couches de charbon et de plusieurs couches pierreuses ont glissé tout-à-la-fois dans des excavations formées par les eaux, et ont éprouvé les mêmes flexions que Saussure a observées dans les couches calcaires des montagnes d'Axenberg et de Melberg, au bord du lac de Lucerne, et qui, ne pouvant se soutenir dans une situation trop inclinée sur le flanc de ces montagnes, se sont refoulées sur elles-mêmes en décrivant plusieurs courbes. Mais, dans ce cas, plus les strates sont épais, moins les anfractuosités sont nombreuses.

On observe encore un autre accident dans ces mines; c'est qu'au-dessus d'un assemblage de couches qui sont dans une situation très inclinée et onduleuse, on en voit d'autres qui sont dans une situation à peu près horizontale. On peut supposer, dans ce cas-ci, qu'après que l'affaissement qui a mis les anciennes couches dans une situation inclinée a eu lieu, il s'est fait de nouveaux dépôts, et que ceux-ci ont pris la disposition qui est ordinaire à tout dépôt formé dans une eau tranquille, c'est-à-dire la situation horizontale. Ces dépôts ont commencé par combler le creux formé par l'affaissement, et graduellement ils sont parvenus à couvrir, par des couches horizontales, la tranche supérieure des couches inclinées.

Il arrive quelquefois que tout d'un coup les couches de houille sont interrompues par des fentes remplies par des matières étrangères, mais en général par des débris du terrain; il faut alors traverser ces fentes pour retrouver la couche du combustible, qui se trouve toujours plus basse du côté où plonge la couche. On donne à ces fentes le nom de *failles*. On nomme *brouillage* un accident qui arrive aussi assez fréquemment dans ces couches; c'est que le combustible se trouve mêlé avec les matières pierreuses qui lui servent de toit ou de lit, au point que l'exploitation devient impossible.

889. Les couches de charbon de terre se trouvent ordinairement au pied des chaînes de montagnes primitives, dans des localités qui annoncent, par leur disposition, qu'elles furent jadis des vallées sous-marines, des golfes, des bassins, dans les temps où la contrée était encore en partie couverte par l'Océan. On voit que ces couches suivent toutes les sinuosités des terrains qui leur servent de base; mais on n'en a jamais trouvé dans l'intérieur des montagnes. La houille paraît s'être déposée dans toute la longueur des vallées, et souvent même dans les vallées adjacentes; en sorte que la direction de ces vallées étant connue, on en conclut la disposition des couches de houille, qui forment toujours une grande quantité de petits bassins disposés dans la direction de la vallée principale.

890. *Niveau des houilles*. Il existe des couches de houille à des hauteurs très considérables. Leblond en cite dans les Cordilières du Pérou, près de Santa-Fé-de-Bogota, à la hauteur de 2200 toises au-dessus du niveau de la mer. M. de Humboldt cite les mêmes couches à 1360 toises; mais on en in-

dique dans les Cordilières de Huarocheri à 2300 toises. On en exploite dans les mines de la Flandre à 300 toises au-dessous du sol, qui, dans ces plaines, n'est élevé que de 50 toises au-dessus de la mer, en sorte que l'on trouve entre les deux limites connues de la houille l'espace énorme de 3800 toises.

891. *Substances minérales qui se rencontrent dans les houilles.* On trouve peu de substances minérales dans les couches de houille; le fer pyriteux est une des plus communes; il donne à la houille l'odeur sulfureuse qu'elle manifeste pendant la combustion, et la rend impropre à la fonte du fer. On y trouve du fer carbonaté lithoïde, du plomb sulfuré, et assez souvent du quarz et de la chaux carbonatée, qui en remplissent les fissures sous forme de lames minces, et qui nuisent également à sa qualité. Il arrive quelquefois que la houille est privée de bitume, et devient alors semblable à l'anthracite; c'est ce qu'on observe dans une des exploitations d'Anzin, près de Valenciennes.

892. *Empreintes et corps organiques des terrains houillers.* Les corps organisés que l'on rencontre dans ces terrains sont principalement des empreintes de plantes monocotylédones, comme des *fougères*, des *roseaux*, des *équisetacées* et des *troncs de fougères arborescentes*. Ces corps se rencontrent principalement dans une argile nommée pour cela *argile à fougères*. On trouve cependant dans le grès houiller des arbres assez gros, disposés perpendiculairement aux plans de ses couches; leur coupe est aplatie; l'intérieur ne conserve pas le tissu ligneux, c'est du grès; et la partie extérieure est à l'état de houille. On suppose que ces troncs étaient creux (comme ceux des bambous, etc.), que l'intérieur a été rempli de grès, et que la partie ligneuse s'est changée en houille. Ces tiges de végétaux sont toujours des stipes de fougères arborescentes, ou peut-être de palmiers : on a cependant cité des troncs dicotylédones, mais ils se trouvaient dans le terrain de

grès rouge, qui quelquefois contient aussi de la houille, et non dans un véritable terrain houiller.

On cite aussi quelques coquilles, surtout dans l'argile schisteuse et le fer carbonaté : ces coquilles sont toujours bivalves, et ont été rapportées à des coquilles fluviatiles appartenant au genre *Unio*, qui n'existe que dans les eaux douces. On a cité des *ammonites* et des *orthocératites*, mais il est possible qu'elles n'aient été observées que dans le calcaire inférieur à ces terrains. On n'indique pas d'*entroques*, mais on rencontre des empreintes de poissons, principalement dans les nodules de fer carbonaté, auquel ils semblent avoir servi de centre d'attraction.

893. *Position du terrain houiller.* Le terrain houiller repose le plus souvent sur des terrains primitifs, quelquefois aussi sur des calcaires de transition, comme les houillères de la Belgique et de l'Angleterre. On en a cité aussi reposant sur des terrains trappéens. Presque toujours ce terrain est inférieur au terrain de grès rouge; mais quelquefois il le recouvre, en sorte que l'on ne sait trop auquel des deux on doit donner l'antériorité. Immédiatement au-dessus d'eux vient le terrain de calcaire alpin et les autres terrains secondaires.

894. *Embrasement naturel des houillères.* On entend quelquefois le gaz hydrogène carboné s'échapper des fissures de la houille; il s'y produit parfois des inflammations spontanées, que l'on attribue à la décomposition des pyrites; l'incendie se communique, la houille s'enflamme, et continue à brûler pendant des années entières. Les grès sont souvent un peu vitrifiés; l'argile schisteuse éprouve une demi-fusion, et devient semblable à de la porcelaine (*porcellanite*), souvent d'un beau bleu, ou offrant des teintes jaunes, rouges, etc.; ou bien elle se scorifie, et donne lieu à un grand nombre de variétés. On observe quelquefois, dans ce cas, de l'hydrochlorate d'ammoniaque, qui se sublime en octaèdres dans les fentes des ro-

ches, ce qui conduit à penser qu'il a pu se trouver des matières animales dans la formation de la houille. Il se forme aussi du sulfate d'ammoniaque (probablement par la décomposition des pyrites), de l'alun, et de petites masses d'acier qui sont fournies par la réduction de petits nids d'oxide de fer, que contiennent assez souvent les couches d'argile schisteuse.

895. *Opinion généralement admise sur l'origine de la houille.* On regarde généralement ce combustible comme provenant du dépôt de substances végétales qui ont subi une altération particulière. On est naturellement conduit à cette conjecture, en considérant la grande quantité de carbone contenue dans les végétaux, en observant que la matière bitumineuse est presque toujours un des produits de leur décomposition, et se rappelant que les schistes qui accompagnent la houille portent de fréquentes empreintes de feuilles de fougères, de roseaux, etc., qui croissaient probablement sous l'ombrage des végétaux qui se sont transformés en houille. Les matières animales peuvent aussi avoir contribué à la formation de cette substance; mais les houilles qui contiennent beaucoup d'ammoniaque renferment aussi des coquillages, que l'on regarde comme d'eau douce, sans en avoir la certitude; ces houilles ne sont, à proprement parler, que des lignites postérieurs aux véritables houilles.

896. *Localités.* Les principales mines de houille de la France sont situées dans les départemens de l'Aveyron, du Cantal, de l'Isère, de la Haute-Loire, de la Loire, du Nord, de la Nièvre, du Puy-de-Dôme, du Var, etc., etc. Les houillères sont encore plus nombreuses, proportionnellement à l'étendue, en Belgique et en Angleterre qu'en France. On en retrouve au Hartz, en Saxe, en Bohême, en Autriche, en Hongrie, etc.; il en existe peu en Espagne, en Portugal, en Italie, en Suède. On n'en connaît pas en Norwège, en Russie; mais

on en retrouve en Sibérie, à la Chine, au Japon, à la Nouvelle-Hollande, en Amérique, etc., etc.

897. *Usages de la houille.* La houille n'est employée que comme combustible; mais, sous ce point de vue, elle est d'une telle importance, que sa présence fait presque toujours la richesse des contrées où elle se trouve. Elle peut remplacer le bois dans la plupart des circonstances; et, à poids égal, elle donne une chaleur bien supérieure. Elle exhale presque toujours en brûlant une odeur bitumineuse, et quelquefois sulfureuse lorsqu'elle contient des pyrites. Quelques médecins ont attribué à l'odeur bitumineuse qu'elle répand des effets salutaires dans les maladies de poitrine.

Lorsque la houille contient beaucoup de bitume, elle se fond en brûlant, et s'agglutine de manière à ne former qu'une seule masse, ce qui devient très incommode dans les fourneaux qui ont besoin d'un grand courant d'air. Aussi souvent, avant d'employer la houille dans ces fourneaux, lui fait-on subir une opération particulière, qui consiste à la calciner pour lui faire perdre son bitume, et la rendre en quelque sorte semblable au charbon de bois; on la connaît alors sous le nom de *coack*. Cette calcination donne lieu à différens produits, que l'on peut recueillir si l'on opère dans des vases distillatoires, comme on le pratique pour l'éclairage au gaz.

On peut obtenir le gaz du charbon en plaçant cette matière dans un cylindre de fonte de forme un peu aplatie. On met ce cylindre dans un fourneau, de manière qu'il pose sur une maçonnerie en briques qui est percée de beaucoup d'ouvertures, de sorte que la chaleur parvient facilement sur le cylindre. La chaleur nécessaire pour obtenir le gaz favorise la combinaison d'une certaine quantité de charbon avec la fonte, et le cylindre, quelquefois assez échauffé pour se déformer, se détruit en peu de temps. Après la distillation, on trouve dans le cylindre une masse noire qui est le *coack*. Ce coack est léger, volumineux et ne présente pas, pour fondre les mines de fer, les mêmes avantages que celui que l'on prépare dans des fours. Dans ce dernier, le sulfure de fer que contient presque toujours la houille est entièrement brûlé par l'oxigène de l'air et transformé en acide sulfureux et en tritoxide de fer qui forme des taches rouges dans l'intérieur de ce coack. Dans des vaisseaux fermés, la même chose ne peut pas avoir lieu, puisque le persulfure de fer est indécomposable par la chaleur seule, et peut tout au plus être ramené à l'état de proto-sulfure. Or, comme de très petites quantités de soufre rendent le fer cassant, surtout à chaud, ce coack ne peut pas être employé dans l'exploitation de ce métal.

Pour distiller 100 kilogr. de charbon, on en brûle les deux tiers ou les trois quarts, ou 67 à 75 kilogr., et l'on obtient 60 kilogr. de coack.

Les produits de la distillation sont un gaz extrêmement fétide, formé d'hydrogène carboné, d'hydrogène sulfuré, d'acide carbonique, d'ammoniaque et d'un peu de carbure de soufre; en outre, de l'eau à l'état liquide ou à l'état de vapeur contenant du carbonate d'ammoniaque, et mélangée avec une espèce de goudron provenant de l'altération d'une certaine quantité du bitume de la houille. L'hydrogène carboné qui se forme en premier lieu, est de l'hydrogène bi-carboné, mais par la suite, comme la température devient trop élevée pour que ce gaz ne soit pas décomposé, on n'obtient que de l'hydrogène proto-carboné, ou un mélange des deux gaz.

Le gaz au sortir du cylindre traverse de longs tuyaux; il en est de même du goudron, et de l'eau qui laisse déposer sur les parois de ces tuyaux une croûte de carbonate d'ammoniaque concret. Les produits liquides s'écoulent dans des réservoirs particuliers où l'on recueille le goudron, et les produits gazeux sont conduits dans des vases où on les purifie. Cette purification consiste à débarrasser l'hydrogène carboné des autres gaz avec lesquels il est mélangé, afin qu'il puisse produire une lumière vive, sans répandre de mauvaise odeur. Pour cela, on lui fait d'abord traverser une bouillie de chaux qui décompose l'hydrogène sulfuré et le carbure de soufre, en s'emparant de ce dernier corps ; elle absorbe aussi une grande quantité d'acide carbonique, mais elle a le désagrément de décomposer le carbonate d'ammoniaque et d'en mettre l'alcali en liberté. C'est pour cela que le gaz, au sortir du lait de chaux, est conduit dans un vase qui contient de l'eau légèrement acidulée avec l'acide sulfurique qui s'empare de l'ammoniaque. Le gaz ainsi purifié est un mélange d'hydrogène carboné et d'un peu d'acide carbonique ; il va se rendre dans les *gazomètres*, qui sont de grandes cloches de métal placées sur l'eau et soutenues par un contre-poids, et dont la pression suffit pour chasser le gaz dans tous les conduits qui doivent le mener à sa destination.

La houille n'est pas la seule matière que l'on emploie pour la préparation du gaz ; on se sert encore des bitumes, des résines, des graines oléagineuses, et surtout des huiles qui donnent de l'hydrogène bien plus carboné que la houille, et dont la purification est bien plus facile.

CINQUIÈME GENRE.

DES SELS ORGANIQUES.

1re ESPÈCE. *MASCAGNINE.*

(*Ammoniaque sulfatée.*)

898. *Caractères essentiels.* Substance soluble dans deux fois son poids d'eau froide, volatile en partie seulement par l'action du feu, et dégageant l'odeur d'ammoniaque par l'addition de la chaux. Sa forme primitive est le *prisme hexaèdre.*

On la trouve en cristaux, en petites masses concrétionnées et à l'état pulvérulent.

Composition. $= AH^6\dot{\ddot{S}} + 12Aq.$

899. *Gisement.* On trouve ce sel en solution dans les eaux de *lagonis* situés près Siena en Toscane; on en trouve aussi près de Turin, et en France dans le Dauphiné, à la surface de plaines sableuses. Enfin, on le cite aussi sur les laves récentes, dans le voisinage de quelques volcans, et en particulier de l'Etna, et dans les houillères embrasées.

Usages. Ce sel existe en trop petite quantité dans la nature, pour être le sujet d'aucune exploitation; on le prépare artificiellement pour les usages chimiques. Il ne sert pour ainsi dire qu'à la préparation de l'hydrochlorate d'ammoniaque. (*V.* l'espèce suivante.)

2e ESPÈCE. *SEL AMMONIAC.*

(*Ammoniaque hydrochloratée.*)

900. *Caractères essentiels.* Substance blanche ou grisâtre, ayant une saveur urineuse et piquante; translucide et un peu élastique; soluble dans six fois son poids d'eau froide, entièrement volatile par la chaleur, et donnant de l'ammoniaque par la chaux.

Sa pesanteur spécifique est de 1,45.

Sa forme primitive est l'octaèdre régulier. On obtient aussi le cube et le trapézoèdre, mais toujours artificiellement, ainsi que la forme primitive. On trouve cette substance sous forme de ramifications semblables à des barbes de plume, et qui, examinées à la loupe, paraissent composées de petits octaèdres implantés les uns dans les autres, ou bien en masses informes et striées.

Composition. $= AH^6 + HCh$, ou 1 volume de gaz ammoniac, $\frac{1}{2}$ volume de chlore et $\frac{1}{2}$ volume d'hydrogène $=$

1 volume d'acide hydrochlorique, ou, suivant M. Berzélius $AH^{6}Ch^{4}$. (*Annales de Chimie et de Physique*, t. XXXI, p. 33.)

901. *Gisement*. On trouve l'ammoniaque hydrochloratée dans les houillères embrasées et les produits volcaniques, sous forme de petites masses qui ont été produites par sublimation, comme en Sicile et en Italie; elle est très rare.

902. *Préparation*. Ce sel se trouve en trop petite quantité dans la nature pour être exploité, mais comme on l'emploie assez fréquemment en Médecine et dans les arts, on le prépare artificiellement. Il existe tout formé dans la fiente des chameaux, d'où on le retire en Égypte. Pour cela, on fait sécher cette fiente, on la brûle ensuite dans des cheminées un peu tortueuses, on ramasse la suie qui en provient, et on en remplit aux trois quarts et demi des matras à fond plat. On place ces matras dans un fourneau de galère, de manière à ce que la partie supérieure soit en contact avec l'air froid. On ménage d'abord l'action du feu, on l'augmente graduellement et on soutient son action pendant trois jours environ; de temps en temps on débouche l'ouverture des ballons, pour empêcher qu'elle ne s'obstrue. On laisse refroidir, puis on casse les ballons, et on en détache le sel ammoniac qui occupe la partie supérieure, et qui, pour cette raison, a pris une forme hémisphérique.

En Europe, on suit un autre procédé et on le fabrique de toutes pièces. Ce procédé, qui est dû à Baumé, consiste à introduire de vieux chiffons de laine, de vieux cuirs et autres matières animales dans des cylindres de fonte placés horizontalement sur des fourneaux à réverbère. A une des extrémités de ces cylindres, il y a une ouverture que l'on ferme à volonté, et par laquelle on introduit des substances; à l'autre, il y a un grand tube qui plonge dans un tonneau rempli d'eau, et l'appareil est terminé par un tube droit pour le dégagement des gaz.

Les produits sont ordinairement de l'acétate et de l'hydrocyanate d'ammoniaque, de l'huile et une grande quantité de sous-carbonate d'ammoniaque. Lorsque l'opération est terminée, on délaie dans ces produits une certaine quantité de sulfate de chaux en poudre fine, et on les filtre même sur plusieurs couches de ce sulfate. La décomposition s'opère assez promptement; il se forme du sulfate d'ammoniaque soluble et du carbonate de chaux insoluble. On verse un excès de sel marin dans la solution de sulfate d'ammoniaque; il y a formation d'hydrochlorate d'ammoniaque et de sulfate de soude. On évapore le mélange pour faire cristalliser la majeure partie de ce dernier sel; on pousse l'évaporation jusqu'à siccité, et on sublime le résidu comme nous venons de le dire, en parlant de la préparation du sel ammoniac d'Égypte. On l'emploie souvent (ou bien le sulfate) pour la préparation de l'ammoniaque liquide.

3e ESPÈCE. *GUANO.*

(*Chaux uratée*, etc.)

903. *Caractères essentiels.* Substance d'une couleur brune, d'une odeur forte, noircissant par l'action du calorique, et répandant une odeur d'ammoniaque. Soluble avec effervescence dans l'acide nitrique à chaud; résidu de l'évaporation séché avec précaution, prenant une belle couleur rouge (caractère de l'acide urique). (Beudant.)

Elle est formée d'acides urique, oxalique et phosphorique, de chaux, d'ammoniaque et d'une matière grasse particulière.

904. *Gisement.* Le guano se trouve très abondamment dans la mer du Sud, aux îles de Chinche près de Pisco; mais il existe aussi sur les côtes et îlots plus méridionaux, à Ilo, Iza et Arica. Il forme des couches de 50 à 60 pieds d'épaisseur, que l'on travaille comme des mines de fer ochracé, et dont on

emploie le produit en agriculture comme engrais. Ces mêmes îlots sont habités par une multitude d'oiseaux, surtout d'*Ardea*, de *Phenicopterus*, qui y couchent la nuit; mais leurs excrémens n'ont pu former depuis trois siècles que des couches de 4 à 5 lignes d'épaisseur. Cependant la composition chimique du guano porte à croire qu'il a été formé par des excrémens d'oiseaux.

4e ESPÈCE. *MELLITE.*

(*Alumine mellatée hydratée.*)

905. *Caractères essentiels.* Substance ordinairement d'un jaune de miel, translucide ou transparente, résinoïde, fragile, et se laissant facilement entamer par le couteau; possédant à un haut degré la réfraction double; acquérant l'électricité résineuse par le frottement. Chauffée fortement, elle blanchit, perd sa transparence, donne de l'eau, ensuite devient noire, et finit par tomber en poussière; soluble dans l'acide nitrique; solution précipitant en gelée par l'ammoniaque. Sa forme primitive est l'*octaèdre à triangles isocèles.* Ses formes dominantes sont le dodécaèdre irrégulier ou l'octaèdre primitif, quelquefois modifié sur ses angles.

Sa pesanteur spécifique est de 1,58.

Elle est composée d'alumine, d'acide mellitique et d'eau.

906. *Gisement.* Le mellite est rare. On l'a trouvé en Thuringe, et on prétend l'avoir retrouvé depuis en Suisse, accompagnant le bitume asphalte. Sa position géologique est dans les lignites des terrains tertiaires.

5e ESPÈCE. *HUMBOLDTITE.*

(*Fer oxalaté.*)

907. *Caractères essentiels.* Substance très rare, d'un jaune serin; pesant 1,3; sa solution précipite par le nitrate de baryte, et ensuite par le cyanure de potassium.

Elle est formée d'acide oxalique et de bi-oxide de fer ; sa formule = $\dot{F}e\bar{O}^2$?

Gisement. M. Mariano de Rivero l'indique dans un lignite friable, découvert à Kolowserun près Belin en Bohème.

APPENDICE AU LIVRE II.

N'ayant pas eu le projet d'offrir un tableau complet des espèces du règne minéral, nous avons omis volontairement toutes celles dont la composition chimique, et par conséquent la place qu'elles doivent occuper dans cette méthode, est encore incertaine. Nous aurions pu les réunir en un appendice général placé à la fin de cet ouvrage ; mais comme aucune de ces espèces ne présente jusqu'à présent d'applications utiles, nous nous contenterons de citer les principales, en renvoyant, pour leurs caractères, aux différens ouvrages de Minéralogie, tels que les *Annales des Mines*, les *Annales de Chimie* et de *Physique*, les *Annales des Sciences naturelles*, le *Dict. des Sciences naturelles*, le *Traité de Minéralogie* de M. Beudant, etc.

Tels sont les minéraux suivans : Allophane. — Arffwedsonite. — Bergmanite. — Brewsterite. — Breislackite. — Bucholsite. — Chamoisite. — Chlorophéite. — Chloropale. — Comptonite. — Couzeranite. — Chuzite. — Cronstedite. — Cérium carbonaté. — Dipyre (leucolite). — Divers chlorures. — Fibrolite. — Fortiérite. — Gismondine (abrazite, zeagonite). — Gieseckite. — Humite. — Killinite. — Helvine. — Hisingrit. — Knebelite. — Kirghisitte. — Leelite. — Lindzinite. — Lectrobite. — Limbilite. — Ligurite. — Nacrite. — Necronite. — Néphéline (sommite). — Polymignite. — Pagodite (agalmatholite, koreite). — Polyalite. — Pierre de savon. — Sordawalite. — Sideroclepte. — Stromnite. — Spinellane. — Thomsonite. — Thulite. — Yttrya fluaté. — Zurlite. — Divers arseniures, etc., etc.

LIVRE III.

CONSIDÉRATIONS GÉNÉRALES SUR LA GÉOGNOSIE, APPLIQUÉES A LA MINÉRALOGIE.

Nous avons partagé ce livre, qui doit servir de complément à la Minéralogie, en deux chapitres dans lesquels nous développons les principales considérations géognostiques que le minéralogiste ne peut ignorer. Dans le premier, nous donnons quelques généralités sur les roches et sur leur manière d'être dans la nature, c'est-à-dire sur les couches. Dans le second, nous examinons la manière d'être des couches, ou la structure intérieure et extérieure des terrains, leur âge relatif, et les accidens qui dérangent leur stratification.

CHAPITRE PREMIER.

DES ROCHES.

908. Nous venons de passer en revue la majeure partie des espèces minérales. Nous avons décrit leurs caractères et leur manière d'être dans la nature, c'est-à-dire leur *gisement*. En supposant que nous connaissions assez bien ces espèces pour les

reconnaître à la seule inspection de leurs caractères extérieurs, il semblerait qu'en jetant les yeux à la surface de la terre, nous devrions toujours trouver l'une ou l'autre des substances que nous avons examinées; mais c'est ce qui n'est pas. Ce ne sont pas elles, en effet, qui composent la masse du globe terrestre; elles ne sont pour la plupart que des raretés disséminées dans d'autres substances, dont la masse est infiniment petite relativement au volume de la terre.

On se demandera alors pourquoi avoir traité avec tant de soin d'objets si peu répandus dans la nature, et avoir négligé jusqu'ici l'étude des masses qui composent notre planète? Nous répondrons à cette objection, que ces substances, qui sont en proportion très petite devant la totalité du globe, sont souvent en quantité assez considérable relativement à nous, et que ce sont elles particulièrement qui nous procurent un grand nombre de matières utiles, telles que les métaux, les combustibles, etc. En second lieu, nous aurions passé beaucoup de temps à étudier ces grandes masses dont l'étude est pour ainsi dire faite d'elle-même maintenant, puisque nous connaissons les matières dont elles sont composées.

Ainsi, après nous être occupés de chaque substance isolée dans le sein de la terre, ce qui est le cas le plus rare, nous allons maintenant examiner ces substances mélangées mécaniquement, ce qui est le cas le plus fréquent.

On donne à ces mélanges, qui constituent toute la masse de la terre, le nom de *roches*.

909. On voit que les *roches* diffèrent essentiellement des *espèces*, en ce qu'elles sont toujours le résultat de l'union de plusieurs espèces en proportions indéfinies, tandis que les espèces sont toujours le résultat de l'union d'un ou plusieurs élémens en proportions définies, et quelquefois aussi de plusieurs espèces chimiques, mais toujours en proportions définies.

ce qui donne au produit de cette union des caractères tout-à-fait différens de ceux des composans. C'est ainsi que deux silicates simples qui constituent des espèces existant dans la nature, peuvent se réunir en proportions définies, et former une *espèce minéralogique* qui aura ses caractères et sa formule chimique, tandis que lorsque deux ou plusieurs espèces se réunissent pour former une *roche*, il n'existe jamais de proportions définies; il n'y a pas de combinaison, mais un mélange, et quelquefois tellement grossier, que l'œil peut reconnaître les composans : exemple, le granite.

Lorsque les composans sont perceptibles, les roches sont dites *phanérogènes* (de φανερος, *apparens*, et γεινομαι, *nasci*), pour indiquer l'apparence de leur composition ; et lorsqu'ils sont imperceptibles, on les a nommées *adélogènes* (de αδηλως, *obscurus*, et γεινομαι, *nasci*), pour indiquer que l'œil ne peut apercevoir leurs parties mélangées. Le *granite* est dans le premier cas, l'*argile* est dans le second.

Quoique le nom de *roches* ne doive s'appliquer qu'à ces mélanges naturels qui se trouvent en grand dans la nature, on l'a étendu aux espèces simples qui se présentent en grand ; ainsi le *marbre*, le *fer oxidé*, etc., qui sont de véritables espèces minéralogiques, prennent le nom de *roches* lorsqu'on les considère dans leurs rapports avec la composition du globe. On ne sait pas alors au juste où sont les limites de cette acception ; et telle substance que l'on n'a pas encore trouvée en assez grande quantité dans la nature pour mériter ce nom, pourra s'y rencontrer bientôt en quantité plus que suffisante pour recevoir cette dénomination. On devrait donc réserver le mot *roche* pour désigner les substances mélangées, quels que soient leur abondance et leurs divers caractères, et ne l'étendre aux espèces minéralogiques que lorsqu'elles se mélangent sous deux états différens, comme dans les *porphyres*, etc.

Une grande dureté n'est pas, comme on le croit dans le

monde, un caractère essentiel aux roches, la plupart le possèdent; mais il en est de très tendres, comme les argiles, etc.

910. Dans l'acception la plus générale du mot *roche*, on les distingue en *roches composées*, c'est-à-dire celles qui résultent du mélange mécanique de plusieurs espèces, ou de la même sous deux états différens, et en *roches simples*, qui sont toujours des espèces minéralogiques.

Les roches composées ont reçu différens noms, d'après leur composition, leur structure, leur état d'agrégation, etc.; mais les coupes ou les espèces que l'on y a faites n'ont pour la plupart pas de limites, elles se confondent et passent souvent de l'une à l'autre par nuances insensibles, quoique leurs extrêmes soient bien différens (*). C'est encore un caractère qui les distingue nettement des espèces minérales, qui ne passent jamais de l'une à l'autre.

911. On emploie pour reconnaître et décrire les roches la plupart des caractères dont on se sert pour décrire les espèces minéralogiques; mais il en est quelques-uns qui sont entièrement différens, et qui ne peuvent s'appliquer qu'aux roches composées: telles sont particulièrement la *composition* et la *structure*.

912. *Composition*. La composition d'une espèce minérale est une composition chimique résultant d'une combinaison, tandis que la composition d'une roche est une composition mécanique résultant d'un mélange.

On distingue dans cette dernière composition les parties composantes, *essentielles, accessoires* et *accidentelles:* ainsi dans la roche nommée *gneis*, le felspath et le mica sont des

---

(*) Il en résulte que le nombre de roches mélangées est indéfini, puisque toutes les espèces peuvent entrer dans ces mélanges, quoique cela n'ait pas lieu réellement. Ensuite, le passage d'une roche à une autre donne lieu à une infinité de nuances très difficiles à décrire.

composans *essentiels;* le quarz est *accessoire;* le grenat, la tourmaline, l'épidote ne sont qu'*accidentels,* parce qu'on ne les rencontre qu'accidentellement dans le gneis.

On nomme partie *prédominante* le principe qui domine, c'est-à-dire dont la quantité l'emporte sur celle des autres; ainsi le felspath est partie prédominante dans un grand nombre de roches. On conçoit qu'il devient insignifiant d'indiquer le principe prédominant d'une roche, quand sa proportion n'est qu'un peu plus forte que celle des autres.

913. *Structure.* On ne considère plus, dans les roches composées, l'arrangement des molécules comme déterminant la structure, mais l'arrangement des parties composantes; en sorte que la structure d'une roche est entièrement différente de celle d'une espèce minéralogique. Il n'y a que certaines roches adélogènes (dont les parties composantes sont trop ténues pour que l'on puisse les distinguer) qui présentent une structure analogue à celle des espèces minérales.

Outre la structure que nous allons examiner, et qui est dite *structure d'agrégation*, les roches en présentent encore une autre, nommée *structure de disgrégation,* qui tient à la manière dont elles se divisent, et que nous n'examinerons qu'en parlant de la manière d'être des roches dans la nature, ou des couches.

On peut distinguer dans les roches sept espèces de structure d'agrégation, qui sont les structures *granitoïde*, *porphyroïde*, *amygdaloïde*, *entrelacée*, *arénacée*, *cellulaire* et *irrégulière*.

A. *Structure granitoïde.* Se dit des roches formées de minéraux cristallisés contemporains (c'est-à-dire qui se sont formés et mélangés en même temps), et groupés irrégulièrement, mais avec uniformité, de manière qu'un des minéraux ne se trouve pas en plus grande proportion dans un endroit que dans un autre. Leur cassure est saccharoïde ou grenue. Quelquefois les minéraux semblent y être disposés par bandes; c'est la structure granitoïde *rubanée*.

B. *Structure porphyroïde*. Se dit d'une roche formée de plusieurs minéraux ou d'un seul sous deux états différens, dont l'un forme la pâte, et dont l'autre est disséminé en cristaux au milieu de cette pâte, qui est ordinairement compacte, mais qui peut être saccharoïde. Lorsque les cristaux sont du felspath ou de l'albite, les roches sont dites *porphyriques* ou *porphyres*, mais quand les cristaux sont d'une autre nature, on nomme les roches *pseudo-porphyriques* ou *pseudo-porphyres*.

C. *Structure amygdaloïde*. Se dit des roches qui offrent de petits rognons de substances diverses empâtés dans une masse minérale de nature également variable. Parmi ces roches, M. Brochant de Villiers distingue :

1°. Celles à noyaux ou rognons contemporains;

2°. Celles à noyaux un peu postérieurs ou douteux ;

3°. Celles à noyaux postérieurs.

1°. Dans le premier cas, les noyaux ont une grande tendance à cristalliser; on y remarque tous les passages à la structure porphyroïde. La nature des rognons est la même que celle de la pâte, et ils adhèrent ordinairement si fortement à cette dernière, qu'il est presque impossible de les séparer. Leur intérieur est compacte ou cristallisé; tels sont, par exemple, le *granite orbiculaire de Corse*, dont les noyaux sont formés de couches concentriques et le *porphyre orbiculaire de Corse*, dont les noyaux cristallins sont formés de rayons divergens vers le centre. C'est à cette structure que M. Brongniart donne le nom de *structure empâtée glanduleuse*, réservant le nom de *structure empâtée amygdaloïde* pour les roches qui contiennent des noyaux non cristallisés et qui se trouvent rangées dans les deux variétés suivantes.

2°. Dans le second cas, les noyaux paraissent avoir été formés un peu après la pâte. Ils n'offrent à l'extérieur aucune tendance à cristalliser. Leur forme est aplatie, quelquefois irrégulière ; ils offrent intérieurement une structure cristalline, rarement rayonnée, non concentrique. On n'y observe pas de cavités, et l'on peut les séparer de la pâte.

3°. Dans le troisième cas, la pâte est compacte, quelquefois saccharoïde ; les noyaux ne montrent aucune tendance cristalline à l'extérieur. Ils sont sphéroïdaux ou ellipsoïdes, formés de couches concentriques plus ou moins distinctes. L'intérieur est souvent tapissé de cristaux dont la pointe est dirigée vers le centre (Pl. III, fig. 3). Il semblerait que la matière qui a formé ces rognons a filtré postérieurement à travers la pâte et a tapissé ces cavités couche par couche. Ces noyaux sont souvent des géodes d'agate dont l'intérieur est tapissé de cristaux d'améthyste.

D. *Structure entrelacée.* Se dit des roches composées de deux substances dont l'une en petites veines et l'autre en petites masses, autour desquelles ces veines viennent se contourner. On n'observe guère cette structure que dans certains calcaires de transition, où le calcaire forme les noyaux qui sont enveloppés par des veines d'une substance argilo-talqueuse ; tel est le *marbre Campan* et plusieurs autres. M. Brongniart donne à cette disposition le nom de *structure entrelacée amygdaline*.

E. *Structure arénacée.* Se dit des roches qui doivent leur existence à des fragmens de roches préexistantes, gros ou petits, réunis le plus ordinairement par un ciment. On donne à ces roches le nom général de *conglomérats*.

Quand les grains sont très fins, la roche prend le nom de *grès ;* quand les grains sont gros, elle prend ceux de *poudding* et de *brèche ; poudding*, si les fragmens sont des galets arrondis, *brèche*, si ce sont des fragmens anguleux.

Les *puddings* se rapprochent des roches amygdaloïdes, mais ils en diffèrent pas leurs noyaux plus arrondis et qui ne sont jamais ni lamelleux, ni cristallins, ni rayonnés, ni formés de couches concentriques.

F. *Structure cellulaire.* Se dit des roches qui offrent un grand nombre de vides, comme les *laves* et plusieurs autres produits volcaniques.

G. *Structure irrégulière.* Se dit des roches formées de deux ou plusieurs minéraux groupés par masses irrégulières, mais dont l'un est toujours cristallisé. Cette structure est rare; on l'observe dans la roche dite *vert de Corse*, qui est formée de diallage et de jade. La diallage y forme des amas cristallisés, disposés sans uniformité. Tels sont encore quelques marbres mélangés de serpentine.

Classification des roches.

914. Les géologues et les minéralogistes ont souvent discuté quelle était la meilleure classification des roches, et se sont rarement accordés sur un sujet aussi difficile. Les uns les considérant sous les rapports géologiques seulement, observant leur disposition dans la nature par lits successifs, et par conséquent, formés à des époques différentes, veulent qu'elles soient classées selon leur ancienneté présumée. C'est en effet la classification qui offrirait le plus d'intérêt. Les autres, d'après des considérations minéralogiques, veulent qu'elles soient classées d'après leur composition et leur structure. Ils observent avec raison que dans la première classification, on serait obligé de donner des noms différens à la même roche, quand elle se représenterait à des époques différentes, comme cela arrive assez fréquemment, et que dans une distribution minéralogique rien n'empêche d'indiquer à chaque roche l'époque présumée de sa formation. Il est vrai que rien n'empêche non plus, dans le premier cas, d'indiquer la composition et la structure de chacune d'elles. Quoi qu'il en soit, comme nous ne pouvons étudier les roches dans cet

ouvrage que d'une manière très succinte, nous allons seulement passer en revue les principales espèces, comme étude intermédiaire à la Minéralogie et à la Géognosie. Nous suivrons pour cette étude l'ordre dans lequel nous avons décrit les espèces minérales ; nous ne ferons que désigner les roches simples, en renvoyant au numéro de l'espèce pour la connaissance de leurs caractères, et nous rapporterons les roches composées à l'espèce qui prédomine dans leur composition.

Comme il est un assez grand nombre de roches qui ne peuvent être distribuées dans une classification chimique, et qui offrent d'ailleurs beaucoup trop d'analogie pour qu'on puisse les séparer dans une classification minéralogique, nous les placerons par appendice à la suite des autres. Nous formerons un premier appendice des *conglomérats*, et un second des *produits volcaniques*.

ÉNUMÉRATION SYSTÉMATIQUE DES ROCHES.

PREMIÈRE CLASSE.

Roches formées, en totalité ou en partie prédominante, par des corps simples ou des corps composés d'après le principe de la composition inorganique, c'est-à-dire dans lesquels les atomes composés du premier ordre ne contiennent que deux élémens.

ORDRE PREMIER.

Roches formées, en totalité ou en partie prédominante, par des substances métalloïdes.

915. Cet ordre ne renferme aucune substance assez abondamment répandue dans la nature pour pouvoir être consi-

dérée comme roche; le soufre est la seule qui pourrait tout au plus mériter quelque considération (79).

L'eau, considérée comme masse minérale, est une des substances qui jouent un des plus grands rôles dans la nature; mais comme on ne l'admet pas dans les classifications des roches, quoiqu'elle s'y trouve réellement placée par l'extension donnée à ce mot, nous renvoyons à l'espèce pour ses détails géologiques (120).

ORDRE SECOND.

Roches formées, en totalité ou en partie prédominante, par des métaux électro-négatifs, ou dont les oxides, dans leurs combinaisons avec d'autres corps oxidés, ont une plus grande tendance à jouer le rôle d'acide que celui de base salifiable.

GENRE *SILICIUM*.

ESPÈCES SIMPLES.

916. *Espèce* 1. QUARZ HYALIN.

Existe comme roche, tantôt *compacte* ou *schistoïde*, état qu'il doit à un composant accidentel, qui est le *mica*; forme des couches dans les terrains primitifs, de transition, secondaires et d'alluvion.

Dans les terrains primitifs, il forme des couches indépendantes (*Itacolumite*) au sud de l'équateur, dans les montagnes du Brésil, dans les Cordilières des Andes de Quito, en Norwège, etc., et des couches subordonnées dans les granites, les gneis, les micaschistes, les schistes argileux.

Dans les terrains de transition, il constitue des couches subordonnées aux roches calcaires et schisteuses de la Tarantaise, de Kemi-Elf en Suède, et de Skeen en Norwège.

Dans les terrains secondaires, on observe une formation de quarz indépendante, qui est parallèle au grès rouge, et qui pénètre dans le calcaire alpin des Andes de Contumaza et Huancavelica. (Humboldt.)

Il existe aussi, en couches énormes, à l'état de sable ou *quarz arénacé*, qui couvre des déserts immenses, constitue des monticules quelquefois doués d'un mouvement de translation, et dont l'accumulation est due à des alluvions et aux vents (182, 199, 982).

On trouve comme principes accidentels, dans la formation indépendante du quarz des terrains primitifs, du fer oligiste spéculaire, de l'or, de la tourmaline, de la chlorite, etc. Les couches de cette formation ont jusqu'à 1000 pieds d'épaisseur. Elle se trouve ordinairement recouverte d'une brèche ferrugineuse très aurifère, ce qui a fait penser à M. d'Eschwège (*Journ. von Brasilien*, I, 25) que les terrains de lavage dans lesquels on trouve le diamant, l'or, le palladium et le platine, dans différens endroits du Brésil, doivent leur origine à la disgrégation de ces roches.

Forme une partie essentielle, mais très rarement prédominante, d'un grand nombre de roches (*granite, gneis, micaschiste*, etc.), et se rencontre quelquefois comme partie accessoire ou accidentelle de plusieurs autres.

917. *Espèce* 2. QUARZ SILEX.

En couches subordonnées à des dépôts argileux dans les terrains tertiaires; renferme souvent des coquilles fluviatiles, telles que des *planorbes*, des *lymnées*, et quelquefois même des coquilles terrestres (190). C'est toujours le *silex meulière* qui constitue ces couches, et non le silex pyromaque, qui ne forme que des lits parallèles, et souvent très multipliés, dans les assises supérieures de la craie, comme on peut le remarquer aux environs de Paris (Meudon, Bougival, etc.).

918. *Espèce* 3. QUARZ NÉOPÈTRE. (Partie des *hornstein* de W.)

Forme des couches d'une épaisseur considérable dans les

terrains secondaires; ces couches sont subordonnées au calcaire alpin, et ont été observées dans les Cordilières du Pérou, au milieu des mines d'argent de Chota. Ce quarz existe en trop petites masses en Europe pour qu'on puisse l'y considérer comme roche (188). Il renferme (montagne de Gualgayoc, Cordilières) un grand nombre de filons d'argent gris et rouge, et de fer magnétique.

918 *bis*. *Annotations*. Cette roche passe fréquemment au silex pyromaque (*feuerstein*) et au jaspe. C'est à une variété de jaspe argileux à structure schistoïde épaisse que M. Haüy a donné le nom de *phtanite* (*kieselschiefer*). Ce phtanite se trouve dans les terrains de transition en couches subordonnées au schiste argileux et aux psammites.

ESPÈCES COMPOSÉES.

919. *Espèce* 4. GREISEN. (*Granite stannifère*, Humboldt; *Hyalomicte; Graisen*.)

Roche d'une structure granitoïde, composée de quarz granuleux et de paillettes de mica dispersées au hasard. Se trouve dans les terrains primitifs, où elle passe à une autre roche nommée *micaschiste* lorsque le mica devient partie prédominante, et forme des feuillets séparés par des feuillets de quarz; elle passe aussi au granite. Les substances que l'on rencontre accidentellement dans le greisen sont: du felspath, de la topaze, de la tourmaline, de l'étain oxidé, qui le caractérise particulièrement, du manganèse tungstaté (schéelin ferruginé), du schéelite.

ORDRE TROISIÈME.

Roches formées, en totalité ou en partie prédominante, par des métaux électro-positifs, ou dont les oxides ont une plus grande tendance à jouer le rôle de base que celui d'acide.

PREMIÈRE SOUS-DIVISION.

Roches formées, en totalité ou en partie, par des métaux dont les oxides, soumis à l'action d'une haute température, se réduisent, soit par eux-mêmes, soit par l'addition du charbon, et qui sont les radicaux des anciens oxides métalliques proprement dits.

GENRE *ÉTAIN.*

920. *Espèce unique.* ÉTAIN OXIDÉ.

Se trouve en amas, en filons, ou disséminé dans d'autres roches des terrains primitifs, comme gneis, granite, mais surtout dans des roches placées entre le gneis et le mica-schiste (304).

GENRE *PLOMB.*

921. *Espèce unique.* GALÈNE. (*Plomb sulfuré.*)

Se trouve en couches dans les terrains de transition. Ces couches sont le plus souvent subordonnées à des psammites schisteux ou grossiers, ou à des calcaires de transition ; on en trouve aussi des couches dans les terrains secondaires, surtout dans le calcaire alpin (313).

GENRE *CUIVRE.*

922. *Espèce unique.* CUIVRE PYRITEUX. (*Sulfure double de cuivre et de fer.*)

Se trouve en amas considérables ou en filons dans des terrains primitifs, intermédiaires, et même secondaires. Dans ces derniers terrains, il est mêlé à des argiles ou marnes schisteuses, carburées ou bitumineuses, et constitue alors ce que l'on a appelé *schiste cuivreux* (*kupfers-schiefer*), dont les dépôts forment des couches subordonnées dans le calcaire alpin. On les trouve dans les deux hémisphères, au Mansfeld, dans les plaines du Brésil, les Andes du Pérou, etc.; ils renferment des poissons fossiles et des empreintes de plantes qui semblent appartenir à la famille des lycopodiacées (373).

GENRE *ZINC*.

923. *Espèce* 1. ZINC OXIDÉ (495).

Espèce 2. ZINC CARBONATÉ (501).

Espèce 3. ZINC SULFURÉ (492).

Ces trois minerais, auxquels M. Haüy a assigné une place dans sa classification des roches, se trouvent en quantité plus ou moins considérable dans les terrains de transition et secondaires.

GENRE *FER*.

924. *Espèce* 1. FER OXIDULÉ.

En amas ou en couches étendues dans les terrains primitifs, comme dans le gneis primitif (c'est surtout le fer magnétique), où les couches de 20 à 30 toises d'épaisseur sont mêlées souvent de calcaire grenu, d'apophyllite, de triphane, d'amianthe, de trémolite, d'actinote et de bitume (Suède et Laponie). Mêlé à la diorite grenue, et accompagné de menakanite, de zircon et de zoïsite, il constitue des couches subordonnées dans la même formation de gneis (Taberg en Suède). Sous forme de sables ferrugineux titanifères, il est très abondant dans les terrains d'alluvion (546).

925. *Espèce* 2. FER OLIGISTE.

En amas ou en couches encore plus puissantes que le précédent, et dans les mêmes terrains. Se substitue quelquefois au mica des micaschistes, et constitue alors une roche accidentelle, composée de quarz et de fer oligiste. Il forme aussi des couches alternantes puissantes, mêlées de quarz aurifère dans la grande formation d'*Itacolumite* ou *quarz élastique chloriteux* (roche de quarz parallèle au schiste argileux primitif) des montagnes du Brésil et des Cordilières de Quito (550).

926. *Espèce* 3. FER OXIDÉ.

La mine de fer rouge forme des couches puissantes dans les terrains primitifs (552).

927. *Espèce* 4. FER HYDROXIDÉ.

Se trouve abondamment en couches compactes ou granuliformes dans les terrains primitifs, de transition, secondaires et tertiaires. Il existe aussi dans les terrains d'alluvion: on le désigne alors sous le nom de *fer limoneux* (580).

928. *Espèce* 5. FER CARBONATÉ.

En amas considérables dans les terrains primitifs et de transition, et dans les terrains secondaires les plus anciens, tels que le calcaire alpin, dans lequel on le voit pénétrer et constituer des couches subordonnées, tantôt compactes, tantôt grenues et caverneuses, auxquelles on a donné le nom de *calcaire ferrifère* (*Eisenkalk, Zuchtwand*); couches qui, dans certains cas, deviennent assez puissantes pour remplacer les assises inférieures de cette formation. Les géologues allemands ont donné le nom de *Rauchwacke* à cette même roche chargée de bitume, caverneuse et d'une couleur noirâtre (562).

929. *Espèce* 6. FER SULFURÉ.

En masses assez considérables dans les terrains primitifs et de transition (523).

930. *Espèce* 7. FER ARSENICAL.

En masses dans les terrains primitifs et de transition (542).

930 *bis. Espèce* 8. FER CARBURÉ. (*Graphite*.)

Appartient aux terrains primitifs et de transition (538).

DEUXIÈME SOUS-DIVISION.

Roches formées, en totalité ou en partie prédominante, par des métaux non réductibles à l'aide du charbon, et dont les oxides forment des terres et des alcalis.

931. *Observation.* Nous venons de citer, dans la sous-division précédente, les minéraux qui sont assez abondans dans la nature pour constituer des roches; mais toutes ces substances (le quarz excepté) sont en proportion infiniment petite relativement à celles que nous allons examiner dans cette seconde sous-division, et qui ont toutes pour bases les oxides dont les métaux sont : l'*aluminium*, le *magnesium*, le *calcium*, le *sodium* ou le *potassium*. En ajoutant à ces cinq élémens le *silicium* et peut-être le *fer*, on a les sept corps simples qui, en s'oxidant, puis se combinant de différentes manières, se mélangeant ensuite, sans suivre de lois constantes, constituent toute la masse solide du globe dans laquelle nous avons pu pénétrer. Tous les autres produits minéraux sont extrêmement rares, quand on les compare à ceux dont nous venons de parler.

Ire SECTION.

ROCHES A BASE D'ALUMINE.

GENRE *ARGILE*.

932. Les argiles forment des couches plus ou moins étendues, très fréquentes dans les terrains nouveaux et assez rares dans les terrains anciens, où elles prennent toujours des caractères qui les éloignent des argiles proprement dites. Elles résultent alors quelquefois de la décomposition de certaines roches dont l'alumine et la silice forment des parties constituantes.

Les argiles véritables paraissent avoir été formées par des

dépôts très lents de matières alumineuses, siliceuses et calcaires, dont les particules très fines étaient en suspension dans les eaux (673).

La plupart des argiles se trouvent en couches subordonnées à différentes roches, telles que les porphyres et les siénites, dans les terrains de transition (Cordilières des Andes); le grès rouge, le calcaire alpin, le grès bigarré, le calcaire jurassique, le grès secondaire à lignites, etc., dans les terrains secondaires. Les formations les plus remarquables de ces derniers terrains sont :

L'*argile schisteuse* ou *argile à fougères*, qui accompagne la houille et alterne avec elle. Elle contient, comme son nom l'indique, beaucoup d'empreintes de végétaux monocotylédones, que l'on attribue à des fougères arborescentes dont on connaît des espèces analogues, mais non identiques.

L'*argile salifère* ou *muriatifère*. (*Salzthon*, Humboldt.) Cette argile offre des couleurs qui varient du gris au noirâtre, au bleuâtre et au rouge brun. Ses couches sont puissantes, ou bien on la trouve disséminée en parties rhomboïdales, soit dans le sel gemme même, soit dans des couches de gypse subordonnées au calcaire alpin. Sa consistance est très variable. Selon M. de Humboldt, cette argile offre quelquefois des coquilles pélagiques, mais jamais de paillettes de mica ni d'empreintes de fougères, comme l'argile schisteuse qui accompagne les houilles.

Dans les terrains tertiaires, l'*argile plastique* constitue une formation indépendante placée au-dessus de la formation de craie, et recouvrant celle-ci dans un grand nombre de lieux. Ses couches sont d'une épaisseur très variable, et sont fréquemment de nature différente à leur partie supérieure. L'argile noirâtre, sablonneuse, contient parfois des débris de corps organisés qui sont généralement très rares dans la partie inférieure de la couche. Dans certains cas, cette séparation est nettement tranchée par une couche de sable plus ou moins épaisse. Il arrive aussi que le banc supérieur se montre seul. Dans tous les cas, c'est toujours dans ce banc qu'existent les corps organiques fossiles, tels que des *lignites* plus ou moins abondans, quelquefois même réduits à quelques débris de feuilles ou de rameaux charbonnés. Ces lignites fréquemment mélangés de pyrites de fer, offrent aussi des troncs d'arbres entiers pétrifiés, mais assez bien conservés pour qu'on puisse reconnaître l'organisation de végétaux dycotylédones. Outre les lignites, on observe encore, dans cette couche, des débris de végétaux monocotylédones, des nodules de succin, des résines succiniques et un mélange de coquilles pélagiques et fluviatiles (*Syrènes, Cérites* d'eau douce ou *Potamides, Mélanies, Paludines, Lymnées, Huîtres, Planorbes*, etc.). Il faut remarquer cependant que ce mélange n'existe qu'à la partie supérieure de la formation d'argile plastique, et que les coquilles que l'on trouve à la base du banc supérieur, dont nous venons de parler, appartiennent aux coquilles fluviatiles. On a trouvé aussi dans certaines argiles plastiques (Paris, Londres) des ossemens d'animaux vertébrés.

Enfin, dans les terrains volcaniques, on observe une formation d'argile avec grenats pyropes. Selon M. de Humboldt, cette dernière formation semble liée à l'argile avec lignites du terrain tertiaire, sur lequel se sont souvent répandues des coulées de basalte.

GENRE *TOPAZE.*

933. *Espèce unique.* TOPAZOSÈME. (*Topazfels, Granite à topazes.*)

Roche formée de topaze, de quarz et de tourmaline, unis par voie de mélange, et dans laquelle on trouve des cristaux distincts de topazes. On y rencontre de l'argile lithomarge comme principe composant accidentel. Cette roche est de très peu d'importance dans la nature, et se trouve en couches subordonnées au micaschiste.

GENRE *DISTHENE*.

934. *Espèce unique.* DISTHÈNE LAMINAIRE.

Se trouve en couches subordonnées dans les terrains anciens (649).

GENRE *GRENAT*.

935 *Espèce unique.* GRENAT MASSIF.

Il constitue quelques couches subordonnées à du micaschiste dans les terrains primitifs. On y rencontre, comme composans accidentels, du mica, du quarz, de la chaux carbonatée, du fer oligiste, du fer sulfuré magnétique (660). Les grenats, disséminés sous forme de petits amas, pénètrent depuis les roches primitives (gneis, eurite, micaschiste, serpentine), par les porphyres de transition, jusque dans les trachytes et basaltes volcaniques.

Presque tous les gneis renferment des grenats.

IIe SECTION.

ROCHES A BASE DE MAGNÉSIE.

GENRE *DIALLAGE*.

936. *Espèce unique.* ÉCLOGITE.

Roche formée de diallage verte et de grenat. On y rencontre, comme composans accidentels, le disthène, le quarz, l'épidote blanc vitreux, de l'amphibole laminaire et du fer sulfuré magnétique. Cette roche, qui appartient aux terrains primitifs, est de peu d'importance, et n'a encore été trouvée que dans une seule localité en Styrie.

La diallage disséminée se rencontre dans tous les granites de nouvelle formation.

GENRE *TALC.*

937. *Espèce unique.* TALC COMMUN. (*Talkschiefer,* W.; *Schiste talqueux*, Haüy; *Stéaschiste,* Brongn.)

Forme à lui seul des montagnes stratifiées, et contient, comme composans accidentels, de la chaux carbonatée, de la dolomie, de l'amphibole, du disthène, de la staurotide, de la tourmaline, des grenats et de la diallage noire. Il constitue des couches subordonnées dans les micaschistes primitifs et les schistes argileux primitifs, dans les deux continens (694).

GENRE *CHLORITE.*

938. *Espèce unique.* CHLORITE SCHISTOÏDE. (*Chlorit-schiefer,* W.; *Stéaschiste chloritique*, Brongn.)

Forme des couches subordonnées très fréquentes et très étendues, et contient, comme composans accidentels, du grenat, de la tourmaline, du fer oxidulé, du fer sulfuré, du sphène; appartient aux terrains primitifs (micaschistes, schistes argileux) et de transition (708).

GENRE *STÉATITE.*

939. *Espèce unique.* STÉATITE EN MASSE. (*Speckstein* et *Edler serpentin*, W.)

Se trouve moins abondamment que le talc et la chlorite, et dans les mêmes terrains. Renferme quelquefois de l'amphibole d'un blanc jaunâtre, comme principe accidentel (698).

GENRE *SERPENTINE.*

940. *Espèce unique.* SERPENTINE MASSIVE ET SCHISTOIDE. (*Gemeiner serpentin,* W.; *ophiolite,* Brongn.)

La serpentine se trouve dans les terrains primitifs, en couches subordonnées à l'*eurite*, ou bien elle constitue une formation indépendante, que M. de Humboldt considère aussi comme primitive. Cette formation repose sur le gneis, et n'est recouverte par aucune autre. Les roches de serpentine renferment, comme principes accidentels, du talc, de l'amphibole grammatite, des grenats, du fer chromé, de la diallage métalloïde, du fer hydroxidé.

La pierre ollaire (*Topfstein*, W.), qui est une variété de serpentine, se trouve en couches subordonnées dans les micaschistes primitifs. Ses composans accidentels sont les mêmes que ceux de la serpentine proprement dite. On y observe du fer oxidé, du mica.

Ces roches renferment peu de métaux exploitables, si ce n'est peut-être du fer magnétique. On cite aussi une mine de cuivre natif exploitée dans la serpentine (702).

IIIe SECTION.

ROCHES A BASE DE CHAUX.

GENRE *ANHYDRITE*.

941. *Espèce unique.* ANHYDRITE SACCHAROIDE. (*Anhydrit*, W.)

Se trouve en couches subordonnées dans les terrains de transition et dans les terrains secondaires les plus anciens. Dans les premiers, elle renferme presque toujours du sel gemme disséminé et de petites couches subordonnées de grauwacke avec de l'amphibole trémolite; elle appartient au calcaire de transition, mais probablement aux dernières couches de ces terrains. Elle caractérise particulièrement les dépôts salifères de ce même âge. Dans les terrains secondaires, il est très rare qu'elle contienne du sel gemme, et dans ce cas, elle forme des couches plus ou moins épaisses dans l'argile muriatifère subordonnée au calcaire alpin; c'est alors la *muriacite* (714).

GENRE GYPSE.

942. *Espèce* 1. GYPSE LAMELLAIRE (716).

943. *Espèce* 2. GYPSE FIBREUX (716).

944. *Espèce* 3. GYPSE COMPACTE (716). (*Gyps*, W.)

Ces trois roches font partie des terrains secondaires et tertiaires. Très rarement on les rencontre dans les terrains de transition, où elles sont remplacées par l'anhydrite.

A. Dans les terrains secondaires, le gypse est toujours en couches subordonnées, et se montre dans toutes les formations calcaires au-dessus du grès rouge, dans le calcaire alpin, dans le grès rouge même, dans le grès bigarré, dans le calcaire coquillier (*Muschelkalk*), mais très rarement dans le calcaire du Jura.

Le gypse (*Untergyps*, *Schlottengyps*, W.), qui appartient au calcaire alpin, se trouve, dans cette formation, de deux manières différentes. 1°. Il accompagne les dépôts salifères de cet âge, et se trouve en couches plus ou moins épaisses dans l'argile salifère (*Saltzthon*), où il est plus abondant que dans le sel gemme; son volume est constamment plus faible que celui de l'argile, et quelquefois il est mêlé de dolomie cristallisée et de calcaire fétide; 2°. il se présente en couches ou plutôt en amas irréguliers intercalés avec le calcaire alpin, et alterne avec le calcaire fétide. Il est compacte ou grenu, et l'on remarque que le gypse de cet âge est caractérisé par la présence de masses grenues (*Albâtre de Saxe*), de brèches de calcaire fétide et de cavités spacieuses (*Gypse schlotten*). Ce gypse est quelquefois superposé au calcaire alpin et recouvert par le grès bigarré (Thuringe).

Dans le grès bigarré, le gypse, un peu chloriteux (*Thongyps*), quelquefois lamellaire, plus souvent fibreux et dépourvu de calcaire fétide, forme des bancs subordonnés, mêlés d'argile avec des arragonites, du soufre disséminé. Ce gypse contient de petits dépôts de sel gemme, et, en Allemagne et en France, il sort de ces bancs de gypse argileux un assez grand nombre de sources salées.

Dans le calcaire du Jura, le gypse est très peu répandu et ne forme que quelques petites couches subordonnées, mêlé au calcaire fétide, et présente parfois de faibles dépôts de sel gemme.

B. Dans les terrains tertiaires, le gypse constitue une formation indépendante (Aix en Provence, Puy en Velay, bassin de Paris), dont les rapports géologiques sont surtout bien connus dans le bassin de Paris.

Le *second terrain d'eau douce* (Brongn. et Cuv.), qui sépare le *terrain marin inférieur* du *terrain marin supérieur*, est composé de calcaire siliceux et de gypse à ossemens alternant avec des marnes. Le calcaire siliceux et le gypse sont superposés l'un à l'autre et intimement liés entre eux par des marnes argileuses et gypseuses, qui alternent également avec tous deux.

Le terrain gypseux proprement dit (*Gypse de Montmartre*) est composé, dans le bassin de Paris, d'après les belles recherches de MM Cuvier et Brongniart, de couches alternantes de gypse saccharoïde, compacte ou feuilleté, et de marnes schisteuses grises ou vertes. Il offre, vers ses parties inférieures et supérieures, des productions marines, et il renferme, au centre et dans sa plus grande masse, des productions terrestres et d'eau douce. L'assise inférieure est caractérisée par de gros cristaux lenticulaires de chaux sulfatée et des ménilites. Dans le centre de cette formation, on trouve plus particulièrement la strontiane sulfatée et des squelettes de poissons; les bancs de marnes sont beaucoup plus rares. L'assise supérieure est remarquable par les nombreux ossemens de *mammifères terrestres*, dont les analogues n'existent plus à la surface du globe (plusieurs *Palæotherium* et *Anoploterium*, le *Chæ-*

repotam et l'*Adapis*, Cuv.); par des os de *crocodiles*, de *tryonix*, d'*oiseaux*, de *poissons* d'eau douce. Elle est recouverte de bancs de marnes calcaires et argileuses, dont les unes renferment des troncs de *palmiers*, des *lymnées*, des *planorbes* et des *cythérées*; les autres, des *cérites*, de grandes *huîtres* et des *venus*. Vers la limite supérieure de la formation gypseuse, des marnes vertes séparent les coquilles d'eau douce des coquilles marines; vers le bas, le gypse même offre des fossiles marins. Quelquefois cette formation ne s'est pas développée totalement; les gypses manquent, et leur place est indiquée par des marnes vertes accompagnées de strontiane. (*Description géologique des environs de Paris*, 2e édition.)

GENRE *FLUOR*.

945. *Espèce unique*. FLUOR LAMELLAIRE. (*Fluss*, W.)

Forme quelquefois des couches subordonnées de très peu d'importance dans les terrains anciens. Il est fréquent dans la nature comme espèce (gangue de beaucoup de matières métalliques), et rare comme roche (719).

GENRE *CALCAIRE*.

ROCHES SIMPLES.

946. *Espèce* 1. CALCAIRE LAMELLAIRE et SACCHAROÏDE (722 *bis*, 724).

947. *Espèce* 2. CALCAIRE COMPACTE (725).

948. *Espèce* 3. CALCAIRE OOLITIQUE (727).

949. *Espèce* 4 CALCAIRE CRAYEUX (729).

950. *Espèce* 5. CALCAIRE GROSSIER (731).

951. *Espèce* 6. CALCAIRE CONCRÉTIONNÉ (728).

Les diverses espèces de calcaire sont très fréquentes comme roches, et se rencontrent dans tous les terrains, soit en couches subordonnées, soit indépendantes, et forment même quelquefois des terrains à elles seules.

A. Dans les terrains primitifs, le calcaire (saccharoïde) constitue une formation indépendante parallèle au gneis. Il renferme souvent de grandes masses de pyroxène, et est accompagné de couches de diorite.

Le même calcaire se présente en couches subordonnées dans les micaschites, les schistes argileux et l'euphotide de ces mêmes terrains. Il renferme souvent de l'amphibole, de la tourmaline, de l'épidote, du talc, de la lépidolite, du quarz, du corindon, du fer magnétique. Ses couleurs varient du blanc pur au gris bleuâtre.

B. Dans les terrains de transition, les calcaires, ordinairement saccharoïdes à la base de ces terrains, et compactes à leur partie supérieure, constituent des couches indépendantes et parallèles à d'autres roches. Leur étendue est quelquefois prodigieuse, puisqu'elles forment des montagnes, et même des chaînes de montagnes. Leurs teintes sont plus obscures que celles des calcaires primitifs.

Ces couches se montrent dans le terrain appelé *terrain de la Tarentaise*, où elles alternent avec des roches schisteuses et des grauwackes avec anthracite. M. de Humboldt désigne ce calcaire par le nom de *calcaire grenu talqueux* (*Ophicalce grenu*, Brongn.).

D'autres calcaires, de couleur foncée due à des matières charbonneuses, accompagnent les siénites et porphyres de transition qui recouvrent immédiatement les roches primitives.

La formation la plus considérable et la plus nouvelle des calcaires de transition est le CALCAIRE A ORTHOCÉRATITES, dont les couches puissantes sont isolées, ou alternent avec les schistes argileux, la diorite, la siénite et les porphyres. Ce calcaire renferme des couches subordonnées d'anhydrite, dans lesquelles on observe de petits dépôts de sel gemme. Il est surtout remarquable par la grande quantité de débris organiques qu'il renferme, quoique souvent des espaces considérables en soient privés. Ces débris sont principalement, dans les parties inférieures, des *entroques*, des *madrépores*, des *bélemnites*, des *ammonites*, des *orthocératites*, des *asaphes*, et quelques coquilles bivalves; dans les parties plus modernes, des *calimènes*, l'*asaphe à queue* de Brongniart, des *ammonites*, des *térébratules*, des *orthocératites*, et parfois des *gryphites*, des *encrinites*.

Les calcaires de transition, que nous avons cités avant le calcaire à orthocératites, et qui lui sont antérieurs, contiennent rarement des débris organiques.

C. Dans les terrains secondaires, on observe des couches calcaires tellement abondantes et si puissantes, qu'elles constituent presque entièrement la masse de ces terrains, dans lesquels la plupart des autres roches n'existent qu'en couches subordonnées. Les plus anciennes de ces couches sont formées par le *calcaire compacte;* les moyennes, par le *calcaire oolitique*, et les plus récentes par le *calcaire crayeux*.

La formation calcaire la plus ancienne s'observe en couches subordonnées dans le grès rouge, où elle est accompagnée de schistes pénétrés de carbone et de bitume. Ce calcaire, remarquable en ce qu'il renferme rarement des débris organiques, est désigné sous le nom de *calcaire fétide*.

Le calcaire dont la formation succède à celle des couches subordonnées que nous venons de citer, est celui que l'on désigne, mais à tort, sous le nom de CALCAIRE ALPIN (*Zechstein*, Humboldt); car on le trouve dans un grand nombre de chaînes de montagnes, telles que les Pyrénées, le Tyrol, les Andes, et seulement dans quelques portions des Alpes, dont la majeure partie des calcaires sont des roches de transition.

Le zechstein constitue une formation indépendante extrêmement développée, que M. de Humboldt a observée jusqu'à la hauteur de 2207 toises (Huanca-Velica, Andes du Pérou).

Sa couleur la plus ordinaire est le grisâtre ou le bleuâtre. Il passe quelquefois au calcaire saccharoïde dans les régions élevées. Le calcaire alpin, qui, dans les hautes montagnes, est toujours d'une composition très simple, est composé, dans les plaines, de plusieurs petites formations partielles qui alternent les unes avec les autres. Les couches subordonnées qu'il renferme sont : des argiles schisteuses imprégnées de charbon et de bitume (dans lesquelles se trouvent les schistes cuivreux), de la houille, du sel gemme, du gypse, du calcaire fétide, de la dolomie, du calcaire à gryphites, du calcaire ferrifère, un calcaire celluleux à grains cristallins (*Rauchwacke*), du grès, de la calamine, du plomb sulfuré, du fer hydroxidé, et du mercure sulfuré. On y trouve du soufre, du quarz néopètre, etc., disséminés.

Les débris organiques qui caractérisent le zechstein sont des *entroques*, des *gryphites*, des *pentacrinites*, des *térébratulites*, des *ammonites*, des *orthocératites*, un *trilobite*, des ossemens de *monitor*, de *crocodiles?* des *poissons*, des empreintes de végétaux monocotylédones (*bambusacées*, *équisetacées*), jamais de fougères, et des feuilles de plantes dicotylédones, que l'on rapporte à des feuilles d'un *saule*. Ces débris sont inégalement répandus dans ce calcaire, dont des espaces très étendus sont quelquefois dépourvus.

Après le zechstein viennent de petites couches de calcaire oolitique, alternant avec des dépôts arénacés, et qui se lient par leurs assises supérieures au terrain de craie.

Le CALCAIRE COQUILLIER (*Calcaire de Gœttingue*, *Calcaire à entroques*, *Muschelkalk*), qui repose sur le grès bigarré, constitue une formation indépendante, placée sous le *Quadersandstein*, et dont la puissance égale, dans quelques pays, celle du calcaire alpin. Il est surtout caractérisé par la grande quantité de coquilles en partie brisées qu'il renferme, et parmi lesquelles on distingue : *Chamites striatus*, *Belemnites paxillosus*, *Ammonites amalteus*, *A. nodosus*, *A. angulatus*, *A. papyraceus*, *Nautilites binodatus*, *Buccinites gregarius*, *Trochilites lævis*, *Turbinites cerithius*, *Myacites ventricosus*, *Pectinites reticulatus*, *Ostracites sphondylioïdes*, *Terebratulites fragilis*, *T. vulgaris*, *Gryphites cymbium*, *G. suillus*, *mytulites socialis*, *Pentacrinites vulgaris*, *Encrinites liliiformis*, etc. On y indique, mais avec moins de certitude, des ossemens d'*oiseaux* et de *reptiles*. On observe dans ce calcaire, en couches subordonnées, du gypse fibreux, du fer hydroxidé, de la houille mêlée de schistes alumineux et de fruits charbonnés.

Le CALCAIRE JURASSIQUE constitue une formation indépendante très répandue à la surface du globe, et qui forme, comme son nom l'indique, la chaîne du Jura. On désigne sous ce nom, des couches différentes de calcaires marneux et oolitiques, qui alternent entre elles et qui renferment du gypse et un peu de grès. Le *terrain jurassique* repose sur le *Quadersandstein* quand il existe, ou sur le calcaire alpin. Supérieurement, il est séparé de la craie par des formations arénacées, telles que le grès ferrugineux et le grès vert. Les géologues anglais, en raison de la composition complexe de ce terrain, l'ont partagé en quatre assises superposées, auxquelles ils ont donné les noms de *lias* (assise inférieure), *système inférieur d'oolites*, *système moyen d'oolites* et *système supérieur d'oolites*.

Les couches subordonnées à la formation jurassique sont : du quarz néopètre, de la dolomie, du calcaire fétide et gypse salifère, du grès argileux et micacé, du fer hydroxidé globuliforme, de la houille mêlée de pyrites et offrant des impressions de fougères?

Les fossiles qui se rencontrent dans ce calcaire sont nombreux et très variés; on cite principalement, du *bois*, des *ichtyolites* fréquentes, surtout dans les assises supérieures; des ossemens de *chéloniens* et des débris de grands reptiles voisins des crocodiles (*Ichtyosaurus* et *Plesiosaurus*); enfin des coquilles pélagiques et fluviatiles, parmi lesquelles on remarque : *Chamites jurensis*, *Belemnites giganteus*, *Ammonites planulatus; A. natrix*, *A. comprimatus*, *A. discus*, *A. bucklandi; Myacites radiatus*, *Tellinites solenoïdes*, *Donacites hemicardius*, *Pectinites articulatus*, *P. æquivalvis*, *P. lens; ostracites gryphæatus*, *O. cristagalli; Terebratulites lacunosus*, *T. radiatus; Gryphites arcuatus*, *Mytulites modiolatus*, *Echinites orificiatus*, *E. miliaris; Asteriacites panulatus*, etc.

C'est surtout dans la partie supérieure de ce calcaire jurassique que se trouvent les grands dépôts de *calcaire oolithique*, dont les fragmens globuliformes, de grosseur variable, sont entremêlés de débris de coquilles.

La CRAIE, dont la formation indépendante et quelquefois assez étendue, termine la série des formations du terrain secondaire, se compose, d'après les beaux travaux de MM. Brongniart et Omalius d'Halloy, de trois assises assez distinctes dans leurs extrémités, quoique passant de l'une à l'autre par des nuances insensibles. La plus ancienne est la *craie chloritée*, appelée plus récemment par M. Brongniart *glauconie crayeuse;* elle est grisâtre, friable et toute parsemée de grains verts qui ressemblent beaucoup à la chlorite, et de nodules verdâtres ou rougeâtres qui, d'après M. Berthier, renferment beaucoup de fer, et souvent tant de chaux phosphatée qu'ils en sont presque entièrement composés (*). L'assise moyenne est la *craie gros-*

(*) *Nodules de la* glauconie crayeuse *du Havre*.

Chaux phosphatée	0,5
carbonatée	0,07
Magnésie carbonatée	0,02

sière ou *craie tufau*, grisâtre, sableuse, renfermant des marnes, et au lieu de silex pyromaques, des silex cornés peu foncés. L'assise supérieure est la *craie blanche*, qui est toujours mélangée de sable siliceux à grains très fins, surtout dans ses parties les plus rapprochées de la surface du sol; c'est cependant la plus pure de ces trois couches.

La formation de craie est assez répandue (Hanôvre, Westphalie, Holstein, île de Rugen, Angleterre, France), et se remarque surtout dans le bassin de Paris, dont elle est l'assise la plus inférieure; c'est toujours la *craie blanche* qui s'y montre.

Elle ne renferme que quelques couches subordonnées: des lits d'argile, des silex pyromaques et cornés, soit en plaques ou en rognons bien alignés, soit en petits filons, et caractérisant les parties supérieures de la craie. On y trouve aussi des pyrites globuleuses et de la strontiane sulfatée en petits cristaux transparens et bleuâtres, offrant les variétés nommées par Haüy *apotome* et *dioxynite* (Meudon, Bougival). Mais ce qui caractérise essentiellement la craie, ce sont les débris organiques qu'on y trouve. Ces débris, inégalement répandus

---

Fer et alumine silicatés	0,25
Eau et matière bitumineuse	0,07 (Berthier.)

Grains verts de la glauconie crayeuse *du Havre.*

Silice	0,50
Alumine	0,07
Protoxide de fer	0,21
Potasse	0,10
Eau	0,11 (Berthier.)

Il n'y a dans les grains verts, qui ressemblent tant aux nodules, ni magnésie ni chaux, et il ne se trouve conséquemment aucun rapport de composition entre ces deux substances, disséminées dans la craie. M. Brongniart donne à ces grains verts le nom de *fer chloriteux granulaire*.

dans la masse, diffèrent non-seulement de ceux qu'offrent les terrains plus récens, mais ils présentent aussi de très grandes différences d'espèce et même de genre, suivant qu'ils appartiennent aux parties inférieures ou supérieures de la formation crayeuse. On remarque que c'est dans la *craie tufau* et dans la *craie chloritée* que se rencontre la plus grande portion de coquilles fossiles. La *craie blanche* du bassin de Paris renferme, suivant MM. Defrance et Brongniart, beaucoup de *térébratules* (*Terebratula Defrancii*, *T. plicatilis*, *T. alata*, *T. cornea*), de *bélemnites* (*Belemnites mucronatus*), d'*oursins* (*Ananchites pustulosa*, *A. ovata*, *Galerites vulgaris*, *Spatangus coranguinum*, *S. bufo*); des *huîtres* (*Ostrea vesicularis*, *O. serrata*); des *peignes*; le *Catillus Cuvieri*; des *asteries*, des *alcyonium*, des *millepores*, etc. La *glauconie crayeuse* et la *craie tufau* renferment (environs de Rouen, de Honfleur, du Hâvre; porte du Rhône près Bellegarde) : *Gryphea auricularis*, *G. aquila*, *G. columba*; *Pecten intextus*, *P. asper*; *Terebratula semiglobosa*, *T. gallina*; *Podopsis truncata*, *P. striata*; *Ostrea carinata*, *O. pectinata*; *Cerithium excavatum*; des *crassatelles*, des *trigonies*, des *encrinites* et des *pentacrinites* (Angleterre), des *nautilites* et plusieurs *ammonites*. Ces deux derniers genres de coquilles sont particuliers à ces deux assises inférieures, car la craie blanche près Paris, ne contient (à l'exception du *Trochus basteroti*) aucune coquille univalve à spire simple et régulière. C'est toujours dans les couches les plus anciennes que se présentent les ossemens de grands sauriens (*monitor*) et de *tortue de mer*, des dents et des vertèbres de *poissons* rapportés aux *squales*. (*Voir*, pour plus de détails, la *Description géologique des environs de Paris*; Steffens, *Géogn. Aufs*, p. 121, etc.)

D. Dans les terrains tertiaires qui, dans le bassin des environs de Paris, offrent la série complète des diverses formations dont ils se composent, il existe trois formations bien caractérisées de calcaire, savoir le *calcaire parisien*, le *calcaire siliceux* et le *calcaire d'eau douce.*

Le CALCAIRE PARISIEN. (*Chaux carbonatée grossière; Calcaire grossier, Calcaire à cérites.*) Séparé de l'argile plastique par une couche de sable, et formé de calcaires jaunâtres plus ou moins durs, presque toujours mélangés de sables fins, et alternant très régulièrement, sous forme de bancs minces, avec des marnes argileuses ou calcaires, également en bancs peu épais et continus. Cette formation constitue le *terrain marin supérieur* de M. Brongniart. Ce calcaire renferme beaucoup de coquilles fossiles, dont un grand nombre se rapprochent bien plus de celles qui vivent actuellement dans les mers, que celles que nous avons énumérées dans les calcaires plus anciens. Elles diffèrent entièrement de celles de la craie. Ces coquilles ne sont pas uniformément répandues dans toutes les parties du calcaire; on remarque au contraire que chacune d'elles renferme des espèces qui lui sont particulières; c'est ainsi que les couches inférieures (ordinairement arénacées et chloriteuses) abondent en *nummulites* et en *madrépores;* que les couches moyennes contiennent des *ovulites*, des *cythérées*, des *milliolites*, presque point de *cérites*, et beaucoup d'empreintes de *feuilles* et de *tiges* de *végétaux* (*Pinus Defrancii, Endogenites echinatus, Flabellites parisiensis*), et que les couches supérieures présentent des *cérites* en abondance (près de soixante espèces), des *ampullaires*, des *lucines*, des *corbules striées*. Généralement cette dernière assise est moins riche en corps fossiles que les précédentes, et surtout que l'assise moyenne, à laquelle appartiennent les fossiles du *falun de Touraine* et l'énorme banc coquillier de Grignon près Versailles.

Le CALCAIRE SILICEUX, qui appartient au *second terrain d'eau douce* du bassin de Paris, repose sur le calcaire parisien, dont les dernières couches offrent quelquefois des infiltrations quarzeuses, et se lie dans le haut au gypse à ossemens, par les marnes argileuses et gypseuses qui alternent avec lui. Tantôt grisâtre, caverneux et à grains très fins, tantôt blanchâtre et tendre, il est comme pénétré dans toutes ses parties de matière siliceuse ou de silex qui passent quelquefois à une calcédoine en plaques et à un quarz néopètre mamelonné, coloré en rouge, en violet ou en brun. Il ne renferme jamais de coquilles marines, mais des coquilles fluviatiles analogues à celles de nos rivières, et toujours placées dans ses bancs supérieurs.

Le CALCAIRE A LYMNÉES OU D'EAU DOUCE (*Calcaire lacustre*, Brongn.) appartient au *grand terrain d'eau douce supérieur*, reposant sur le grès de Fontainebleau. Ce calcaire, qui ne se rencontre pas dans tous les points de cette formation, alterne, dans les endroits où il se montre, avec des silex meulières et des marnes. Il est tantôt compacte, à grains fins et pénétré d'infiltrations siliceuses, tantôt presque terreux. Il renferme des coquilles fluviatiles assez analogues à celles qui vivent actuellement dans les rivières, les marais, telles que des *planorbes*, des *lymnées*, des *bulimes*, des *potamides* et un seul genre de coquilles terrestres, des *hélices*. On y trouve aussi des empreintes de végétaux (*Chara medicaginula, Culmites anomalus, Lycopodites squammatus, Nymphæa arethusæ*, Brongniart fils).

E. La *chaux carbonatée concrétionnée* forme aussi des dépôts plus ou moins étendus qui se continuent encore de nos jours, et qui sont reconnaissables aux nombreux débris de corps organiques qu'ils renferment. Ces débris appartiennent toujours à des êtres encore existans et qui la plupart du temps se rencontrent près des lieux mêmes où se forment ces dépôts. C'est à ce calcaire qu'il faut rapporter les *tufs calcaires*, compactes ou cariés, et tous les petits dépôts calcaires qui s'observent dans les cavités des divers terrains.

Parmi les différens calcaires que nous venons d'examiner, il n'y a que les calcaires primitifs, de transition et quelquefois les secondaires (chaux carbonatée saccharoïde et compacte), qui offrent des substances métalliques en quantité exploitable; ces substances, que l'on y rencontre, soit en filons, soit en couches subordonnées, sont: du cuivre pyriteux, du plomb sulfuré, du fer magnétique, du zinc et du fer sulfurés, du cuivre carbonaté vert, etc.

ROCHES COMPOSÉES.

952. *Espèce 7.* OPHICALCE, Brongn.

Roche formée de calcaire et de serpentine, parfois remplacée par du talc ou de la chlorite.

M. Brongniart distingue trois variétés principales de cette roche.

Ophicalce grenu. C'est un calcaire saccharoïde qui contient de la serpentine disséminée. Nous en avons parlé (946 à 951, B).

Ophicalce réticulé. Dont la masse offre des noyaux de calcaire compacte, ovoïdes, serrés et réunis par une serpentine talqueuse : tel est le *marbre Campan.*

Ophicalce veiné. (*Marbre vert*, *Vert d'Égypte*, *Verde antiquo*, etc.) Offrant des taches irrégulières de calcaire, séparées et traversées par des veines de talc, de serpentine, et offrant la structure irrégulière bien prononcée.

Cette roche se trouve en couches subordonnées dans les micaschistes primitifs, et dans les porphyres et siénites de transition.

Annotations. M. Brongniart forme, sous le nom de *Calciphyre,* une espèce de roche à pâte calcaire, enveloppant des cristaux de diverse nature. Il désigne, sous les noms de calciphyres *felspathique*, *pyropien*, *mélanique*, *pyroxénique*, les couches calcaires qui contiennent des cristaux de felspath, des grenats pyropes, ou mélaniques, ou du pyroxène.

GENRE *DOLOMIE*.

953. *Espèce unique.* DOLOMIE GRANULAIRE et SCHISTOÏDE.

Forme des couches très puissantes dans les terrains de transition les plus anciens et dans les terrains secondaires, au-dessus du *grès houiller*, où elle se trouve quelquefois en remplacement d'un calcaire bituminifère. C'est principalement dans le calcaire alpin (*Zechstein*) qu'on la rencontre en couches subordonnées, placées entre celles de houille et de sel gemme. On l'a observée aussi subordonnée au grès bigarré, au calcaire oolitique du Jura, à la craie; on la cite encore dans le calcaire grossier des terrains tertiaires. Cette roche renferme, comme principes constituans accidentels, de l'amphibole trémolite, de la tourmaline, du fer sulfuré, de l'arsenic sulfuré rouge, du cuivre gris, du zinc sulfuré (738).

GENRE *PHOSPHORITE*.

954. *Espèce unique.* PHOSPHORITE GROSSIÈRE. (*Phosphorit*, W.)

Forme des couches assez étendues, dont on ne connaît pas parfaitement le gisement, mais qui cependant appartiennent à des terrains anciens (Logrosan, Espagne) (742).

GENRE *AMPHIBOLE*.

ROCHES SIMPLES.

955. *Espèce* 1. AMPHIBOLE LAMELLAIRE. (*Gemeine-Hornblende*, W.)

Forme quelquefois des couches composées de gros cristaux noirs, rassemblés confusément, et qui, par leur division, donnent à la masse une structure lamelleuse (748).

956. *Espèce* 2. AMPHIBOLE SCHISTOÏDE. (*Hornblende schiefer*, W.)

Forme quelquefois des couches composées de petites aiguilles couchées à plat les unes sur les autres, ce qui donne à ces couches une structure de disgrégation un peu schisteuse. La chaux carbonatée s'y rencontre quelquefois comme partie constituante accidentelle. M. Brongniart en a fait, dans ce cas, une roche à part, sous le nom d'*Hémithrène*, à laquelle il joint aussi quelques variétés calcarifères de diorite (748).

Quand, au lieu de chaux carbonatée, l'amphibole offre, disséminés, du *felspath*, du *mica*, des *grenats*, de la *serpentine*, de la *diallage*, de l'*épidote*, etc., il constitue diverses variétés d'une roche, que le même géologue a nommée *Amphibolite*.

L'amphibole schistoïde, ainsi que le précédent, appartient aux terrains primitifs; il est fréquemment subordonné à des gneis, au micaschiste et au schiste argileux.

ROCHES COMPOSÉES.

967. *Espèce* 3. DIORITE. (*Grünstein*, W.; *Diabase*, Brongniart.)

Roche composée d'amphibole lamellaire et de felspath ordinairement blanchâtre et compacte. Elle est d'un vert noirâtre, couleur due à l'amphibole, avec des points blancs, dus à du felspath. Ces grains n'ont jamais une teinte rouge comme dans la siénite, dont la diorite diffère d'ailleurs essentiellement, en ce que l'amphibole est sa partie prédominante, tandis que dans la siénite c'est le felspath. Sa cassure est raboteuse. Elle passe quelquefois à une roche qui a les mêmes principes composans, l'*Aphanite*, mais dont la composition paraît adélogène. Cette roche offre plusieurs variétés, parmi lesquelles nous citerons:

La *diorite globaire*, ou *granite globaire de Corse*, dont les globes sont composés de couches successives d'amphibole et de felspath. Sa structure est amygdaloïde glanduleuse.

La *diorite amygdalaire*. Sa structure est cellulaire, à cavités vides ou remplies par une matière étrangère, contenant quelquefois des globules calcaires.

La *diorite schistoïde*. (*Grünstein schiefer*, W.) A feuillets minces ou épais.

La *diorite basaltoïde*. (*Grünstein basalt*, W.) Approchant du basalte par son aspect âpre et terne.

La *diorite porphyrique*. (*Grünstein porphir*, W.) A petits grains, ayant une apparence presque homogène, avec des cristaux de felspath disséminés.

La *diorite porphyroïde*. (*Porphirartiger grünstein*, W.) A grains bien distincts, avec des cristaux de felspath.

La diorite s'observe fréquemment dans les terrains primitifs et de transition, où elle constitue des couches indépendantes, parallèles et subordonnées.

A. Dans les terrains primitifs, la *diorite schisteuse* (*Grünstein schiefer*) constitue une formation indépendante, placée entre le gneis et les schistes argileux, ou entre le micaschiste et les schistes argileux. Elle renferme des filons argentifères très anciens.

Les couches subordonnées de cette roche qui se rencontrent dans ces mêmes terrains, sont placées dans le granite stannifère (*Graisen*), dans le gneis (où la diorite est mêlée de fer magnétique (Taberg en Suède), d'épidote zoïzite, de zircon et de fer titaniaté), dans le calcaire, le micaschiste, et les schistes argileux.

B. Dans les terrains de transition, elle constitue une formation indépendante et parallèle aux porphyres et siénites qui se trouvent à la base de ces terrains. Cette formation renferme souvent de l'or, beaucoup de pyrites, de l'amphibole en gros cristaux, et des filons de pyroxène verdâtre. Au-dessus de cette formation, on observe la diorite en couches subordonnées dans le schiste argileux et l'euphotide.

Entre les schistes argileux de transition et l'euphotide, qui termine la série de ces terrains, se trouve la grande formation indépendante de *diorite porphyroïde* (*Porphyrartiger grünstein*), alternant avec les porphyres, trachytes et siénites du même âge. C'est cette formation qui, au nord de l'équateur, au Mexique, en Hongrie et en Transylvanie, renferme les filons puissans d'or et d'argent qui sont exploités dans ces contrées.

C. Enfin, cette roche forme encore, à la base des terrains secondaires, de petits dépôts subordonnés au grès rouge, et qui alternent avec lui.

La diorite renferme, comme parties accidentelles, du mica, du talc lamellaire (dans la diorite globaire), du grenat, de l'épidote laminaire et granulaire, du fer oxidulé, du fer sulfuré, du titane silicéo-calcaire, du fer carburé. Quand elle contient du quarz, il y est engagé par veines ou par petites masses.

Cette roche est souvent traversée par des filons métallifères.

958. *Espèce* 4. APHANITE, Haüy. (*Trapp*, Dolom.; *Cornéenne.*)

Roche composée d'amphibole compacte et de felspath fondus imperceptiblement l'un dans l'autre, et par conséquent d'une apparence homogène. Sa couleur est ordinairement noirâtre; elle est tenace, difficile à casser.

Elle se trouve en couches subordonnées dans les terrains primitifs et de transition; elle est quelquefois traversée par des filons métalliques, comme ceux de cuivre, d'étain, etc.

Elle peut contenir différens minéraux, et constitue alors des roches qui ont reçu des noms particuliers, mais dont la plupart sont désignées sous le nom d'*amygdaloïdes* (*). Ses principales variétés sont les suivantes:

(*) On a désigné sous le nom d'*amygdaloïdes*, *mandelstein*, ou *pierres d'amandes*, des roches diverses, qui offraient cependant pour caractère commun une pâte quelconque, enveloppant des noyaux quelconques, qui

Aphanite porphyroïde. (*Ophite, Serpentin, Porphyre vert* des anciens, *Grimporphyr*, W.) Sa surface polie offre des taches oblongues dues à la coupe des cristaux de felspath ; ce sont ces taches que l'on a comparées à celles qui existent sur la peau des serpens, et qui ont fait donner à cette roche le nom d'*Ophite* ou de *serpentin.*

Aphanite amygdalaire. (*Amygdaloïde, Spillite* de Bonnard, *Mandelstein, Blatterstein*, etc.) Aphanite renfermant des noyaux et des veines, tantôt calcaires, tantôt quarzeux ou chloriteux, contenant aussi, comme parties accidentelles, la lithomarge, la mésotype, la néphéline, la stilbite, l'épidote, la chabasie, l'harmotome, le felspath, l'amphibole, la baryte sulfatée, le fer oligiste, les pyrites, etc. Telle est la roche nommée *variolite du Drack.*

La formation des cavités occupées par des globules paraît indépendante de celle de ces globules eux-mêmes ; en sorte qu'elles ont été remplies en tout ou en partie par la matière des globules.

Aphanite trappite. Cette roche diffère peu de la précédente par sa composition ; c'est de l'aphanite contenant des minéraux disséminés, tels que du mica, du felspath, de l'amphibole et quelquefois du pétrosilex ; mais leur formation paraît contemporaine à la pâte, et non postérieure.

L'aphanite trappite offre des passages à l'*aphanite amygdalaire* et à certaines variétés de basalte (*Basanites*, Brong.).

959. *Espèce 5.* SÉLAGITE. (*Porphyrahnlicher-trapp*, W.) Roche composée d'amphibole et de felspath intimement

---

avaient plus ou moins la forme d'une amande. Ces roches se rapportent, les unes aux *aphanites*, que nous venons de décrire, les autres au *felspath compacte*, à la *wacke* (basalte altéré), et à divers *pouddingues*. On voit que l'on doit plutôt considérer l'expression d'*amygdaloïde* comme une structure particulière (décrite 913, C.), que comme une espèce.

mêlés, et de mica disséminé. Cette roche diffère peu des deux précédentes, passe assez souvent à l'une et à l'autre, et se trouve dans les mêmes terrains.

GENRE *PYROXÈNE*.

960. *Espèce unique.* PYROXÈNE MASSIF.

Forme des couches subordonnées à des calcaires primitifs. (754.)

IVe SECTION.

ROCHES A BASE DE SOUDE.

GENRE *SEL MARIN*.

961. *Espèce unique.* SEL GEMME.

Forme des couches considérables à la partie supérieure des terrains de transition et jusqu'assez avant dans les terrains secondaires. Ces couches sont toujours subordonnées, soit au calcaire de transition, soit au calcaire alpin, au grès bigarré, etc. (785.)

Ve SECTION.

ROCHES A BASE DE POTASSE.

GENRE *FELSPATH*.

Le felspath est de toutes les substances minérales celle qui forme la partie prédominante du plus grand nombre des roches. Il ne faudrait pas conclure de ce que nous rangeons ces dernières dans la section des roches à base de potasse, que cette substance soit le principe composant prédominant du felspath; mais, comme nous avons suivi dans l'énumération des roches le même ordre que dans la description des espèces, nous avons été forcés d'admettre les mêmes sous-divisions.

Comme les roches felspathiques sont très nombreuses, nous allons d'abord présenter, en un tableau, l'ensemble de celles qui ont été adoptées par le célèbre Haüy.

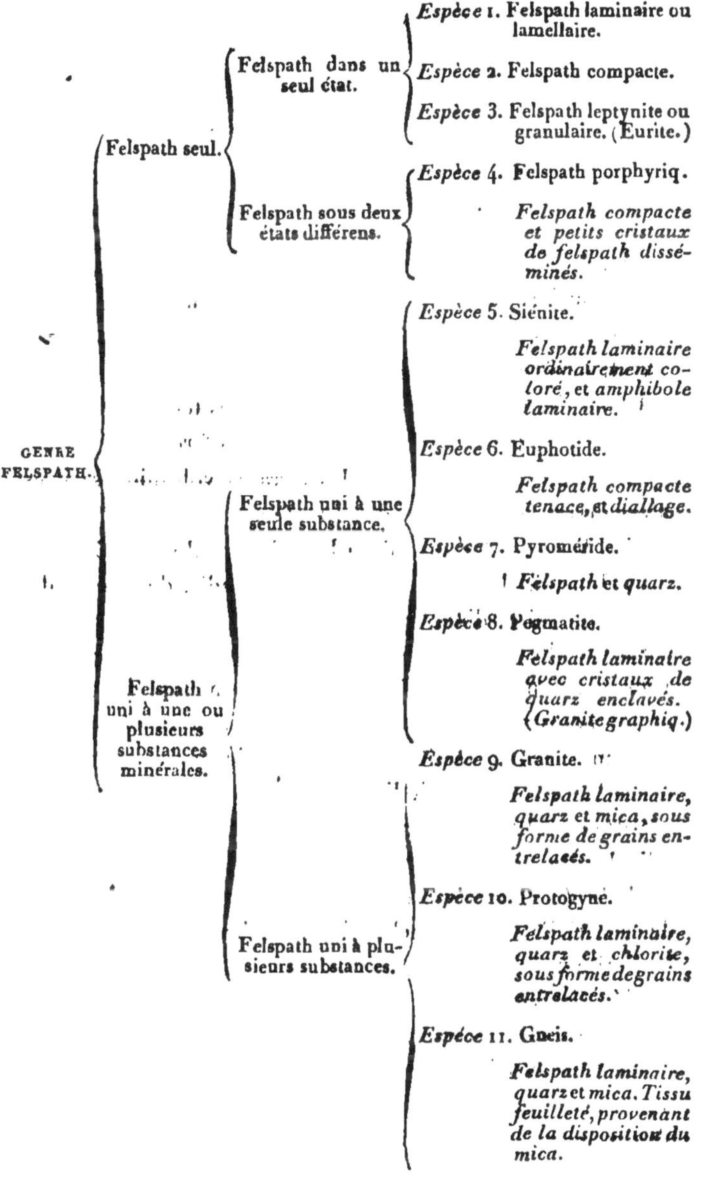

- GENRE FELSPATH.
  - Felspath seul.
    - Felspath dans un seul état.
      - *Espèce* 1. Felspath laminaire ou lamellaire.
      - *Espèce* 2. Felspath compacte.
      - *Espèce* 3. Felspath leptynite ou granulaire. (Eurite.)
    - Felspath sous deux états différens.
      - *Espèce* 4. Felspath porphyriq. *Felspath compacte et petits cristaux de felspath disséminés.*
  - Felspath uni à une ou plusieurs substances minérales.
    - Felspath uni à une seule substance.
      - *Espèce* 5. Siénite. *Felspath laminaire ordinairement coloré, et amphibole laminaire.*
      - *Espèce* 6. Euphotide. *Felspath compacte tenace, et diallage.*
      - *Espèce* 7. Pyroméride. *Felspath et quarz.*
      - *Espèce* 8. Pegmatite. *Felspath laminaire avec cristaux de quarz enclavés. (Granite graphiq.)*
    - Felspath uni à plusieurs substances.
      - *Espèce* 9. Granite. *Felspath laminaire, quarz et mica, sous forme de grains entrelacés.*
      - *Espèce* 10. Protogyne. *Felspath laminaire, quarz et chlorite, sous forme de grains entrelacés.*
      - *Espèce* 11. Gneis. *Felspath laminaire, quarz et mica. Tissu feuilleté, provenant de la disposition du mica.*

Ces différentes roches appartiennent toutes aux terrains primitifs et de transition, dont elles constituent la masse principale. Quelques-unes se rencontrent tout au plus à la base des terrains secondaires et dans les produits volcaniques.

ROCHES SIMPLES.

962. *Espèce* 1. FELSPATH LAMINAIRE ou LAMELLAIRE.

En couches peu considérables, relativement aux roches felspathiques composées (835).

963. *Espèce* 2. FELSPATH COMPACTE.

Forme des couches considérables dans les terrains primitifs. Il est souvent traversé par des filons métallifères.

On le rencontre aussi dans les terrains volcaniques; il est alors désigné sous le nom de *phonolite*.

C'est le pétrosilex qui fait la base des porphyres (965).

Quelquefois il empâte des noyaux arrondis, de même substance que lui et d'une couleur plus ou moins différente. Il constitue alors une roche nommée *variolite* (*Amygdaloïde*, Brongn., non *mandelstein* des géol. allemands) dont la pâte et les noyaux paraissent de formation simultanée, et qui renferme, comme parties accessoires, des petits cristaux de felspath, des grenats, de l'épidote, etc.

Cette variolite passe au porphyre, à l'eurite, à la diorite, à l'aphanite porphyrique. C'est à elle qu'il faut rapporter la *variolite de la Durance,* qui se trouve en morceaux dans le lit de cette rivière et en couches dans le calcaire de transition et la diorite porphyroïde.

964. *Espèce* 3. FELSPATH LEPTYNITE ou EURITE. (*Westein,* W.; *Eurite,* Brong.)

Constitue avec la serpentine une formation indépendante qui repose sur le granite, et se trouve recouverte par du gneis, plus rarement par du micaschiste avec lequel elle paraît se confondre. Se trouve aussi en couches subordonnées dans le granite et le gneis primitif.

Il contient quelquefois, comme partie constituante accidentelle, du grenat, du disthène, de l'amphibole, du mica, du cuivre pyriteux.

Il paraît que, dans cette roche, la potasse est remplacée par la soude, ce qui forme alors de l'albite.

ROCHES COMPOSÉES.

965. *Espèce* 4. FELSPATH PORPHYRIQUE. (*Porphyre* des anciens; *Felspath porphyr*, W.) Roche composée de felspalth compacte et de cristaux de felspath ou d'albite disséminés. Quelquefois il se décompose, et donne lieu à une roche que l'on a nommée *porphyre argileux* (*thon porphyr*, W.). M. Brongniart en a fait une roche particulière sous le nom d'*Argilophyre*.

Il forme des couches assez considérables dans les terrains primitifs, de transition, et à la base des terrains secondaires; il disparaît ensuite complètement, et reparaît dans les terrains volcaniques, où il présente quelques caractères particuliers.

A. Dans les terrains primitifs, il se présente en couches subordonnées, dans le gneis et le schiste argileux; il paraît constituer aussi une formation indépendante qui recouvre, tantôt le gneis, tantôt le granite, et dans laquelle on observe des filons d'étain et d'argent.

B. Dans les terrains de transition, les porphyres les plus anciens, qui présentent des rapports marqués avec les trachytes, constituent une formation parallèle avec la siénite, la diorite et un calcaire noir charbonneux. Cette formation recouvre immédiatement les roches primitives; elle est caractérisée par l'absence de filons métallifères. Au-dessus d'elle se trouvent des couches de porphyre subordonnées aux schistes argileux.

Les terrains intermédiaires offrent encore une formation de porphyre plus nouveau, et parallèle à la siénite et à la diorite porphyroïde. Cette formation, dont nous avons déjà parlé (957), est très développée dans certaines contrées, et est surtout remarquable par la puissance et la richesse des filons métallifères qui s'y rencontrent.

C. Dans les terrains secondaires, il existe aussi des porphyres alternant avec le grès rouge, et qui le surmontent ensuite.

D. Enfin, dans les terrains volcaniques, on observe aussi des porphyres auxquels on a donné le nom de PHONOLITE. (Klingstein). *Voyez* aux *Roches volcaniques.*

Les porphyres contiennent, comme composans accidentels, de l'amphibole, du quarz, du mica, etc.

Annotations. M. Brongniart considère comme roches porphyriques, des roches diverses qui ont empâté des cristaux de différente nature, et qui, par conséquent, offrent la structure porphyroïde. Il en a fait plusieurs espèces, qu'il désigne par les noms de *Mélaphyre*, *Mimophyre*, *Calciphyre*, etc., en conservant la terminaison *phyre* à ces roches, pour indiquer qu'elles faisaient partie des porphyres des anciens minéralogistes.

966. *Espèce* 5. *SIÉNITE.* (*Siénit*, W.; *Granitelle*, Saussure.)

Roche composée de felspath laminaire, ordinairement coloré, et d'amphibole laminaire. Ses couleurs varient selon la teinte du felspath qui entre dans sa composition, et qui est tantôt rouge incarnat, tantôt d'un gris obscur ou opalin. Sa structure est granitoïde. Ses principales variétés sont :

La *siénite commune.*

La *siénite porphyrique* dont le felspath a pris une texture compacte et enveloppe l'amphibole réuni en petites masses;

La *siénite basaltoïde* ou *basalte noir égyptien; basalte antique.*

Cette roche se trouve dans les terrains primitifs et de transition.

A. Dans les premiers, elle existe en couches subordonnées dans le gneis et le micaschiste, et, suivant M. de Humboldt, elle constituerait une formation indépendante superposée au gneis ou au granite, et recouverte par le micaschiste ou un schiste argileux.

B. Dans les terrains de transition, où elle est beaucoup plus répandue que dans les précédens, elle existe d'abord comme formation parallèle aux porphyres les plus anciens et non métallifères; elle est alors placée (Andes) au-dessus des roches primitives, telles que le granite-gneis, et même le micaschiste; elle passe fréquemment aux trachytes. En second lieu, on la trouve en couches subordonnées aux schistes argileux; au Mexique, elle constitue une partie du terrain dans lequel se trouvent les mines argentifères de Valenciana. Enfin, au-dessus de ces terrains, elle existe comme formation indépendante et parallèle aux porphyres et diorite porphyroïde métallifères. (Péninsule du mont Sinaï, Saxe, etc.) Une partie des siénites de cette époque (siénites de transition) renferment des zircons en abondance (Groenland méridional, vallée de Plauen, près de Dresde.) Elle ne se montre pas dans des terrains plus nouveaux (*).

On trouve dans la siénite, comme parties composantes accidentelles, du quarz, du mica, du zircon, du fer oxidulé en grains disséminés.

(*) Il serait préférable de donner (comme l'a fait M. Rosière) le nom de *Sinaïte* à la roche que Werner a appelée *Siénite*, puisqu'en effet la roche de Siène est un granite qui contient de l'amphibole, et qui, par conséquent, n'est pas de la siénite. Le nom de *sinaïte* est un *nom géographique* plus exact, puisqu'il rappelle non-seulement des rapports de composition, mais aussi des rapports de gisement, comme ceux de *calcaire du Jura*, *grès de Nebra*, etc. (Humboldt.)

Il faut éviter de confondre cette roche avec le granite, qui ne contient pas d'amphibole, et dont elle se rapproche souvent beaucoup par le quarz et le mica qu'elle renferme accidentellement. Cette dernière substance, ordinairement de couleur noire, y remplace quelquefois une portion d'amphibole, comme dans la siénite d'Égypte.

967. *Espèce* 6. EUPHOTIDE. (*Gabbro,* de Buch; *Ophiolite,* Brong.; *Schillerfels,* de Raumer; *Serpentinite; Granite serpentineux; Granite de diallage; Granitone; Granito di gabbro; Granito dell' Impruneta, Serpentinartiger urgrünstein.*)

Roche composée de felspath compacte, tenace, de felspath lamelleux et de diallage; offre deux variétés principales: l'*euphotide à diallage métalloïde,* et *l'euphotide à diallage verte.* Toutes deux sont très tenaces : la dernière est connue sous le nom de *verde di Corsica;* elle ne contient pas de felspath lamelleux.

La serpentine paraît n'être qu'un euphotide dont les grains seraient indistincts.

L'euphotide forme des couches subordonnées dans le felspath le ptynite (Weistein), le micaschiste primitif et le schiste argileux de transition. Elle constitue deux formations indépendantes : l'une placée sur la limite des terrains primitifs et intermédiaires (Norwège, Hongrie), et renfermant, comme bancs subordonnés, de la serpentine avec asbeste et diallage métalloïde, de la serpentine accompagnée d'opale, de calcédoine, de chrysoprase, et un calcaire gris compacte; l'autre placée sur la limite des derniers dépôts intermédiaires et des premiers dépôts secondaires. Celle-ci est presque toujours liée à des roches amphiboliques. Elle forme souvent des couches alternantes avec de la serpentine, et qui renferment de la diallage métalloïde et des filons remplis de minerais de cuivre, de calcédoine et d'améthyste. Ces couches donnent issue à des sources de pétrole et d'eau chargée d'hydrogène sulfuré. (Humboldt.)

On remarque que le fer titaniaté est très fréquent dans l'euphotide primitive, et qu'en général la serpentine se lie intimement avec l'euphotide de toutes les époques.

968. *Espèce* 7. PYROMÉRIDE.

Roche composée de felspath et de quarz.

Cette substance est connue sous le nom de *porphyre globuleux* de Corse. Sa structure est amygdaloïde, glanduleuse, à globes formés en général de felspath, dont le centre est occupé par un noyau de quarz, et qui offrent une disposition radiée. Ces globes sont empâtés par du felspath compacte.

Cette roche, qui se trouve dans les terrains anciens, renferme quelquefois, comme partie composante accidentelle, du fer oxidé, qui en imprègne les globes ou qui s'y trouve disséminé en petits cristaux.

969. *Espèce* 8. PEGMATITE. (*Granite graphique, Schriftgranit*, W.)

Roche composée de felspath laminaire et de cristaux de quarz enclavés.

Elle ressemble au granite, dont elle diffère surtout par la disposition des cristaux de quarz, qui sont toujours nettement séparés les uns des autres. Selon Patrin, la pegmatite présente deux modes de structure.

La *pegmatite de Sibérie* est une roche dont le fond est un felspath d'un blanc roussâtre, d'un tissu lamelleux et chatoyant. Dans ce felspath sont enchatonnés des cristaux de quarz, ou plutôt des carcasses de cristaux qui ont jusqu'à un pouce et demi de longueur sur un diamètre de quelques lignes. Ces cristaux sont assez souvent parallèles entre eux, et ne sont séparés les uns des autres que par un intervalle à peu près égal à leur diamètre. Ces carcasses ou chemises de cristaux sont formées de parois presque aussi minces que celles des gâteaux d'abeilles, et leur intérieur est rempli du même felspath qui fait le fond de la roche. Leur surface extérieure offre les stries transversales du quarz hyalin; elles sont même très prononcées. Comme ces carcasses de cristaux ont rarement toutes leurs faces complètes, et qu'elles n'en offrent quelquefois que trois ou quatre, ou même deux, il arrive que, lorsque l'on scie la pierre ou qu'elle se divise naturellement dans une direction transversale, c'est-à-dire perpendiculaire à l'axe des cristaux, sa surface présente des portions d'hexagones qui ne ressemblent pas mal à des caractères hébraïques ou arabes, ou même à des notes de musique, suivant le sens où la pierre a été coupée et la direction plus ou moins régulière des cristaux quarzeux.

La *pegmatite d'Écosse* et *de Corse* offre une structure qui paraît l'inverse de celle de Sibérie. On a vu que dans celle-ci le quarz se présente sous la forme d'hexaèdre qui lui est naturelle, et que le felspath n'a d'autre indice de cristallisation que le tissu lamelleux. Dans celle d'Europe, au contraire, c'est le felspath qui paraît avoir cristallisé en prismes rhomboïdaux, qui est sa forme la plus ordinaire, et le quarz n'a fait que remplir les interstices de ces prismes; de sorte que, dans la coupe transversale de la pierre, il ne présente que des lignes droites terminées par d'autres lignes qui s'y joignent presque à angles droits. (Patrin, *Hist. nat. des Minéraux.*)

Cette roche forme des couches ou plutôt des amas considérables dans les terrains primitifs, où elle est subordonnée aux gneis et aux granites postérieurs au gneis et antérieurs au micaschiste. C'est dans ceux-ci que se trouvent la plupart des pegmatites qui renferment de la lépidolite.

Elle contient en outre, comme principes composans accidentels, du mica, de la tourmaline, du felspath nacré (pierre de lune). Il faut remarquer que le mica n'est ici qu'accidentel, et qu'il est essentiel dans le granite. Quelquefois la pegmatite se décompose et constitue le *kaolin*, qui sert à la fabrication de la porcelaine (838), et qui renferme parfois des cristaux de quarz disséminés.

970. *Espèce* 9. GRANITE. (*Granit*, W.)

Roche composée de felspath laminaire, de quarz et de mica, sous forme de grains entrelacés et toujours très distincts. C'est le type de la structure granitoïde, qui dénote presque toujours une formation simultanée.

On a donné le nom de *granite* à presque toutes les roches qui offrent cette structure, mais les géologues ne considèrent maintenant comme telles que les roches composées essentiellement des principes que nous venons d'énoncer, c'est-à-dire de felspath, de quarz et de mica, sous forme de grains entrelacés. Quand avec les mêmes principes composans, ou au moins avec le felspath et le quarz, le granite prend une structure de disgrégation schisteuse, ce qui est dû à la disposition du mica, on le nomme *gneïs*. Quand les cristaux de felspath et de quarz sont nettement séparés les uns des autres, le granite forme la *pegmatite* d'Haüy, que nous venons d'examiner. Enfin, quand l'amphibole ou la chlorite viennent remplacer le mica, la roche prend, dans le premier cas, le nom de *siénite*, et, dans le second, celui de *protogyne*.

Le granite, tel que nous l'avons défini, diffère essentiellement de ces roches, mais il y passe souvent par des nuances insensibles, en sorte que, comme nous avons déjà eu occasion de l'observer, on est obligé, pour la commodité des descriptions géologiques, et dans l'intérêt de la science, de partager les roches en espèces dont les extrêmes présentent des caractères rigoureusement déterminés, mais auxquelles on serait parfois très embarrassé de rapporter des échantillons intermédiaires.

Le granite offre un assez grand nombre de variétés, dues à la grosseur des grains dont il est composé, à la couleur du mica, et surtout du felspath, etc. Il devient quelquefois porphyroïde, lorsqu'étant à grains fins, il contient de gros cristaux de felspath.

La formation indépendante, qui paraît la plus ancienne de toutes, est du granite qui ne contient aucune couche subordonnée. Immédiatement au-dessus d'elle, se trouve une autre formation indépendante de granite et de gneis en couches alternantes. On observe aussi des couches de granite plus récent qui reposent sur l'eurite et le gneis. Au-dessus de ces couches, et après la grande formation de gneis, on rencontre une formation de granite parallèle au gneis; elle comprend surtout les granites avec épidote et les granites à bancs subordonnés d'eurite. Après ces diverses formations, on ne trouve plus, dans les terrains primitifs, que des couches de granite superposées au micaschiste et au schiste argileux dont elles dépendent. Ces granites de nouvelle formation sont particulièrement caractérisés par la présence de l'étain, de l'amphibole, du grenat, de la diallage, du fer magnétique (?), et par la tendance qu'ils ont à passer à la *pegmatite* et à la *protogyne*.

Les granites se continuent jusque dans les terrains de transition, où ils sont loin pourtant d'acquérir l'importance qu'ils ont dans les terrains primitifs. En effet, ils n'y constituent aucune formation indépendante, mais se trouvent seulement en petites couches partielles dans les porphyres et siénites non métallifères qui recouvrent les roches primitives. Ils semblent séparer les siénites, qui enchâssent du quarz et du felspath commun nacré, des vrais trachytes. On trouve encore des granites à petits grains, semblables aux granites primitifs les plus anciens, dans les schistes argileux de transition et dans les porphyres et siénites métallifères postérieurs à ces schistes.

Le granite est, de toutes les roches, celle qui est la plus importante géologiquement; elle supporte tous les terrains, et par conséquent doit être regardée comme la plus ancienne.

A telle profondeur que l'on ait pénétré dans l'intérieur du globe, on a constamment rencontré le granite, et, dans tous les pays, les mineurs ont toujours reconnu cette roche quand ils avaient percé les autres couches. D'après cela, il semble que le granite devrait former le noyau de la terre; mais si cela est, il faut que sa densité augmente considérablement à mesure que l'on approche du centre de notre planète. Peut-être alors perd-il sa structure granitoïde; ce qu'il y a de certain du moins, c'est que généralement les granites inférieurs ont les grains bien plus fins que ceux que l'on retrouve plus haut dans les terrains primitifs, et qui forment des couches alternant avec des gneis. Cependant il en existe dans des terrains de transition, qui sont quelquefois difficiles à distinguer des granites à petits grains.

Le granite n'est pas toujours en couches; il constitue le plus souvent des masses énormes qui n'offrent pas de stratification, ou dont les couches sont d'une épaisseur qui nous est inconnue. Lorsqu'il se présente ainsi en masses, il est fréquemment composé de gros blocs arrondis, formés chacun de concrétions distinctes, concentriques, testacées, et les intervalles qui séparent ces blocs sont remplis de granite plus tendre, sujet à tomber en poussière quand il se trouve exposé à l'action de l'air. On le trouve aussi en gros blocs arrondis et isolés sur différens terrains.

Le granite n'a pas autant d'importance pour les mineurs que pour les géologues; cependant il contient, outre le fer oxidé, de l'étain, quelquefois de la blende, du plomb sulfuré, et quelques minerais de bismuth, d'argent, de cuivre, de molybdène.

971. *Espèce* 10. PROTOGYNE.

Roche composée de felspath laminaire, de quarz et de chlorite, de talc ou de stéatite, sous forme de grains entrelacés.

Elle contient quelquefois du quarz et du mica comme parties composantes accessoires, et comme parties composantes accidentelles, de l'amphibole, de la tourmaline, des pyrites, du fer titaniaté, de la cymophane, de la topaze et du béril.

Le talc, qui est à cette roche ce que le mica est au granite, n'y est pas disséminé irrégulièrement comme le mica dans cette dernière roche, mais plutôt par espèces de paquets étendus, dont les feuillets, souvent parallèles, tendent à lui donner une structure feuilletée. Si le mica se substitue au talc, la protogyne passe au granite et à la siénite. Elle passe aussi quelquefois à la chlorite schistoïde.

La protogyne constitue une formation indépendante parallèle au gneis. Cette formation est surtout développée au Mont-Blanc et dans toute la chaîne des Alpes, entre le Mont-Cénis et le Saint-Gothard. Cette roche semble aussi se montrer à une époque plus nouvelle des terrains primitifs, et former des couches superposées au micaschiste et au schiste argileux de ces terrains.

972. *Espèce* 11. GNEIS. (*Gneiss*, W.; *Granite veiné* de Saussure.)

Roche composée de felspath lamellaire et de mica disposé à plat, donnant à la roche un tissu feuilleté; contenant souvent du quarz comme principe composant accessoire.

Il n'y a pas de ligne de démarcation entre le granite et le gneis, non plus plus qu'entre ce dernier et les schistes micacés. En général, les granites, les gneis, les micaschistes et les schistes argileux passent insensiblement de l'un à l'autre; aussi certains géologues ont-ils pensé que ces quatre formations primitives n'en formaient qu'une seule Sa couleur varie, mais, le plus ordinairement, il est formé de mica grisâtre et de felspath rougeâtre. Werner en a distingué trois variétés.

Le *gneis ondulé*, dans lequel le felspath, le quarz et le mica forment des couches séparées qui sont parallèles entre elles, mais flexueuses : c'est celui dont la formation a succédé immédiatement à celle du granite.

Le *gneis commun*. Il est grossièrement schisteux, et ses parties composantes sont confondues les unes avec les autres.

Le *gneis à feuillets minces*. Il est composé de lames fines bien dressées, et ne diffère des schistes micacés que parce qu'il contient moins de mica.

Le gneis est la roche des terrains primitifs que l'on regarde comme la plus ancienne après le granite. Il se présente d'abord en couches alternantes avec lui, et s'en sépare au-dessus pour constituer à lui seul une grande formation indépendante. Cette formation est remarquable par le grand nombre de couches subordonnées qu'elle renferme. Nous citerons, parmi les principales ; le grenat commun, la siénite, la serpentine, l'amphibole schistoïde, le fer magnétique, la pegmatite, les porphyres, le kaolin, etc.

Au-dessus de ces gneis, se présente une formation indépendante et considérable de gneis et de micaschiste en couches alternantes, qui repose sur le gneis ou sur le granite le plus ancien, lorsque la formation de gneis seul vient à manquer (*). Dans ce dernier cas, M. de Humboldt la considère comme parallèle au gneis. Elle s'élève quelquefois, selon ce même savant, à 2000 toises, et renferme des filons d'argent, autrefois très puissans (plomb sulfuré argentifère et antimonifère, argent rouge), à Condorasto et Pomallacta dans les Cordilières des Andes. C'est sur cette formation que se trouvent les vastes forêts de quinquina, à l'ouest de Loxa. Dans les Andes de Quindiu, cette même formation renferme des filons de soufre

(*) Dolomieu, et après lui M. de Humboldt, ont observé qu'en général les formations *mixtes* ou d'*alternance périodique* de gneis et granite, de gneis et micaschiste, sont beaucoup plus fréquentes que les formations simples de granite, gneis et micaschiste.

exhalant des vapeurs sulfureuses, dont la température s'élève à 48° centigrades, l'air ambiant étant à 20° (vallée del Moral, à 1065 toises). Au-dessus de ces terrains, le gneis se trouve en couches subordonnées dans les granites et dans le micaschiste, et constitue encore, au-dessus de ces couches, une petite formation indépendante, caractérisée par la présence de grenats. Enfin, le gneis le plus nouveau des terrains primitifs est celui qui se trouve au-dessus des schistes argileux et qui alterne avec le granite.

Dans les terrains de transition, le gneis ne se trouve qu'en couches intercalées dans les schistes argileux et dans les siénites postérieures à ceux-ci.

Quelquefois le graphite semble avoir pris la place du mica dans le gneis. Cette roche est celle qui contient le plus de minerais métalliques, soit en couches, en amas, en filons ou à l'état de dissémination. Il serait beaucoup plus long de citer les matières métalliques que l'on y rencontre que celles qui ne s'y présentent pas. On y trouve la majeure partie des minerais usités, et presque toujours en quantité assez considérable pour qu'on puisse les exploiter.

C'est dans le gneis que s'exploitent la plupart des mines de Saxe, de Bohême, de Freyberg, de Norwège, de Sainte-Marie-aux-Mines en France, etc. Il paraît que cette richesse du gneis en minerais métalliques ne se continue pas sur toute l'étendue du globe, et qu'elle diminue considérablement en Amérique (*).

(*) Le gneis indépendant, très riche en minerais d'or et d'argent (Allemagne, Grèce, Asie-Mineure, quelques parties de la France), a été réputé pendant long-temps comme la roche la plus argentifère de la terre; mais on sait maintenant que les métaux précieux, dans les deux continens, appartiennent à des formations bien plus récentes que le gneis, et de beaucoup postérieures aux autres roches primitives; en un mot, qu'ils sont placés dans des roches de transition, des porphyres siénitiques, et même des trachytes. (Humboldt.)

Usages des roches felspathiques.

Plusieurs des roches que nous venons d'examiner sont employées comme *pierres à bâtir* et comme *pierres de décoration.*

Comme pierres de construction, on emploie principalement le *granite*; mais la plupart des autres pierres lui sont préférables, en ce qu'elles prennent mieux le mortier et sont beaucoup plus faciles à tailler. On est obligé de l'employer dans les pays qui n'offrent pas d'autres substances dont on puisse se servir dans la bâtisse. Les constructions qui en sont faites ont l'avantage de durer très long-temps; aussi, dans les pays mêmes où les calcaires sont abondans, emploie-t-on les granites pour faire des *bornes*, des *trottoirs*, etc., qu'il faudrait renouveler trop souvent, si la pierre qui les forme n'était pas aussi dure. Cette dureté rend le granite très difficile à tailler, et nous fait voir la difficulté des travaux qui ont été exécutés autrefois pour extraire des blocs énormes de cette roche, dont on a fait des obélisques et autres monumens qui, malgré les siècles qui se sont écoulés depuis leur élévation, n'ont éprouvé aucune atteinte. Les *siénites*, la *protogyne*, et autres roches granitiques analogues, sont aussi employées, sous le nom de *granites*, comme pierres à bâtir.

On se sert plus souvent des roches granitiques dans la décoration; on les désigne en général sous le nom de *marbres durs;* mais ces décors sont toujours d'un prix élevé, à cause de la main-d'œuvre qu'ils exigent. Il n'y a que les roches granitiques, dont les couleurs sont assez vives et nettement tranchées, que l'on emploie à cet usage. Il faut que la pâte de la roche soit agréablement colorée, et que les cristaux ou fragmens de cristaux qui s'y trouvent mélangés, tranchent assez nettement par leur nuance sur le fond qui les supporte. On trouve ces qualités réunies dans diverses variétés de *siénite*, d'*euphotide*, dans la *pyroméride*, le *granite*, la *protogyne*, et surtout dans les *porphyres*.

La plupart de ces roches, que l'on emploie comme décoration, sont tirées toutes travaillées des anciens monumens (Égypte, Rome, etc.). Il en est même, comme dans les marbres, dont les carrières sont inconnues; tel est, par exemple, le *porphyre noir antique*, dont la pâte noire est parsemée de cristaux de felspath blanc.

La *pegmatite* donne lieu, par sa décomposition, à une substance (kaolin) précieuse dans les arts, et que l'on emploie pour fabriquer la porcelaine.

GENRE *MICA*.

973. *Espèce unique.* MICASCHISTE. (*Schiste micacé, Mica schistoïde, Glimmerschiefer,* W.)

Roche composée de mica lamellaire et de quarz interposé.

Il n'y a pas de limite bien marquée entre le gneis et cette roche. Elle en diffère par l'absence du felspath, et en ce que les lamelles qui la composent sont plus étendues et plus exactement sur un même plan. Quelquefois le quarz y devient si rare qu'elle semble n'être composée que de mica pur, mais elle contient toujours un peu de quarz qui lui donne de la dureté.

Dans les terrains primitifs, le micaschiste s'observe: 1°. en couches subordonnées dans le granite-gneis et le gneis indépendant; 2°. en couches alternantes, avec le gneis lui-même, et constituant alors la formation indépendante et très développée de gneis-micaschiste, dont nous avons parlé (972); 3°. constituant seul une formation indépendante placée entre le gneis et le schiste argileux. Il renferme alors un grand nombre de couches subordonnées, dont les principales sont: la chlorite schistoïde, le schiste argileux, le calcaire grenu, la dolomie avec gypse primitif, la diorite, la serpentine pure et la pierre ollaire, l'amphibole commun, le grenat avec fer oxidulé, la chaux fluatée, etc.; 4°. en couches subordonnées dans le gneis grenatifère postérieur à la formation précédente, et dans les schistes argileux.

Dans les terrains de transition, le micaschiste, bien moins répandu et développé que dans les précédens, ne se présente que dans deux circonstances géologiques: 1°. formant, dans la partie la plus ancienne de ces terrains, une formation composée de couches alternantes de micaschiste, de calcaire grenu talqueux et de grauwacke avec anthracite. Les micaschistes passent fréquemment à des schistes noirs bitumineux, remplis d'empreintes végétales, et sont associés à des anthracites. 2°. Formant, uni au granite de transition, des couches subordonnées dans les schistes argileux.

On y rencontre, comme parties constituantes accidentelles, du grenat, de la tourmaline, du disthène, de la staurotide, de l'amphibole, de l'émeraude. Le felspath s'y rencontre aussi, mais non comme partie constituante; il s'y trouve en masses irrégulières ou réniformes.

C'est, après le gneis et les porphyres siénitiques de transition, la roche qui contient le plus de minerais métalliques; on y trouve des couches de fer magnétique, des pyrites, de la galène, des pyrites de cuivre contenant de l'or, des sulfures de zinc et de mercure, du cobalt, des pyrites magnétiques, quelquefois de l'or natif (mines de Rio-San-Antonio au Mexique), et des filons d'argent rouge (riches mines de Tehuilotepec et de Tasco, non loin de Mexico au Mexique).

Appendice au genre mica.

SCHISTES.

973 *bis.* Nous croyons devoir placer ici les différentes espèces de schistes : si nous avions suivi une classification géologique, nous n'aurions pas hésité à leur donner cette place ; mais dans une classification basée sur la composition des roches, leur place devient incertaine. Peut-être devraient-ils être placés près des argiles, auxquelles ils passent fréquemment ; mais d'un autre côté, ils passent souvent aussi au micaschiste, et sont regardés, par quelques minéralogistes, comme ayant pour base le mica à l'état compacte. Ces considérations nous ont engagé à les placer par appendice à la suite du micaschiste.

On désignait autrefois, sous le nom de *schistes*, toutes les substances minérales qui offraient la structure schisteuse ; aussi par les noms de *schiste*, *schorl* et quelques autres, parvenait-on à nommer tous les minéraux dont la détermination était douteuse. Walérius est le premier qui ait limité cette extension du mot *schiste*, et qui leur ait assigné des caractères. Aujourd'hui, on nomme ainsi toutes substances minérales dont les analyses discutées ne peuvent fournir aucune formule chimique probable, qui contiennent de la silice, de l'alumine, de l'oxide de fer, de l'eau, souvent du carbone et quelques autres principes, dont la structure laminaire est due à des lamelles plus ou moins ténues, la dureté variable, qui sont opaques, et fondent ordinairement au chalumeau en une scorie noirâtre.

Les diverses variétés de schistes passent non-seulement de l'une à l'autre, mais encore à d'autres roches ; elles constituent des couches très puissantes, souvent inclinées, et quelquefois perpendiculaires, dans les terrains primitifs, de transition et secondaires inférieurs. Dans ces deux dernières espèces de terrains, ils renferment assez souvent des empreintes de végétaux qui appartiennent aux graminées, aux fougères, aux cypéracées, etc.; dans les terrains primitifs, ils sont souvent traversés par des filons métalliques quelquefois très puissans.

D'après leur structure et les différentes matières dont ils sont mélangés ou imprégnés, on peut distinguer les variétés suivantes;

Schiste luisant. (*Ur-thonschiefer*, W.) Présente un aspect luisant et soyeux dans le sens de ses lames, qui, rarement planes, paraissent souvent comme plissées. Ses couleurs varient du gris jaunâtre au gris verdâtre ou bleuâtre. Ne fait pas effervescence avec les acides, et fond facilement en un émail noirâtre ou jaunâtre, qui contient beaucoup de bulles.

Schiste ardoise. (*Uebergangs-thonschiefer*, W.) Offre un aspect terne, quelquefois un peu luisant. Se divise facilement en feuillets sonores quand on le frappe avec un corps dur, et dont la couleur varie du brun bleuâtre au verdâtre et au rougeâtre, tantôt tendre, tantôt assez dur pour recevoir la trace du cuivre. Fond assez facilement au chalumeau, en une scorie luisante, et ne fait pas d'effervescence avec les acides.

On l'exploite en grand pour la fabrication des ardoises, qui sont réputées de bonne qualité quand elles ne contiennent pas de pyrites disséminées, et qu'elles n'augmentent pas de poids quand on les plonge dans l'eau.

Schiste argileux. (*Thonschiefer*, W.; *Schiste commun*, Haüy; *Phyllade*, Brongniart.) Cette variété diffère de la précédente, en ce qu'elle est plus tendre, qu'elle se divise en feuillets plus épais, souvent rhomboïdaux et quelquefois d'une régularité remarquable, qu'elle absorbe l'eau assez facilement. Ses couleurs sont le gris bleuâtre, le brunâtre, le jaunâtre, le rougeâtre et le verdâtre.

Les trois précédentes variétés de schiste, dont les différences minéralogiques ne sont pas toujours fort bien tranchées, se rapprochent encore plus par les circonstances géologiques qu'elles présentent. En effet, elles se montrent à peu près de la même manière dans le sein de la terre et se trouvent dans les mêmes terrains; aussi réunissons-nous dans un seul article tout ce qui est relatif à leur gisement.

C'est le *schiste argileux* qui, de toutes trois, est sans contredit le plus abondant dans la nature. Il se présente dans les terrains primitifs et intermédiaires, mais non avec le même développement; car tandis que dans les premiers, les dépôts ont toujours une étendue assez limitée, ils acquièrent, au contraire, dans les seconds, un volume très considérable, et les localités qui les offrent sont bien plus répandues à la surface du globe. On peut dire, avec M. de Humboldt, que la plus grande masse des schistes argileux appartient aux terrains intermédiaires, dans les deux continens.

A. Dans les terrains primitifs, les schistes argileux se rencontrent d'abord en bancs subordonnés dans le gneis-micaschiste, et le micaschiste postérieur à celui-ci. Dans la première de ces formations, ils sont toujours accompagnés d'actinote. En second lieu, ils constituent une formation indépendante placée entre le micaschiste, avec lequel ils se confondent dans bien des cas (le mica est alors fendu en grandes lames), et l'euphotide indépendante qui termine la série des roches primitives. Cette formation renferme, comme couches subordonnées: calcaire grenu bleuâtre, porphyre, micaschiste, diorite, quarz avec épidote, chlorite schisteuse avec sphène et grenats disséminés, euphotide. En général, comme nous l'avons déjà dit plus haut, ces schistes argileux ont beaucoup de tendance à passer insensiblement au micaschiste, au gneis et au granite primitifs. Ils se confondent aussi, dans bien des circonstances, avec les schistes argileux de transition, surtout lorsqu'ils sont placés sur la limite des deux terrains anciens, et quelquefois il est très difficile d'indiquer avec précision où cessent les schistes argileux primitifs et où commencent ceux de transition. En les considérant en grand et d'une manière générale, on trouve cependant certaines différences caractéristiques dans la composition, qui peuvent servir à les distinguer; tels sont, principalement pour les schistes argileux primitifs, les caractères négatifs suivans : l'absence de débris organiques, l'absence de couches fragmentaires (grauwakes, conglomérats), l'absence de mâcle disséminée dans la masse, celle de bancs subordonnés de calcaire compacte, celle de feuillets de schistes argileux luisans et fortement carburés, enfin celle de couches fréquentes de diorite globaire, de schistes alumineux et graphiques, de pierre lydienne et de phtanite. Ces caractères généraux souffrent cependant plusieurs exceptions partielles.

B. Dans les terrains de transition, où les schistes argileux sont si puissans, ils se présentent d'abord à la partie la plus inférieure en roches alternantes avec les calcaires grenus talqueux et les quarz compactes, et ils renferment, en couches subordonnées, de la diorite et de l'anthracite à l'état de dissémination. Ils sont ou rubanés ou onctueux, et font quelquefois effervescence avec les acides, ce qu'ils doivent à un mélange de chaux carbonatée disposée en veines ou en lames. (Ce sont les *Calschistes* de M. Brongniart.) Dans les calcaires noirs et fortement carburés, qui appartiennent aux porphyres et aux siénites non métallifères, on trouve quelques schistes argileux également très chargés de carbone, tachant les doigts, et renfermant de la pierre lydienne en assez grande abondance (montagne de Bareuth).

En troisième lieu, ils se montrent postérieurement aux précédens, en formation indépendante et reposant presque toujours immédiatement sur les terrains primitifs. C'est cette formation qui acquiert tant de développement dans les Alpes de la Suisse (entre Ilantz et Glaris), dans les Pyrénées orientales, dans le nord de l'Allemagne, depuis le Hartz jusqu'en Belgique, et aux Ardennes; dans la Norwège, le Caucase, le Cotentin, la Bretagne; dans les Cordilières de Venezuela, et à Guanaxuato au Mexique. Elle alterne toujours avec des grauwackes et des calcaires noirs, et est surtout caractérisée par le nombre de bancs intercalés qui s'y trouvent, par sa grande mutabilité d'aspect et de composition, et par la tendance qu'elle a à passer sans cesse, d'une manière insensible et quelquefois brusque, aux autres schistes (alumineux et graphiques), à la pierre lydienne, à la diorite, ou à des roches siénitiques et porphyroïdes. Les bancs subordonnés, qu'on remarque plus particulièrement dans cette formation, sont: grauwackes en grande abondance, calcaires noirs, diorite, porphyre, schistes alumineux et très carburés, quarz compacte, quarz lydien, phtanite; et moins fréquemment, gneis, granite, siénite, schiste novaculaire, schiste graphique, felspath compacte, etc. On y trouve une assez grande variété de débris organiques, dont les principaux sont: des plantes monocotylédones (arundinacées, bambusacées), qui paraissent antérieures aux animaux même les plus anciens; des pectinites, des trilobites aveugles, des entroques, des ammonites, des coralites, des hystérolites, des orthocératites, des ogygies et des calymènes (*Calymène de Tristan,* et *C. macrophtalme* de Brongn.).

C'est dans des schistes argileux de même âge, et accompagnés de siénites, que se trouvent les filons de Guanaxuato, les plus riches en argent que l'on connaisse, ceux de Zacatecas, et une petite partie de ceux de Catorce (Mexique).

Les schistes argileux renferment un assez grand nombre de minéraux disséminés, parmi lesquels on distingue: la staurotide, le grenat, la tourmaline, le disthène, le fer oxidulé, le fer sulfaté, le fer phosphaté, le titane oxidé, etc.

Usages. Les schistes argileux sont employés à divers usages.

Ceux dont le grain est fin sont employés comme pierres à repasser, que l'on humecte avec l'huile ou avec l'eau ; mais leur principal usage est de servir de couverture pour les constructions. On choisit ceux qui se divisent facilement en feuillets d'une certaine étendue, c'est-à-dire qui présentent la structure schisteuse et fissile la mieux caractérisée ; telles sont les ardoises, qui sont exploitées en grand pour cet usage. On se sert aussi de schistes beaucoup plus épais qui, au lieu de s'appliquer en recouvrement, comme les ardoises, se joignent avec un ciment, et forment des couvertures moins élégantes, mais qui résistent mieux aux ouragans.

Schiste bitumineux. (*Brandschiefer*, W. ; *Schiste inflammable, Kohleuschiefer* de Freiesleben). Il ne diffère du précédent qu'en ce qu'il se trouve généralement dans des terrains plus nouveaux que les terrains primitifs et de transition, qu'il est souvent imprégné de bitume, et qu'il renferme fréquemment des empreintes de végétaux. Il est presque toujours en contact avec la houille ; en effet, c'est dans le grès rouge qu'il se montre en couches subordonnées ou alternantes ; outre les débris végétaux, il contient encore quelques coquilles fossiles, tandis que la masse même du grès rouge en est privée.

Schiste coticule. (*Schiste novaculaire*, H. ; *Pierre à rasoir, Wetzschiefer*, W.) Il diffère des autres par sa texture plus dense et assez compacte pour recevoir la trace de certains métaux, sa structure moins feuilletée et sa cassure qui, au lieu d'être toujours schisteuse, est tantôt inégale et tantôt conchoïde ou écailleuse.

Se trouve dans les terrains primitifs et dans les schistes argileux de transition.

Usages. Il est employé, sous le nom de pierre à rasoir, pour aiguiser les instrumens dont le tranchant est fin, comme les rasoirs, les lancettes, etc. Ces pierres sont ordinairement formées de deux lits superposés, dont l'un est jaunâtre et l'autre brun ou noirâtre.

Schiste marneux et *marno-bitumineux*. Se distingue facilement à la propriété qu'il possède de faire effervescence avec les acides, et par son peu de dureté. Il est quelquefois bitumineux.

Cette espèce de schiste se trouve en couches subordonnées dans le calcaire alpin. Ces couches sont formées par des bancs alternans d'argile et de marne, pénétrées de parties bitumineuses et quelquefois remplies de pyrites. Plusieurs d'entre elles renferment du cuivre et du plomb argentifères, et constituent alors les schistes cuivreux (*Kupferschiefer*), dont nous avons déjà parlé (922). C'est dans ces schistes marneux et bitumineux qu'on trouve encore une grande partie du mercure sulfuré exploité (Idria dans la Carniole).

Schiste alunifère. (*Schiste alumineux, Ampelite alumineux, Alaunschiefer*, W.) Ce schiste est remarquable par l'éclat de ses feuillets, qui paraît dû à de l'anthracite interposée; par la propriété qu'il a de se décomposer à l'air, en donnant lieu à des efflorescences d'alun dont la saveur indique la nature, et par son infusibilité.

Il appartient à la grande formation des schistes argileux des terrains de transition, dans lesquels il se trouve en couches subordonnées. De même que les autres espèces de schistes, il est la plupart du temps très chargé de carbone.

Il paraît exister aussi dans les schistes argileux primitifs, en petites couches alternant avec du titane ruthile et traversées par de petits filons d'alun natif (chaîne du littoral de Venezuela, Araya, etc., Amérique équinoxiale).

Usages. Ce schiste est employé, comme nous l'avons dit (824), pour la préparation de l'alun.

Schiste graphique. (*Ampelite graphique; Zeichenschie-*

fer, W.) Ce schiste est assez tendre pour se laisser couper au couteau, un peu onctueux, tantôt mat, tantôt un peu luisant, de couleur noire et laissant des traces sur le papier. Il contient du carbone en quantité notable, et quelquefois les mêmes principes que le schiste alunifère, qu'il accompagne fréquemment.

C'est également dans les schistes argileux de transition qu'est son gîte le plus fréquent; mais il se montre aussi en petites couches dans le micaschiste indépendant des terrains primitifs (montagnes du Tuy, république de Venezuela). Dans cette dernière circonstance géologique, il passe au talc schistoïde (*Talkschiefer*).

Usages. On l'emploie pour préparer les crayons noirs, soit en le taillant, soit en le réduisant en poudre que l'on incorpore avec différentes matières.

SECONDE CLASSE.

Roches formées, en totalité ou en partie prédominante, par des corps composés d'après le principe de la composition organique, c'est-à-dire dans lesquelles les molécules composées du premier ordre contiennent plus de deux élémens.

GENRE *HUMUS*.

974. L'humus, ou la terre végétale, toujours plus ou moins mélangé de substances alumineuses, siliceuses et calcaires, constitue la couche la plus extérieure du globe, et sa formation se continue de nos jours par la destruction des végétaux et des animaux, dont les débris se mélangent aux parties les plus fines des alluvions (856).

GENRE *GUANO*.

975. Forme des couches dans des terrains très nouveaux (903).

GENRE *TOURBE*.

976. Forme des couches et des amas dans des terrains très modernes (858).

GENRE *LIGNITE*.

977. Forme des couches étendues dans les parties supérieures des terrains secondaires, dans les terrains tertiaires, et se continue même jusque dans les alluvions modernes (861).

GENRE *ANTHRACITE*.

978. Se trouve en couches ou en amas subordonnés dans les terrains de transition, et jusque dans les terrains secondaires inférieurs, où elle prend du bitume et passe à la houille (883).

GENRE *HOUILLE*.

979. Forme des couches plus ou moins puissantes et plus ou moins multipliées, dans les terrains secondaires inférieurs (886).

PREMIER APPENDICE.

CONGLOMÉRATS.

980. On donne le nom de *conglomérats* à des roches formées de fragmens de roches préexistantes, gros ou petits, arrondis ou anguleux, et le plus ordinairement réunis par un ciment. Ce sont toutes les roches qui ont la structure arénacée, caractère qui les exclut presque totalement des terrains primitifs.

Nous avons déjà vu, en parlant de la structure des roches,

qu'il fallait éviter de confondre la structure arénacée avec la structure amygdaloïde ou glanduleuse : la distinction des roches qui présentent ces deux structures est d'une grande importance pour le géologue, puisqu'elle peut indiquer si elles appartiennent à des terrains primitifs ou à des terrains postérieurs.

On peut presque toujours décider ce problème, en considérant les caractères suivans.

1°. *La forme et la structure des parties.* Quand elles sont arrondies, elles donnent lieu de présumer qu'elles ont été roulées, et que par conséquent la structure est arénacée ; il ne faudrait pas pour cela, si elles sont anguleuses, en conclure que ce ne sont pas des conglomérats, puisque les *brèches* offrent presque toujours des fragmens qui ont cette forme. Il ne faudrait pas non plus s'en tenir au seul caractère de parties arrondies pour les admettre au nombre des conglomérats, puisque la pyroméride, par exemple, est une preuve du contraire ; mais ce caractère devient plus certain quand les fragmens arrondis ne présentent aucune apparence de concrétions.

2°. *Le rapport entre la nature de la pâte et celle des parties.* Quand la même substance minérale forme le ciment et les fragmens, cela indique plutôt une structure amygdaloïde qu'arénacée, surtout si ce ciment et les noyaux contiennent des cristaux de même substance disséminés. Si le même ciment contient des fragmens de même nature que lui et des fragmens de nature hétérogène, et à plus forte raison, s'il contient divers fragmens de nature différente entre eux, et de nature différente du ciment, on devra soupçonner que ces fragmens ont été empâtés, et que par conséquent la structure de la roche est arénacée.

3°. *Le rapport de la structure de la pâte avec celle des noyaux qu'elle contient.* Si cette structure est la même, il est probable que la pâte et les noyaux ont été formés en même temps. Si celle de la pâte est schisteuse, et que les noyaux soient compactes, et si, à plus forte raison, les noyaux sont feuilletés, et la pâte compacte, on devra soupçonner que la roche est un conglomérat.

4°. *Les veines ou petits filons qui traversent la roche.* Ce caractère est très important. Si les noyaux sont traversés par de petites veines qui ne se prolongent pas dans la pâte, on a de fortes conjectures, mais cependant pas une conviction certaine que la roche est arénacée : si au contraire les petits filons de la pâte se prolongent dans les noyaux, on devra soupçonner une structure amygdaloïde.

Au reste, il faut réunir le plus grand nombre possible de ces caractères, et s'aider encore des relations géognostiques de la roche pour donner une conclusion certaine sur sa formation, et par conséquent sur sa structure.

D'après ce que nous venons d'exposer, on conçoit que la composition chimique des conglomérats est bien moins importante que leur structure; aussi a-t-on formé les espèces d'après des considérations tout-à-fait indépendantes de cette composition, telles que la forme des fragmens, leur mode d'agrégation, leur grosseur; et l'on ne s'est servi des caractères tirés de la composition que pour distinguer les variétés, dont le nombre est infini, et qui peuvent très facilement passer de l'une à l'autre. En effet, ces roches étant le résultat de la réunion, de l'empâtement de fragmens de roches préexistantes, elles doivent varier dans les différentes localités, selon la nature des roches de la contrée où elles se rencontrent, et selon les autres causes accessoires qui ont pu concourir à leur formation.

981. Ayant exposé les caractères à l'aide desquels on peut reconnaître un conglomérat, nous allons maintenant indiquer les espèces qui composent cet appendice, donner leurs caractères distinctifs, et citer comme exemples quelques-unes de

leurs nombreuses variétés. Comme nous ne pouvions faire entrer ces roches dans une classification chimique, nous avons cru plus rationnel de les placer, par appendice, à la suite de toutes les roches dont les fragmens ou les débris peuvent entrer dans leur formation. Peut-être aurions-nous dû les placer aussi à la suite des roches volcaniques, dont la plupart peuvent faire partie des conglomérats; mais la formation de ces dernières, qui se continue encore de nos jours, semble indiquer qu'elles doivent terminer la série des roches, comme les terrains dont elles font partie terminent la série des assises dont se compose l'écorce de la terre.

Tous les conglomérats peuvent se rapporter à quatre groupes, que l'on peut considérer comme des espèces, et dont nous allons donner le tableau, afin de faciliter la comparaison de leurs caractères.

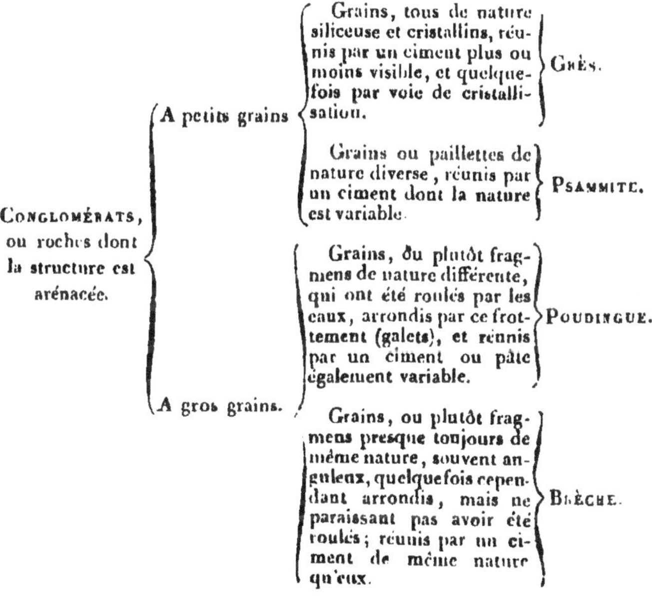

ESPÈCE *GRÈS.*

982. Les grès ou quarz grenu, que nous avons déjà eu occasion d'examiner en parlant des espèces, forment des couches étendues dans un grand nombre de terrains. On en rencontre depuis les terrains primitifs jusque dans les terrains tertiaires; mais ceux qui se trouvent dans les premiers doivent plutôt être considérés comme des roches simples que comme des conglomérats, puisque leurs grains ne sont unis par aucun ciment, mais entrelacés par voie de cristallisation, ce qui exclut toute idée de grains préexistans réagglutinés, et d'ailleurs l'examen microscopique de leurs cristaux, qui présentent presque toujours des angles très vifs, éloigne encore cette idée. Ils ne diffèrent du quarz compacte que par la cristallisation de leurs grains; et quand ces derniers sont très fins, l'examen microscopique, dont nous venons de parler, peut seul les en faire distinguer.

Les grès que l'on rencontre dans les terrains de transition forment des couches subordonnées dans les porphyres et siénites métallifères placés à la partie supérieure de ces terrains.

C'est surtout dans les terrains secondaires que les grès se montrent avec le plus d'abondance; ils commencent à paraître en couches subordonnées dans le calcaire alpin, où cependant ces couches sont rares. M. de Humboldt en cite un banc très puissant et renfermant un dépôt de mercure sulfuré à 2000 toises d'élévation (Huancavelica, Cordilières du Pérou). Le grès du calcaire alpin n'offre pas de débris organiques, et alterne avec des argiles noirâtres.

Entre le calcaire alpin et la craie se trouvent des dépôts arénacés unis à des calcaires marneux et oolitiques. Ces dépôts constituent ce que les géologues ont nommé *grès bigarré*, *quadersandstein*, *grès vert*, etc.

Le *Grès bigarré* (*Grès à oolites*, *Grès de Nébra*) fait partie d'une formation indépendante, composée de trois séries de couches alternantes : 1°. d'argile, 2°. de grès, 3°. d'oolites généralement bruns rougeâtres. Cette formation repose sur le calcaire alpin ; elle renferme, comme bancs subordonnés, du gypse, du sel gemme, etc., et des débris organiques, tels que des lignites et des coquilles, qui sont : *Pectinites fragilis*, *Gryphites spiratus*, *Strombites speciosus*, *Mytulites recens*.

Le *Quadersandstein* (*Grès de Kõnigstein*, *Grès blanc* de Bonnard, *Grès à carreaux*, *Grès à pierre de taille*) constitue une formation indépendante, placée entre le calcaire coquillier et le calcaire du Jura. Il ne renferme ni argile en petites masses ni oolites, comme le grès bigarré ; mais il contient des nodules de fer hydraté et beaucoup de débris organiques, tels que des bois *de palmier*, des empreintes de *feuilles dicotylédones*, et des petits dépôts de *houille* passant au *lignite ;* des coquilles pélagiques analogues à celles du calcaire coquillier, telles que des *turritelles*, des *tellinites*, des *mytulites*, des *pectinites*, des *cérites*, des *huîtres*, pas d'*ammonites*.

Les derniers dépôts arénacés que l'on rencontre dans les terrains secondaires sont formés par des grès et sables ferrugineux et des grès et sables verts. Ces grès constituent deux formations séparées par une couche d'argile, et reposent sur le calcaire jurassique. Ils sont colorés par l'oxide de fer. Les sables ferrugineux renferment des lignites, des bois fossiles et de petits amas de minerai de fer ; les sables verts, qui contiennent des débris fossiles dont plusieurs sont analogues à ceux de la craie, sont remarquables par le grand dépôt de *lignites de l'île d'Aix*.

Les terrains tertiaires offrent aussi des dépôts de grès assez considérables. Les plus anciens, placés sur la craie, font partie du terrain d'argile plastique, et constituent les grès à lignites (*Mollasses* et *Macigno*). Ils renferment de grands dépôts de lignites, du bitume, du fer hydroxidé granuliforme, des coquilles d'eau douce et quelques coquilles marines à leur partie supérieure seulement, qui se trouve en contact avec le calcaire grossier. Ils alternent avec des couches d'argile, des poudingues et des brèches calcaires.

Les grès les plus nouveaux sont placés au-dessus du gypse des terrains tertiaires, et forment le *grès de Fontainebleau*. Ils offrent deux assises, l'une inférieure privée de coquilles, l'autre supérieure renfermant des coquilles pélagiques (*Ostrea flabellula, Corbula rugosa, Oliva mitreola, Cerithium cristatum, C. lamellosum*). Les assises inférieures présentent souvent des infiltrations de chaux carbonatée, des lits de fer hydroxidé, de marne argileuse, un peu de gypse, et quelquefois du mica.

Enfin, les grès se forment encore de nos jours dans les terrains d'alluvion, par la réagglutination des sables; mais ils n'ont pas la même solidité que les autres.

Dans la plupart des cas, les grains du grès sont réunis par un ciment qui peut être siliceux, comme dans le *grès lustré* de Montmorency; calcaire, comme dans certaines *mollasses*, ou argileux, comme dans d'autres variétés de *mollasses*.

Nous ne nous étendrons pas davantage sur les grès, que nous avons déjà eu occasion d'examiner (200) comme espèce; nous observerons seulement que, outre les noms de *grès bigarré*, de *grès commun*, de *quadersandstein* ou *grès à pierre de taille*, qui appartiennent à des variétés de grès, on se sert fréquemment en Géologie des noms de *grès rouge, grès houiller*, etc., pour désigner certaines variétés de *psammites*.

Les grès, comme on peut le voir, offrent tous les passages d'une roche simple à un conglomérat, et, en se mélangeant à d'autres substances que du quarz, ils passent très souvent aux *psammites*.

ESPÈCE *PSAMMITE*.

(*Grès houiller*, *Grès micacé*, *Grès granitoïde*, *Grès rouge*, *Grauwacke*, etc.)

983. Roches formées de grains ou de paillettes de nature diverse, réunis par un ciment de nature également variable.

Les grains qui entrent dans leur composition varient pour la grosseur, depuis le plus petit volume jusqu'à celui d'une noisette. Ces roches contiennent souvent assez de parcelles de mica pour prendre une structure feuilletée; leur dureté et leur cohésion sont extrêmement variables; il en est de même de la couleur, qui pourtant est, le plus souvent, grisâtre ou rougeâtre.

Les psammites offrent des empreintes de corps organisés, et renferment quelquefois de riches minerais métalliques, comme les mines de plomb et d'argent du Hartz, les mines d'or de Vorospatak en Transylvanie, etc.

Les variétés de ces roches sont très nombreuses; il faut leur rapporter la *Grauwacke commune* et la *Grauwacke schisteuse* des Allemands, le *Grès rouge*, le *Grès houiller* ou *Métaxite* d'Haüy, etc. Les variétés à gros grains passent aux *poudingues*, et les variétés à petits grains se rapprochent des *grès*.

Les psammites se rencontrent dans divers terrains; mais c'est surtout dans les parties inférieures et supérieures des terrains de transition, ainsi qu'à la base des terrains secondaires, qu'ils acquièrent le plus de développement.

Dans les premiers, on les observe d'abord en couches alternantes avec des calcaires micacés, ou des schistes argileux verts, ou des gneis; on les trouve ensuite en couches très puissantes, alternant avec des calcaires noirs et des schistes argileux, supérieurs à ceux que nous venons d'indiquer. Ces derniers renferment des débris organiques qui ne se présentent pas dans les psammites des calcaires micacés. Ces débris sont des *entroques*, des *ammonites*, des *pectinites*, des *hystérolites*, des *orthocératites*, des *corallites*, des *trilobites aveugles* et des *calymènes*, ainsi que des restes de bambous et de roseaux qui paraissent antérieurs aux débris d'origine animale.

Dans les terrains secondaires, les psammites constituent le *Grès rouge* (*Rothe todte liegende*, W.; *Psammite rougeâtre*, Brongn.), le *grès houiller* (*Mürber sandstein*, W.; *Psammite micacé*, Brongn.), qui forment à la partie inférieure de ces terrains deux formations indépendantes et parallèles, remarquables (surtout le grès houiller) par les couches de houille et d'argile schisteuse à fougères qui leur sont subordonnées, quelquefois par de l'anthracite, et par l'absence des coquilles fossiles, tandis qu'on y rencontre des débris de monocotylidones assez abondans (*Sagenaires, Sigillaires, Calamites*, etc.)

Au-dessus de ces terrains, les psammites ne se montrent plus qu'en couches subordonnées dans le calcaire jurassique et quelques autres roches.

Annotations. M. Brongniart, qui, le premier, a désigné ces différentes roches sous le nom de *psammite*, les partage maintenant en trois espèces, qui sont : les *psammites* proprement dits, caractérisés par un ciment d'argile; les *macignos*, caractérisés par un ciment calcaire; les *arkoses*, caractérisés par un ciment felspathique.

ESPÈCE *POUDINGUE*.

(*Pudding-Stone* des géol. anglais; *Nagelfluhe* des géol. allemands.)

984. Pendant long-temps on a réservé le nom de *poudingue* aux agrégats de nature silicée, et celui de *brèche* pour les agrégats de nature calcaire; mais on s'accorde maintenant généralement à donner à ces deux espèces les caractères distinctifs que nous avons exposés dans le tableau.

Les poudingues peuvent se trouver dans tous les terrains, excepté dans les terrains primitifs. On en rencontre dans presque toutes les vallées où coulaient autrefois, et où coulent encore quelques rivières; ils sont produits par les graviers et les galets qu'elles roulent, et que le temps ou des circonstances particulières ont agglutinés en masses plus ou moins solides. La pâte qui les lie est, tantôt une argile mélangée d'oxide de fer, tantôt un sable pénétré par des infiltrations calcaires et qui forme une espèce de grès; d'autres fois c'est un ciment siliceux; mais, dans ce dernier cas, qui est assez rare, les galets sont eux-mêmes de nature siliceuse.

Quelquefois des morceaux de poudingues roulant dans le lit des rivières avec des galets, se réunissent de nouveau et forment un nouveau poudingue qui renferme des fragmens de l'ancien.

Un des faits les plus remarquables, relativement aux gisemens des poudingues, est la grande élévation de plusieurs couches de cet agrégat, dans des lieux où les rivières sont de peu d'importance. Ces couches élevées indiquent que ces rivières furent autrefois bien plus fortes, et les montagnes bien plus élevées que maintenant.

ESPÈCE *BRÈCHE*.

985. Les brèches ne se trouvent pas dans des terrains aussi nouveaux que les poudingues; elles appartiennent principalement aux terrains de transition, et quelquefois aux terrains volcaniques. Au lieu d'être disposées par couches comme les poudingues, elles forment des amas irréguliers au pied et sur le flanc des hautes montagnes, et il est facile de reconnaître que leurs fragmens n'ont pas été roulés par les eaux. Elles offrent des fragmens qui se pénètrent et se confondent, ou tout au moins, qui se moulent les uns sur les autres; tout annonce

que ces fragmens et leur ciment ne sont que les débris de la même masse qui était encore dans un état de mollesse.

Les brèches composées de fragmens de roches primitives ont été désignées par M. Haüy, sous le nom d'*Anagénite*.

On peut partager les brèches en trois sections : les brèches *calcaires, siliceuses* et *volcaniques*.

Brèches calcaires. Elles sont composées, pour la plupart, de fragmens de marbres primitifs, souvent mêlés de veines talqueuses ou stéatiteuses, et réunis par un ciment calcaire. Ce sont les plus répandues : telles sont les roches désignées, en architecture, sous les noms de *brèche antique, brèche verte, brèche* de *Saravezza*, etc.

Brèches siliceuses. Elles ne sont pas toujours composées d'une seule roche, et contiennent quelquefois les fragmens de plusieurs, réunis par un ciment siliceux ou felspathique, d'une nature analogue à celle des roches qui ont produit les fragmens : telle est la *brèche dure d'Égypte*, etc.

Brèches volcaniques. Ces brèches paraissent formées par des morceaux de lave solidifiés, empâtés par un courant de lave encore liquide. Les morceaux présentent ordinairement une teinte différente de celle de la masse, et sont presque toujours plus poreux.

SECOND APPENDICE.

ROCHES VOLCANIQUES.

986. Forcés par le plan de cet ouvrage de nous restreindre beaucoup sur un objet aussi important et aussi curieux que l'étude des roches volcaniques, nous nous bornerons à exposer quelques généralités, que nous puiserons dans le beau travail de M. Cordier (Mémoire sur les substances volcaniques dites *en masses. Journal de Physique* 1816), et nous terminerons par l'exposé des divisions et subdivisions établies

parmi ces roches, par le même savant. Il serait à souhaiter que toutes les roches eussent été étudiées avec autant de soin que celles dont nous allons parler.

Il résulte de l'examen profond qu'a fait M. Cordier de ces masses minérales:

Que le tissu homogène et uniforme dont ces substances semblent douées lorsqu'on les examine à la vue simple, n'est, à l'exception de certains cas déterminés très rares, qu'une fausse apparence;

Qu'elles sont presque toutes mécaniquement composées de cristaux microscopiques, appartenant à un très petit nombre d'espèces minérales connues, auxquelles se mêlent, dans certains cas déterminés, des matières vitreuses plus ou moins abondantes;

Que les cristaux microscopiques élémentaires appartiennent au *felspath,* au *pyroxène,* au *péridot,* au *fer titané,* moins souvent à l'*amphigène,* et fort rarement au *mica,* à l'*amphibole* ou au *fer oligiste;*

Que d'après des probabilités très grandes, les matières vitreuses élémentaires, lors même qu'elles ne sont point mélangées de cristaux microscopiques, ce qui est extrêmement rare, renferment les principes prochains des pâtes complètement lithoïdes, principes agrégés alors sous forme de particules tout-à-fait indiscernables, et réduits peut-être au volume moléculaire;

Que dans une partie des substances volcaniques en masse, les cristaux microscopiques élémentaires, et les matières vitreuses, quand elles en contiennent, se trouvent souvent dans un état de décomposition plus ou moins avancé;

Que parmi ces substances dont les élémens sont plus ou moins attaqués par la décomposition, certaines doivent leur consistance à des matières étrangères interposées en particules presque toujours indiscernables;

Que, quel que soit l'état de conservation ou d'altération de ces substances, les minéraux élémentaires ne forment communément que des associations ternaires ou quaternaires, au milieu desquelles, tantôt le felspath, tantôt le pyroxène prédominent constamment, non-seulement par leur abondance, mais encore par l'influence des caractères qui leur sont propres;

Que cette constante prédominance, combinée aux autres conditions que présente la composition mécanique, et aux caractères extérieurs qui en résultent, permet de diviser méthodiquement les roches volcaniques, à l'aide de coupures naturelles, assez nettement circonscrites, et même à la rigueur de leur assigner des places de convention dans la méthode minéralogique; mais qu'en attendant on peut les rapporter à seize types principaux;

Que, de quelque manière qu'on dispose ou qu'on multiplie les subdivisions à établir entre ces types, il restera toujours, entre ceux de même espèce ou d'espèce différente, un assez grand nombre de variétés mixtes pour attester qu'ils sont respectivement congénères;

Que les analogies que l'on a cru exister entre quelques-uns de ces types et les substances élémentaires des roches primitives, intermédiaires ou secondaires, à base de pétrosilex, de trapp, de cornéenne, ne soutiennent pas un examen rigoureux, et ne sont pas fondées.

Que les différences que l'on a remarquées entre certaines variétés de laves modernes et certaines laves anciennes de même nature, n'ont d'autre fondement que de très légères modifications de contexture intime, tenant d'une part à l'abondance, et de l'autre à la rareté ou même à l'absence (en cas de remplissage complet par infiltration) des *vacuoles* existantes entre les cristaux microscopiques élémentaires;

Que, proportions gardées des différences qui tiennent à l'ancienneté relative, les différens types se présentent avec les traits de l'identité la plus parfaite dans les roches volcaniques de tous les pays et de tous les âges ;

Que le sol volcanique considéré dans son ensemble et sous le point de vue le plus général, offre une composition toute particulière et une constitution que l'on ne retrouve pas dans les autres terrains.

Division méthodique des substances volcaniques dites en masses, d'après M. Cordier.

SECTION I.	SECTION II.
Substances felspathiques dans lesquelles les particules de felspath sont très prédominantes.	*Substances pyroxénées dans lesquelles les particules de pyroxène sont très prédominantes.*
A. *Non altérées.*	A. *Non altérées.*
Ier TYPE. Composées exclusivement de cristaux microscopiques entrelacés, d'un égal volume, par leur simple juxta-position, offrant entre eux des vacuoles plus ou moins rares.	Ier TYPE. Composées exclusivement de cristaux microscopiques entrelacés, d'un égal volume, par leur simple juxta-position, offrant entre eux des vacuoles plus ou moins rares.
LEUCOSTINE. (Synonymie. *Laves pétrosiliceuses*, *Klingstein*, *Domites*, etc.)	BASALTE. (Synonymie. *Lave lithoïde basaltique.*)
Sous-types. L. compacte, L. écailleuse, L. granulaire.	*Sous-types.* B. compacte, B. écailleux, B. granulaire.
IIe TYPE. Composées de verre boursoufflé, presque toujours mélangé de cristaux microscopiques plus ou moins abondans.	IIe TYPE. Composées de verre boursoufflé, presque toujours mélangé de cristaux microscopiques plus ou moins abondans.
PUMITE. (Synonym. *Pierre ponce*, *Lave vitreuse pumicée*, Haüy.)	SCORIE. (Synonymie. *Scories*, *Laves scorifiées*, Dolomieu, Haüy; *Thermantides cimentaires*, Haüy.)
Sous-types. P. grumeleuse, P. pesante, P. légère.	*Sous-types.* S. grumeleuse, S. pesante, S. légère.
IIIe TYPE. Composées de verre	IIIe TYPE. Composées de verre

massif, presque toujours mélangées de cristaux microscopiques plus ou moins abondans.

OBSIDIENNE. (Synon. *Obsidienne, Perlstein, Pechstein volcanique.*)

Sous-types. O. parfaite, O. smalloïde, O. imparfaite.

IVe TYPE. Composées de cristaux et de grains vitreux microscopiques non adhérens.

SPODITE. (Synonymie. *Cendres blanches et ponceuses volcaniques.*)

Sous-types. S. cristallifère, S. semi-vitreuse, S. vitreuse.

B. *Altérées.*

Ve TYPE. Composées de grains vitreux, souvent entremêlés de cristaux, les uns et les autres microscopiques, d'un volume très inégal, non entrelacés, en partie terreux, très faiblement adhérens ou cimentés imperceptiblement par des substances étrangères. (SPODITES vitreuse et semi-vitreuse altérées.)

ALLOÏTE. (Synonymie. *Une partie des tufs blancs* ou *d'un blanc jaunâtre, des tufs ponceux, des prétendus tripolis volcaniques, des thermantides tripoléennes, cendres ponceuses agglutinées.*)

Sous-types. A. friable, A. consistante, A. endurcie.

VIe TYPE. Composées de cristaux souvent entremêlés de grains vitreux, les uns et les autres microscopiques, d'un volume très inégal, non entrelacés, en partie terreux, très

massif, presque toujours mélangées de cristaux microscopiques plus ou moins abondans.

GALLINACE. (Synonymie. *Verre à base de lave fontiforme,* Delamétherie; *Lave vitreuse trappéenne* de Drée; *Catal.*)

Sous-type. G. parfaite, G. smalloïde, G. imparfaite.

IVe TYPE. Composées de cristaux et de grains vitreux microscopiques non adhérens.

CINÉRITE. (Synonymie. *Cendres volcaniques rouges, grises,* etc.)

Sous-types. C. cristallifère, C. semi-vitreuse, C. vitreuse.

B. *Altérées.*

Ve TYPE. Composées de grains vitreux, souvent entremêlés de cristaux, les uns et les autres microscopiques, d'un volume très inégal, non entrelacés, en partie terreux, très faiblement adhérens ou cimentés imperceptiblement par des substances étrangères. (CINÉRITES vitreuse et semi-vitreuse altérées.)

PÉPÉRITE. (Synonymie. *Tufs volcaniques d'un rouge vif, d'un rouge brun, d'un brun foncé, d'un vert grisâtre très foncé; Pouzzolane terreuse, friable en partie, base de quelques pépérino.*)

Sous-types. P. friable, P. consistante, P. endurcie.

VIe TYPE. Composées de cristaux souvent entremêlés de grains vitreux, les uns et les autres microscopiques d'un volume très inégal, non entrelacés, en partie terreux, très faiblement adhérens ou cimentés imperceptiblement par des substances étrangères. (SPODITE *cristallifère altérée.*)

TRASSOÏTE. (Synonym. *Tufs d'un gris cendré*, *Trass ; une partie des tufs blancs* ou *d'un blanc jaunâtre, des prétendus tripolis volcaniques* et *des thermantides tripoléennes ; Cendres blanches agglutinées.*)

Sous-types. T. solide, T. friable, T. endurcie.

VIIe TYPE. Composées exclusivement de cristaux microscopiques d'un égal volume, entrelacés, en partie terreux, admettant parfois des vacuoles plus ou moins rares, adhérens par la simple juxta-position, ou cimentés imperceptiblement par des substances étrangères. (LEUCOSTINES *altérées.*)

TÉPHRINE. (Synonymie. *Lave felspathique* ou *pétrosiliceuse décomposée; Klingstein décomposé; Horstein volcanique décomposé; base des thon-porphyres en partie; Domite décomposée; base des laves amygdaloïdes, felspathiques décomposées.*)

Sous-types. T. solide, T. friable, T. endurcie.

VIIIe TYPE. Composées de verre massif ou boursoufflé, entrecoupé de gerçures très déliées, presque toujours mélangées de cristaux microscopiques plus ou moins abondans, en partie terreux, ainsi que les cristaux, consistans par simple juxta-position, ou cimentés imperceptiblement par des

faiblement adhérens, ou cimentés imperceptiblement par des substances étrangères. (CINÉRITE *cristallifère altérée.*)

TUFAÏTE. (Synonymie. *Tuf volcanique ordinaire; base de la plupart des pépérino; Pouzzolane terreuse, friable en partie; Tufs volcaniques et trappéens* de Werner; *Moya* de M. de Humboldt, par appendice à la tufaïte friable.)

Sous-types. T. solide, T. friable, T. endurcie.

VIIe TYPE. Composées exclusivement de cristaux microscopiques d'un égal volume, entrelacés, en partie terreux, admettant parfois des vacuoles plus ou moins rares, adhérens par la simple juxta-position, ou cimentés imperceptiblement par des substances étrangères. (BASALTES *altérés.*)

WACKE. (Synonomie. *Laves basaltiques décomposées, partie des wackes* de Werner; *Trapp* et *Cornenne amygdaloïde; Argile endurcie amygdaloïde; base de l'ophite antique*, par appendice à la wacke endurcie.)

Sous-types. W. solide, W. friable, W. endurcie.

VIIIe TYPE. Composées de verre massif ou boursoufflé, entrecoupé de gerçures très déliées, presque toujours mélangées de cristaux microscopiques plus ou moins abondans, en partie terreux, ainsi que les cristaux, consistans par simple juxta-position ou cimentés imperceptiblement par des

substances étrangères. (OBSIDIENNE et PUMITE *altérées*.)	substances étrangères. (SCORIE ou GALLINACE *altérées*.)
ASCLÉRINE. (Synonymie. *Ponces décomposées*.)	POZZOLITE. (Synonymie. *Scories décomposées*, *Pouzzolanes lapillaires*, *Thermantides cimentaires en partie*; *base des scories amygdaloïdes*.)
Sous-types. A. solide, A. friable, A. endurcie.	*Sous-types*. P. solide, P. friable, P. endurcie.

987. Telle est la classification proposée par M. Cordier, qui permet de rapporter les nombreux produits volcaniques à des types établis sur leurs caractères de structure et de composition. Cette classification, aussi naturelle qu'on puisse l'établir pour ces sortes de roches, laisse cependant quelquefois dans l'incertitude le minéralogiste qui veut classer dans ses types certains produits volcaniques; mais cela tient, non à un vice dans la méthode, mais aux passages fréquens que les substances volcaniques présentent de variété à variété, d'espèce à espèce, et même de genre à genre. Les deux types généraux établis sur la prédominance des principes constituans offrent même des passages sensibles, et, à plus forte raison, doit-on en observer dans les deux sections différentes, dont l'une dépend des altérations éprouvées par les roches de la première.

Nous allons seulement décrire les principales roches volcaniques non altérées, en les rapportant autant que possible aux types établis par le savant géologue dont nous offrons la classification. Quant aux substances altérées ou qui doivent leur origine au plus ou moins d'intensité et au genre différent d'altération que les substances volcaniques ont éprouvée, leur passage des unes aux autres est si fréquent, leurs variétés si nombreuses, qu'il nous serait impossible de les étudier dans un ouvrage de cette nature.

988. La totalité des produits volcaniques ou considérés comme tels portait autrefois le nom commun de *laves*, que

l'on partageait ensuite en un grand nombre d'espèces. Les deux sections principales étaient les *laves lithoïdes*, c'est-à-dire celles qui ne paraissaient pas avoir été fondues, ni s'être épanchées d'un cratère, et les *laves vitreuses* et *scoriformes*, qui offraient évidemment l'action du feu, et dont la disposition, sous forme de courant nommé *coulée*, étroit à la partie supérieure et s'élargissant vers la base, prouvait évidemment l'origine.

§ Ier. *Substances volcaniques non altérées.*

Substances dans lesquelles le felspath prédomine.

TYPE OU GENRE 1. *LEUCOSTINE.* (Cordier.)

989. *LEUCOSTINE GRANULAIRE* OU *TRACHYTES*.

(*Granites chauffés en place* des anciens géologues; *Porphyres trappéens*; beaucoup de *Laves pétrosiliceuses* de Dolomieu; *Domites* de MM. de Buch et Ramond; *Nécrolithes* de M. Brocchi.)

Cette roche est caractérisée par sa pâte, qui est d'un aspect terne et mat, pétrosiliceuse, fusible et enveloppant (à la manière des porphyres) des cristaux de felspath vitreux. Sa structure est empâtée, porphyroïde, et formée par des parties irrégulières, souvent d'aspect vitreux, quelquefois simplement lamellaires, quelquefois même compactes, et paraissant cependant d'une formation contemporaine, malgré cette diversité d'aspect. Sa cassure est très raboteuse; sa dureté n'est pas très considérable. Ses couleurs sont généralement le blanchâtre ou le gris cendré, plus rarement le brunâtre.

Les trachytes se présentent souvent, de même que les basaltes, avec la structure en colonne ou prismatique; ainsi on les trouve en prisme à 4 ou 7 pans, de grandeur variable (surtout dans les Cordilières). M. de Humboldt fait observer que la structure globaire (en sphéroïdes à couches concentriques) paraît plutôt appartenir aux formations basaltiques qu'aux véritables trachytes.

Le trachyte renferme, comme parties accessoires, du mica, de l'amphibole, etc.

Comme parties accidentelles, on signale le titane ferrifère, le fer oligiste, le pyroxène (manquant très souvent, surtout dans les trachytes d'Europe), rarement le quarz, et plus rarement encore le péridot olivine. Il est douteux que cette dernière substance se trouve dans les trachytes, elle paraît appartenir plus particulièrement aux terrains basaltiques.

Cette roche passe, d'après les différentes variétés de texture que présente sa pâte, à l'eurite, au porphyre, au porphyre argileux (*Argilophyre,* Brongn.), à la domite et à la lave. Par l'augmentation de proportion du fer oligiste, du pyroxène et du péridot, elle passe peu à peu au *basalte*, dans les diverses localités où ces deux roches se trouvent en contact.

990. Les terrains trachytiques, qui se montrent également et dans les pays où les forces volcaniques agissent encore et dans ceux où elles sont éteintes, recouvrent immédiatement ou les roches primitives ou les porphyres de transition, porphyres avec lesquels ils présentent la plus grande analogie de composition, et dans lesquels on a remarqué que le felspath vitreux, l'amphibole, et quelquefois le pyroxène, deviennent plus fréquens à mesure qu'ils se trouvent plus près des roches volcaniques. Cette analogie se fait voir entre ces deux roches dans les zones les plus éloignées les unes des autres, et elle est telle souvent, comme dans les Cordilières, qu'il devient impossible de les distinguer l'une de l'autre à l'aide des seuls caractères de composition. Il n'y a que l'ensemble des caractères oryctognostiques, des rapports de gisement, etc., qui puisse servir à arriver à la solution du problème

Les trachytes superposés aux roches primitives paraissent

tantôt sortir d'un granite postérieur au gneis, tantôt des micaschistes supérieurs à ceux-ci; mais tout prouve, suivant M. de Humboldt, qu'ils sont sortis au-dessous de la croûte granitique du globe. Les trachytes qui recouvrent les porphyres de transition appartiennent à deux formations bien distinctes, savoir : à celle des porphyres et siénites non métallifères superposés immédiatement aux terrains primitifs, et à celle des porphyres, siénites et diorite, souvent métallifères, reposant sur un schiste argileux ou sur des schistes talqueux avec calcaire de transition. Leur gîte principal est surtout dans ces terrains intermédiaires, et plus particulièrement dans la première de ces formations porphyriques. Ces trachytes sont, en général, peu répandus dans l'ancien continent (chaîne du Caucase, Hongrie, Transylvanie, Auvergne, îles de la Grèce, Italie, etc.); mais ils acquièrent des développemens énormes dans le nouveau, principalement dans l'Amérique méridionale (crête et lisière des Andes du Chili, du Pérou, de la Nouvelle-Grenade, de Sainte-Marthe, de Mérida, vallée de Mexico, etc.), dont ils occupent les parties les plus élevées. Leurs couches ont jusqu'à 14000, et même 18000 pieds d'épaisseur (Chimborazo, volcan de Guagua-Pichincha).

Les trachytes ne sont recouverts que par d'autres roches volcaniques, telles que des basaltes, des phonolites, des amygdaloïdes, des conglomérats et tufs ponceux; très rarement par quelques formations tertiaires identiques avec le terrain de Paris (Hongrie); plus rarement encore par de petites formations de gypse et d'oolites intercalées ou superposées aux tufs ponceux (Andes de Quito, archipel des Canaries).

991. DOMITE. Le nom de *domite* a été affecté par M. de Buch à la formation trachytique qui constitue la majeure partie du Puy-de-Dôme en Auvergne, parce qu'il a cru y trouver des différences assez notables avec les véritables trachytes,

dont nous venons de tracer les caractères; mais, dans bien des circonstances, ceux que présente cette nouvelle roche sont si peu distincts de ceux qui appartiennent aux trachytes, qu'il est impossible de l'en distinguer; aussi beaucoup d'auteurs ne regardent-ils la domite que comme un état particulier des premiers, et la font-ils rentrer dans le même genre. Quoi qu'il en soit, voici les principaux caractères qu'on lui reconnaît.

Elle est formée essentiellement d'une argile endurcie (*Argilolite* de Brongniart) et de mica disséminé en paillettes dans la masse même de la première. Elle a pour principes accessoires le felspath vitreux en cristaux rares et fendillés, jamais nacrés; et pour principes accidentels, l'amphibole ou le pyroxène, en parties rares. Sa texture est comme grenue ou terreuse, sans éclat; cependant, au grand jour, elle offre beaucoup de petits points scintillans et métalliques dus au mica. Elle a peu de cohésion, quoique faiblement sonore; une cassure généralement raboteuse, et pour couleur habituelle le blanc grisâtre. Les autres couleurs sont le gris cendré, le jaunâtre, le rosâtre. Elle est infusible, et renferme souvent une certaine proportion d'acide hydrochlorique libre. (Vauquelin.) Les caractères qui la font séparer du trachyte sont d'avoir une pâte plus poreuse et plus légère, et de ne point renfermer le felspath vitreux comme principe essentiel, mais seulement comme principe accessoire.

On en distingue deux variétés.

La *domite blanchâtre*, quelquefois légèrement jaune ou rosâtre, renfermant du mica métalloïde et peu d'amphibole: telle est celle des îles Ponces et de la partie méridionale du Puy-de-Dôme.

La *domite brunâtre*, renfermant des cristaux très nets de felspath vitreux, d'amphibole, et du mica métalloïde; telle est celle de la partie orientale du Puy-de-Dôme et de la vallée du Cantal, à la descente du Liorant.

On voit que la domite appartient aux terrains pyrogènes anciens, dont la formation est analogue à celle des trachytes. Elle constitue la masse principale du Puy-de-Dôme et des autres puys qui en dépendent, tels que le Puy-de-Sarcouy, etc.

992. *LEUCOSTINE ÉCAILLEUSE* OU *DOLÉRITE*. (*Mimose*, Haüy, Brongniart; *Basalte granitoïde; Graustein* des Allemands.)

Roche composée de felspath et de pyroxène. Sa couleur, toujours sombre, est le gris ou le brun plus ou moins mélangé de parties blanches. Sa dureté est faible, sa cassure raboteuse, sa texture grenue.

Tantôt le felspath forme la pâte de la roche et enveloppe visiblement des cristaux de felspath et de pyroxène (*Dolérite porphyroïde*), tantôt ces deux substances se trouvent en cristaux entrelacés (*Dolérite granitoïde*), parmi lesquels le pyroxène domine souvent. La dolérite passe alors au basalte (*Basalte granulaire*, Cordier).

Les parties accidentelles que l'on observe dans la dolérite sont : le fer titaniaté, le péridot, l'amphibole, et quelquefois l'amphigène et le mica. Elle offre aussi tous les passages à la diorite basaltoïde (*Grünstein basalt*, W.).

La dolérite appartient aux terrains volcaniques anciens, et semble, par sa position et sa nature, faire le passage du terrain de basalte, sur lequel elle repose ordinairement, au terrain de laves qui a été produit évidemment par des éruptions volcaniques. Elle paraît elle-même être le résultat de coulées volcaniques; c'est du moins ce que peut faire présumer sa disposition en amas plutôt qu'en couches.

On en cite en Hesse au sommet du mont Meissner, au Vésuve, à Saint-Sandoux en Auvergne.

993. *LEUCOSTINE COMPACTE* OU *PHONOLITE*. (*Klingstein*, W.; *Felspath compacte sonore; Lave pétrosiliceuse; Hornstein volcanique.*)

Cette roche présente une pâte compacte fine, une surface tantôt terne, tantôt plus ou moins luisante; une couleur qui varie du gris verdâtre au noir; une cassure écailleuse. Elle est sonore lorsqu'on la frappe avec un corps dur. Elle se divise quelquefois en grandes tables ou en prismes.

Le phonolite diffère à peine du felspath compacte (*Pétrosilex*), et passe aussi à l'eurite. Il empâte quelquefois des cristaux de pyroxène, des parcelles de mica, des grains d'haüyne, de fer titaniaté, de l'opale hyalite, et constitue le *Phonolite porphyrique.* (*Klingstein porphyr,* W.)

Enfin, il est susceptible de se décomposer, de prendre l'aspect terreux, et constitue une variété de *Téphrine.* (Cordier.)

Le phonolite appartient aux terrains pyrogènes anciens. On le rencontre dans les terrains trachytiques et dans les terrains basaltiques, où il forme des couches ou des amas plus ou moins étendus, qui paraissent dus à des *coulées.*

On l'observe dans la plupart des anciens volcans; il existe en France, au rocher de Sanadoire en Auvergne.

TYPE OU GENRE 2. *PUMITE* OU *PONCE.*

(*Pierre ponce; Lave vitreuse pumicée,* Haüy.)

994. La ponce est une substance spongieuse, légère, composée de fibres nombreuses et vitrifiées, plus ou moins fines; toujours rudes au toucher, et qui laissent entre elles des interstices de grandeur variable (de là les sous-types *pumite grumeleuse, pesante* et *légère*). Ces cavités sont souvent traversées par des fils vitrifiés très déliés. Sa couleur ordinaire est le blanc sale; mais il y en a de grises, de jaunâtres, de verdâtres, et même de brunes.

La pesanteur spécifique, difficile à connaître à cause de l'air interposé, paraît être de 2,14.

Elle fond au chalumeau en un émail blanchâtre ; elle est inattaquable par les acides.

La ponce offre des différences de texture très variées. Tantôt elle est très légère, et par conséquent offre des vides nombreux ; tantôt elle est pesante, et passe par nuances insensibles à l'obsidienne, dont elle ne paraît être qu'une variété scorifiée. MM. de Humboldt et Beudant, dont l'opinion est toujours d'un si grand poids, considèrent la ponce comme un état particulier sous lequel plusieurs roches des terrains volcaniques peuvent se présenter.

La ponce est une des substances les plus récentes des terrains trachytiques, à la partie supérieure desquels on la trouve. Sa disposition est très remarquable, en ce qu'elle forme des bancs plus ou moins épais, qui sont formés par la réunion d'une infinité de petites masses dont la grosseur varie beaucoup. Ces masses sont réunies par différentes substances, ou plus souvent libres.

Quoique certaines ponces aient évidemment coulé à la manière des *laves*, la disposition que nous venons de décrire doit plutôt tendre à faire croire qu'elles ont été lancées hors du cratère des volcans, et qu'elles se sont ensuite tassées après leur chute à la manière de la grêle.

Quelquefois la ponce contient des cristaux de felspath, etc., et constitue alors des roches que l'on désigne sous le nom de *Trachytes ponceux* (*Pumites*, Brongn.).

La ponce est susceptible de se disgréger et de se décomposer comme toutes les roches volcaniques ; elle donne lieu, soit à la *Ponce arénacée* (Beudant), soit à une substance blanche, ressemblant à la craie ou à la marne (*Asclérine*, Cordier).

Il est des contrées volcaniques entièrement dépourvues de ponces ; mais il en est d'autres où on les rencontre en grande quantité, telles sont les îles de Lipari, de Vulcano, et celles qui les avoisinent; les environs de Rome, la Campanie, la Hongrie, etc. Elle fait partie d'un conglomérat au Puy-de-Crouelle, près Saint-Julien en Auvergne; mais elle y est rare, et en morceaux arrondis du volume d'une noix.

Cette substance est employée comme pierre à bâtir, et surtout comme matière à polir. On la pulvérise, et on la fait entrer dans des poudres et opiats dentifrices, auxquels elle donne la propriété de blanchir les dents, mais d'en user l'émail.

TYPE OU GENRE 3. *OBSIDIENNE.*

(*Perlstein; Pechstein volcanique; Verre volcanique; Émail volcanique; Perlaire*, Haüy.)

995. Les obsidiennes sont des roches vitreuses, offrant tout-à-fait l'aspect du verre ou de l'émail, de couleur grise ou noire; à cassure vitreuse, éclatante, largement conchoïde, à esquilles minces et tranchantes sur les bords.

Tantôt les obsidiennes sont parfaitement vitreuses, transparentes, fondent au chalumeau en émail blanc ou gris (*Obsidiennes parfaites*); tantôt elles sont opaques, présentent plutôt l'aspect de l'émail que du verre, et se boursoufflent beaucoup au chalumeau sans se réduire en globules (*Perlstein*).

L'obsidienne est une des substances volcaniques dont la fusion est évidente. Elle appartient aux volcans éteints et à ceux qui brûlent encore, quoique plus ordinairement ces derniers produisent des *gallinaces*.

L'obsidienne fait partie des terrains trachytiques; elle y constitue des montagnes entières, formées par la superposition de plusieurs *coulées*, qui ne sont séparées entre elles que par des couches très minces de matières terreuses. Ces coulées sont plus ou moins épaisses et plus ou moins inclinées; elles contiennent des rognons d'obsidienne plus foncée en couleur (*Gallinace?*).

Cette substance s'observe fréquemment autour et dans l'intérieur des cratères de plusieurs volcans; il paraît même qu'elle est quelquefois lancée pendant les éruptions, soit seule, soit avec des fragmens de roche, auxquels elle adhère. C'est sans doute à des éruptions de cette nature qu'il faut attribuer les fragmens et les boules vitreuses à surface tuberculeuse, que M. de Humboldt cite près de Popayan, dans les champs de Los-Serillos, des Uvalès et de Palacé, et qui reposent sur un terrain basaltique, sans cependant en dépendre d'aucune manière.

L'obsidienne passe par nuances insensibles à la pumite (Cordier), qui n'est peut-être qu'un état particulier de cette substance. Dans certains cas elle se décompose, s'exfolie, perd la couleur irisée qu'elle avait prise dès le commencement de sa décomposition, et prend un aspect terreux (*Asclérine*, Cordier).

TYPE OU GENRE 4. *SPODITE.*

(*Cendres blanches* et *ponceuses volcaniques.*)

996. Ce sont les cendres blanches des volcans; ce sont ces matières, mais principalement les *rouges* et les *grises* (*Cinérite*, Cordier), qui se répandent dans l'air pendant les éruptions, et sont portées quelquefois à des distances considérables. Elles se déposent ensuite, et forment des couches plus ou moins étendues. Ces cendres ne sont pures qu'immédiatement après l'éruption, car elles ne tardent pas à s'altérer et à s'agglutiner de diverses manières, et donnent lieu à des produits nouveaux (*Alloïte, Asclérine*, Cordier).

Substances dans lesquelles le pyroxène prédomine.

TYPE OU GENRE I. *BASALTE.*

(*Laves lithoïdes basaltiques; Basalt*, Werner.)

997. Le basalte forme une roche essentiellement composée de pyroxène en masse ou en très petites parties cristallines, et de felspath, mais en proportions bien différentes, car le premier en forme la majeure partie.

Ses composans accidentels sont l'amphibole, le péridot olivine, le pyroxène, le fer carbonaté concrétionné, le fer titané, le fer oxidulé cristallisé, etc.

Il a une texture grenue à grains fins et comme homogène; une cassure matte, inégale, souvent conchoïde et caverneuse; un aspect âpre, et une couleur d'un noire grisâtre, quelquefois blanchâtre. Les surfaces qui sont exposées à l'air deviennent d'un gris rougeâtre, par suite de l'altération du fer qu'il contient. Il est plus dur que la chaux carbonatée, difficile à casser et sonore. Sa pesanteur spécifique est de 3 environ. Il agit sur l'aiguille aimantée, et fond au chalumeau en verre grisâtre ou verdâtre.

Le basalte se présente ordinairement sous forme de masses pseudo-régulières, c'est-à-dire en colonnes prismatoïdes à 3, 4, 5, 6, et même 9 pans, formes produites par le retrait occasioné par le refroidissement qu'a subi cette matière d'origine volcanique, après son éjection à la surface de la terre. Ces prismes, tantôt droits ou contournés, tantôt divergens, verticaux ou inclinés, ont le plus souvent un diamètre considérable; quelques-uns cependant, mais c'est le cas le plus rare, n'ont qu'un pouce ou deux de diamètre; leur hauteur est quelquefois de 100 pieds et au-delà; ils paraissent comme articulés et au point où se fait la jonction, une des extrémités est convexe, tandis que l'autre est concave. Très souvent ils sont réunis plusieurs en faisceaux.

La forme prismatique n'est pas la seule sous laquelle se montre le basalte, il est quelquefois en plaques minces (*B. tabulaire*) inégalement épaisses et peu volumineuses; d'autres fois il est en boules ou sphéroïdes (*B. sphéroïdal*) composées de couches concentriques ou de rayons divergens. Dans le premier cas, le centre de ces sphéroïdes est occupé par un noyau composé de basalte plus compacte que les couches environnantes, ou formé entièrement de chaux carbonatée lamellaire, d'arragonite, de fer oxidulé, de fer oxidé rouge, de mésotype, de calcédoine, d'agate, etc. Dans le second, la structure rayonnée est due à l'aglomération de prismes basaltiques articulés qui, par suite d'une décomposition, agissant sur les arètes et les angles, et de l'extérieur à l'intérieur, ont été amenés à la forme globaire.

Relativement à la structure de ses parties intimes, le basalte offre deux variétés remarquables; le *basalte porphyrique,* dans lequel les substances accidentelles sont toujours disséminées en cristaux à angles saillans, et le *basalte amygdalaire,* dans lequel les cavités bulleuses dont il est parsemé sont remplies par des substances arrondies en boules. Quelquefois les cavités bulleuses sont vides; souvent leurs parois sont simplement tapissées de cristaux, mais dans tous les cas, ces cavités sont assez uniformément répandues dans la masse.

998. Le terrain basaltique se lie d'un côté aux trachytes, dans lesquels le pyroxène devient progressivement plus abondant que le felspath, et d'un autre, aux laves des volcans qui ont coulé sous forme de courans. On remarque que généralement les grandes masses basaltiques sont très éloignées des masses trachytiques; qu'ainsi les pays qui abondent le plus en basaltes (Hesse, Bohème) sont dépourvus de trachytes, et qu'il en est de même pour les pays trachytiques, comme les Cor-

dilières des Andes, qui présentent rarement des basaltes : cependant, malgré cette inégalité de développement, ces deux terrains présentent dans beaucoup de localités des relations de gisemens très intimes. Le terrain basaltique se montre superposé au terrain trachytique (chaîne du Mont-Dore, monts Euganéens, Cerro-del-Marquès, environs de Guchilaque, Cerro-de-Macultepec, environs de Xalapa au Mexique), tantôt sous forme de vastes coulées qui le sillonnent en tous sens, tantôt sous celle de masses prismatiques qui saillent de son intérieur.

En général, les masses volumineuses de basaltes se trouvent immédiatement dans les terrains primitifs (sur le granite, le gneis, la diorite, etc.), intermédiaires (porphyres, schistes argileux) et secondaires (argiles schisteuses, calcaire coquillier, etc.), tandis que d'autres masses bien moins considérables, à texture homogène et offrant le plus souvent l'apparence d'anciennes coulées de laves lithoïdes, sont superposées au terrain trachytique. Les unes et les autres enveloppent quelquefois des fragmens de granite, de gneis ou d'une siénite très abondante en felspath. (Humboldt.) Dans la dernière circonstance géologique que nous venons d'indiquer, les basaltes gisent rarement auprès du sommet des volcans encore en activité ; ils sont placés à leur pied et semblent les entourer de toutes parts; cependant on en cite parfois près des cratères (Vulcano). Ils sont toujours recouverts par les laves vomies par ces volcans, ce qui conduit naturellement à penser que leur origine est antérieure à celle de ces produits.

Le basalte, dont certains pays présentent des masses d'une très grande étendue, forme ordinairement des montagnes assez régulièrement coniques, mais jamais des chaînes entières et continues. Ces montagnes sont formées, ou par des couches, ou par des colonnes prismatoïdes, plus rarement par des sphères ou des tables. Les couches variables d'inclinaison et d'épaisseur, alternent souvent avec d'autres couches, mais plus habituellement elles leur sont superposées, sans leur être parallèles. Quelquefois, comme dans les environs du volcan de Jorullo au Mexique, le basalte se montre en petits cônes, composés de boules à couches concentriques, à sommets très convexes, et qui paraissent être sortis du terrain environnant, par une espèce de soulèvement occasioné par une force élastique agissant de l'intérieur à l'extérieur. Dans la localité que nous venons de citer, tous les environs de la montagne ignivome sont couverts de ces petits cônes, appelés par les indigènes *fours* ou *hornitos*, à cause de leur forme, et parce qu'ils s'exhale des crevasses qui les sillonnent des vapeurs aqueuses mêlées d'acide sulfureux.

Les pays qui offrent des formations basaltiques très développées sont, avec ceux que nous avons déjà cités, l'Écosse (côte occidentale), les îles Hébrides (parmi lesquelles se trouve l'île de Staffa, si fameuse par la belle grotte de Fingal), l'Irlande (comté d'Antrim sur la côte septentrionale), la Saxe, l'Italie, le Velay, l'Auvergne, le Forez et le Vivarais, etc.

999. Le basalte est soumis à un genre particulier de décomposition qui en disgrège les parties, les réduit à l'état terreux et les transforme en une substance que quelques géologues ont regardée comme une roche particulière et décrite sous le nom de WACKE, mais qui n'est à proprement parler qu'un état différent de structure. C'est ainsi que M. Cordier, en effet, considère la WACKE, dont les principaux caractères sont d'avoir une couleur grisâtre, brunâtre ou verdâtre, une cassure matte et unie, parfois conchoïde, d'être tendre et facile à casser, assez douce au toucher, ordinairement magnétique, plus fusible que le basalte, de ne point happer à la langue, ni faire pâte avec l'eau, enfin d'offrir une densité de 2,53 à 2,89. La wacke se présente en couches et en filons au milieu des masses basaltiques dont elle provient.

1000. *Annotations*. M. Brongniart a décrit, dans sa *classification des roches*, sous le nom de *basanite*, toutes les variétés de basalte dont la pâte enchâsse des cristaux de substances diverses. Il en fait une roche particulière qu'il considère comme distinctement mélangée et caractérisée par la présence du minéral qui lui est essentiel, tandis que le basalte est pour lui une roche d'apparence homogène. Il réunit aussi, sous ce nom, des produits d'une origine ignée bien évidente et qui ont coulé à la manière des laves. Nous n'avons pas admis, en cette circonstance, les idées du célèbre géologue que nous venons de nommer, et n'avons pas cru (forcés, comme nous le sommes, de nous restreindre) devoir séparer du basalte ce qu'il appelle *basanite*, que nous regardons comme de simples variétés de structure. Quand, au lieu du basalte, c'est la wacke qui enveloppe des cristaux ou des boules de diverses substances minérales, la roche prend le nom de *wackite*.

TYPE OU GENRE 2. *SCORIE*.

(*Laves scorifiées*, Dolom.; *Thermantides cimentaires*, Haüy; *Scories*, partie des *Téphrines* de Delamétherie; partie des *Basanites* de Brongniart (*).)

1001. Roche à texture plus ou moins boursoufflée, celluleuse, ou scoriacée, et dont la densité est également très variable. Ce type renferme une grande partie des roches volcaniques modernes, qui ont évidemment coulé sous forme de

(*) Nous avons décrit sous le nom de *scorie* la masse entière des coulées de laves, quoique cependant l'intérieur du courant d'apparence lithoïde doive se rapporter au basalte; mais nous n'avons pas cru devoir séparer des substances presque toujours réunies dans la nature. Il nous suffit de prévenir que les scories proprement dites ne forment que les parties supérieures et inférieures du courant.

courant. Ces courans ou *coulées* sont ordinairement plus compactes vers le centre de la masse qu'à leur partie supérieure et inférieure qui sont boursoufllées, souvent même assez légères, à cause des nombreuses cellules qui s'y trouvent et qui sont dues à de l'air interposé.

Ces roches offrent un grand nombre de variétés dues à leur structure et à leur composition. Tantôt elles sont pures et ne diffèrent entre elles que par le plus ou moins de vacuoles qu'elles offrent, tantôt elles contiennent des cristaux ou des fragmens de divers minéraux qui constituent une foule de variétés (*Basanites*, Brongn.).

Les minéraux que l'on observe le plus communément dans ces roches sont : le pyroxène (Puy-de-Corent, vallée de Vic en Auvergne), le péridot (coulée de Volvic en Auvergne), le felspath (Puy-de-Côme en Auvergne), la chaux carbonatée, la mésotype, etc. (Recoaro près Vicenne, montagne de Gergovia en Auvergne, etc.).

1002. La plupart de ces roches constituent un terrain particulier, nommé *terrain de laves*, postérieur aux formations trachytiques et basaltiques. Ce terrain appartient aux volcans éteints (Auvergne, Vivarais, etc.) ou aux volcans en activité (Vésuve, Etna, etc.), et se continue encore de nos jours. Il est formé, non par la succession de couches régulières plus ou moins inclinées, comme les terrains que l'on suppose formés par voie de dépôts, mais par la superposition d'un nombre illimité de *coulées* qui ont été produites à des époques plus ou moins éloignées. Ces coulées sont ordinairement sous forme de courans, qui s'élargissent beaucoup à leur extrémité inférieure, qui est souvent horizontale. Leur épaisseur est extrêmement variable, selon l'état de liquidité que présentait la lave lors de l'éruption, et selon les obstacles qu'elle a éprouvés dans sa marche. Tantôt elle s'est épanchée dans la plaine, sous forme de larges nappes, tantôt elle s'est arrêtée dans des vallées où elle s'est solidifiée en énormes amas. La surface des coulées, quelquefois assez plane, est ordinairement parsemée de crêtes et d'irrégularités qui indiquent l'état pâteux du courant à l'époque de sa formation.

Plusieurs coulées peuvent se recouvrir, mais elles sont toujours séparées par des matières plus ou moins terreuses, qui résultent de l'altération que la surface de la coulée antérieure a éprouvée.

Ces roches, qui sont avec les cendres volcaniques les produits les plus récens des terrains pyrogènes, sont susceptibles de se décomposer, et les produits de cette décomposition, entraînés par les eaux, donnent lieu à des substances nouvelles (*Pozzolites*, Cordier), parmi lesquelles nous citerons seulement les *Pouzzolanes*, célèbres de toute antiquité par leurs usages dans les constructions. Ce sont des dépôts plus ou moins abondans de matières sableuses ou agglutinées, de couleur variable, et qui, unies à la chaux, produisent des mortiers qui durcissent sous l'eau et sont d'une solidité remarquable.

TYPE OU GENRE 3. *GALLINACE.*

(*Obsidienne*, *Lave vitreuse trappéenne*, *Verre* ou *Émail volcanique.*)

1003. Les gallinaces ne diffèrent des obsidiennes (Cordier) que par la prédominance du pyroxène, indiquée par leur couleur foncée et l'émail noir qu'elles donnent au chalumeau.

C'est à ce type qu'il faut rapporter l'*obsidienne filamenteuse* (*Nemate*, Haüy), formée par une multitude de filamens plus ou moins longs, très déliés, qui proviennent des éruptions du volcan de l'île de Bourbon.

C'est encore une gallinace que l'on observe à la partie supérieure des courans de laves modernes, comme au pic de Ténérife.

La gallinace est moins abondante que l'obsidienne, mais peut, comme elle, se décomposer et prendre l'aspect terreux (*Pozzolite*, Cordier).

Les gallinaces sont quelquefois employées comme miroirs très-estimés par les dessinateurs de paysages. On se sert aussi de certaines variétés pour faire des bijoux de deuil.

TYPE OU GENRE 4. *CINÉRITES.*

(*Cendres rouges* et *grises volcaniques.*)

1004. Ces cendres ont la même origine que les blanches (996); on les observe fréquemment dans les diverses éruptions qui ont lieu dans les volcans actuellement en activité, mais elles s'altèrent promptement, et donnent lieu à des produits nouveaux (*Pépérite*, *Pozzolite*, Cordier).

§ II. *Substances volcaniques altérées.*

1005. Les produits immédiats des volcans, que nous venons de passer en revue, donnent lieu, par les altérations diverses qu'ils subissent, à une foule de substances nouvelles dont le nombre est infini et les caractères non décrits.

« Les *laves* en général, ou plutôt les *laves lithoïdes* et les *laves vitreuses*, dit M. Leman (*Nouveau Dictionnaire d'Histoire naturelle*, 2e édit., article *Lave*), produits immédiats des volcans, donnent naissance à une multitude d'autres produits dont l'ensemble forme tous les produits volcaniques, et dont l'histoire est celle même des volcans. En effet, la calcination, en tourmentant les laves, attaque quelques-uns de leurs principes et les fait passer à un état tout-à-fait différent. Cette action du feu agit encore sur les nouveaux produits, ensuite altérés par d'autres agens; il en est de même de l'action des gaz acides sulfureux, muriatique, etc., qui, en agissant continuellement sur les laves, en opèrent pour ainsi dire l'analyse, et forment des sels solubles avec quelques-uns de leurs principes. L'action de l'air et des autres agens atmosphériques non moins actifs altère ces laves, relâche leur tissu ou finit par les réduire en terre. Tous ces nouveaux produits sont remaniés par les eaux, déposés en couches puissantes dans les mêmes lieux, ou ils éprouvent encore l'action du feu des volcans, ou sont transportés au loin, sans quelquefois laisser les traces de leur origine. D'autres produits se forment dans les laves altérées par l'infiltration ou la transsudation, comme on voudra l'appeler. Dans ces millions de changemens, on perd le fil qui unissait les laves et leurs produits; le doute s'élève dans l'esprit de ceux qui n'ont pu étudier les changemens qui s'opèrent dans les volcans en activité; il devient incrédulité.»

C'est de ces nombreuses altérations que sont résultés les *tufs volcaniques* de toutes les couleurs, les *peperino*, les *wackes*, les *pouzzolanes*, les *thermanthides tripoléennes* et *cimentaires*, et une foule d'autres substances qu'il serait trop long d'énumérer.

Enfin, la réaction séculaire de l'air et des eaux sur ces nouveaux produits finit par les décomposer entièrement et les transformer en terre fertile, que les torrens entraînent dans les plaines sous forme d'alluvions, et dont l'Auvergne et un grand nombre d'autres localités nous offrent plus d'un exemple.

MANIÈRE D'ÊTRE DES ROCHES DANS LA NATURE, OU DES COUCHES.

1006. Les roches sont toujours disposées, dans la nature, en masses dont l'épaisseur varie beaucoup, mais dont les deux faces, supérieure et inférieure, approchent plus ou moins du parallélisme. Leur étendue n'est pas bornée; aussi s'étendent-elles quelquefois très loin, ou bien elles sont arrêtées par des escarpemens, des bassins, etc., qui, dans certains cas, ne font même que les interrompre sans les limiter; d'autres fois elles s'amincissent graduellement et finissent par disparaître. C'est à ces masses que l'on a donné le nom de *couches*. Les couches, pour la plupart, sont considérées comme autant de dépôts successifs qui se sont faits au milieu d'un liquide, lors de la formation des grandes masses minérales, ce qui fait présumer qu'elles ont commencé par être horizontales; mais il en est qui, par des causes qui nous sont inconnues, ont perdu cette position et sont devenues inclinées, verticales, plus ou moins contournées, et quelquefois même ployées en zig-zag.

Dans une description géologique, on n'a rien à ajouter quand on a dit qu'une couche est horizontale; mais quand on la dit inclinée, il faut alors indiquer dans quelle direction cette inclinaison a lieu, si c'est au sud, à l'est, etc., et combien elle offre de degrés, c'est-à-dire la valeur de l'angle formé par son plan avec l'horizon. On conçoit qu'en indiquant la direction d'une couche, on doit le faire d'une manière générale, et négliger toutes les sinuosités que cette couche peut former.

1007. Les couches ont une structure de disgrégation plus ou moins bien déterminée. On dit d'elles qu'elles ont une structure :

Schisteuse ou *feuilletée*, quand ce sont des feuillets ou de petites couches qui forment la grande. Ces feuillets, quelquefois déterminés par du mica, du talc, sont ordinairement parallèles aux deux faces de la couche, quand celle-ci n'est pas contournée (fig. 1, pl. IV). Dans certains cas cependant où la couche est bien horizontale, les feuillets sont inclinés, comme on peut l'observer dans les terrains houillers et de grès rouge; ou contournés, comme dans certains *gneis* (fig. 2, pl. IV).

Pseudo-régulière, quand la couche se divise en fragmens

plus ou moins semblables à des cristaux, mais dont les angles ne sont jamais constans. Tantôt ces fragmens présentent des formes prismatiques, comme dans les basaltes; tantôt ils présentent des tables plus ou moins grandes, comme dans certains schistes argileux. Les joints naturels de division sont plus ou moins visibles. On attribue à un retrait ceux qui existent dans le gypse, dans les basaltes, etc.

Indéterminée, quand on ne remarque aucun feuillet ni aucun joint de division, comme les granites, les siénites, qui se cassent en fragmens irréguliers.

1008. On a cru que certaines roches, comme le granite, par exemple, ne formaient pas de couches; mais cette opinion paraît contestée. Le granite forme des couches, mais dont l'épaisseur est quelquefois tellement considérable, que cette roche ne semble pas avoir cette disposition.

On substitue quelquefois le nom de *bancs* à celui de *couches,* quand elles offrent une grande épaisseur, comme celles du granite; mais, dans ce cas, il devient difficile d'établir les limites d'épaisseur où une couche prendra le nom de *banc*, ou conservera celui qui lui est propre. C'est pour cela, que d'autres géologues réservent cette dénomination pour des couches qui se rencontrent accidentellement dans certains terrains. On nomme *toit* la partie supérieure d'une couche, et *mur* ou *chevet* sa partie inférieure.

Dérangemens et accidens dans la régularité des couches en particulier.

1009. La structure des couches peut subir quelques altérations dans sa régularité, ce qui proviendra de matières interposées Ces matières s'y trouvent sous différentes formes, auxquelles on a donné les noms de *veines, petits filons, nids, rognons, noyaux.*

1010. *Veines.* Les veines sont des couches partielles de peu d'étendue, qui, assez généralement, sont formées par des minéraux différens de celui qui se montre dans la couche principale. Les substances métalliques constituent rarement des couches à elles seules, mais elles forment assez fréquemment des veines. Ces dernières dérangent très peu la régularité d'une couche (fig. 3, pl. IV); mais la manière dont elles y sont disposées indique qu'elles ont dû prendre naissance en même temps que la couche elle-même.

1011. *Petits filons.* Ce sont des ramifications qui traversent une couche en tous sens, à peu près comme un filon traverse un terrain. Ils sont d'abord perpendiculaires à la surface de la couche, mais ensuite ils se ramifient en différens sens. On les observe plus rarement dans les roches à structure feuilletée. Ils sont quelquefois remplis par des substances métalliques, telles que de l'oxide d'étain, du cobalt argentifère; mais plus généralement leur composition est moins différente de celle de la couche qui les contient; quelquefois même elle est tout-à-fait identique, et la couleur seule est différente, comme on peut l'observer dans certains marbres colorés qui offrent de petits filons d'une couleur ordinairement plus pâle, et qui présentent quelquefois eux-mêmes plusieurs bandes de nuances différentes, mais toujours parallèles (fig, 4, pl. IV).

1012. *Nids.* Ce sont de petites masses de matières ordinairement friables, n'affectant aucune forme régulière, qui se trouvent répandues çà et là dans l'intérieur d'une couche.

1013. *Rognons.* Les rognons diffèrent des nids, en ce que généralement ils sont plus gros, de forme arrondie ou réniforme, et formés par des matières solides. Ils sont quelquefois étranglés à différens endroits.

1014. *Noyaux.* Les noyaux sont de petites masses, de forme diverse, mais servant assez souvent de centre à certaines matières qui se sont modelées autour d'eux, ou bien remplaçant des corps organisés, comme les noyaux de *tér-*

bratules, que l'on rencontre dans des couches de marbre, etc.

Les nids, les rognons, les noyaux ne sont, pour ainsi dire, que des modifications des *amas;* ils sont en petit ce que ceux-ci sont en grand.

1015. Enfin, il est certaines substances qui se rencontrent dans les couches, sans qu'on puisse leur assigner aucune des dénominations que nous venons de décrire. On dit de ces substances, qu'elles sont disséminées dans l'intérieur de la masse. Il faut éviter de les confondre avec les parties constituantes essentielles des roches composées ; mais elles sont souvent des parties constituantes accessoires ou accidentelles. Ce sont tantôt des paillettes, tantôt de petits grains, des cristaux, etc. Ces derniers sont dits *empâtés* quand ils sont enveloppés de toutes parts par la roche qui constitue la couche, et *implantés* quand ils y sont seulement fixés par une extrémité, tandis que le reste est libre dans des cavités existantes dans la roche.

CHAPITRE II.

MANIÈRE D'ÊTRE DES COUCHES DANS LA NATURE, OU DES TERRAINS.

1016. Nous venons d'examiner le mode d'arrangement que les roches présentent, et nous avons vu qu'elles formaient des couches d'une épaisseur presque toujours définie, et d'une étendue presque toujours indéfinie. Nous avons ensuite passé en revue les différens accidens qui dérangent la régularité de ces couches; nous allons essayer maintenant d'exposer leur manière d'être dans la nature; nous verrons, après cela, quels sont les accidens qui peuvent altérer la régularité qui existe dans leur arrangement.

Toute la portion du globe dans laquelle nous avons pu pénétrer est formée par la superposition d'un grand nombre de couches de même nature ou de nature différente, dont l'ensemble constitue les *terrains*. L'arrangement de ces couches prend le nom de *stratification* : de là le nom de *strates* dont on se sert quelquefois en place du mot *couches*. Il faut éviter de confondre les joints des couches avec les fentes qui s'y rencontrent parfois accidentellement. Lorsque les couches superposées sont de même nature, le terrain est *simple*; quand elles sont de nature différente, le terrain est *composé*. Dans ce dernier cas, certaines roches peuvent se trouver en couches de peu d'importance, intercalées entre les couches de celle qui forme la masse prédominante du terrain, et l'on dit alors qu'elles sont *subordonnées* à la roche principale, qui est dite roche *indépendante;* mais rien n'empêche que telle roche qui est subordonnée dans un terrain, ne soit indépendante dans un autre. Outre les couches subordonnées, il en existe d'autres qui, au lieu de se rencontrer assez ordinairement comme elles, ne se présentent que par hasard, et d'une manière tout-à-fait accidentelle; on les désigne par le nom de bancs *étrangers* ou couches *étrangères*. Les couches indépendantes, subordonnées et étrangères sont à un terrain ce que sont les parties essentielles, accessoires et accidentelles à une roche.

On observe quelquefois, dans les terrains composés, une constance remarquable dans le retour successif des couches de nature différente, comme, par exemple, dans le terrain houiller. On donne à cette disposition le nom de *stratification périodique*.

On parvient à connaître la stratification d'un terrain par l'examen attentif des diverses cavités qu'il présente, telles que les mines, les carrières, les rives des fleuves et des torrens, par l'examen des vallées, des flancs des montagnes et de toutes sortes d'escarpemens.

Dérangemens ou accidens dans la régularité des terrains ou dans la stratification des couches.

1017. Les dérangemens de régularité que les couches éprouvent en petit se présentent en grand dans les terrains: dans les couches ce sont les veines, les petits filons, les nids, les rognons, les noyaux qui ne dérangent que la couche seule où ils se trouvent; dans les terrains, ce sont les *cavités*, les *fentes* et *failles*, les *couches fracassées*, les *amas*, les *filons*, qui détruisent quelquefois la régularité de toutes les assises dont se compose le terrain. C'est à ces accidens, qui se rencontrent, soit dans les terrains, soit dans les couches en particulier, que l'on a donné le nom de *gîtes particuliers*. On se sert quelquefois du terme de *gîtes généraux* pour désigner les terrains eux-mêmes. Ainsi, un gîte général pourra renfermer plusieurs gîtes particuliers, et ceux-ci pourront être de *formation contemporaine* au gîte général, ou de *formation postérieure*. Ce dernier cas a lieu presque toujours lorsque les gîtes particuliers, qui sont alors souvent des *filons* ou des *amas transversaux*, coupent transversalement les couches des terrains qui les contiennent. Ce sont ces différens gîtes, et surtout les derniers dont nous venons de parler, qui renferment la plus grande partie des substances minérales, exploitées pour les besoins du commerce et de nos manufactures. Nous allons les examiner avec un peu plus de détails.

Cavités.

1018. Il y a des cavités vides et des cavités remplies : les premières sont des cavernes vides et ordinairement allongées dans le sens des couches, dont le plan constitue presque toujours le sol et le toit quand ils ne sont pas cachés, comme cela arrive souvent, par des stalactites et des stalagmites. Ces souterrains, ordinairement très longs, se ramifient de diverses manières; ils contiennent fréquemment de l'eau à laquelle ils donnent issue à la surface du sol; il paraît même que cette eau a contribué à leur formation, en usant petit à petit les parois les plus tendres des roches qui s'opposaient à son passage, pour se frayer ensuite un chemin à travers les montagnes, etc. Les cavernes sont bien plus communes dans les terrains calcaires ou gypseux que dans les autres : on observe même dans les terrains de gypse des cavités très vastes, qui viennent jusque près de la surface du sol, au point même d'occasioner des dépressions extérieures dues à l'affaissement du terrain.

Les cavités remplies sont des espèces de filons fort larges quoique très allongés, tantôt oblongs, tantôt irréguliers : elles contiennent des masses de transport, des débris de végétaux et d'animaux, des portions de roches, etc.

Des fentes.

1019. Les fentes sont des solutions de continuité que l'on remarque dans les couches et dans les terrains. Celles que l'on observe dans les couches sont quelquefois nombreuses, mais peu importantes; nous ne nous occuperons que de celles des terrains. Elles ont été produites par des causes accidentelles, et sont toujours postérieures à la formation des terrains. Généralement elles sont perpendiculaires aux plans des couches, et s'arrêtent souvent à la ligne de démarcation d'une couche à une autre, après en avoir traversé plusieurs.

Les fentes peuvent être *sans écartement* ou *avec écartement*, et dans ce dernier état elles peuvent être *vides* ou *remplies*. Lorsqu'il n'y a pas d'écartement, ce ne sont pas à proprement parler de véritables fentes, puisqu'il n'y a pas eu de rupture entre les couches, mais seulement une sorte de ramollissement qui a permis à une partie d'entre elles de glisser sans se séparer, comme on peut le voir dans la fig. 1, pl. V. Ce fait se présente assez souvent dans les mines de houille, et il arrive quelquefois qu'il reste une trace de houille le long de la ligne sur laquelle la couche a glissé. En suivant cette trace on retrouve la houille; mais si elle n'existait pas, on la retrouverait également en poursuivant les recherches dans la même direction, mais du côté de l'angle obtus formé par la jonction de la couche avec la ligne sur laquelle l'autre portion a glissé: ainsi dans la fig. 1, pl. V, on voit facilement que l'angle B est aigu et l'angle C obtus; il faudra par conséquent chercher la couche au-dessous de C.

Le même affaissement des couches du même côté s'observe également dans les fentes avec écartement (fig. 2, pl. V). Ces fentes sont souvent remplies par des matières étrangères,

telles que des argiles, des sables, etc. Ces fentes remplies sont très fréquentes dans les terrains houillers.

Couches fracassées.

1020. Cet accident dans la stratification est assez commun dans les terrains houillers. La couche de houille semble avoir été brisée et bouleversée ; ses fragmens sont mélangés avec des portions de roches environnantes, une portion du combustible se trouve mêlée à la couche inférieure, et l'exploitation devient impossible. Les ouvriers désignent ce dérangement par les noms de *faille, brouillage,* etc.

Des filons.

1021. Les filons sont des masses minérales (pierreuses ou métalliques) dont l'étendue est bien plus grande en longueur et en hauteur qu'en épaisseur, et qui traversent, au moins dans une partie de son étendue, un terrain ou une masse de roche quelconque. Ce sont de grandes plaques en forme de coins très aplatis, plus ou moins différentes des roches qu'elles traversent, et presque toujours perpendiculaires ou obliques au plan des couches.

On trouve en filons presque tous les minerais métalliques, ceux d'or et de fer exceptés.

Dénominations particulières aux filons (fig. 5, pl. V). Les deux faces principales d'un filon prennent le nom de *salbandes* CC; mais on ne les désigne ainsi que lorsqu'elles sont de nature ou tout au moins de couleur différente de la masse du filon. On donne le nom d'*épontes* DD' aux parois sur lesquelles s'appuient les salbandes; et comme le filon est presque toujours incliné, l'éponte supérieure D' prend le nom de *toit*, et l'inférieure D celui de *mur*. Quand une partie du filon vient effleurer la surface du sol, on la nomme *affleurement* A.

L'affleurement se nomme aussi *tête du filon*, par opposition à la *queue du filon* B, qui est la partie qui se perd dans la profondeur. On nomme *gangue*, ou plus rarement *matrice*, les matières terreuses ou pierreuses qui enveloppent les minerais métalliques.

Un filon est dit *régulier* quand il conserve à peu près constamment sa direction et son inclinaison, et qu'il est accompagné de ses salbandes. Le défaut de quelqu'une de ces conditions le rend plus ou moins *irrégulier*. On dit plus généralement qu'il a une *allure régulière* ou *irrégulière*.

Affleurement. Tous les filons ne présentent pas des affleuremens; quand ils existent, ils sont tantôt un peu enfoncés dans le sol, tantôt un peu saillans. Ce dernier cas s'observe souvent quand les filons sont formés par des substances dures, comme du quarz, par exemple, et que les roches qui le contiennent se décomposent facilement, comme certaines roches schisteuses.

Salbandes. Comme nous l'avons vu, elles n'existent pas toujours, quelquefois il n'y en a qu'une, d'autrefois une de chaque côté, ou un plus grand nombre. En général, elles sont de même nature de chaque côté, et toujours disposées dans le même ordre, comme on peut le voir dans la figure 3, planche V; mais il peut arriver qu'elles soient de matière différente. Elles sont tantôt de nature analogue à celle des filons, tantôt de nature totalement différente. Quand elles renferment des cristaux, ce qui arrive souvent, l'axe de ceux-ci est presque toujours dirigé vers le centre du filon.

Position. Ils coupent, en général, les couches obliquement ou perpendiculairement; quelquefois ils se trouvent entre deux couches, mais ils ne conservent pas long-temps cette position. On détermine la position d'un filon au moyen de deux lignes droites tracées sur le plan d'une des salbandes : une d'elles, menée horizontalement, fait un certain angle avec

la méridienne ; cet angle, donné par la boussole, est la *direction* du filon. Une seconde ligne, menée sur la salbande, perpendiculairement à la première, fait avec l'horizon un angle qui détermine l'*inclinaison* du filon.

Forme. Les filons sont, en général, des masses minérales aplaties, dont les deux faces ne sont pas parallèles, qui vont en s'amincissant à mesure qu'ils s'enfoncent, et se terminent en forme de coin, dont le tranchant présente des sinuosités ; il en est cependant dont les parois sont sensiblement parallèles, et d'autres qui s'élargissent en s'enfonçant, ou se renflent et s'amincissent de distance en distance : souvent ils forment des sinuosités ou des ondulations, mais qui ne s'écartent guère de la direction principale. Les filons se divisent fréquemment en rameaux quelquefois très nombreux, mais presque toujours disposés sur le même plan ; ils sont souvent formés par la réunion de plusieurs d'entre eux, et constituent plutôt des faisceaux de filons que des filons simples.

Dimensions ou *puissance.* Leur puissance est difficile à calculer, par la raison que nous venons d'énoncer, c'est-à-dire à cause de leur fréquente réunion en faisceaux : il en est de 14 à 60 mètres d'épaisseur, mais ils sont loin d'être tous aussi puissans. Un filon dont chaque branche isolée a un ou 2 mètres d'épaisseur est déjà puissant ; cette puissance n'est pas constante, et le filon peut éprouver des étranglemens ou des renflemens, qui la font varier considérablement. Enfin, il en existe dont l'épaisseur est de quelques centimètres. L'étendue est en général proportionnée à la puissance, et l'on cite des filons qui ont jusqu'à 12000 mètres de longueur, et même au-delà. Leur profondeur peut être aussi très considérable ; mais comme souvent ils s'amincissent à mesure qu'ils s'enfoncent, on les abandonne dès que leur richesse ne permet plus le remboursement des frais d'exploitation. On en exploite à plus de 500 mètres au-dessous de la surface du sol, et qui, malgré cela, se trouvent encore au-dessus du niveau de la mer.

Composition. Les filons contiennent beaucoup de minéraux cristallisés, et l'on aurait plus tôt fait de donner la liste de ceux que l'on n'y a pas encore rencontrés, que de citer tous ceux qui s'y trouvent. Ils sont toujours bien plus riches en espèces que la roche qui les environne, et l'on y trouve la plupart des métaux. On y a rencontré des galets, de l'argile, du sable, des fragmens de roches environnantes souvent très gros et anguleux, et jusqu'à des fragmens de la masse même du filon; enfin, on y a observé des corps organisés, tels que des madrépores, des ammonites, des térébratules, enfouis à des profondeurs de plus de 100 mètres.

Presque toujours les matériaux qui composent les filons diffèrent de la roche environnante, mais il arrive quelquefois qu'ils sont de même nature; ils s'en distinguent, dans ce dernier cas, par leur texture cristalline, due à une formation plus tranquille.

Structure. La structure des filons est généralement formée par la réunion de plusieurs bandes parallèles correspondantes à partir des deux parois; quelquefois même le centre est vide (fig. 3, pl. V). Les bandes *A*, *B*, *C*, *D* sont de même nature de chaque côté, et le centre E est vide.

Richesse. On dit d'un filon qu'il est plus ou moins riche lorsqu'il contient plus ou moins de minerai de tel ou tel métal. Quelquefois le filon présente une richesse à peu près égale dans toute sa longeur, d'autrefois sa richesse est très inégale; elle augmente beaucoup quand le filon traverse certaines roches, puis diminue quand il les quitte, pour augmenter encore quand il les retrouve. Dans la figure 4, planche V, le filon traverse successivement des couches de calcaire et de grès, et diminue considérablement en traversant cette dernière roche.

1022. *Rapports des filons avec le terrain environnant.* Les filons suivent, en général, la même direction et la même inclinaison que la pente du terrain ; mais presque toujours un des côtés de la roche est descendu (fig. 5, pl. V), en sorte que les couches ne se correspondent plus, comme nous l'avons déjà vu dans les mines de houille : c'est ordinairement le toit qui a descendu. La portion de roche qui avoisine le filon semble toujours un peu altérée ; il est rare qu'elle contienne du minerai analogue à celui du filon, et lorsque cela arrive, il ne se prolonge jamais bien profondément.

Il y a des filons qui traversent plus d'un terrain, mais ce fait est assez rare ; on l'observe sur le fameux filon du Guanaxuato au Mexique.

1023. *Rapports des filons entre eux.* Dans une même contrée les filons ont la même direction ; mais au lieu d'un seul système de filons, il peut s'en trouver plusieurs, et dans ce cas, ils se comporteront entre eux comme un filon se comporte avec la roche ; en sorte que si un système en coupe un autre dans un endroit, il le coupera dans tous les autres, ce qui prouve des formations différentes. Nous allons rendre ceci plus sensible par un exemple pris dans les mines de Cornouailles en Angleterre.

Le filon AAA′ coloré en rose (fig. 6, pl. V) est un filon d'étain appartenant au premier système ; il est coupé en B par le filon rouge CC, qui est un filon d'étain appartenant au second système, et au lieu de continuer sa direction en D, il est porté en E, où il se continue jusqu'en F. Là il est coupé par un filon GH coloré en jaune et appartenant à un système étranger. Faisons, pour un moment, abstraction sur la figure du filon brun, dont nous n'avons pas encore parlé. Comme on retrouve ordinairement un filon coupé par un autre du côté de l'angle obtus, indiqué dans notre figure par l'ouverture pointillée I, le filon jaune devrait se continuer en H, et le filon rose devrait se retrouver en K ; mais il est survenu en dernier lieu un filon argileux coloré en brun, qui, formé postérieurement et appartenant encore à un autre système, a coupé tous les autres et a reporté le filon jaune en G′ et le filon rose en A′. On voit distinctement par là que le filon rose coupé par tous appartient au plus ancien ou au premier système, le filon rouge au second, le filon jaune au troisième, et le filon brun au dernier ou plus nouveau système.

1024. *Anomalies que présentent les filons dans les terrains qu'ils traversent.* Nous avons déjà vu, en parlant de la richesse des filons, que cette richesse variait selon les roches qu'ils traversaient, et que le filon s'élargissait beaucoup en traversant certaines roches, telles que des roches schisteuses, ou la roche calcaire que les Anglais nomment *métallifère* (fig. 4, pl. V). Il arrive, dans certains cas, que le filon disparaît entièrement d'une certaine couche, et se montre au contraire assez puissant chaque fois qu'il traverse d'autres couches (fig. 7, pl. V); mais quelques géologues dont le nom fait autorité, parmi lesquels nous citerons seulement M. Brochant de Villiers, assurent que le filon ne s'évanouit pas entièrement, mais qu'il devient si faible qu'on a peine à l'apercevoir dans la roche à structure amygdaloïde, tandis qu'il est très visible dans le calcaire.

Quelquefois le filon ne se correspond pas dans les différentes couches, ce qui semble assez difficile à expliquer (fig. 8, pl V). Enfin, il arrive que certains filons, au lieu de couper les couches d'un terrain perpendiculairement ou obliquement, se glissent entre deux couches et quelquefois même entre deux terrains.

1025. *Origine présumée des filons.* La position des filons, relativement aux roches environnantes, leur analogie avec les fentes, les fragmens de roches que l'on y rencontre et le parallélisme des filons de même espèce, tendent à prouver qu'ils étaient originairement des fentes. La structure cristalline des minéraux qu'ils contiennent, la position des cristaux et la structure du filon donnent lieu de croire qu'ils ont été remplis postérieurement et dans des circonstances où les matières pouvaient se séparer assez tranquillement. Les galets, les corps organisés que l'on y rencontre font présumer qu'ils ont été remplis par en haut, mais l'absence totale de ces corps dans le plus grand nombre des filons, l'énorme profondeur de plusieurs d'entre eux, font pencher pour l'opinion contraire. Ceux qui vont en s'élargissant à mesure qu'ils deviennent plus profonds sont un des obstacles que l'on présente à ceux qui les regardent comme des fentes remplies, en sorte que, en résumé, l'on peut faire beaucoup de conjectures sur leur origine, sans pouvoir en tirer une seule conclusion générale.

Des amas.

1026. Les amas sont des masses minérales, de forme irrégulière, qui se trouvent enveloppées au milieu des roches, et dont la nature est différente. Ils diffèrent des couches en ce qu'ils ne présentent pas deux faces parallèles, et qu'ils sont en général de dimension à peu près égale en tous sens. Les mêmes caractères distinctifs les différencient des filons. Malgré cela, il est quelquefois assez difficile de distinguer sur les lieux un amas d'un filon. Presque toujours les amas sont placés dans l'intérieur d'une couche ou d'une montagne, dont la stratification est peu apparente, ou bien ils sont situés entre deux couches (fig. 5, pl. IV). Quand ils se trouvent dans l'intérieur d'une couche dont la roche présente une structure feuilletée, les feuillets de cette roche ne sont pas interrompus, mais tournent autour de l'amas (fig. 6, pl. IV); quelquefois ils le pénètrent et le traversent, ou bien l'amas lui-même offre une structure schisteuse dont les feuillets correspondent à ceux de la roche. Ces caractères font présumer que les amas ont été formés en même temps que les couches. Les dimensions des amas varient considérablement, et il s'en trouve d'énormes.

Beaucoup de minerais métalliques se trouvent en amas, et la plupart des mines de Suède et de Norwège offrent cette disposition qui, du reste, n'est pas particulière aux minerais métalliques. On a rencontré des amas de granite à petits grains, dans du granite à gros grains.

En général, plus les amas sont volumineux, moins ils sont nombreux. On leur a donné différens noms, selon leur manière d'être dans les terrains. On nomme *amas transversaux*, ceux qui coupent les couches plus ou moins perpendiculairement et qui se confondent avec les filons; amas *couchés* ou *parallèles*, ceux qui se trouvent placés entre deux couches, et qui ont souvent la forme de grandes lentilles ou de couches interrompues; amas *entrelacés*, ceux qui semblent formés par la réunion de plusieurs filons et d'un grand nombre de rognons, de veines, de branches, inclinés tantôt d'un côté, tantôt de l'autre, et même par couches, sans aucune suite ni régularité, et qui se joignent, s'entrecroisent et se coupent dans leur direction et leur profondeur; amas *en rognons*, ceux qui diffèrent des autres, en ce qu'ils paraissent avoir été formés postérieurement. Les rognons sont séparés, et c'est en cela qu'ils diffèrent des filons; ils paraissent devoir leur origine à des cavités qui ont été remplies par des matières stériles ou métallifères.

Enfin, les Allemands ont donné le nom de *stockwerks* à des portions de roches qui renferment une grande quantité de minerais, soit en veines, en rognons ou en grains. Telles sont plusieurs mines d'étain de Saxe.

Dérangemens dans la régularité des terrains, dus à la disposition même des couches.

1027. Si toutes les couches étaient horizontales, la stratification serait toujours régulière; mais, comme nous l'avons déjà vu, il n'en est pas ainsi, la plupart sont plus ou moins inclinées, quelquefois entièrement verticales. Il arrive que les plans des couches ne se correspondent pas dans un terrain, comme cela a lieu aux environs de Paris pour la craie et l'argile plastique; c'est ce que l'on nomme *stratification parallèle non continue*. D'autres fois, les couches sont ployées en zig-zag, comme dans plusieurs mines de houille (fig. 7, pl. IV), ou bien disposées en bateau (fig. 8, pl. IV). On suppose, dans ce dernier cas, que ces couches se sont déposées à plusieurs reprises dans des vallées, dans des espèces de bassins, et qu'elles se sont moulées sur leurs côtés. Cette opinion est d'autant plus probable, qu'elles suivent exactement toutes les inégalités du terrain sur lequel elles reposent.

Age relatif des terrains.

1028. Puisque toute l'écorce de la terre est composée de couches superposées, il faut nécessairement admettre que ces couches ont été formées successivement, et que les unes par conséquent sont plus anciennes que les autres. Or, on a des preuves incontestables de l'ancienneté des couches inférieures et de la formation récente des couches supérieures; en sorte que l'on peut admettre qu'une couche est toujours plus ancienne que celle qui la recouvre. Ce fait, applicable aux couches, l'est également aux terrains, qui ne sont que l'assemblage d'un certain nombre de couches superposées, et qui se superposent eux-mêmes entre eux comme les couches. C'est sur cette ancienneté relative, à laquelle on a joint le mode de formation, qu'est fondée la classification des terrains. Plusieurs d'entre eux sont entièrement formés par des roches dures dans lesquelles on n'a jamais trouvé aucun débris de corps organisés, ni même aucun fragment de roches préexistantes. Ils paraissent avoir été formés avant tous les autres et avant qu'aucune cause dévastatrice ne se soit montrée à la surface de la terre. Ils constituent le *sol primordial*, et prennent le nom de *terrains primitifs*. Les autres terrains paraissent avoir été formés postérieurement par des matières de transport qui se sont réagglutinées ou qui ont été déposées plus ou moins tranquillement par les eaux, entraînant avec elles des débris plus ou moins abondans de corps organisés. Ils constituent le *sol de transport* ou *de sédiment*. On remarque que la partie de ce sol de transport, qui repose sur le sol primordial, a de l'analogie avec lui ; qu'il est également composé de roches dures et cristallines intercalées avec des matières de transport qui contiennent quelques débris de végétaux, de crustacés, et quelquefois de mollusques ; et, comme ce sol est d'une nature à peu près intermédiaire entre le sol primitif et le sol de transport ou de sédiment, dont il fait cependant partie, on a donné aux terrains qui le composent le nom de *terrain de transition*. La portion du sol de transport ou de sédiment qui recouvre les terrains de transition ne contient, pour ainsi dire, plus de roches dures, mais des matières de transport alternant avec des roches sédimentaires remplies de débris organiques appartenant à des végétaux, aux mollusques, aux poissons. On a donné le nom de *terrains secondaires* aux nombreuses assises dont ce sol est formé. Au-dessus des terrains secondaires, se trouvent d'autres terrains encore plus nouveaux, formés par des roches encore moins dures et un grand nombre de matières de sédiment, contenant une quantité énorme de débris organiques, et remarquables surtout par la présence des dépouilles osseuses d'animaux mammifères et d'oiseaux, que l'on aperçoit à peine dans les couches antérieures. On les désigne sous le nom de *terrains tertiaires*. Enfin, on a vu, dans certains lieux, à la surface de la terre, des terrains formés par des déblais semblables à ceux qui se forment en petit sous nos yeux par les alluvions ordinaires, et on les a nommés *ter-*

rains d'alluvions ou *attérissemens*. Outre cette dernière sorte de terrains qui se forme encore de nos jours, il en existe une autre dont la formation nous est aussi en partie contemporaine, ce sont les *terrains volcaniques*, qui sont des terrains produits, ou tout au moins modifiés par l'action du feu.

Parmi ces terrains, les terrains primitifs et ceux de transition sont presque les seuls qui contiennent des filons, et surtout des filons métallifères, ce qui a donné lieu à la distinction des terrains en deux grandes classes par les mineurs allemands : les *terrains à filons*, qui sont ceux que nous venons de citer, et les *terrains à couches*, qui comprennent tous ceux qui sont supérieurs aux terrains à filons.

M. Brongniart a proposé de nouvelles divisions pour les terrains, et s'est basé sur différens principes. Ce savant géologue, distinguant entre *primitif* et *primordial*, comprend, sous la dénomination de *terrains primordiaux*, toutes les roches cristallines *primitives* et *intermédiaires*, telles que les granites, les porphyres, les marbres statuaires, etc. Dans une seconde grande division, il renferme les terrains formés par voie de sédiment, et qu'on a nommés pour cette raison, *terrains de sédiment*. Il les sous-divise en trois classes auxquelles il assigne les limites et les noms suivans :

§ Ier. Les *terrains de sédiment inférieur*, qui s'étendent depuis les dernières roches cristallines de transition jusqu'au calcaire à griphytes inclusivement, et dans lesquels sont compris notamment le calcaire de transition, le grès rouge ou houiller, le calcaire alpin et le *lias* des géologues anglais.

§ II. Les *terrains de sédiment moyen*, qui s'étendent depuis le calcaire précédent jusqu'au-dessus de la craie. Ils renferment principalement le calcaire du Jura et la craie.

§ III. Les *terrains de sédiment supérieur*, nommés aussi si improprement *terrains tertiaires*, s'étendent depuis la craie exclusivement, ou depuis les argiles plastiques et les lignites inclusivement jusqu'à la surface de la terre, ou plutôt jusqu'aux derniers dépôts marins de l'ancienne mer. Cette dernière classe, à laquelle appartient la presque totalité du sol du bassin de Paris, et un grand nombre de terrains répandus sur la surface du globe, était presque entièrement inconnue aux géologues de l'école de Freyberg, et n'a été parfaitement bien décrite pour la première fois que par MM. Brongniart et Cuvier.

Nous regrettons de ne pouvoir ici développer toutes les idées émises par le célèbre professeur dont nous venons de rapporter les principales bases de sa classification. Nous renvoyons à ses ouvrages (*Descr. géol. des environs de Paris*, 2e édition; *sur le gisement des Ophiolithes*, p. 36) ceux de nos lecteurs qui voudraient de plus amples détails sur un sujet si intéressant.

Les débris de corps organisés que l'on rencontre dans la plupart des terrains appartiennent presque tous à des espèces dont les analogues vivans n'existent plus, ou bien, quand ils existent, c'est presque toujours dans des contrées très éloignées de celles où l'on trouve leurs dépouilles. L'étude de ces fossiles, de leurs rapports avec les espèces vivantes, des localités et de la nature des roches qui les renferment, est de la plus grande importance en Géognosie.

Nous venons d'indiquer les grandes coupes qui ont été faites dans la classification des terrains; nous allons les étudier avec un peu plus de détails; mais chacune de ces grandes divisions se partage encore en un certain nombre de terrains qui présentent des caractères particuliers. Le plan de cet ouvrage ne nous permet pas d'étudier toutes ces formations; mais nous observerons qu'il n'y a pas plus de limites précises entre elles qu'il n'y en a entre les différentes espèces de roches composées, en sorte que les caractères d'une formation, qui sont bien tranchés dans un endroit, disparaissent et se confondent avec ceux d'une autre dans un autre lieu.

Terrains primitifs.

1029. Ces terrains ne contiennent jamais aucun fragment de terrains antérieurs, ni aucun vestige de corps organisés. Les roches qui les constituent sont formées de minéraux durs, et présentent en général une structure cristalline. Les principales sont : le *granite*, le *gneis*, le *micaschiste*, le *schiste argileux*, le *felspath porphyrique*, la *siénite*, la *pegmatite*, l'*aphanite*, la *protogyne*, le *calcaire saccharoïde*, la *serpentine*, le *quarz*, etc., etc. Ce n'est que dans les parties les plus récentes de ces terrains que les roches présentent une cristallisation confuse, et semblent passer aux roches que l'on observe dans les terrains supérieurs.

Ils contiennent un grand nombre de substances métalliques, qui le plus souvent y forment des filons. On n'y trouve jamais de matières charbonneuses.

Ces terrains se montrent à découvert dans les chaînes de montagnes et dans les points les plus élevés de la terre ; peut-être étaient-ils primitivement recouverts par d'autres terrains, dont les roches moins dures ont été dégradées et entraînées par les eaux. Ils servent de support à tous les autres terrains, et sont les seuls dont la présence ne souffre d'exception en aucun point du globe ; mais, parmi les roches dont ils se composent, celles qui sont les plus anciennes varient dans les diverses contrées de la terre ; ainsi, tantôt c'est le granite, tantôt le granite-gneis, tantôt le micaschiste, tantôt le schiste argileux qui se trouve à la base, et qui supporte par conséquent toutes les autres formations. Il ne faudrait pas conclure de là que ces diverses roches sont les plus anciennement formées. Considérées relativement à celles qu'elles supportent, nécessairement elles sont les plus vieilles que nous connaissions ; mais, d'une manière absolue, il nous est impossible de dire qu'il n'y en ait pas de plus anciennes encore au-dessous d'elles.

Jusqu'à présent, nos moyens ne nous ont pas permis de pénétrer plus avant dans le sein de notre planète, et, comme le remarque fort bien M. de Humboldt, nous devons nous abstenir de prononcer avec assurance sur la première assise de l'édifice géognostique.

La stratification des terrains primitifs est quelquefois peu distincte, mais d'autrefois ils se partagent en couches bien visibles, mais toujours fortement inclinées, ou même verticales, ce qui donne lieu aux escarpemens que l'on observe dans les parties de la terre qui sont formées par eux.

Il paraît que les terrains primitifs se montrent plus souvent à découvert sous l'équateur que partout ailleurs, et que les couches secondaires augmentent en épaisseur à mesure que l'on s'en éloigne. C'est un fait observé dans l'Amérique par le savant M. de Humboldt, et qui, paraissant lié au mouvement de rotation du globe, doit également se retrouver en Afrique.

Terrains de transition.

1030. Ce sont des terrains formés par les mêmes roches que les précédens, mais dont les couches alternent avec des roches arénacées ou contenant des débris de corps organiques. Ceux-ci se trouvent seulement dans les roches non cristallisées, ou très rarement dans les roches un peu cristallines. C'est à ces débris de corps organisés que l'on donne le nom de *fossiles*. Ils deviennent beaucoup plus fréquens dans les terrains supérieurs à ceux que nous étudions. Ceux que l'on rencontre dans les terrains de transition sont principalement des *orthocératites* (coquilles univalves cloisonnées, voisines des ammonites), des *nautiles* et des *ammonites*, des *encrinites* ou *entroques*, des *coraux* ou *madrépores*, des *trilobites* (crustacés), des *térébratules*, et surtout des *productus* (térébratules à charnière élargie), etc., etc.

Les roches arénacées qui se trouvent intercalées avec les roches primitives sont des grès, diverses variétés de psammites, et surtout celles que les Allemands désignent par les noms de *grauwacke commune* et *schisteuse*. On trouve aussi dans ces terrains de l'anhydrite.

Ils contiennent un grand nombre de minerais métalliques, soit en filons, soit en amas. On commence à y rencontrer des dépôts de matières charbonneuses, toujours formés par l'anthracite.

Les terrains de transition se rapprochent beaucoup des terrains primitifs par la présence des roches dures et cristallisées, et passent insensiblement aux terrains secondaires par la présence de débris d'anciennes roches et de corps organisés; aussi ne peut-on pas établir de limites précises entre ces deux classes de terrains. Quelques géologues ont adopté pour limites le point où finissent les couches inclinées, qu'ils regardent comme appartenant aux terrains de transition, et où commencent les couches horizontales, qui appartiennent aux terrains secondaires. Il est vrai que, dans la plupart des cas, les couches des terrains secondaires sont horizontales; mais aussi quelquefois, comme on peut l'observer dans la houille, le grès rouge, etc., qui appartiennent à ces derniers terrains, elles sont tantôt inclinées, tantôt horizontales, en sorte qu'en admettant cette distinction, on est très embarrassé pour assigner leur véritable place.

La stratification des terrains de transition est presque toujours concordante avec celle des terrains primitifs qu'ils recouvrent. Ils constituent, comme eux, des montagnes escarpées, un peu moins cependant que celles qui sont entièrement primitives. Cette même disposition tend encore à prouver l'analogie qui existe entre ces deux sortes de terrains, et laisse à penser que la majeure partie des terrains primitifs pourrait peut-être faire partie des terrains de transition, puisqu'il suffirait d'y trouver quelques vestiges de corps organiques.

Les terrains de transition sont surtout caractérisés par l'alternance fréquente des formations qui les constituent et par l'espèce d'affinité que plusieurs d'entre elles affectent aux dépens des autres. En effet, on remarque que le plus grand nombre des formations de ces terrains sont composées de deux ou trois roches alternantes, telles que calcaire noir compacte, diorite et schiste argileux; grauwacke et porphyre; calcaire grenu, grauwacke et micaschiste anthraciteux, etc. Si l'on examine, dit M. de Humboldt, les formations de transition d'après leur structure et leur composition oryctognostique, on y distingue cinq associations très marquées : les roches schisteuses, les roches porphyritiques (felspathiques et siénitiques), les roches calcaires grenues et compactes, avec gypse anhydre et sel gemme; les roches d'euphotide, et les roches agrégées (grauwackes et brèches calcaires). Tandis que dans les terrains primitifs les termes de la série sont généralement simples, tranchés, et sujets à des alternances moins fréquentes; dans les terrains de transition, au contraire, ils sont tous complexes, aussi leur détermination est-elle très difficile, surtout vers la partie inférieure où finissent les terrains primitifs.

Les terrains de transition, quoique assez répandus, et se montrant assez souvent à découvert à la surface du globe, n'existent pas sur tous les points; de sorte qu'en certains lieux les terrains secondaires, tertiaires, etc., peuvent reposer immédiatement sur des terrains primitifs.

Terrains secondaires.

1031. Les roches qui composent ces terrains sont moins dures que celles qui constituent les précédens; leurs couches sont moins inclinées, et le plus souvent elles sont horizontales; elles contiennent un bien plus grand nombre de débris organiques, tels que des mollusques, des empreintes de poissons, de végétaux, etc. Ces roches sont principalement des roches arénacées, telles que des grès, des psammites, des poudingues, et des calcaires compacte, oolitique, crayeux, des argiles feuilletées, etc. Les minerais métalliques, qui ne sont presque jamais en filons, deviennent bien moins abondans que dans les terrains précédens. On y observe cependant des petits filons de cobalt argentifère ; et si l'on considère les filons géologiquement, on en trouve assez fréquemment qui ne contiennent aucun minerai exploitable, et que les mineurs désignent par les noms de *failles*.

On peut partager la série des terrains secondaires en deux groupes bien distincts vers leurs extrémités, quoique se confondant à leurs limites. Ce sont les terrains secondaires inférieurs et supérieurs. Les premiers ont les plus grands rapports avec les terrains de transition, dont on ne les distingue pour ainsi dire que par convention. Les couches sont inclinées, quelquefois contournées de diverses manières; ils contiennent encore des couches cristallines intercalées et quelques filons métallifères. Les matières charbonneuses y sont très abondantes, et imprégnées de bitumes; elles constituent les couches de houille. Les seconds, de formation plus récente, les recouvrent, et offrent presque toujours des strates horizontales sans roches cristallines ni filons métalliques; on y trouve tout au plus quelques minerais de fer, qui y forment des couches ou des amas. On y retrouve encore de petites quantités de houille et des indices de lignites.

En général, les terrains secondaires sont bien stratifiés ; ils sont assis sur la pente des terrains primitifs ou de transition, ou bien forment des plaines entre des chaînes primitives. Ils constituent cependant quelquefois des chaînes secondaires : telle est celle du Jura; mais elles dépendent presque toujours d'une chaîne primitive ou de transition. En effet, le Jura est subordonné à la chaîne des Alpes, et présente souvent des relèvemens, et même des escarpemens du côté de la Suisse, tandis qu'il va plonger sous les plaines du côté de la France.

Les terrains secondaires sont généralement répandus à la surface du globe, mais ils manquent quelquefois dans l'ordre de superposition. Ils sont fréquemment terminés par des couches de craie, qui établissent une limite assez nette entre eux et ceux qui ont été formés postérieurement. Il paraît qu'il s'est écoulé un laps de temps assez considérable entre le dépôt de ces couches de craie et les terrains supérieurs; car la stratification des terrains tertiaires, que nous allons étudier, n'est pas du tout concordante avec celle des derniers terrains secondaires. Il semble que la craie ait été dégradée, puis consolidée, puis dégradée de nouveau par les eaux avant que de nouvelles matières soient venues se déposer sur elle, en combler les inégalités, et former les couches plus ou moins terreuses dont l'ensemble constitue les terrains tertiaires.

En général, les terrains secondaires se sont très inégalement développés à la surface de la terre, et il est assez rare de voir tous les membres de la série des formations secondaires et tertiaires réunis dans un même pays. Souvent de grandes formations, telles que le grès rouge ou le calcaire alpin, par exemple, disparaissent totalement; d'autres fois le second est contenu dans le premier comme une couche subordonnée; d'autres fois encore toutes les formations intermédiaires entre le calcaire alpin et le calcaire jurassique, ou celles qui sont postérieures à la craie, manquent entièrement. Cette inégalité de développement des couches de ces terrains, dont la cause est encore ignorée, est un des faits les plus curieux de la Géognosie. (Humboldt.)

Terrains tertiaires.

1032. Ces terrains sont en général formés par des dépôts d'argiles, de sables, de grès, de silex, de calcaire grossier et de gypse, qui constituent des roches très tendres, si on les compare à celles des autres terrains. Ils contiennent un grand nombre de corps organisés, dont les espèces ont plus d'analogie avec celles qui existent actuellement que celles que l'on observe dans les terrains plus anciens. On y trouve des débris d'oiseaux, d'insectes, de mammifères, dont on rencontre à peine des traces dans les terrains antérieurs. Ils ne renferment pas de métaux, si ce n'est du fer (fer limoneux), mais des matières charbonneuses, qui sont des lignites, souvent imprégnées de pyrites, et qui forment des couches considérables.

C'est aux terrains tertiaires qu'il faut rapporter ceux des environs de Paris, si remarquables, comme l'observent MM. Cuvier et Brongniart, par le retour périodique de débris organiques marins et d'eau douce.

Les terrains tertiaires manquent assez souvent à la surface de la terre; quand ils existent, ils forment des plaines ou des collines assez arrondies. Ils reposent le plus souvent sur des terrains secondaires, mais ils peuvent aussi reposer sur des terrains de transition, et même sur des terrains primitifs. Nous avons vu qu'ils étaient assez distincts des terrains secondaires, mais ils passent insensiblement aux terrains d'alluvions, dont il est quelquefois très difficile de les distinguer.

Terrains d'alluvions.

1033. Ces terrains (nommés aussi *zone des sables* par Guettard, *terrain de transport*) sont entièrement formés de débris qui ont été entraînés par les eaux et qui se sont déposés à différens endroits. Ces débris peuvent provenir de tous les terrains antérieurs, et même des terrains volcaniques. Ils se trouvent quelquefois à des distances énormes des terrains qui les ont produits, ce qui tient à la force des eaux qui les ont entraînés et à la plus ou moins grande ténuité des parties qui les composent. Il faut éviter de les confondre avec les précédens, qui présentent assez souvent des caractères analogues, qui ont aussi été formés par voie de transport, mais qui n'ont pas, comme ceux que nous étudions, une grande analogie avec les alluvions très modernes qui se forment sous nos yeux, sur les bords ou au confluent des grands fleuves. On conçoit que la nature de ces terrains doit considérablement varier, et se trouver en rapport avec la nature des roches des terrains, souvent très éloignés, dont ils proviennent.

On distingue les alluvions en *anciennes* et *modernes*, ou *grandes* alluvions et alluvions *locales*. Les premières, ou les alluvions anciennes qui ont eu lieu sur une grande partie de la terre, sont aussi nommées *diluvium* par les géologues anglais.

Les grandes alluvions sont les produits de vastes inondations qui ont couvert des contrées entières et qui ne se représentent plus de nos jours; elles ont laissé les traces du séjour des eaux sur les parties basses de presque tous les continens, telles que le nord de l'Allemagne, le nord de la Sibérie, le nord de la Russie, les déserts sableux de l'Afrique, les plaines qui avoisinent les fleuves des Amazones, de la Plata, de l'Orénoque en Amérique, la partie basse de la vallée du Rhin, etc.

En général, ces alluvions sont formées par des sables, des galets, des blocs plus ou moins considérables de roches anciennes, de l'argile et de la marne, des métaux, tels que l'or, de l'étain oxidé qui provient de la décomposition de roches anciennes contenant des filons de ce métal. C'est dans les alluvions que l'on exploite une grande partie des mines d'or du

Mexique, de la Nouvelle-Grenade, etc. C'est aussi dans de semblables terrains que se trouvent la mine de platine, les diamans, au Brésil, etc.

On y trouve fréquemment des débris de grands mammifères, d'*éléphans*, de *rhinocéros*, etc., qui paraissent différer des espèces qui existent actuellement; on y trouve des coquilles d'eau douce, et quelquefois des débris d'animaux marins. Ces ossemens et ces débris sont ordinairement entiers et ne semblent pas avoir été roulés par les eaux, ce qui rend leur présence très difficile à expliquer, puisqu'on les rencontre dans des climats tout-à-fait différens de ceux où vivent actuellement les espèces dont ils proviennent. On n'a jamais observé de débris humains dans ces alluvions.

Les alluvions locales ou *modernes* se trouvent au milieu des grandes alluvions, dont elles ne sont que le remaniement; on y voit des dépôts de lignites, souvent très abondans, des forêts entières d'arbres droits avec leurs racines et quelquefois couchés les uns sur les autres dans le même sens. On les désigne souvent sous le nom de *forêts sous-marines*. On y reconnaît assez facilement plusieurs arbres, tels que des bouleaux, des chênes, qui existent encore dans les pays où se trouvent ces arbres ensevelis. On y rencontre quelquefois des fossiles humains et différens produits de notre industrie.

C'est encore à ces alluvions modernes qu'il faut rapporter la formation des tourbières dans lesquelles on trouve diverses coquilles d'eau douce, des débris d'animaux dont les espèces sont actuellement vivantes, des dépôts de fer limoneux. Les tufs et les pisolites, que nous voyons tous les jours se produire sous nos yeux, forment aussi des couches très modernes dans ces alluvions.

Les terrains d'alluvions reposent souvent sur des terrains tertiaires ou secondaires; mais ils peuvent aussi poser directement sur des terrains de transition, primitifs et même volcaniques. Ces derniers sont les seuls qui, dans certains cas, peuvent les recouvrir.

Un des faits les plus remarquables dans la composition des terrains d'alluvions anciennes ou *diluvium*, c'est la présence de blocs souvent considérables de roches primitives, qui paraissent provenir de montagnes éloignées de l'endroit où on les rencontre. Ceux de ces blocs que l'on trouve enfouis dans les plaines sableuses du nord de l'Allemagne et des côtes orientales de l'Angleterre semblent provenir de la chaîne scandinave ; ceux que Saussure a observés sur la pente du Jura qui regarde les Alpes proviennent évidemment de cette dernière chaîne de montagnes, dont ils sont maintenant séparés par la vaste vallée du Rhône. On ne peut expliquer la présence de ces blocs qu'en supposant la vallée creusée postérieurement à leur arrivée, et ces blocs détachés par des courans, ou par l'irruption de grands lacs qui ont entraîné dans leur course des portions des roches qui les environnaient.

Terrains volcaniques.

1034. Les terrains volcaniques forment une classe tout-à-fait indépendante des autres terrains, qu'ils recouvrent assez souvent. Ils sont remarquables par la nature de leurs roches et par leur moins grande richesse en minerais métalliques, quoiqu'on y trouve cependant le fer titaniaté en assez grande abondance, quelques pyrites, du fer oligiste spéculaire et une grande partie des minerais aurifères et argentifères (*Porphyres siénitiques* et *trachytes de transition*). Nous avons déjà vu, en exposant la classification des roches volcaniques par M. Cordier, qu'il fallait distinguer dans les produits des volcans, ceux qui sont immédiats, c'est-à-dire ceux qu'ils rejettent immédiatement lors de l'éruption, et les produits postérieurs ou altérés, qui résultent des modifications que les premiers peuvent éprouver de la part de différens agens.

On distingue trois groupes principaux de terrains volcaniques : le *terrain trachytique,* qui est le plus ancien de tous ; le *terrain basaltique,* moins ancien que le *terrain de laves*, qui comprend toutes les matières qui sont en coulées dans le fond des vallées ou sur la pente des montagnes, et qui proviennent de volcans éteints, comme ceux de l'Auvergne, du Vivarais, ou des volcans brûlans, comme le Vésuve, l'Etna, etc.

1035. Le *terrain trachytique* a pour base une roche connue sous le nom de *trachyte,* qui offre une structure porphyroïde à pâte et à cristaux de felspath, mélangée de mica, d'amphibole et quelquefois de quarz, etc.

1036. Le *terrain basaltique* a pour base le basalte, dont la partie prédominante est le pyroxène, et qui se présente souvent sous forme prismatique.

Il est très rare de trouver le terrain basaltique associé au terrain trachytique. Ces deux terrains forment souvent des lignes parallèles, ce qui a fait penser à plusieurs géologues qu'il y avait eu une formation différente pour les basaltes et les trachytes. Ils pensent que les trachytes proviennent de granites altérés, tandis que les basaltes paraissent provenir de laves pyroxénées, dont les coulées ont été jusqu'à la mer (alors voisine de ces volcans), où elles ont pris, par le retrait, les formes prismatiques qu'elles présentent.

Les terrains trachytiques paraissent cependant plus anciens que les basaltiques, et sont quelquefois recouverts par ces derniers.

Suivant M. de Humboldt, ils ont leur siége principal dans les terrains de transition, dans les grandes formations de siénites et de porphyres, antérieures et postérieures aux grauwackes et aux schistes argileux, surtout dans la première de ces formations, qui recouvre immédiatement les roches primitives. « L'association des porphyres de transition et des trachytes, dit le même savant, l'apparence fréquente du passage de ces roches les unes aux autres, est un phénomène qui semble attaquer la base des idées géogoniques les plus généralement reçues. Faut-il considérer les trachytes, les perlsteins et les obsidiennes comme étant de même origine que les thonschiefer (*schiste argileux*) à trilobites, et que les calcaires noirs à orthocératites ? ou ne doit-on pas plutôt admettre que l'on a trop restreint le domaine des forces volcaniques, et que ces porphyres, en partie métallifères, dépourvus de quarz, mêlés d'amphibole, de felspath vitreux et même de pyroxène, sont, sous le rapport de l'âge relatif et de l'origine, liés aux trachytes, comme ces trachytes, confondus jadis avec les porphyres de transition, sous le nom de *porphyres trappéens*, sont liés aux basaltes et aux véritables coulées de laves que vomissent les volcans actuels? La première de ces hypothèses me paraît répugner à tout ce que l'on a observé en Europe, à tout ce que j'ai pu recueillir sur les obsidiennes et les perlsteins au pic de Ténériffe, aux volcans de Popayan et de Quito. La seconde hypothèse paraîtra moins hardie, moins dénuée de vraisemblance peut-être, lorsqu'on ne restreindra plus l'idée d'une action volcanique, aux effets produits par les cratères de nos volcans enflammés, et que l'on envisagera cette action comme due à la haute température qui règne partout, à de grandes profondeurs, dans l'intérieur de notre planète. On a vu dans les temps historiques, même dans ceux qui sont le plus rapprochés de nous, sans flamme, sans éjection de scorie, des roches de trachytes s'élever du sein de la mer (archipel de la Grèce, îles Açores et Aleutiennes); on a vu des boules de basalte à couches concentriques sortir de la terre toutes formées, et s'amonceler en petits cônes (Playas de Jorullo au Mexique). Ces phénomènes ne font-ils pas deviner, jusqu'à un certain point, ce qui, sur une échelle beaucoup plus grande, a pu avoir lieu jadis dans la croûte crevassée du globe, partout où cette chaleur intérieure, qui est indépendante de l'inclinaison de l'axe de la terre et des petites influences climatériques, a soulevé, par l'intermède de fluides élastiques, des masses rocheuses plus ou moins ramollies et liquéfiées? » (Indépendance de formation, *Dictionnaire des Sciences naturelles*, t. XXIII, p. 162.)

On trouve dans les terrains trachytiques des conglomérats qui varient beaucoup selon la nature des roches, et qui ont empâté des moules de coquilles, des troncs d'arbres qui se sont changés en quarz résinite, des fragmens de ponces, des matières terreuses, etc. C'est dans ces terrains que l'on rencontre les plus belles opales.

Les terrains basaltiques s'observent principalement dans le voisinage des volcans éteints. Ils ont subi aussi beaucoup d'altérations; dans beaucoup d'endroits, les grandes coulées de basalte ont été dégradées et il ne reste plus que les petites portions qui étaient assises sur des terrains primitifs.

Les terrains basaltiques sont entièrement liés aux terrains volcaniques à cratère ou aux terrains de laves, par leur disposition, leur forme, la nature des minéraux qu'ils contiennent, et en ce qu'ils peuvent reposer aussi sur les terrains les plus modernes.

On observe aux parties supérieure et inférieure des masses de basalte, des scories provenant, à la partie inférieure, de l'air du terrain sur lequel passa la coulée, et à la partie supérieure, des bulles contenues dans la masse, et qui n'ont pu percer la croûte supérieure solidifiée.

1037. *Le terrain de laves* augmente encore de nos jours, par les éruptions des volcans en activité. Mais les laves à courans distincts et de peu de largeur qu'ils produisent maintenant, sont presque toutes pyroxénées, tandis que celles qui ont été produites sous forme de larges nappes, par les volcans éteints, sont généralement abondantes en felspath.

Les éruptions volcaniques sont ordinairement précédées et accompagnées de phénomènes très marqués. On entend des bruits souterrains qui sont bientôt suivis de tremblemens de terre; l'atmosphère devient agitée, et en même temps le théâtre de nombreux phénomènes électriques. On observe des changemens dans la position des sources; la mer, dont ils sont toujours assez voisins, est plus ou moins tourmentée. Il commence à se dégager des vapeurs d'acide hydrochlorique et d'acide sulfureux, seules ou réunies. Quelquefois il se répand dans les environs une odeur de bitume, ce qui avait fait présumer que les phénomènes volcaniques étaient dus à l'inflammation de grandes masses de ce combustible, ce qui est loin d'être prouvé. Il se dégage aussi des vapeurs aqueuses qui, se réunissant à d'autres vapeurs, forment une fumée qui s'épaissit peu à peu et s'élève en colonne traversée par un jet de flamme. Les éclairs et le tonnerre viennent augmenter encore l'effroi qu'inspire ce spectacle. Il tombe des pluies très abondantes, qui entraînent avec elles des cendres vomies par le volcan et forment des alluvions instantanées qui descendent de la montagne sous la forme de torrens de boue. On a souvent donné, mal à propos, à ces phénomènes le nom d'*éruptions boueuses*.

Beaucoup de matières sont lancées à de grandes hauteurs, telles que des cendres, des scories, des pierres qui souvent n'ont aucun caractère volcanique. Les matières pulvérulentes et les dépôts de boue font des ravages considérables, et engloutissent souvent des villes entières sous leur masse énorme. Quelquefois ces cendres sont si fines qu'elles sont portées par l'atmosphère à des distances énormes. On assure que celles du Vésuve ont été jusqu'à Constantinople. A mesure que ces différens phénomènes augmentent en intensité, on voit une matière demi-liquide rejetée par les bords du cratère et par des crevasses; ce sont les vraies éruptions boueuses; elles sont rares en Europe, mais communes dans les volcans de l'Amérique. Elles sont dues à des matières pulvérisées et imprégnées d'eau dans l'intérieur du volcan, puis ensuite comprimées par des gaz et lancées au dehors par leur expansion. M. de Humboldt a observé au Pérou, dans des éruptions de ce genre, une grande quantité de petits poissons (*Pymelodes cyclopum*), connus des naturels sous le nom de *prenadillas*, dont plusieurs étaient encore en vie.

Après ces éruptions boueuses sort le torrent de lave qui suit les inégalités du terrain; sa marche est lente ou rapide, selon la pente de la montagne. Sa surface est bientôt solidifiée, il se dégage des gaz qui rendent la couche très poreuse à la surface inférieure, tandis que les bulles contenues dans l'intérieur se rassemblent à la surface supérieure de la lave, en sorte qu'elle se trouve placée entre deux couches de scories.

Quand la lave rencontre des obstacles, elle s'accumule et forme un lac de matières fondues dont la chaleur se conserve pendant plusieurs années.

On observe dans les laves des fentes d'où il se dégage des gaz et dans lesquelles il se sublime des sels, tels que des sulfate et hydrochlorate d'ammoniaque, etc.; mais ils sont bientôt entraînés par les pluies.

Il est très rare que ces laves prennent des formes prismatiques, comme les basaltes qui proviennent des volcans éteints; on en cite cependant un exemple au Vésuve, dans une portion de lave qui a coulé jusqu'à la mer, et dont la partie seule qui a touché à l'eau a pris cette forme.

Quand le torrent de lave s'est frayé une issue hors du volcan, il diminue peu à peu et l'éruption se termine ordinairement par une nouvelle apparition de matières pulvérulentes.

Tous les volcans en activité ne rejettent pas de la même

manière les laves et autres produits volcaniques recélés dans leur sein. Tantôt les éruptions se font par des bouches ignivomes, ou *cratères*, placées à leur sommet (petits volcans de l'Italie méridionale, Vésuve, Etna, de l'Auvergne, grand volcan mexicain de Popocatepetl, etc.); tantôt elles ont lieu latéralement, soit qu'il y ait un cratère au sommet de la montagne volcanique (pic de Ténériffe), soit que la cime n'ait jamais été ouverte (Antisana dans les Andes de Quito (*)); certains volcans, creux dans leur intérieur comme les précédens, ne présentent point d'ouverture au sommet et sur leurs flancs, et ils n'agissent que dynamiquement, en ébranlant les terrains d'alentour, en fracturant les couches et en changeant la surface du sol (Chimborazo, Rucu-Pichincha, Capac-Urcu, volcan de Jorullo, etc.). Dans plusieurs localités (plateau de Quito, Islande), des laves sous forme de nappes sortent du sein de la terre entr'ouverte, et s'amoncellent; ou bien ce sont de petits cônes d'une matière boueuse (*moya*) qui paraît avoir été un trachyte ponceux fortement carburé et combustible. (Humb., *Essai polit. sur la Nouv.-Espag.*, t. I; *Relat. historiq. d'un voyage aux régions équin.*, t. I.) Il est un fait curieux assez généralement constaté, c'est que ces éruptions volcaniques sont modifiées, tant dans leur fréquence que dans la nature de leurs produits, par la hauteur absolue des bouches ignivomes, qui varie depuis 100 à 2950 toises environ (Stromboli et Cotapaxi). Dans les Cordilières, tous les volcans actuels ont leurs ouvertures formées dans les terrains trachytiques, et au lieu d'être solitaires ou associés irrégulièrement d'une manière circulaire, comme ceux d'Europe, ils se suivent par files,

(*) Généralement, en Amérique, les volcans n'ont pas de cratère, ce qui tient à ce que les montagnes étant trop hautes, la matière lavique ne peut pas être portée au sommet, et s'écoule naturellement par des fentes qui se font sur leurs flancs.

tantôt dans une série, tantôt sur deux lignes parallèles, comme on le remarque aussi pour les volcans brûlans de l'île de Java et les volcans éteints de l'Auvergne.

Les laves forment quelquefois des filons dans les terrains de volcans brûlans, en remplissant des fentes occasionées, avant l'éruption, par des tremblemens de terre.

On observe, dans certains points des volcans, des *fumaroles* ou *solfatares;* ce sont des lieux d'où il se dégage de l'acide sulfureux, de l'hydrogène, de l'acide hydrochlorique, des vapeurs d'eau, de soufre. On y trouve du sel marin, de l'alun, de l'hydrochlorate d'ammoniaque, des métaux sublimés, des sources bouillantes, etc. On observe ces fumaroles quand les volcans sont depuis long-temps en repos, ou qu'ils s'éteignent tout-à-fait.

On a rangé parmi les phénomènes volcaniques ceux que nous présentent les *salses,* qui paraissent appartenir aux terrains d'alluvion : ce sont des dégagemens de gaz et d'eau mêlée d'argile, qui se font quelquefois avec une légère détonnation. On a observé ce phénomène dans le Milanais, en Sicile, en Crimée. Les gaz qui se dégagent sont un mélange d'hydrogène carboné et d'acide carbonique; il se fait autour des trous de petits cônes terreux dont la hauteur ordinaire est de trois, quatre, cinq à six pieds, et qui s'élèvent quelquefois jusqu'à cent cinquante pieds. L'eau est chargée de sel marin, ordinairement froide, quelquefois chaude, et l'on rencontre presque toujours des bitumes dans le voisinage. On a observé que les salses étaient plus actifs après les temps de pluie, et que quelquefois l'hydrogène carboné qui s'en dégage s'enflammait naturellement.

1038. Nous venons d'exposer quelques généralités sur les principales classes de terrains, en suivant l'ordre de superposition que l'on observe dans la nature; les terrains volcaniques cependant, que nous avons placés en dernier, ne recouvrent pas toujours les terrains d'alluvions, et se trouvent même le plus souvent sous des terrains secondaires, ou du moins leur sont parallèles ou reposent immédiatement sur eux. Nous avons vu que ces terrains passaient les uns aux autres par des nuances insensibles, et qu'il était très difficile et peut-être impossible d'assigner les limites où finissaient les terrains d'une classe, et où commençaient ceux d'une autre.

Il est très rare de trouver des portions du globe où ces six classes de terrains se trouvent superposées comme dans le point *, planche VI ; mais on conçoit que l'absence d'une ou de plusieurs de ces classes de terrains peut donner lieu à un grand nombre de superpositions différentes, comme on peut le voir par celles que nous avons indiquées par les lignes perpendiculaires tracées sur la figure de la planche VI. Pour plus de simplicité, nous avons désigné les terrains primitifs, colorés en noir, par P; les terrains de transition ou intermédiaires, colorés en vert, par I ; les terrains secondaires, colorés en jaune, par S; les tertiaires, colorés en rose, par T; les alluvions, colorées en bleu, par A ; les volcaniques, colorés en rouge, par V, et nous avons placé ces lettres sur chacune des lignes qui traversent différens points dont l'ordre de superposition est différent. Cette figure offre une petite portion de l'étendue du globe, et indique à peu près la manière dont ces grandes masses de terrains se recouvrent. Excepté dans les terrains volcaniques, on n'observe jamais de changement dans l'ordre de superposition des terrains: ainsi T pourra manquer dans une série, I dans une autre, mais jamais on ne trouvera T avant S, ni I avant P ; tandis que dans les terrains volcaniques on pourra observer les superpositions AV, VA, VTA et même VSTA. En considérant ainsi géologiquement les superpositions des terrains, il faut faire abstraction de la composition des roches qui les constituent, et ne considérer absolument que le rang qu'elles occupent; car il arrive que certaines roches, qui forment la base d'un terrain dans une contrée, sont remplacées par d'autres de nature différente dans une autre contrée, constituent cependant le même terrain, et sont par conséquent de formation contemporaine; c'est ainsi que le quarz remplace quelquefois le grès rouge, que le calcaire grossier des environs de Paris est remplacé, dans les environs de Londres, par une variété d'argile, sans rien changer pour cela à l'époque de formation du terrain. On désigne ces espèces de remplacemens, que l'on observe fréquemment dans la nature, par la dénomination de *formations parallèles*.

Il est tout-à-fait hors du plan de notre ouvrage d'entrer dans de plus grands détails sur la structure intérieure des terrains, nous renvoyons les personnes, qu'un sujet aussi important peut intéresser, aux différens ouvrages de Géognosie, et particulièrement au *Traité de Géognosie* de M. d'Aubuisson de Voisins, au *Voyage géologique en Hongrie*, de M. Beudant, à l'*Essai sur le gisement des roches dans les deux hémisphères*, par M. de Humboldt, et à la *Description géologique des environs de Paris*, par M. Brongniart. Nous terminerons en résumant, à l'aide d'une figure, les principaux caractères des grandes divisions établies parmi les terrains. Nous choisirons pour cela le cas le plus compliqué, et nous supposerons que la petite portion de terrain traversée par la ligne PISTAV de la planche VI se trouve développée sur une plus grande échelle dans la figure de la planche VII, où nous indiquons les différences principales que l'on observe dans chaque classe de terrains.

Nous donnerons aussi le tableau de la superposition des différens terrains qui composent les grandes classes que nous venons d'examiner, en suivant dans cette énumération l'ordre de succession publié par M. de Humboldt. Il est à remarquer, dans cet ordre, que les diverses formations volcaniques sont parallèles aux différentes formations postérieures aux terrains primordiaux, et disposées sur deux colonnes également parallèles.

Les grandes formations ou formations principales, qui manquent rarement dans l'ordre de superposition, et qui, suivant l'expression de M. de Gruner, peuvent servir d'*horizon géognostique*, sont écrites en petites capitales, et les autres en caractères ordinaires.

Tableau de la superposition des roches ou des formations.

Terrains primitifs.

GRANITE PRIMITIF.

Granite et gneis primitif.

Graisen ou granite stannifère.

Eurite avec serpentine.

GNEIS PRIMITIF.

Formations parallèles entre elles. {
Gneis et micaschiste.
Granites postérieurs au gneis, antérieurs au micaschiste primitif.
Siénite primitive?
Serpentine primitive?
Calcaire primitif.
}

MICASCHISTE PRIMITIF.

Granite postérieur au micaschiste, antérieur au schiste argileux.

Gneis postérieur au micaschiste.

Diabase schistoïde.

SCHISTE ARGILEUX PRIMITIF.

Formations parallèles entre elles. {
Quarz primitif.
Granite et gneis postérieurs au schiste argileux.
Porphyre primitif.
EUPHOTIDE PRIMITIVE, postérieure au schiste argileux.
}

Terrains de transition.

OPHICALCE GRENU, MICASCHISTE DE TRANSITION et PSAMMITE (GRAUWACKE) AVEC ANTRACITE.

PORPHYRES et SIÉNITES DE TRANSITION, RECOUVRANT IMMÉDIATEMENT LES ROCHES PRIMITIVES; CALCAIRE NOIR et DIORITE.

SCHISTE ARGILEUX DE TRANSITION, RENFERMANT DES PSAMMITES, DES DIORITES, DES CALCAIRES NOIRS, DES SIÉNITES et DES PORPHYRES.

PORPHYRES, SIÉNITES et DIORITES POSTÉRIEURS AU SCHISTE ARGILEUX DE TRANSITION, QUELQUEFOIS MÊME AU CALCAIRE A ORTHOCÉRATITES.

EUPHOTIDE DE TRANSITION.

Terrains secondaires.	*Terrains exclusivement volcaniques.*
HOUILLE, GRÈS ROUGE et PORPHYRE SECONDAIRE.	FORMATIONS TRACHYTIQUES.
Quarz secondaire (parallèle aux psammites des houillères).	Trachytes granitoïdes et siénitiques.
CALCAIRE ALPIN; ANHYDRITE; SEL GEMME.	Trachytes porphyriques.
	Phonolites des trachytes.
	Trachytes semi-vitreux.
	Obsidienne.
	Trachytes meulières ou celluleux.
DÉPÔTS ARÉNACÉS et CALCAIRES (MARNEUX et OOLITHIQUES) placés entre le calcaire alpin et la craie, et plus ou moins développés.	Conglomérats trachytiques.
	FORMATIONS BASALTIQUES.
Argile et grès bigarré, avec gypse et sel gemme.	Basaltes, avec olivine, pyroxène, un peu d'amphibole.
Calcaire coquillier.	Phonolites des basaltes.
	Dolérites.
Quadersandstein (grès à pierre de tailles).	Amygdaloïdes celluleuses.
	Argile avec grenats pyropes.
Calcaire jurassique (lias, marnes et grands dépôts oolithiques)	
Grès et sables ferrugineux, grès et sables verts, grès secondaires à lignites.	Conglomérats et scories basaltiques.
	LAVES SORTIES D'UN CRATÈRE SOUS FORME DE COURANS (anciennes et modernes).
CRAIE.	
Terrains tertiaires.	
ARGILES et GRÈS TERTIAIRE A LIGNITE (argile plastique, grès mollasse et poudingue d'Argovie).	
CALCAIRE GROSSIER (parallèle à l'argile de Londres).	TUFS DES VOLCANS AVEC COQUILLES (Formation moderne, quelquefois recouverte par divers dépôts calcaires et argileux, que M. de Humboldt rapporte, avec doute, aux terrains tertiaires.)
CALCAIRE SILICEUX, GYPSE A OSSEMENS ALTERNANT AVEC DES MARNES.	
GRÈS et SABLES SUPÉRIEURS AU GYPSE A OSSEMENS (grès de Fontainebleau).	
CALCAIRE LACUSTRE AVEC SILEX	

MEULIÈRES CARIÉS (supérieur au grès de Fontainebleau).	
Terrains d'alluvion.	Alluvions volcaniques.

Il s'en faut de beaucoup que toutes les roches se trouvent indiquées dans ce tableau; mais il faut observer que toutes celles qui ne s'y rencontrent pas existent seulement en couches subordonnées, intercalées dans les différentes espèces qui constituent des formations indépendantes ou des terrains.

Structure extérieure des terrains.

1039. La structure extérieure des terrains diffère beaucoup de leur structure intérieure : c'est elle qui constitue la surface de la terre, qui donne naissance aux montagnes, aux vallées et à toutes les inégalités que l'on y observe. Cette structure varie selon les différentes classes de terrain : ainsi les terrains d'alluvion, tertiaires et secondaires forment généralement des plaines ou des collines peu élevées; les terrains de transition et primitifs constituent presque toujours des montagnes avec escarpement, ce qui tient à la forte inclinaison de leurs couches, et les terrains volcaniques forment la plupart du temps des montagnes coniques qui augmentent fréquemment par les éruptions des volcans.

La surface de ces différens terrains éprouve tous les jours des dégradations qui la modifient plus ou moins, mais dont les effets sont bien plus lents et moins sensibles que ceux qu'elle paraît avoir éprouvés autrefois. L'action des eaux, de l'air, du feu, sont les principales causes de ces dégradations rarement subites, mais presque toujours progressives. Tout annonce que la mer a couvert autrefois la surface de la terre, et que c'est à cette époque que se sont déposés la majeure partie des terrains à couches horizontales; mais quand ces eaux ont diminué et ont laissé quelques portions de continent à découvert, les sommets élevés de ces continens ont bientôt donné naissance à des fleuves énormes qui ont sillonné leurs flancs, creusé les vallées et charrié au loin leurs débris sous forme d'alluvions. Les volcans, soit découverts, soit sous-marins, ont contribué aussi à bouleverser la surface de la terre, en comblant des vallées de leurs produits, ou en formant de nouvelles montagnes. Maintenant, quoique les mêmes causes agissent encore, elles sont beaucoup plus faibles; l'Océan a ses limites ainsi que les fleuves qui vont s'y rendre; les volcans sont moins puissans, et les causes de dégradation n'agissent plus qu'insensiblement.

Les nombreuses inégalités dont la terre est couverte sont à peine sensibles, si on les considère relativement à la masse de cette planète; elles n'en changent aucunement la forme, qui est précisément celle qu'aurait prise d'elle-même une masse fluide assujettie aux mêmes mouvemens qu'elle; c'est un sphéroïde légèrement aplati vers les pôles et un peu renflé sous l'équateur.

LIVRE IV.

DE LA MÉTALLURGIE ET DE LA DOCIMASIE, CONSIDÉRÉES DANS LEURS RAPPORTS AVEC LA MINÉRALOGIE.

1040. Nous avons vu, dans le cours de l'ouvrage, qu'un grand nombre des substances minérales que nous avons décrites avaient des usages plus ou moins variés, étaient plus ou moins utiles à l'économie domestique; nous avons dit que c'étaient principalement les substances métallifères qui avaient le plus de droits à notre étude, en raison des importans services qu'elles rendent, tant aux sciences et aux arts d'agrément qu'à ceux qui s'occupent de pourvoir aux premiers besoins de la société. Et en effet, privé de fer, de cuivre, de plomb et d'une foule d'autres métaux non moins nécessaires, que deviendrait l'homme abandonné à ses propres forces? Il serait encore aujourd'hui ce qu'étaient ces malheureux Indiens au moment où les premiers Européens s'offrirent à leurs yeux étonnés, ou tels que sont encore de nos jours ces tribus nomades qui peuplent les déserts de l'Arabie et de l'intérieur de l'Afrique. Sans les métaux, dont le génie de l'homme a su tirer un si grand parti, les nombreuses fabriques qui occupent tant de milliers de bras seraient encore à créer. Les arts chimiques, qui leur doivent tout leur intérêt, ne pouvant prendre plus d'extension faute d'agens mécaniques, se réduiraient à quelques procédés grossiers, exécutés par des ouvriers sans notions comme sans habileté. Mais sans remonter plus haut pour faire sentir l'importance de la *Minéralogie appliquée*, nous dirons que c'est elle qui indique les moyens de fouiller dans le sein de la terre pour lui arracher des métaux que notre cupidité a rendus précieux, que c'est elle à qui nous devons cette matière bien plus précieuse encore qui permet au pauvre de ne plus redouter les longs frimats, ce charbon fossile dont la possession contribue tant aussi à l'extension de nos manufactures. Mais nous nous arrêtons; les lecteurs pour qui cet ouvrage est écrit apprécient tout aussi bien que nous les nombreux et importans services que la Métallurgie, cette belle partie de la science qui s'occupe des corps inorganiques, a rendus à la société: contentons-nous d'exposer les beaux résultats qu'elle a produits, ils parleront plus que tout ce que nous pourrions dire pour prouver l'utilité de son étude.

Mais dans l'état où la nature nous les présente, la plupart des substances minérales sont impropres à servir à nos besoins les plus simples: presque toujours mêlées ou combinées à d'autres matières inutiles, de peu de valeur et souvent même nuisibles, elles nécessitent l'emploi de procédés très variés pour être amenées à un certain degré de pureté ou à un état où elles possèdent les propriétés qui les font rechercher. L'art qui s'occupe ainsi de l'extraction, de la purification et de la préparation des substances minérales est la MÉTALLURGIE, prise dans son sens le plus vaste, car c'est cette partie de la Minéralogie dont les procédés participent de la Mécanique et de la Chimie, qui fournit à nos sciences et à nos arts la presque totalité des matières premières, et surtout les instrumens nécessaires à leur pratique; qui donne les préceptes à suivre pour la préparation des métaux, des sels, des combustibles, etc.; qui décrit l'art de fabriquer les briques et les poteries de toute espèce, la chaux, le plâtre, les couleurs métalliques, etc.; enfin, qui embrasse la fabrication des alliages métalliques (le laiton, le bronze, le toutenague, etc.), du fer-blanc, du fil de fer, de la tôle, de l'acier, des monnaies, du plaqué, etc.

Mais si nous nous en tenons à l'acception propre du mot, la MÉTALLURGIE est alors l'*art d'extraire les métaux de leurs minerais*, c'est-à-dire des parties terreuses qui les accompagnent, lorsque celles-ci ont déjà été amenées à un certain degré de richesse par des opérations mécaniques plus ou moins variées. C'est le sens que nous attachons ici au mot MÉTALLURGIE, et nous rangerons sous ce titre les différens procédés mis en usage pour se procurer les métaux qui sont de quelque utilité, soit dans les arts, soit en Chimie, soit en Médecine.

La Métallurgie est une des applications les plus importantes et les plus directes de la Chimie minérale, aussi ceux qui se livrent à son étude et à sa pratique doivent-ils posséder les notions les plus exactes sur celle-ci; sans cela, ils courent risque de compromettre non-seulement leur fortune, mais encore celle de leurs commettans. En effet, tandis qu'en Chimie, on ne vise qu'à obtenir des résultats précis et des produits très purs, sans tenir compte des frais de l'opération, qui sont d'ailleurs toujours peu élevés, par la raison qu'on n'opère jamais que sur de très faibles quantités de matières, en Métallurgie, au contraire, on a toujours en vue l'économie des procédés, aussi est-on beaucoup plus restreint dans l'emploi des agens; car comme la quantité de matière que l'on travaille à la fois nécessite des appareils et des instrumens très chers et souvent très difficiles à se procurer ou à faire construire, il arrive que les plus petites fautes commises dans l'emploi des agens ou dans la manière de les faire agir, occasionent aussitôt la perte de nombreux capitaux.

C'est pour prévenir de pareils accidens qu'il faut toujours, avant d'entreprendre quelque grande opération, s'assurer par des essais en petit de la réussite de l'entreprise. La grande science de celui qui se livre à l'exploitation des mines est de prévoir tous les phénomènes qui doivent se présenter, et de pouvoir aussitôt remédier aux inconvéniens qu'ils entraînent souvent à leur suite. Or, ce n'est que par des opérations préliminaires au travail en grand, qu'on peut reconnaître si les procédés indiqués peuvent remplir le but qu'on se propose. Mais une des conditions les plus importantes à bien noter, c'est de savoir reconnaître la richesse des mines que l'on veut exploiter, car il arrive souvent que tel minerai qui paraît devoir fournir beaucoup de produit, n'en donne au contraire qu'une quantité trop faible pour payer les frais de la manutention. Il faut donc toujours, avant de soumettre un minerai à l'exploitation en grand, connaître le produit en matière pure qu'on peut en tirer, les frais que l'opération nécessitera et les procédés les plus avantageux pour sa facile exécution.

1041. On donne le nom de DOCIMASIE (δοκιμαζω, j'éprouve) à l'art qui a pour objet de déterminer la nature et la proportion des élémens qui constituent une *mine* ou un *minerai*. On parvient à de pareils résultats en faisant usage de préparations particulières que l'on nomme *essais*. Celles-ci doivent donc occuper une place importante dans l'instruction métallurgique et la précéder; c'est pourquoi nous allons d'abord nous occuper de cette étude avant de traiter directement des opérations relatives à l'extraction des métaux. Nous diviserons ce livre en trois chapitres ou sections : dans le premier, nous traiterons des *essais docimastiques;* dans le second, nous décrirons les *préparations métallurgiques* que l'on fait subir aux minerais avant leur traitement dans les fonderies, et dans le troisième, nous énumérerons *les agens chimiques et les appareils* employés en Métallurgie.

Mais avant, disons ce que l'on doit entendre par minerais, afin d'éviter toute fausse interprétation.

On donne ordinairement, en Minéralogie, le nom de *minerai* à toute substance qui renferme un métal autopside; mais en Métallurgie, on restreint l'usage de ce mot aux substances qui sont susceptibles de fournir, avec profit, la matière qu'elles renferment. Mais, sous le rapport métallurgique, pour qu'un corps puisse être regardé comme *minerai,* il ne suffit pas qu'il contienne des métaux, il faut en outre que non-seulement ces métaux y soient en assez forte proportion et dans un état de combinaison qui permette de les extraire facilement et avec avantage, mais encore qu'il soit assez abondamment répandu pour que l'exploitation puisse s'en faire en grand. Par exemple, il est telle mine argentifère ou aurifère qu'il ne serait pas avantageux de traiter, par la raison que l'argent ou l'or ne s'y trouve pas en proportion capable de couvrir les frais d'opération; et telles autres espèces minérales dans lesquelles le métal recherché, quoique très abondant, est uni à des composés pour lesquels il a beaucoup d'affinité (*fer sulfuré, fer arsenical,* etc.), qui exigeraient des préparations très longues et laborieuses, en sorte que les frais de manutention absorberaient et au-delà tous les bénéfices.

Lorsqu'une substance contient plusieurs métaux susceptibles d'être exploités avec avantage, on la considère comme *minerai,* par rapport à l'un ou à l'autre, et on la désigne ordinairement par le nom du plus abondant ou de celui qui lui donne sa plus grande valeur; c'est ainsi que la *galène* que l'on exploite pour être fondue ou soumise au procédé de coupellation est regardée, suivant sa richesse, tantôt comme minerai de plomb tenant argent, tantôt comme minerai d'argent plombifère.

Ces idées générales étant bien conçues, entrons maintenant dans les détails relatifs aux *essais docimastiques.*

CHAPITRE PREMIER.

DES ESSAIS DOCIMASTIQUES, OU DE LA DOCIMASIE.

1042. Dans le langage métallurgique, on entend par le nom d'*essais*, les moyens à l'aide desquels on parvient à reconnaître, dans un minerai quelconque, non-seulement la présence et la nature chimique d'un métal, mais encore sa proportion évaluée en poids. Aussi ne doit-on pas regarder comme des *essais* toutes les expériences qui n'amènent point à de tels résultats, quoiqu'on en puisse tirer souvent des indications fort utiles, telles que les expériences qu'on fait avec le chalumeau, la pierre de touche, etc.

Les *essais* peuvent varier à l'infini en raison des corps que l'on traite et des résultats auxquels on veut arriver, mais on les range ordinairement en trois genres principaux, savoir : 1°. *les essais mécaniques;* 2°. *les essais par la voie sèche;* 3°. *les essais par la voie humide*. Ce que nous dirons sur cet important sujet sera emprunté en grande partie à MM. Berthier, Guenyveau, Laugier, etc.

§ Ier. *Des essais mécaniques.*

1043. On ne les emploie que pour séparer les substances qui se trouvent mécaniquement mélangées dans les minerais, et on les pratique par un lavage à la main, dans une petite *auge* allongée, nommée *sebille*. On prend un poids déterminé des matières à essayer et préalablement pulvérisées avec soin, on le met dans cette sebille avec un peu d'eau et à l'aide de certains mouvemens et de quelques précautions que la pratique seule peut faire connaître, on parvient à séparer assez exactement les matières les plus légères des plus pesantes, c'est-à-dire les gangues terreuses des particules métalliques, et sans perdre sensiblement de ces dernières. On obtient, par ce procédé, un résidu plus ou moins pur, qui fait apprécier par sa qualité la richesse des matières employées. Ce résidu peut ensuite être soumis à des essais d'un autre genre, qui auront pour but d'isoler le métal.

On emploie le lavage, comme essai, sur les minerais qui contiennent des particules métalliques très pesantes et dont la composition est constante: tels sont les minerais de galène (*plomb sulfuré*) qu'on peut réduire, à quelques centièmes près, à du sulfure presque pur, par un simple lavage exécuté avec soin; du poids du résidu on conclut la richesse du minerai en galène pure, et par suite en plomb, parce qu'on connaît la composition exacte du sulfure naturel. Le sulfure d'antimoine, les minerais d'étain, dans lesquels l'oxide très pesant est souvent disséminé dans beaucoup de gangue terreuse, les sables aurifères, etc., peuvent être soumis à ce genre d'essai. On peut encore l'employer pour tous les minerais bocardés, et ceux même qui sont déjà lavés, lorsqu'on veut apprécier le degré de pureté auquel ils sont parvenus.

§ II. *Des essais par la voie sèche.*

1044. Ceux-ci ont pour but de faire connaître la nature et la proportion des métaux contenus dans un minerai. Il est nécessaire, pour faire un bon essai, de savoir quel est le métal que l'on veut retirer, et même en quelle quantité se trouvent les substances étrangères, à quelques différences près cependant. Le plus ordinairement on ne veut obtenir qu'un seul métal, excepté dans le cas de certains minerais argentifères. On peut le plus souvent acquérir des données à cet égard par l'examen empirique des minerais que l'on doit traiter : mais on doit toujours, pour plus de précaution, faire usage de procédés chimiques, dont les résultats toutefois ne peuvent être regardés comme certains qu'autant qu'on les a vérifiés par une contre-épreuve.

Ce genre d'essai est assez facile à pratiquer ; il n'exige que fort peu d'habitude, et ne demande que des appareils assez simples. Il consiste surtout dans la fusion des minerais et la réduction du métal qu'ils contiennent, à l'aide de divers corps fondans et désoxidans, tels que les *fondans* proprement dits, les *flux*, le charbon, etc. Les fourneaux dont on se sert pour opérer la fusion et la réduction des minerais sont assez nombreux : nous ne ferons que les citer. Ainsi on emploie tour à tour les *fourneaux de coupelle* ou *d'essai*, le *fourneau de fusion*, le *fourneau de fusion de Lavoisier*, le *fourneau de forge*, etc.

Les essais par la voie sèche, à cause de leur prompte exécution et de l'exactitude assez rigoureuse à laquelle ils atteignent, sont ceux que l'on emploie le plus fréquemment dans les usines. Comme il existe une grande analogie entre les phénomènes qui se passent en grand et ceux qui se présentent en petit, ces essais ont ce précieux avantage, d'indiquer les meilleurs procédés opératoires à suivre dans les travaux des fonderies.

1045. Avant de terminer ce qui est relatif à ce genre d'essais, indiquons ce que l'on entend, dans la Chimie docimastique, par le nom de FLUX, expression dont nous ferons par la suite un grand usage, afin d'abréger les descriptions.

On donne en général le nom de *flux* à toute substance qui peut faciliter la fusion des mines d'une manière quelconque. Sous ce rapport, les *flux* se confondent avec les *fondans* proprement dits : mais ils en diffèrent en ce qu'ils ne sont jamais préparés qu'avec du nitre et du tartre ; tandis que ces derniers peuvent être faits avec toutes les matières susceptibles d'en faire entrer d'autres en fusion, soit qu'elles soient fusibles elles-mêmes, soit qu'elles ne le deviennent que par leur mélange avec certaines parties des minerais auxquels on les ajoute. On distingue particulièrement deux espèces de *flux*, le *flux blanc* et le *flux noir*. Le premier est le résultat de la détonnation d'un mélange de parties égales de nitrate de potasse et de tartre brut (*sur-tartrate de potasse impur*); il est composé presque en totalité de sous-carbonate de potasse, retenant presque toujours un peu de nitrate ou d'hypo-nitrite. Il est spécialement employé pour faciliter la fusion des minerais. Le *flux noir* ou *réductif* provient de la détonnation d'un mélange de deux parties de tartre et d'une partie de nitrate de potasse. Il ne diffère du précédent qu'en ce qu'il contient du charbon. Il agit par son alcali, dans les essais docimastiques, en favorisant la fusion, et par son charbon, en prévenant l'oxidation de certains métaux, ou bien en leur enlevant l'oxigène auquel ils pourraient être unis.

§ III. *Des essais par la voie humide.*

1046. Les essais par la voie humide sont, à l'exception de quelques-uns assez simples, de véritables analyses chimiques; aussi exigent-ils beaucoup d'appareils, un grand nombre de réactifs, et surtout des mains très exercées. C'est pour ces raisons qu'ils sont peu employés dans les fonderies et les usines. Cependant ils ont cela de plus avantageux que les précédens, qu'ils font connaître et évaluer des quantités très minimes de substances nuisibles qui altèrent la malléabilité des métaux, qui leur communiquent diverses qualités défectueuses, sur la cause desquelles on est presque toujours dans l'erreur ou dans l'incertitude. Nous ne détaillerons pas ces procédés opératoires, par la raison qu'il nous faudrait donner les principes de l'analyse minérale : nous renvoyons nos lecteurs aux ouvrages qui s'en occupent particulièrement ; tels sont ceux des professeurs Thénard, Thomson, etc., dans lesquels on trouvera tous les détails nécessaires à ce genre d'essais. Nous n'indiquerons que ceux qui sont très faciles à pratiquer, à mesure que nous ferons l'application des règles générales que nous venons d'esquisser sur la *Docimasie*, et nous nous contenterons d'exposer ici les principales opérations préliminaires que l'on fait subir aux minerais avant de les soumettre en dernier lieu à l'analyse.

1047. Ces opérations qui, au premier coup d'œil, paraissent insignifiantes et minutieuses, sont cependant d'une haute importance pour la réussite des essais, et ont une influence majeure sur l'exactitude des résultats que l'on cherche à obtenir. Les généralités que nous donnerons ici rouleront principalement sur la *pulvérisation*, la *calcination*, la *précipitation*, et la nature des *divers réactifs*, qui, dans des mains habiles, deviennent d'un si puissant secours.

1°. Pulvérisation. Comme dans les essais docimastiques, on opère toujours sur de très faibles quantités de matière, il faut éviter, autant que possible, les causes qui pourraient amener des pertes sensibles ; aussi, lorsqu'il s'agit de pulvériser une substance, doit-on porter une attention extrême à en bien recueillir les plus petites parcelles. La pulvérisation d'un minerai se fait dans un petit mortier d'agate. On choisit un mortier de cette nature à cause de sa dureté, et parce que, dans le cas où il est légèrement usé par le corps, il n'introduit dans la poudre aucune substance étrangère, si ce n'est toutefois un peu de silice et d'oxide de fer, dont il est d'ailleurs très facile de tenir compte. Il faut que les poudres soient impalpables, et cette précaution est tellement importante, que M. Berzelius pousse le soin jusqu'à n'employer que des poudres assez ténues pour avoir été suspendues dans l'eau.

2°. CALCINATION. On fait usage de cette opération pour priver les corps à essayer de l'eau ou de l'acide carbonique qu'ils peuvent contenir ; car autrement on n'obtiendrait, la plupart du temps, que des résultats incertains. Ces deux substances peuvent exister ensemble ou séparément dans le même minerai. Pour constater leur présence, on calcine dans un petit creuset de platine un poids connu de ce minerai, et la perte qu'il a éprouvée indique la proportion des principes volatils qu'il renfermait. Maintenant, pour déterminer la nature de ces produits, on calcine un même poids du minerai dans une petite cornue au bec de laquelle on ajuste un tube de Welter, dont la boule est à moitié remplie de mercure, et dont on fait plonger l'autre extrémité au fond d'un flacon contenant une certaine quantité d'eau de chaux. On chauffe graduellement la cornue, de manière à la porter jusqu'au rouge. Si le minerai ne contient que de l'eau, on voit bientôt celle-ci ruisseler sur les parois internes du tube ; s'il ne contient au contraire que de l'acide carbonique, l'eau de chaux se trouble ; ces deux effets se présentent simultanément dans le cas où le minerai renferme et de l'eau et de l'acide carbonique. On chauffe la cornue jusqu'à ce qu'il ne se dégage plus aucunes vapeurs, et que l'absorption commence à s'effectuer. En comparant la perte obtenue par cette seconde calcination à celle de la première, et en pesant exactement le dépôt calcaire (préalablement desséché), on a toutes les données nécessaires pour évaluer la quantité d'eau et d'acide carbonique contenue dans le minerai.

Lorsque l'on veut connaître le poids, à l'état sec, d'une substance recueillie sur un filtre, il faut, après l'avoir séparée avec soin du filtre, la calciner dans un petit creuset de platine, et brûler ensuite isolément le filtre dans un creuset de même nature ; on pèse alors la substance calcinée, et l'on ajoute à son poids celui du résidu du filtre, en en défalquant le tiers d'un centigramme, parce que l'on sait par expérience que trois filtres d'un pouce et demi de longueur ne donnent qu'un centigramme de cendres. Cette manière de procéder est bien préférable à celle qui consiste à gratter d'abord le filtre avec un couteau d'ivoire, puis à le peser comparativement à un autre filtre de même poids, ou bien à peser le filtre avant et après l'opération et à la même température. Cependant, quand la substance recueillie sur un filtre est susceptible de se volatiliser ou de s'enflammer par la chaleur, on est obligé de se contenter de ces derniers moyens pour arriver à la connaissance de son poids absolu.

3°. On donne, en Chimie, le nom de *précipitation* à la formation d'un dépôt au sein d'une liqueur quelconque, celui de *précipitant* au réactif dont on se sert pour opérer un tel phénomène, et enfin celui de *précipité* à la matière insoluble qui constitue le dépôt. Il est très important, en Docimasie comme en Chimie, d'agir de telle manière que la précipitation d'une substance insoluble soit complète, et qu'il n'en reste aucune trace dans la liqueur, soit par manque du précipitant, soit par son excès; car il est très fréquent qu'un réactif, après avoir opéré la précipitation d'une substance, la redissolve lorsqu'il est ajouté en excès. Il faut avoir le soin de laisser le dépôt se réunir avant de le séparer de la liqueur d'où il s'est précipité, puis le jeter sur un filtre, et le laver à l'eau chaude à plusieurs reprises, c'est-à-dire jusqu'à ce que la dernière eau de lavage n'entraîne plus rien en solution, ce que l'on reconnaît à l'aide de réactifs appropriés. On fait ensuite dessécher le précipité avec précaution, et l'on en prend le poids, comme nous venons de le dire plus haut (2°.).

4°. Réactifs. On comprend généralement sous le nom de *réactifs* tous les composés chimiques qui servent à déceler la présence des corps, à l'aide de certaines altérations qu'ils leur font subir, soit qu'ils participent eux-mêmes à cette altéra-

Essais des minerais de fer.

1048. Avant de procéder à l'essai d'un minerai de fer, on doit d'abord constater sa nature; mais comme les minerais exploitables sont toujours des oxides purs ou hydratés et des carbonates, il faudra préalablement les calciner, afin de chasser l'eau et l'acide carbonique, en ayant soin toutefois d'en prendre le poids. On réduit ensuite en poudre très fine le produit de la calcination, et on le mêle avec un fondant.

La nature du fondant varie suivant la composition du minerai et les matières étrangères qu'il peut contenir à l'état de mélange. Lorsqu'il renferme des matières calcaires, on se sert d'argile, et même de marne, tandis qu'on fait usage de pierre calcaire lorsque sa gangue est de nature siliceuse. Dans tous les cas, on ajoute à ces fondans une certaine quantité de borax, de chaux fluatée, et quelquefois de verre ordinaire, dans des proportions variables. Le borax pur est celui qu'on emploie avec le plus d'avantage; mais il faut qu'il soit d'abord fondu dans un creuset, afin de chasser l'eau qu'il contient et d'éviter les boursoufflemens, qui empêcheraient la réunion complète des particules métalliques.

Un des grands avantages des fondans terreux, employés seuls, est de donner de suite des indices sur ceux dont on devra se servir dans le traitement des hauts fourneaux.

Pour procéder à l'essai, il est nécessaire de faire un mélange convenable de minerai et de fondant, dont on fait une pâte, avec une suffisante quantité d'huile, et de porter ensuite ce mélange à une température assez élevée pour fondre les matières étrangères et réduire le métal. La quantité de fondant varie depuis le quart du poids du minerai jusqu'à parties égales. On place le mélange au milieu de la brasque bien battue d'un creuset réfractaire, on recouvre le tout de poussier de charbon, et l'on dispose le creuset dans une forge alimentée par de bons soufflets ou dans un fourneau à vent. On commence à donner le vent trois quarts d'heure seulement après avoir commencé l'opération, afin de donner le temps à la brasque de sécher et au minerai de se désoxider avant de fondre. On donne de plus en plus le vent, de manière à employer au bout d'une heure toute la force du soufflet, et on soutient l'intensité de ce feu pendant douze à quinze minutes. On retire alors le creuset du feu, on sépare le culot, on lave la brasque, afin d'en détacher quelques parcelles de fer qui s'y trouvent interposées ; on enlève, à l'aide d'un barreau aimanté, les particules les plus fines qui pourraient avoir été entraînées par le lavage, et, après avoir réuni tout le métal, on en prend le poids.

Comme on peut opérer sur plusieurs creusets en même temps, il faut, autant que possible, dans ces essais comme dans ceux dont nous nous occuperons par la suite, ne conclure la richesse du minerai que l'on essaie que sur la moyenne des produits obtenus dans ces divers essais.

Comme les essais donnent toujours de la fonte grise, on ne peut en conclure la qualité du fer qu'on obtiendrait en grand.

1049. L'essai par la voie humide sert principalement à faire connaître la quantité de phosphate de fer contenue dans les minerais; car l'essai précédent, par la voie sèche, ne peut en indiquer la présence qu'autant qu'il est en assez grande proportion pour rendre le culot de fonte obtenu cassant à froid. Il est très important de reconnaître le phosphore dans les minerais de fer, parce qu'en général il donne de très mauvaises qualités aux fontes, et qu'il les rend cassantes à froid.

Pour constater la présence de l'acide phosphorique dans un minerai quelconque de fer, et évaluer sa quantité, il faut convertir le fer en fonte, comme il a été dit ci-dessus, et traiter le culot obtenu par de l'acide sulfurique étendu et bouillant. On obtiendra ainsi une solution et un résidu brunâtre, principalement formé de phosphure de fer : on le séparera de la liqueur par le filtre.

I. Ce résidu sera traité à chaud par l'acide nitrique. On versera dans la solution du nitrate de plomb; il se fera un précipité de phosphate de plomb, qu'on lavera. Après l'avoir pesé, on le fera bouillir avec de l'acide sulfurique étendu : il en résultera de l'acide phosphorique soluble dans l'eau et du protosulfate de plomb, dont la quantité de l'oxide (donnée par la composition du sel) fera connaître celle de l'acide phosphorique auquel il était uni primitivement.

II. La solution sulfurique contient le fer à l'état de sulfate acide : on apprécie sa proportion en précipitant par un sous-carbonate alcalin, et calcinant le précipité; le poids de l'oxide donne la quantité de fer.

Essais des minerais de cuivre.

1050. L'essai des minerais de cuivre est assez long. On doit d'abord traiter au chalumeau le minerai que l'on veut essayer. Si cette première opération indique la présence du soufre et celle de l'arsenic, après avoir pulvérisé la mine, on la mêle avec parties égales de sciure de bois, et l'on fait du tout une pâte avec une suffisante quantité d'huile; on introduit cette pâte dans un creuset ordinaire, et l'on chauffe jusqu'à ce qu'il ne se dégage plus de vapeurs. A ce premier grillage on en fait succéder un second. Après avoir pulvérisé le produit ainsi grillé, on le place dans un *test*, et l'on calcine en remuant, jusqu'à ce que le reste du soufre et du charbon soit brûlé. Il faut éviter que la matière ne s'agglomère par un commencement de fusion; le feu ne doit jamais être assez fort pour la faire entrer dans cet état. Lorsque l'épreuve du chalumeau n'indique dans le minerai ni soufre ni arsenic, le premier de ces grillages devient inutile.

Dans l'un ou l'autre cas, on prend une partie de produit grillé, une demi-partie de borax vitrifié et pulvérisé, un douzième de noir de fumée; on ajoute assez d'huile pour en former une boule, qu'on place dans un creuset dont on lute le couvercle. On chauffe graduellement jusqu'au rouge blanc, et l'on maintient cette température pendant une petite demi-heure. On obtient un bouton de cuivre, qu'il est indispensable de soumettre à la coupellation pour reconnaître s'il ne contient pas d'or ou d'argent.

Avant de commencer ces essais, il faut s'assurer si le minerai est identique dans toutes ses parties; et dans le cas contraire, en réunir les diverses parties hétérogènes, de manière à obtenir des échantillons d'essais, qui présentent le plus d'analogie possible avec la masse entière que l'on doit exploiter en grand.

Comme les minerais de cuivre renferment toujours du fer, et souvent d'autres métaux, tels que l'arsenic, l'antimoine, le zinc, etc., il s'ensuit que le culot de cuivre obtenu dans l'essai contient plus ou moins de fer, qui a été réduit dans l'opération; en sorte qu'on ne peut calculer la quantité de cuivre existant dans la mine, du poids du culot. On reconnaît facilement l'alliage de fer à la couleur que présente le cuivre dans sa cassure, et au manque de malléabilité. Il faut donc purifier ce cuivre, afin d'en constater la proportion exacte.

Pour cela, on place le culot dans une coupelle, qu'on dispose sous la moufle d'un fourneau d'essai, pour lui faire éprouver une très forte chaleur; on laisse un libre accès à l'air, qui doit donner à la superficie du métal fondu un petit mouvement d'ondulation. On chauffe jusqu'à ce que la masse ne présente plus aucune de ces variations de couleur, qu'on y remarquait auparavant. A cette époque, on donne un dernier coup de feu encore plus fort pendant un instant, et on retire brusquement la coupelle, qu'on plonge aussitôt dans l'eau.

Lorsqu'on voit que le culot de cuivre, après qu'il a été exposé pendant quelque temps à la chaleur blanche, ne se fond pas, ou qu'étant fondu, il ne s'affine pas, on y ajoute, pour déterminer l'affinage, 1, 2 ou 3 fois le décuple du poids total de plomb non argentifère, et l'affinage commence tout de suite.

Pour calculer d'après cela le poids du cuivre donné par l'essai, il faut, lorsqu'on n'a pas mis de plomb, ajouter au poids du bouton de cuivre affiné $\frac{1}{13}$ de la perte qui a eu lieu dans l'opération ; mais lorsqu'on fait usage du plomb, il faut en outre compter une perte en cuivre d'une livre par chaque dixième de plomb ajouté. Quoi qu'il en soit, on n'arrive jamais à des résultats rigoureux en faisant usage de l'essai par la voie sèche, et il est très difficile d'obtenir d'un même minerai, et par des opérations répétées, des produits parfaitement identiques.

1051. L'oxide de cuivre ayant la propriété de se dissoudre facilement dans l'ammoniaque, on la met à profit dans l'essai des minerais de cuivre par la voie humide. On traite ceux-ci par l'acide nitrique, et on précipite par l'ammoniaque en excès, qui dissout l'oxide de cuivre sans toucher à celui de fer ; on sature alors la dissolution ammoniaco-cuivreuse filtrée par un acide, et on précipite le cuivre à l'état métallique à l'aide d'une lame de fer bien décapée. Si le minerai ne contient aucun autre métal que le cuivre, susceptible d'être précipité par le fer, on peut se dispenser de dissoudre l'oxide de cuivre dans l'ammoniaque, et le précipiter immédiatement par le fer de sa dissolution nitrique. Quand on agit sur des minerais sulfurés, il faut les griller complètement avant de les soumettre à la dissolution ; sans cela, on n'arriverait jamais à des résultats exacts.

Essais des minerais de plomb.

1052. Parmi les minerais de plomb que l'on rencontre dans la nature, la galène et le carbonate sont les seuls que l'on exploite dans les usines; encore, pour la première de ces espèces, n'est-ce pas dans l'intention d'en obtenir le plomb immédiatement, mais bien d'en extraire l'argent, qu'elle contient toujours en quantité variable. Quoi qu'il en soit, pour les analyser, on suit des procédés très différens. Nous ne décrirons que les essais qui nous paraissent les plus simples et les plus expéditifs.

I. Lorsque la galène est très pure, c'est-à-dire privée entièrement de sa gangue, le procédé le plus facile, et en même temps le plus exact, consiste à la fondre avec de la limaille de fer. Pour cela, on ajoute au minerai de 20 à 25 pour cent de limaille bien pure, avec un peu de borax vitrifié; on introduit le tout dans un creuset brasqué, et on chauffe fortement sous une moufle. On ne tarde pas à obtenir un culot de plomb exempt de toute espèce de scorie. Cet essai donne jusqu'à 82 de plomb pour cent de galène.

Si la galène avait été purifiée par le lavage, de telle sorte qu'elle ne retînt plus aucune portion de blende et de pyrite martiale, ce qui est assez rare, il serait inutile de la soumettre à l'essai précédent, puisque sa composition est constante, et qu'on sait qu'elle contient toujours 86,55 pour cent de plomb métallique.

Dans plusieurs usines, au lieu de l'essai par le fer, on grille les minerais dans un test, de manière à volatiliser autant que possible le soufre, et à n'avoir plus guère que de l'oxide de plomb mêlé dans la gangue; on a soin seulement, pendant le grillage, d'ajouter de temps en temps un peu de poussière de charbon, afin de ramener à l'état de sulfure le sulfate de plomb, qui se forme toujours, et de ne pas élever assez la température pour fondre la matière; car sans ces précautions, l'essai ne donnerait que des résultats inexacts. Quant à l'oxide obtenu, on le fond à la manière ordinaire, après l'avoir mêlé avec quatre parties de potasse blanche et sèche et un quart de partie de charbon pulvérisé. On n'obtient jamais plus de 0,70 à 0,72 de plomb par ce procédé, et la quantité est d'autant moins grande qu'il y a plus de gangue.

Lorsque la galène contient assez d'argent pour qu'on puisse la considérer comme mine d'argent, alors on suit un autre procédé d'essai. Nous le ferons connaître en parlant des essais des minerais d'argent.

II. Lorsqu'on veut faire l'essai par la voie sèche du minerai de plomb carbonaté ou des oxides de plomb, on mêle ceux-ci avec un peu de poussière de charbon, de colophane, de verre de borax et chaux fluatée, suivant les quantités approximatives de gangue. On fond le mélange dans un creuset ordinaire, que l'on dispose dans un fourneau à vent; et au bout d'un temps très court, même en employant une chaleur modérée, on obtient un culot de plomb.

1053. L'essai par la voie humide des minerais de plomb et des produits des fonderies donne des résultats aussi précis que l'essai par la voie sèche, et est d'une exécution tout aussi simple. Il consiste à ramener d'abord tous les minerais de plomb à l'état d'oxides par le grillage, pratiqué d'ailleurs comme ci-dessus, à dissoudre les oxides de plomb dans l'acide nitrique un peu étendu, à étendre la dissolution, et à précipiter par le sulfate de soude. Le poids du sulfate de plomb formé donne celui du plomb métallique, puisque ce sel contient 68,29 de plomb sur 100. La même dissolution pourrait aussi servir à faire connaître la quantité d'argent contenue dans le minerai essayé : il faudrait alors y verser une dissolution d'hydrochlorate de soude, recueillir sur un filtre le chlorure d'argent qui se serait déposé et le faire bouillir avec son poids de potasse à la chaux : l'argent se précipite au fond du vase recouvert par l'excès de potasse et le chlorure de potassium formé. Il ne s'agit plus que de le laver et de le faire sécher. Mais on n'emploie ce procédé d'analyse qu'autant que l'argent est en quantité assez notable dans le minerai.

La galène, outre l'argent, contient quelquefois aussi de l'antimoine et du zinc, et presque toujours du fer et du cuivre. Quant à ces trois derniers métaux, il est inutile de s'en inquiéter dans l'essai par la voie humide, puisqu'ils sont solubles dans l'acide nitrique et ne sont point précipités par le sulfate de soude. Quant à l'antimoine (dont une grande partie s'est volatilisée à l'état d'oxide lors du grillage de la matière), il est tout entier transformé en acide antimonieux insoluble, et il n'en reste aucune trace dans la dissolution.

Essais des minerais d'étain.

1054. L'étain oxidé étant la seule espèce qui soit exploitée, nous ne nous occuperons que de ce minerai dans les détails où nous allons entrer. Comme il jouit d'une grande densité, on peut appliquer le lavage comme procédé d'essai aux roches et aux sables qui le renferment, et lorsque l'opération a été bien faite, on peut se dispenser d'avoir recours aux essais chimiques, puisque la composition de l'étain oxidé est constante, et qu'il contient 78,67 d'étain métallique.

L'essai par la voie sèche est simple, et d'une exécution facile; seulement il demande pour sa réussite complète une température aussi élevée que celle des essais de fer. Ayant réduit une portion de la mine en poudre fine, on l'introduit dans un creuset ou sous une moufle, et on l'expose au rouge obscur, pour en dégager le soufre ou l'arsenic, lorsque ces deux substances y sont contenues. Alors on ajoute au résidu trois quarts de partie de verre de borax, un quart de partie de chaux vive et de la poussière de charbon en quantité suffisante; on mêle bien le tout, et on le chauffe dans un fourneau d'essai, jusqu'à ce que les scories formées soient transparentes et sans mélange de grains métalliques. L'essai aura été bien fait si le culot d'étain obtenu est bien homogène et malléable. On préfère maintenant le verre de borax au *flux noir*, dont on faisait jadis usage pour l'essai de ce minerai, parce que la potasse contenue dans le flux dissolvait une trop grande quantité d'oxide d'étain, et qu'il y avait constamment une perte sensible sur le métal.

1054 *bis*. L'essai ou l'analyse des mines d'étain par la voie humide s'effectue de la manière suivante, d'après le procédé donné par Klaproth : on prend une partie de la mine réduite en poudre très fine, et six parties de potasse caustique, on calcine le mélange jusqu'au rouge dans un creuset d'argent, pendant une demi-heure environ; on traite la masse par l'eau bouillante, et le résidu insoluble est calciné de nouveau avec la potasse, puis dissous dans l'eau. La petite portion de résidu qui a échappé à ce second traitement est alors dissoute dans de l'acide hydrochlorique; elle consiste principalement en oxide de fer, et elle retient toujours un peu d'étain. Pour séparer celui-ci, on plonge dans la solution acide un cylindre de zinc; on recueille exactement le précipité métallique qui se forme; on filtre, et en versant un hydrocyanate alcalin, il se produit un précipité bleu dont le poids indique la quantité de fer existante dans le minerai. Alors on prend les dissolutions alcalines préparées en premier lieu, et on les sursature d'acide hydrochlorique; on évapore presque à siccité, et en dissolvant la masse dans l'eau bouillante, on sépare la silice; on sature la dissolution hydrochlorique de carbonate de potasse. Si l'on obtient un précipité blanc, on peut le réduire de suite, au moyen d'un peu de verre de borax et de charbon, comme il a été dit ci-dessus : mais si le précipité a l'apparence d'un vert sale, il contient probablement du cuivre. C'est pour recueillir ce dernier métal qu'on redissout le précipité dans l'acide hydrochlorique, et que l'on plonge dans sa dissolution un cylindre d'étain d'un poids connu : le cuivre se précipite peu de temps après. Ce dernier métal séparé, lavé, et les liquides étant réunis, on y plonge une lame de zinc qui en sépare l'étain à l'état métallique ; on dessèche celui-ci et on le fond : alors, par la déduction de l'étain dissous du cylindre d'étain employé précédemment, on aura la quantité de métal contenue dans le minerai soumis à l'essai.

Si le minerai examiné ne contenait que de l'oxide d'étain, on obtiendrait une perte assez considérable dans le poids du produit, perte qu'on doit nécessairement attribuer au dégagement de l'oxigène. Cette quantité peut s'élever jusqu'à 27 pour cent environ ; dans ce cas cependant on ne se contente pas d'une seule analyse, on doit en faire ordinairement deux pour être plus sûr des résultats.

Essais des minerais d'argent.

1054 *ter.* Le plomb ayant une très grande affinité pour l'argent, donne un moyen facile d'essayer par la voie sèche les minerais de ce dernier métal. Si le minerai contient du soufre, on commence par le griller ; s'il renferme beaucoup de gangue, il suffit de le pulvériser. Dans le premier cas, on fond le produit grillé avec huit parties de plomb, le plus pur possible ; on agite le mélange fondu, et on le coule. Dans le second cas, au lieu de plomb, on emploie de la litharge en proportion plus grande que lorsqu'on fait usage du plomb pur. La litharge a la propriété de vitrifier les matières terreuses, et de donner en même temps une certaine quantité de plomb métallique, qui entraîne l'argent. Ces diverses opérations se font sous la moufle d'un fourneau d'essai. Leur produit est, comme on le voit, du plomb argentifère, dont la coupellation indique la richesse.

Quand on veut essayer pour l'argent des minerais qui contiennent déjà du plomb, on ajoute au *Schlich* bien pulvérisé quatre parties de potasse blanche et calcinée; on place le tout dans un petit creuset de terre; on recouvre de sel commun, et on dispose le creuset sous la moufle d'un fourneau de coupelle, qu'on chauffe fortement pendant deux heures environ. Au bout de ce temps on laisse refroidir l'appareil, on casse le creuset avec précaution, on nettoie le culot de plomb argentifère, et il ne reste plus qu'à chercher la teneur en argent, ce qui a lieu à l'aide de coupelles formées avec la terre d'os calcinés, suivant le procédé de coupellation que nous allons décrire.

1055. La *coupellation* est fondée sur la propriété que présentent les *coupelles* de laisser écouler les oxides fondus, comme un tamis très serré, et d'être imperméables aux métaux, de sorte que ceux-ci restent à leur surface, tandis que ceux-là passent à travers leurs parois. Si donc l'on met dans une coupelle deux métaux, l'un inaltérable par l'air, et l'autre capable de s'oxider, et de donner lieu à un oxide très fusible, il est évident qu'en les exposant à une chaleur convenable, on parviendra à en faire la séparation. On y parviendrait encore quand bien même l'oxide serait infusible, pourvu qu'il se trouvât en contact avec un autre oxide qui le rendît fusible. Il est de toute nécessité, dans l'un et l'autre cas, que le métal *inoxidable* ne soit point volatil; il faut même qu'il puisse se fondre, et former culot au degré de chaleur que l'on emploie (35° du pyromètre de Wedgwood); sans cela, il resterait disséminé, adhérent à la portion d'oxide dont la surface de la coupelle serait imprégnée, et ne pourrait être recueilli complètement. Parmi tous les métaux, l'or et l'argent sont les seuls qui possèdent les trois propriétés indispensables d'inaltérabilité, de fusibilité et de fixité à la température indiquée; aussi peut-on employer avec beaucoup d'avantage la coupellation pour les séparer des autres métaux, et les avoir purs.

A l'aide de ces idées générales sur la *coupellation*, on concevra parfaitement tout ce que nous allons dire sur l'essai du plomb argentifère.

On introduit une coupelle dans la moufle du *fourneau de coupelle*, et lorsque le fourneau est assez chaud pour que le fond de celle-ci soit à près de 24° du pyromètre de Wedgwood, on met le plomb argentifère dans la coupelle: bientôt il entre en fusion, se recouvre d'une couche d'oxide de plomb, s'aplatit, laisse exhaler des fumées, et prend un mouvement assez considérable qui, renouvelant la surface de la matière, en favorise l'oxidation. Tout le plomb passe ainsi à l'état d'oxide, et tout l'oxide à mesure qu'il se forme, fond et est absorbé par la coupelle, à l'exception de la très petite partie qui forme les fumées dont nous venons de parler. En même temps, l'alliage diminue de volume, et laisse sur le bassin de la coupelle une trace circulaire d'un rouge brun; sa surface, qui était d'abord sensiblement plane, devient de plus en plus convexe, et offre des points brillans, qui vont continuellement en augmentant. A cette époque, le plomb est presque entièrement absorbé, et il faut ramener la coupelle sur le devant de la moufle: là, les points brillans ne tardent pas à disparaître; la matière présente toutes les couleurs de l'iris; elle perd un instant son éclat, et redevient tout à coup brillante par un mouvement instantané qu'on apelle *éclair, fulguration*: ce dernier signe indique la fin de l'opération. Alors, après que l'argent est entièrement solidifié, on retire la coupelle de la moufle, et lorsqu'elle est refroidie, on saisit le bouton d'argent avec une pince, on brosse la partie inférieure pour en détacher les particules de matières terreuses qui pourraient y adhérer, et on le pèse.

On recommande généralement de ne point retirer la coupelle du fourneau immédiatement après l'éclair, parce que l'argent se refroidissant trop promptement, il serait à craindre qu'il *végétât* ou *rochât*, c'est-à-dire qu'au moment où la couche extérieure de l'essai se solidifierait, elle éprouvât un retrait assez grand pour qu'une petite partie du métal intérieur, encore liquide, formât une sorte d'herborisation à la surface du bouton, et fût projetée, non-seulement dans la coupelle, mais au dehors (*). Il faut que le bouton d'argent soit bien arrondi, brillant, cristallisé en dessus, d'un blanc mat et grenu en dessous, et qu'il se détache bien de la coupelle. Lorsque sa surface est terne et aplatie, c'est une preuve que la chaleur a été assez forte pour volatiliser un peu d'argent, ou qu'*il a eu trop chaud* en termes techniques. Lorsque sa surface est inégalement brillante, qu'il présente de petites cavités en dessous, qu'il adhère assez fortement à la coupelle, et qu'il reste de petites écailles jaunâtres dans celle-ci, c'est une preuve que la température n'a pas été assez élevée, et qu'il retient du plomb, autrement dit qu'*il a eu trop froid.* Dans tous les cas, l'essai ne peut être regardé comme bon, et on doit travailler sur de nouveaux frais.

1056. L'essai des minerais d'argent par la voie humide est fort simple, et s'exécute de la manière suivante. On traite le minerai d'argent, quel qu'il soit, par de l'acide nitrique chaud qui dissout l'argent : on filtre la liqueur, et on décompose ce nitrate par l'hydrochlorate de soude. On obtient du chlorure d'argent qui, lorsqu'il est bien desséché, indique les

---

(*) Les expériences de M. Samuel Lucas ayant appris que l'argent absorbait, pendant sa fusion, une certaine quantité d'oxigène, et qu'il l'abandonnait au moment de son refroidissement, il est tout naturel de croire que c'est le dégagement de ce gaz qui occasione le *rochage*, auquel les boutons d'essais sont soumis lors de leur refroidissement.

0,75 d'argent. On pourrait le réduire, comme nous l'avons déjà dit à l'article *Essais de plomb*, en le faisant bouillir avec de la potasse à la chaux; mais cela devient inutile, puisque la composition du chlorure est constante et bien connue. Au reste, l'essai par la voie humide ne peut être pratiqué avantageusement qu'autant que les minerais sont fort riches, car il n'est pas facile d'apprécier par ce moyen de petites quantités d'argent avec autant d'exactitude que par la voie sèche, aussi généralement préfère-t-on celle-ci à l'autre.

Essais des minerais d'or.

1057. On suit plusieurs modes d'essais pour les minerais d'or, suivant la nature de la gangue dans laquelle le métal se trouve disséminé. Lorsqu'il est à l'état natif, *en paillettes*, comme dans des sables et dans des terrains d'alluvion, on emploie l'essai par le lavage. Lorsqu'il est engagé dans des roches dures, on les bocarde, et on les lave avec précaution : ce procédé, exécuté en grand, présente encore de l'avantage, lors même qu'il ne s'y trouve que 4 gros d'or par quintal de minerai purifié.

L'essai par la voie sèche est fondé, de même que pour l'argent, sur l'affinité du plomb pour l'or. Lorsque les minerais sont très pauvres, on doit les laver avant de les soumettre à ce genre d'essai, qui se pratique de la manière suivante. On prend une partie de minerai, on le grille lorsqu'il contient de l'arsenic ou de l'antimoine, et on y ajoute 8 pour cent de plomb. On fond dans un test, sous la moufle d'un fourneau d'essai jusqu'à ce que tout devienne liquide ou que les scories soient bien transparentes; on coule alors pour obtenir le plomb métallique qui aura réuni et dissous tout l'or du minerai. On coupelle ensuite pour séparer ce dernier métal d'avec l'argent qui pouvait se trouver, soit dans le minerai, soit dans le plomb dont on a fait usage. Nous dirons plus bas comment on sépare l'argent de l'or. Lorsque le minerai sur lequel on agit est très difficile à fondre, on a l'habitude d'y ajouter un peu de verre de borax, dans la proportion de 0,5 à 1. Lorsque le minerai est très pauvre, ce qui oblige alors de traiter une masse assez considérable, comme, par exemple, de 4 ou 500 grammes, on pratique l'essai dans un creuset, en ajoutant quatre parties de minium et 12 de flux noir ; puis on coupelle le plomb, ou bien on traite le minerai, suivant M. Sage, avec huit ou dix parties d'acide nitrique, et on scorifie le résidu avec du plomb, comme nous venons de le dire.

Enfin, on emploie quelquefois, pour les essais d'or, le procédé d'amalgamation, que l'on exécute en grand pour l'extraction de ce métal (231). Pour cela, après avoir grillé les minerais aurifères, on les réduit en poudre très fine, et on les triture dans un mortier avec six parties de mercure. Celui-ci dissout l'or et l'argent contenus dans les minerais, et comme ces derniers sont fixes, tandis que le mercure est volatil, il suffit de chauffer l'amalgame pour obtenir l'or et l'argent parfaitement purs.

Par l'un ou l'autre de ces procédés, on n'arrive jamais qu'à se procurer l'or des minerais, allié à l'argent qui l'accompagne presque toujours. Par le procédé d'amalgamation, il ne contient jamais que ce dernier métal, tandis que par l'affinage par le plomb, il retient parfois, en outre, du fer et de l'étain. On débarrasse l'or de ceux-ci en le fondant avec du nitre, qui les oxide et les vitrifie. Mais pour enlever l'argent, on a recours à l'opération que nous avons déjà décrite (voyez *Affinage*, 231), et qui a reçu le nom de *départ*. Elle s'exécute en petit comme en grand, seulement on ne soumet point l'alliage à l'*inquartation;* ainsi on divise l'alliage en grenaille, et on le traite à chaud par de l'acide sulfurique concentré. Celui-ci dissout l'argent avec dégagement de vapeurs sulfureuses, et laisse l'or au fond du vase de platine, sous forme d'une poudre

noire; on la lave et on la fond pour obtenir l'or sous forme de bouton.

1058. L'essai par la voie humide, proprement dit, ne présente pas une aussi grande exactitude que le précédent, surtout pour les minerais très pauvres, à cause de la difficulté d'apprécier une quantité extrêmement petite d'or; car il y a des minerais qui ne contiennent que $\frac{1}{20000}$, et même que $\frac{1}{40000}$ d'or. Quoi qu'il en soit, voici comment on peut faire une bonne analyse de l'or natif, qui est généralement allié au cuivre et à l'argent. On fait digérer une quantité donnée d'or dans suffisante quantité d'acide hydrochloro-nitrique (eau régale); le résidu insoluble sera du chlorure d'argent. On le rassemble avec soin sur un filtre, on le lave, on le sèche et le pèse. Son poids indiquera celui de l'argent, puisque sa composition est connue. La solution restante, à laquelle on ajoute les eaux de lavage du chlorure, doit être décomposée par le protosulfate de fer. On précipite ainsi l'or à l'état métallique; on le rassemble, on le lave et on le sèche avec soin. La liqueur restante, après cette opération, ne contient plus que du cuivre, plus le fer ajouté pour la séparation de l'or. On enlève le cuivre en y plongeant une lame de fer polie. On recueille le précipité rouge métallique et on le dessèche. La somme du poids des produits indiquera la proportion des différens métaux contenus dans le minerai essayé.

Essais des minerais de platine.

1059. Le platine étant infusible à la température la plus élevée que nous puissions produire dans nos meilleurs fourneaux, l'essai de ses minerais ne peut se faire que par la voie humide; et, quoique la mine de platine soit très composée, puisqu'elle renferme jusqu'à douze métaux différens, cependant l'essai est assez facile, par la raison qu'il ne s'agit que

d'obtenir le platine seul, et non d'isoler séparément les divers métaux qui l'accompagnent. Voici comment on procède.

On fait digérer un poids connu, par exemple, cent parties, du minerai de platine, dans dix fois son poids d'acide hydro-chloro-nitrique, fait dans les proportions d'une partie d'acide nitrique et de 4 parties d'acide hydrochlorique. On chauffe pour favoriser l'action ; on décante la liqueur, que l'on met à part, et l'on traite le résidu par une nouvelle quantité d'eau régale, qu'on renouvelle une troisième fois, si l'on juge la chose nécessaire. On réunit les trois dissolutions acides, on lave le résidu avec soin, et on joint les eaux de lavage aux liqueurs précédentes. On filtre la liqueur, qui est d'un jaune brunâtre foncé, et on y verse une dissolution d'hydrochlorate d'ammoniaque jusqu'à ce qu'il ne se forme plus de précipité. Celui-ci, qui est jaune et formé entièrement d'hydrochlorate de platine et d'ammoniaque, doit être recueilli sur un filtre, lavé et séché avec précaution. Alors on le place dans la moufle d'un fourneau d'essai, et on le chauffe jusqu'à ce qu'il ne paraisse plus de vapeurs. Le platine restera dans un état spongieux avec un éclat demi-métallique. Pendant qu'il est encore chaud, on peut l'amalgamer avec du mercure, qu'on dégagera ensuite par la chaleur, pour obtenir une masse poreuse de platine pur, dont le poids indiquera la proportion qui se trouve dans le minerai essayé.

Essais des minerais de mercure.

1060. L'essai par la voie sèche des minerais de mercure a toujours lieu, pour ainsi dire, sur le sulfure. Lorsque la mine est sensiblement pure, il suffit de séparer mécaniquement ce dernier, d'en prendre un poids donné, et de le sublimer dans un petit matras. Connaissant la composition du sulfure, il est facile d'en conclure la quantité de mercure contenue dans le minerai.

Mais si ce sulfure est disséminé dans la gangue, ou si cette dernière renferme en même temps des globules métalliques, il faut alors la pulvériser, mélanger une partie de la poudre avec une ou deux parties de limaille de fer, et introduire le tout dans une cornue dont on maintient le col presque vertical, afin d'obtenir du mercure plus pur, et chauffer convenablement. Le mercure se volatilise, et vient se condenser dans un récipient à moitié plein d'eau froide. On entoure le col de la cornue de linges, qu'on laisse descendre jusque dans l'eau. Ils ont pour objet de servir de conducteur au mercure, en même temps qu'ils s'opposent à sa volatilisation dans l'atmosphère.

On n'emploie jamais l'essai par la voie humide pour ces minerais.

Essais des minerais de zinc.

1061. L'essai par la voie sèche des minerais de zinc est fondé sur la propriété que possède ce métal, de se volatiliser au-dessus de la chaleur rouge. On prend une certaine quantité du minerai choisi, et débarrassé autant que possible de ses impuretés et de sa gangue, on le réduit en poudre fine, et on le grille à petit feu dans une moufle, afin d'en volatiliser le soufre et l'arsenic; ensuite on le mêle avec de la poussière de charbon; on introduit le mélange dans une cornue de terre qui puisse supporter une assez forte température, et on la porte jusqu'au rouge; le zinc se volatilise, et vient se condenser dans le col de la cornue et dans un récipient que l'on maintient constamment refroidi.

Il se perd toujours une assez grande quantité de zinc dans cette opération, en sorte qu'on ne peut regarder ce procédé comme un bon moyen d'essai. L'essai par la voie humide est préférable sous le rapport de l'exactitude. Voici comment on l'exécute.

1062. On fait digérer à froid, et pendant 24 à 36 heures, une quantité connue de minerai pulvérisé dans de l'acide hydrochloro-nitrique, en ayant soin d'agiter souvent le mélange ; au bout de ce temps, on décante la liqueur, et on réitère la digestion dans une nouvelle proportion d'acide, si le résidu est considérable. On décante de nouveau, après 24 heures de contact ; on réunit les deux dissolutions, et on les filtre pour les séparer entièrement du résidu, composé totalement de soufre, de silice, et souvent de sulfate de plomb. On verse dans la liqueur du sulfate de soude dissous pour en précipiter le plomb qui pourrait y exister ; on y plonge ensuite une lame de fer, afin d'en séparer le cuivre, et on filtre. On décompose alors la dissolution, qui ne contient plus que du zinc et du fer, par le sous-carbonate de soude, et il se forme un précipité de carbonate de zinc et de fer, qu'on met en digestion dans l'ammoniaque, après toutefois l'avoir desséché. L'ammoniaque dissout le carbonate de zinc sans toucher au fer ; on filtre, et on verse dans la solution ammoniacale de l'acide hydrochlorique, puis on y ajoute du sous-carbonate de soude ; on obtient enfin du carbonate de zinc très pur, qu'on peut réduire avec un peu de charbon ou de flux noir dans un creuset.

Essais des minerais d'antimoine.

1063. Le sulfure d'antimoine est le seul minerai qui soit exploité. On peut employer le lavage, exécuté avec soin, pour connaître la quantité qui en existe dans le minerai. Du sulfure supposé pur, il est facile de conclure la quantité d'antimoine métallique, puisque le premier contient toujours 72,77 de métal. On peut encore faire usage de l'essai par la voie sèche, qui consiste à traiter le sulfure avec moitié de son poids de limaille de fer bien pure. On fond dans un creuset : le fer s'unit au soufre du sulfure, et l'antimoine libre se réunit en un culot. Si le minerai contenait, outre le sulfure, de l'antimoine oxidé, il faudrait griller le tout, et fondre avec du flux noir dans un creuset fermé. Ce dernier moyen ne donne jamais un résultat bien exact, en raison de la facilité avec laquelle l'antimoine se volatilise, ainsi que son protoxide. (Guenyveau.)

1064. L'essai par la voie humide des minerais d'antimoine peut se faire de la manière suivante. On traite une quantité donnée du minerai, réduit en poudre fine, par l'acide hydro-chloro-nitrique, jusqu'à ce que la totalité soit dissoute, à l'exception d'un résidu composé de soufre, de silice et de chlorure d'argent, lorsque le minerai contient de l'argent, ce qui arrive très souvent. On sépare alors de la dissolution limpide l'antimoine en y ajoutant de l'eau; il se précipite à l'état d'une poudre blanche, qui est de l'oxi-chlorure, qu'on recueille et qu'on réduit à l'état métallique au moyen d'un peu de flux noir. Quant au liquide restant, il contient ordinairement du fer et du plomb; on précipite le premier par l'ammoniaque en léger excès, et le second par le sulfate de soude. Pour connaître la quantité d'argent qui existe dans la mine, il faut prendre le résidu laissé par l'eau régale, et le faire digérer dans l'ammoniaque; on sursature ensuite la liqueur par l'acide hydrochlorique, et on y introduit en même temps une lame de fer ou de zinc : l'argent ne tarde pas à se précipiter sur celle-ci à l'état métallique.

Essais des minerais d'arsenic.

1065. L'essai par la voie sèche des minerais arsenicaux se fait en général en les mélangeant avec de la poussière de charbon, les introduisant dans un vase sublimatoire, et élevant graduellement celui-ci jusqu'au rouge; lorsque les vapeurs cessent de paraître, on laisse refroidir le vase, et l'on trouve l'arsenic métallique sublimé dans la partie supérieure. Si l'on a eu la précaution de tenir à une température assez basse le récipient dans lequel les vapeurs viennent se condenser, le produit obtenu indiquera assez exactement la quantité de métal qui était contenue dans le minerai soumis à l'essai.

On n'emploie jamais l'essai par la voie humide pour ces sortes de minerais.

Lorsqu'on veut reconnaître la présence de l'arsenic dans une substance quelconque, sans chercher à en apprécier la proportion, voici le procédé le plus simple que l'on puisse employer; il décèle les quantités les plus minimes de ce métal. On mêle la substance à essayer, après l'avoir préalablement réduite en poudre très fine, avec trois fois son poids de flux noir, ou même simplement de charbon; on l'introduit dans un petit tube de verre fermé par un bout, et on le chauffe sur la lampe à alcool : le tube rougit, des vapeurs s'élèvent, et une partie se condense à son extrémité supérieure. On laisse refroidir le tube, on le casse, et l'on en détache les particules métalliques qui y sont adhérentes; on les projette ensuite sur un fer rouge, et une odeur fortement alliacée ne tarde pas à se faire sentir, si la substance renfermait de l'arsenic à l'état libre ou combiné. Il vaut mieux employer un fer rouge qu'un charbon incandescent, par la raison que l'acide carbonique et la fumée empêchent souvent de reconnaître l'odeur de l'arsenic dans ce dernier cas.

On conçoit que ce procédé, suffisant au minéralogiste pour constater la présence de l'arsenic dans les substances minérales, ne pourrait suffire au chimiste et au médecin légiste.

Essais des minerais de cobalt.

1066. Il importe peu de connaître la quantité de cobalt contenue dans un minerai, par la raison que ce métal pur n'est d'aucun usage dans les arts. Les essais de ses mines ont toujours pour but d'apprécier leur puissance colorante, quoiqu'à la vérité cette puissance soit subordonnée à la proportion de cobalt pur qu'elles renferment.

On commence par les pulvériser, et on les grille ensuite avec soin, afin de les débarrasser du soufre et de l'arsenic qui s'y trouvent toujours, et on les fond avec un mélange d'une partie de potasse et trois de sable blanc. On juge de la richesse de la mine par la quantité de mélange qu'elle peut colorer et l'intensité qu'elle lui communique.

Pour faire l'analyse des minerais de cobalt, on doit s'y prendre de la manière suivante. On prend une partie de minerai réduit en poudre fine, et trois parties de nitrate de potasse; on les met dans un creuset de Hesse, et on les expose à une chaleur rouge pendant environ une demi-heure; on traite la masse toute chaude par l'eau bouillante pour dissoudre l'arseniate de potasse formé, et on recommence la fusion du résidu de la même manière, puis on lave de nouveau avec l'eau bouillante. Alors on fait digérer le résidu dans de l'acide nitrique faible, et on filtre la liqueur au bout d'un temps suffisant. On l'évapore pour en dégager l'excès d'acide: on y ajoute ensuite une grande quantité d'eau pour en précipiter le bismuth à l'état de sous-nitrate blanc; on filtre, et on plonge dans la liqueur une barre de fer bien décapée, afin d'en séparer le cuivre à l'état métallique. On fait évaporer le liquide restant à siccité, et l'on traite la masse obtenue par l'ammoniaque, qui a pour but de séparer le fer à l'état d'oxide, et de dissoudre le cobalt et le nickel. On dégage l'excès d'ammoniaque par la chaleur, qu'on a soin de ne point trop élever, afin de ne pas occasioner de précipité; on ajoute ensuite de la potasse caustique, et l'on verse le tout immédiatement sur un filtre; on précipite ainsi le nickel de la liqueur, et, en faisant bouillir celle-ci pendant quelque temps, l'oxide de cobalt ne tarde pas à se déposer. On recueille celui-ci, on le mêle avec de la poussière de charbon, et on le soumet à une forte chaleur dans un creuset de Hesse, de manière à obtenir un culot de cobalt, qui d'abord est d'un bleu gris, mais qui, par l'exposition à l'air, passe bientôt au rouge gris.

Comme par ce procédé le cobalt retient toujours une certaine quantité de nickel, et que d'ailleurs ce dernier métal retient aussi du cobalt, M. Laugier a proposé le procédé suivant, qui donne les résultats les plus exacts. Il est fondé sur la solubilité de l'oxalate de cobalt dans l'ammoniaque et sur le peu de solubilité de l'oxalate de nickel dans le même véhicule. 1°. On grille la mine pour en séparer autant que possible l'arsenic; 2°. on dissout le résidu de la calcination dans l'acide nitrique, et l'on évapore pour séparer l'oxide d'arsenic; 3°. on fait passer dans la dissolution, suffisamment acide, autant d'acide hydrosulfurique qu'il en faut pour décomposer tous les arseniates, et précipiter le cuivre s'il s'en trouve dans la mine; 4°. on fait chauffer la dissolution pour en dégager l'acide hydrosulfurique, et on précipite tous les métaux par le carbonate de soude; 5°. on traite ces carbonates par l'acide oxalique pour en séparer le fer; 6°. enfin, on traite les oxalates de nickel et de cobalt en poudre par l'ammoniaque concentrée. La dissolution s'opère à froid par l'agitation, et mieux par une douce chaleur. On filtre, on verse la liqueur dans une capsule, et on l'abandonne au repos. Après le second dépôt, la liqueur, d'un brun rouge foncé, ne dépose plus de nickel; elle ne contient plus que de l'oxalate de cobalt parfaitement pur, et qu'on peut obtenir cristallisé à l'état de sel triple, tandis que l'oxalate de nickel, tout-à-fait insoluble, reste parfaitement privé de cobalt. (*Ann. de Chimie et de Physique*, t. IX, p. 267.)

Essais des minerais de nickel.

1067. Les minerais de nickel sont en général très composés. Ils renferment presque toujours de l'arsenic, du soufre, du fer, du cobalt, du cuivre, et quelquefois du bismuth, de l'argent, de la silice et de l'alumine. Leur essai par la voie sèche est impraticable, et celui par la voie humide est assez difficile à pratiquer. Voici cependant une méthode analytique, proposée par M. Thompson, qui nous paraît simple et précise. Elle consiste à réduire en poudre fine la mine de nickel, connue dans le commerce sous le nom de *speiss*, et à la dissoudre dans l'acide sulfurique, en ajoutant la quantité d'acide nitrique nécessaire pour opérer la dissolution. On concentre la liqueur et on l'abandonne à elle-même; il s'y forme de beaux cristaux verts de sulfate de nickel. On recueille ces cristaux, on fait évaporer les eaux mères, afin d'en obtenir tout le sel par la cristallisation, et on redissout dans l'eau pour faire cristalliser de nouveau. Enfin, on redissout une troisième fois le sel obtenu, et on ajoute dans la liqueur un alcali, potasse ou soude, pour en précipiter l'oxide de nickel. On recueille ce dernier, on le mêle avec 3 pour cent de résine, on en fait une pâte avec de l'huile, et on le soumet dans un creuset de charbon au feu de forge le plus violent. On obtient un culot métallique pur, dont le poids représente celui du nickel existant dans le minerai analysé.

Ce procédé, suffisant pour un essai docimastique, est loin d'avoir l'exactitude de celui proposé par M. Laugier, et que nous avons décrit précédemment. (*Voyez* l'article *Cobalt.*)

Essai des minerais de bismuth.

1068. L'essai par la voie humide des minerais de bismuth est assez facile à exécuter. On en fait digérer une quantité connue, préalablement pulvérisée, dans de l'acide nitrique; on filtre la liqueur, on lave le filtre avec un peu d'acide étendu, on fait le mélange des dissolutions, et l'on y ajoute huit à neuf fois leur volume d'eau distillée. Il se forme un précipité blanc d'oxide de bismuth, que l'on lave avec soin et que l'on réduit facilement avec un peu de flux noir ou de poussière de charbon. Il faut opérer la réduction dans un creuset fermé et à une température peu élevée; car sans cette précaution, une partie de métal se volatiliserait en pure perte.

Essais des minerais de chrôme.

1069. Les minerais de chrôme ne sont jamais essayés pour connaître leur contenu en métal, mais seulement la quantité de l'oxide vert qu'ils peuvent fournir aux arts. A cet effet, on fait un mélange de minerai pulvérisé avec moitié de son poids de nitre, et on l'expose au rouge cerise pendant une heure, ou jusqu'à ce qu'il ne se dégage plus de vapeurs nitreuses. Le résidu de la calcination se compose d'oxide de fer et de chromate de potasse, si toutefois elle a été bien faite. Dans le cas contraire, lorsqu'il y existe du nitre et de l'acide chromique non décomposés, il faut chauffer la masse de nouveau jusqu'à ce que l'acide sulfurique ne donne plus lieu à un dégagement de vapeurs nitreuses; mais s'il restait du chromate de fer non décomposé, il faudrait mêler l'essai avec une nouvelle proportion de nitre et calciner. Enfin, après toutes ces diverses opérations, on traite le résidu par de l'eau bouillante, et l'on filtre pour séparer l'oxide de fer. On sature alors l'excès d'alcali qui pourrait se trouver dans la dissolution, par l'acide nitrique qui détermine la précipitation d'une certaine quantité de matières terreuses; on filtre la liqueur, et l'on y ajoute du nitrate neutre de mercure jusqu'à ce qu'il ne se produise plus de précipité; on jette le tout sur un filtre de papier et on fait sécher le chromate de mercure obtenu. On l'introduit ensuite dans une cornue et on l'expose à une chaleur modérée; le mercure se volatilise et abandonne au fond du vase l'oxide vert de chrôme, dont la couleur est d'autant plus belle que la température a été plus basse.

Essais des minerais de manganèse.

1070. L'essai des minerais de manganèse par la voie sèche est très difficile, par la raison que ce métal exige une très haute température pour se réduire; et comme d'ailleurs le manganèse, à l'état métallique, n'est presque d'aucun usage, il est rare qu'on le pratique dans les usines. Cependant, si l'on voulait connaître la pureté des oxides de manganèse qui se trouvent dans la nature et que l'on exploite, on s'y prendrait de la manière suivante.

Presque toujours les minerais de manganèse oxidé renferment du fer et de la silice. On prend 100 parties de minerai pulvérisé, et on les fait digérer à chaud dans une quantité suffisante d'acide hydrochlorique, jusqu'à ce que celui-ci ne dissolve plus rien. On filtre, afin de recueillir le résidu blanc laissé par l'acide, qui est entièrement formé de silice. On le lave et on le pèse. On verse ensuite dans la liqueur claire de l'ammoniaque jusqu'à ce qu'il ne se forme plus de précipité; celui-ci est l'oxide de fer contenu dans la mine. On le sépare par le filtre, on le lave et on le sèche. On réunit les eaux de lavage au reste du liquide filtré, et on les évapore à siccité. Le résidu, lavé et séché, est l'oxide de manganèse existant dans le minerai.

Essais des minerais de molybdène.

1071. Les minerais de molybdène sont peu abondans dans la nature et d'aucune utilité dans les arts. Le molybdène sulfuré est celui qui est le moins rare. Pour l'analyser, Schéele indique le procédé suivant. On fait bouillir le minerai avec de l'acide nitrique jusqu'à ce qu'il soit converti en une poudre blanche. Cette poudre, bien lavée et séchée, est l'acide molybdique. En ajoutant de la potasse aux eaux de lavage de cet acide, il s'en dépose encore un peu. Après cette séparation, on verse, dans la liqueur, de l'hydrochlorate de baryte jusqu'à ce qu'il ne se fasse plus de précipité. Cent parties de ce précipité, formé de sulfate de baryte, indiquent 14,5 de soufre. La composition d'ailleurs de l'acide molybdique est également connue; il est formé sur 100 parties, d'après M. Berzélius, de 66,55 de molybdène et de 33,45 d'oxigène.

Essais des minerais de tunsgtène.

1072. L'analyse du wolfram, qui est le minerai le plus répandu parmi ceux de tungstène, s'exécute de la manière suivante. On traite alternativement la mine par l'acide hydrochlorique et par l'ammoniaque jusqu'à son entière dissolution. En évaporant à siccité les dissolutions ammoniacales et en calcinant le résidu, on obtient l'oxide jaune de tungstène à l'état de pureté. On verse ensuite de l'acide sulfurique dans les dissolutions d'acide hydrochlorique; on évapore à siccité, et l'on traite par l'eau, qui dissout toute la matière, à l'exception d'un peu de silice. On verse dans la liqueur un grand excès d'ammoniaque, qui opère la précipitation de tout l'oxide de fer, et l'on filtre aussitôt. On fait évaporer ensuite à siccité la solution ammoniacale; on calcine légèrement le résidu pour en dégager toute l'ammoniaque, et la poudre restante peut être considérée comme l'oxide pur de tungstène qui était contenu dans le minerai.

Essais des minerais de tellure.

1073. L'essai des minerais de tellure peut se faire par la voie sèche de la même manière que pour l'arsenic, par la raison que, comme ce dernier métal, le tellure est très volatil et peut être séparé par la chaleur des substances auxquelles il est uni, et qui sont principalement du plomb, de l'or, du cuivre, de l'argent et du soufre. Cependant, comme une portion de ce dernier doit se sublimer avec lui, il faut l'en débarrasser en le dissolvant dans un acide, puis le précipitant, sous forme d'oxide, à l'aide d'un alcali; on réduit ensuite cet oxide avec du charbon, comme on fait pour les autres oxides. Comme l'oxide de tellure est soluble dans les alcalis en excès, il faut avoir le soin de n'ajouter de ceux-ci que la quantité exactement nécessaire pour précipiter cet oxide.

L'analyse des mines de tellure n'est intéressante qu'autant qu'on veut connaître la quantité d'or et d'argent qu'elles renferment. Pour cela, le procédé le plus simple et le plus exact est de chauffer fortement le minerai dans un creuset ouvert, de manière à en brûler le soufre et à en volatiliser le tellure, de faire fondre le résidu avec une certaine quantité de plomb pur, et de soumettre ensuite l'alliage à la coupellation. En appliquant au produit de la coupellation le procédé du *départ*, on isolera l'or et l'argent qui se trouvaient dans le minerai essayé.

Essais des mines de titane.

1074. Les minerais de titane peuvent être analysés de la manière suivante. Après les avoir réduits en poudre fine, on les fond avec de la potasse dans un creuset d'argent, et on soumet le tout au rouge obscur, pendant une heure environ, ou jusqu'à ce que toute la silice soit dissoute; on traite le résidu de la calcination par l'eau chaude; on le sursature avec de l'acide hydrochlorique, et l'on fait évaporer à siccité. On verse de nouvel acide étendu sur la matière; on chauffe légèrement, afin de favoriser l'action, et l'on projette le tout sur un filtre : la portion de substance insoluble dans l'acide sera la silice contenue dans la mine. On verse alors dans la liqueur filtrée de l'ammoniaque, qui précipite les oxides de fer et de titane; on les lave bien, on les sèche, on les mèle avec une certaine quantité de sel ammoniac, et l'on projette le mélange dans un creuset rouge; ce qui reste après les lavages ordinaires doit être de couleur blanche, c'est de l'oxide de titane pur. Si par hasard cet oxide retenait encore un peu de fer, il faudrait le traiter par le sel ammoniac une seconde fois : la perte du poids en dernier lieu donnera la quantité de fer contenu. La liqueur de laquelle on a précipité les oxides, ne contient plus que de la chaux ; on sature celle-ci par l'acide hydrochlorique, et on décompose le sel formé par un carbonate alcalin. Son poids donnera celui de la chaux existante dans le minerai.

Essais des minerais d'urane.

1075. Les minerais d'urane, peu communs dans la nature, peuvent être essayés de la manière suivante. Nous prendrons pour exemple l'urane oxidulé, qui contient à l'état de mélange du plomb sulfuré, du fer oxidé, du cuivre pyriteux (?) et de la silice. On fait chauffer le minerai pulvérisé dans quatre ou cinq fois son poids d'acide nitrique étendu, jusqu'à ce que toute action cesse de se manifester ; le résidu n'est composé que de soufre et de silice. On les sépare par le filtre de la solution, dans laquelle on ajoute du sulfate de soude, de manière à précipiter tout le plomb qui s'y trouve contenu. On filtre de rechef, on réunit les eaux de lavage, et l'on y verse de la potasse caustique, qui occasione un précipité formé des oxides d'urane, de fer et de cuivre. On traite par l'ammoniaque, qui dissout le cuivre sans toucher aux deux autres oxides ; on fait bouillir ceux-ci avec une quantité convenable de bi-carbonate de potasse en dissolution, qui dissout tout l'oxide d'urane, et l'oxide du fer est facilement séparé par le filtre. Pour avoir alors l'urane de la dissolution alcaline, il ne s'agit plus que de la saturer par un acide, puis précipiter par l'ammoniaque ; l'oxide d'urane se précipitera parfaitement pur. En le séchant convenablement et le chauffant avec du charbon dans un petit creuset, on en obtiendra aisément le métal.

Essais des minerais de cérium.

1076. Les minerais de cérium sont très rares dans la nature : la cérite est celui qu'on rencontre encore plus abondamment. Voici comment on peut l'analyser. On la fait fondre avec trois fois son poids de potasse, et l'on traite la masse par l'eau, qui dissout le silicate de potasse formé. On traite le résidu par l'acide hydrochlorique, qui dissout les oxides de fer et de cérium; on verse dans la dissolution de l'acide oxalique, qui précipite le cérium à l'état d'oxalate blanc qu'il suffit de calciner pour en obtenir l'oxide parfaitement pur. On peut réduire celui-ci avec un peu de charbon ou de flux noir. Les autres minerais de cérium peuvent être traités comme la cérite.

Essais des minerais de cadmium.

1077. Le cadmium ne forme pas de minerais proprement dits; il ne se rencontre qu'en très petites proportions dans les minerais de zinc. Pour déterminer si une mine de zinc contient du cadmium, il faut en exposer un fragment à la flamme du chalumeau : si ce métal y existe, il se déposera un sublimé jaune sur le support, avant que le zinc ne soit réduit.

Essais des minerais de colombium.

1078. Ces minerais très rares contiennent l'oxide de colombium ou acide colombique toujours combiné, soit avec l'oxide de fer et de manganèse, soit avec ces deux oxides et l'yttria, et quelquefois mêlé en outre avec une certaine quantité d'oxide d'étain. Pour en faire l'essai, on les pulvérise, on les fond avec deux parties de potasse; on traite le produit par l'eau bouillante; on filtre la liqueur, et l'on y verse un excès d'acide hydrochlorique. Par la potasse et l'eau, on a dissous l'acide colombique avec de l'étain seulement, et par l'acide hydrochlorique, on le précipite. On lave le précipité et on le sèche. On peut le réduire, comme l'a fait M. Berzélius, en l'exposant à une chaleur violente, dans un petit creuset de charbon. On peut s'en éviter la peine, puisque l'on connaît la composition de cet acide, qui est formé de 100 parties de métal et de 5,485 d'oxigène.

Essais de divers métaux.

1079. Nous ne parlerons point ici des essais relatifs aux minerais de palladium, d'iridium, de rhodium et d'osmium, par la raison qu'ils sont trop peu répandus dans la nature pour qu'on puisse jamais les exploiter en grand et les utiliser. L'occasion d'ailleurs de les soumettre à l'analyse ne peut se présenter que très rarement au minéralogiste, et comme nous avons donné tous les détails suffisans pour reconnaître ces divers métaux, à l'article *Extraction du platine*, nous y renvoyons le lecteur.

Essais des minerais de soufre.

1080. Ils se font par la voie sèche, et sont fondés sur l'extrême volatilité du soufre, qui permet de le séparer assez exactement des matières terreuses dans lesquelles il est presque toujours engagé. On introduit une quantité donnée du minerai pulvérisé dans une cornue de verre, munie d'un récipient en partie rempli d'eau; par une chaleur convenablement ménagée, le soufre se réduit en vapeurs qui viennent se condenser dans l'eau du récipient. On ne doit cesser l'opération que lorsqu'il ne se dégage plus de vapeurs de la matière contenue dans la cornue ; on recueille le soufre obtenu, on le dessèche et on le pèse. Si l'on voulait éviter jusqu'aux moindres causes de perte et arriver à des résultats plus exacts, il faudrait avoir recours à l'essai par la voie humide, qui consiste, dans ce cas, à faire bouillir le minerai dans une suffisante quantité d'acide nitrique qu'on renouvelle plusieurs fois s'il est besoin, à réunir les diverses liqueurs, les filtrer et y verser de l'hydrochlorate de baryte, qui précipite exactement tout l'acide sulfurique qui s'est formé, par suite de la réaction de l'acide nitrique sur le soufre contenu dans la mine. En recueillant avec soin le sulfate de baryte et le desséchant, on parvient à apprécier avec certitude la quantité du corps combustible qu'on recherche, puisqu'on connaît la composition de ce sel; mais on peut encore plus facilement la déduire du poids du chlorure de barium employé, car le nombre équivalent, ou le poids de l'atome de soufre étant 20,116, et celui du chlorure de barium cristallisé, 152,44, il suffit de faire cette proportion : 152,44 : 20,116 :: le poids du chlorure de barium employé est à un quatrième terme, qui sera la quantité de soufre cherchée.

Essais pour le sélénium.

1081. On ne peut chercher, dans aucun cas, à déterminer la proportion de ce corps dans les minerais qui le contiennent, mais on veut quelquefois en reconnaître la présence : c'est à quoi l'on parvient facilement, suivant M. Berzélius, en les chauffant, même en très petite quantité, avec la lampe à esprit-de-vin, dans un tube de verre ouvert aux deux extrémités et incliné sous un angle de 45° : le soufre renfermé dans ces minéraux passe à l'état d'acide sulfureux, tandis que le sélénium, du moins en partie, se sublime en forme d'anneau rouge. Cependant le soufre et l'arsenic peuvent souvent produire un phénomène analogue ; mais alors l'odeur de rave que répand le sélénium lorsqu'on le calcine, ne se fait pas sentir pendant la formation de l'anneau rouge.

Essais relatifs aux sulfures.

1082. Les essais relatifs aux sulfures métalliques sont très aisés à pratiquer, et ces corps étant doués de caractères assez tranchés, ne présentent aucune difficulté dans leur détermination. Ils ont pour propriétés caractéristiques de donner du gaz hydrogène sulfuré par les acides affaiblis, soit à froid, soit à chaud, et du soufre ou de l'acide sulfureux lorsqu'on les chauffe en vases clos ou au contact de l'air; quelques-uns cependant étant volatils à une température inférieure à celle où s'opère leur décomposition, se subliment immédiatement sans répandre d'odeur sulfureuse; il faut alors les traiter par les acides pour en dégager l'acide hydrosulfurique, dont la présence entraîne toujours l'idée d'un sulfure.

Pour faire l'analyse d'un sulfure métallique, la meilleure méthode est sans contredit celle que M. Laugier a suivie dans son beau travail sur les sulfures d'arsenic. Elle consiste à mettre le sulfure en contact avec l'acide nitrique affaibli, à une température un peu inférieure à celle de 100 degrés. Cet acide transforme le soufre du sulfure en acide sulfurique, et le métal en oxide ou acide, qui se dissout le plus ordinairement dans l'excédant d'acide nitrique. Lorsque la dissolution du sulfure est complète, on l'étend d'eau, on y ajoute un oxide alcalin (soude, potasse ou ammoniaque) qui précipite l'oxide métallique, que l'on sépare de la liqueur surnageante par le filtre, et dans celle-ci, qui renferme l'acide sulfurique formé, on verse une quantité suffisante d'un sel soluble de baryte, de manière à obtenir un sulfate insoluble, qu'on isole de même par le filtre, et qu'on lave pour le sécher ensuite. Le poids de ce sulfate, dont la composition est bien connue, indique de suite la proportion du soufre qui faisait partie du sulfure, tandis que celui de l'oxide donne celle du métal par la soustraction de son oxigène.

Lorsque le métal du sulfure traité par l'acide nitrique peut former un oxide insoluble dans celui-ci, et c'est le cas de l'étain, du bismuth et de l'antimoine, comme l'acide sulfurique pourrait s'y unir et donner lieu à un sulfate qui se mêlerait à la masse de l'oxide insoluble, et par là serait une cause d'inexactitude, il faut remédier à cet inconvénient, peu grave d'ailleurs, en traitant par l'eau le produit de la réaction de l'acide nitrique. Tout l'acide sulfurique se dissout dans l'eau, tandis que l'oxide reste pur. On dissout ce dernier dans l'acide hydrochlorique, d'où l'on précipite le métal à l'aide d'un barreau de zinc. On convertit, comme ci-dessus, l'acide sulfurique en sulfate de baryte, et l'on a tous les élémens nécessaires à la détermination du poids du soufre et du métal.

Lorsque le métal du sulfure, au lieu d'être oxidable, est acidifiable, comme, par exemple, l'arsenic, etc., l'acide métallique produit reste ordinairement en dissolution mêlé à l'acide sulfurique. On précipite alors par un sel de baryte; on traite le précipité par l'acide nitrique, qui dissout seulement le sel métallique de baryte; on lave exactement le sulfate de baryte, on le calcine fortement, et on le sèche. De son poids on conclut celui du métal et du soufre.

Il est bon d'observer que ce moyen analytique pour les sulfures est assez long, mais les résultats qu'il donne sont exacts.

Essais relatifs aux oxides.

1083. Les oxides métalliques naturels sont assez nombreux; peu d'entre eux se trouvent à l'état pur, à moins qu'ils ne soient cristallisés; le plus ordinairement ils sont mélangés plusieurs ensemble, et renferment en outre des oxides terreux, soit que ces derniers y existent accidentellement, et comme faisant partie de la gangue, soit qu'ils s'y rencontrent toujours à l'état de combinaison plus ou moins intime. Les essais docimastiques ont pour but d'isoler des corps hétérogènes, l'oxide dominant dans le composé, et qui lui imprime la plus grande partie de ses caractères.

On commence d'abord par traiter l'oxide à analyser par les acides, dans l'intention de séparer les substances solubles dans ces réactifs de celles qui ne le sont pas. Ces acides varient suivant la nature présumée de l'oxide : ce sont ou des oxacides ou des hydracides. Mais l'oxide se comporte de diverses manières avec eux : tantôt il se dissout immédiatement, et sans présenter aucun phénomène particulier, avec ou sans le secours de la chaleur; tantôt avant de se dissoudre, et même pendant sa dissolution, il laisse dégager un gaz particulier, qui peut être ou de l'oxigène (c'est le cas des peroxides, dont quelques-uns ne peuvent se dissoudre dans les acides qu'à un état d'oxidation inférieur; exemple : peroxides de fer, de manganèse, de plomb, de cobalt, etc.), ou du gaz nitreux (c'est le cas des oxides au minimum d'oxigénation, qui ne peuvent se dissoudre dans les acides qu'autant qu'ils sont à un degré d'oxidation plus avancé; exemple : protoxide de cuivre, etc.), ou enfin du chlore lorsqu'on a fait usage d'acide hydrochlorique, et que l'oxide est au maximum d'oxigénation (tels sont les peroxides de manganèse, de cobalt, etc.). Dans tous les cas, il faut opérer la dissolution de la manière la plus complète, et pour cela traiter la mine à plusieurs reprises par l'acide dont on a fait choix, et aider la réaction par une chaleur convenable. La dissolution doit ensuite être filtrée avec soin, le résidu lavé et séché, afin de tenir compte de son poids. Pour obtenir l'oxide isolé et pur, on traite la dissolution acide par des corps qui ont la propriété de précipiter cet oxide sans agir sur les autres substances qui l'accompagnent dans la liqueur, ou qui précipitent au contraire ces dernières en totalité sans toucher à l'oxide en question. Ces réactifs sont toujours des bases alcalines, telles que la soude, la potasse, l'ammoniaque, etc. Il arrive souvent que l'oxide métallique qu'on veut isoler est précipité avec plusieurs autres à la fois; dans ce cas, on reprend le précipité par d'autres acides ou des alcalis qui dissolvent celui que l'on cherche sans dissoudre les autres, *et vice versâ*. Quoi qu'il en soit, une fois que l'on est parvenu à débarrasser cet oxide des corps étrangers, on le lave et on le sèche avec soin. De son poids, on conclut la richesse du minerai essayé, car lorsque sa composition est bien connue, il est inutile de le réduire par le charbon pour avoir le poids absolu de son métal.

Ces généralités suffiront pour bien entendre la manière dont on doit procéder à l'essai des oxides métalliques, car, en Métallurgie, on ne soumet jamais les terres et les alcalis à ce genre de recherches, puisqu'ils ne sont l'objet d'aucun traitement dans les fourneaux.

Essais relatifs aux sels.

1084. Les genres de sels métalliques qui sont les plus communs dans la nature, sont : les *carbonates*, les *sulfates*, les *arseniates*, les *phosphates*, les *chromates*. Il est très important de savoir les distinguer les uns des autres, et d'en faire une analyse à la fois prompte et exacte ; rien n'est plus facile.

A l'aide des acides, réactifs dont le secours est, comme nous l'avons déjà vu, si précieux pour le chimiste et le métallurgiste, on parvient à reconnaître de suite la nature d'un sel que l'on veut examiner. Si le composé, traité par les acides, se dissout en présentant un bouillonnement plus ou moins fort, une effervescence occasionée par le dégagement d'un gaz invisible qui, reçu dans l'eau de chaux, la trouble à l'instant, on est certain que c'est un *carbonate ;* s'il se dissout, au contraire, sans présenter un pareil phénomène, si la dissolution est complète et tranquille avec ou sans le secours de la chaleur, on peut penser que c'est un *arseniate* ou un *phosphate ;* enfin, si les acides sont sans action sensible sur lui, même avec le secours d'une chaleur prolongée, on est assuré que c'est un *sulfate* ou un *chromate.* On distinguera toujours un arseniate d'un phosphate, en ce que le premier, traité au chalumeau sur un charbon, exhalera très manifestement une odeur d'ail, caractère qui n'appartient pas au dernier genre de sel ; et un sulfate d'un chromate, en ce que celui-ci, chauffé sur un charbon avec du verre de borax, colore ce dernier en vert émeraude, ce que ne fait jamais un sulfate.

Ces essais préliminaires bien simples ayant fait connaître la nature d'un sel, il ne s'agit plus que de procéder à son essai docimastique.

α. Si c'est un *carbonate*, on le traite par l'acide nitrique ou hydrochlorique, de manière à en dégager l'acide carbonique qu'on peut recevoir dans de l'eau de chaux, afin d'en connaître la proportion ; on filtre la dissolution, et on y verse une base alcaline pour précipiter l'oxide métallique, dont le poids, à l'état sec, indique celui du métal.

β. Si c'est un *phosphate* ou un *arseniate,* comme le traitement est absolument le même, on en prend un poids donné, qu'on fond dans un creuset de platine avec trois ou quatre fois son poids de potasse caustique, qui s'empare de tout l'acide. On délaie la masse fondue dans de l'eau distillée, et on filtre : l'oxide métallique, mêlé aux substances étrangères contenues dans le minerai, reste sur le filtre ; on traite ce résidu par un acide qui dissout seulement l'oxide, que l'on précipite à l'aide d'un réactif approprié, et dont on prend le poids lorsqu'il est sec. D'autre part, on sature avec de l'acide hydrochlorique la dissolution alcaline obtenue par le lavage de la masse fondue; on sursature l'acide par de l'ammoniaque, et l'on verse dans la liqueur de l'eau de chaux en excès ; il se fait un précipité de phosphate ou d'arseniate de chaux. Il ne s'agit plus alors, pour savoir la proportion de l'acide phosphorique ou arsenique combiné primitivement à l'oxide métallique, que de laver ce sel et de le calciner. En ajoutant à la somme réunie de l'oxide et de l'acide celle des corps étrangers restés sur le filtre, on a juste la composition exacte du minerai que l'on a soumis à l'analyse.

On pourrait suivre, pour les arseniates, un autre mode de traitement, dissoudre, par exemple, le sel dans un excès d'acide nitrique ou hydrochlorique, et faire passer dans cette dissolution un courant de gaz hydrogène sulfuré jusqu'à ce qu'il ne se formât plus de précipité. De cette manière, le sulfure d'arsenic formé donne le poids de l'arsenic métal, et l'oxide resté en dissolution dans l'acide, étant précipité par un alcali, fait connaître la proportion du métal. La méthode précédente suffit néanmoins ; elle conduit, comme cette dernière, à des résultats précis : on peut, au reste, faire usage de l'une à l'égard de l'autre comme moyen de vérification.

γ. Lorsque le sel est un *sulfate*, le traitement varie suivant qu'il est soluble ou non dans l'eau. Dans le premier cas (exemple : *les sulfates de fer, de cuivre, de zinc*), il ne s'agit que de dissoudre le sel dans l'eau distillée et de précipiter par un alcali ou un carbonate alcalin, selon sa nature. Dans le second cas, on fait bouillir le minerai avec du carbonate de potasse ; il se forme un carbonate métallique insoluble et du sulfate de potasse qui reste en dissolution. On calcine le carbonate, et l'on obtient pour résidu l'oxide métallique parfaitement pur.

δ. Enfin si l'on a affaire à un *chromate*, et il n'en existe que deux dans la nature, celui de plomb et celui de fer, on fait usage, comme pour les sulfates insolubles, des carbonates alcalins ou des alcalis. On emploie la voie humide pour le *chromate de plomb*, et la voie sèche pour celui de fer. Ainsi pour le premier de ces sels, après l'avoir pulvérisé exactement, on le fait bouillir avec six fois son poids de carbonate de potasse; il se dépose du carbonate de plomb et il reste en dissolution du chromate de potasse; on sature légèrement la liqueur d'acide nitrique, et on y verse du proto-nitrate de mercure. Il se forme un chromate rouge de mercure qui, lavé et calciné à une chaleur rouge, laisse pour résidu de l'oxide de chrôme vert très pur, dont le poids indique celui de l'acide chromique du chromate de plomb. Quant au *chromate de fer*, on le fond avec une partie de potasse ou une demi-partie de nitre. On traite la masse fondue par de l'eau distillée, qui dissout le chromate de potasse formé, et l'on traite la dissolution comme pour le chromate de plomb.

Annotations. Nous avons souvent omis, en donnant les procédés d'analyse ci-dessus, de préciser la quantité de minerai que l'on devait traiter; mais nous pensons que, l'ayant dit plusieurs fois, on aura étendu cette recommandation à tous les essais que nous avons décrits. En général, les proportions de matière sur lesquelles on agit sont ordinairement très petites, car 100 parties, quel que soit leur poids, représentent toujours un quintal docimastique; et en effet, les moyens analytiques fournis par la Chimie moderne sont d'une telle précision, qu'on peut conclure d'un résultat obtenu sur une proportion très faible de substance, la composition exacte d'une grande masse dont on a détaché ces parcelles.

1085. Ici se termine la série des essais docimastiques que nous avons cru devoir donner dans ces Élémens de Métallurgie: nous aurions pu les étendre et les développer davantage, mais nous avons pensé que ce serait sortir du cadre que comporte cet ouvrage. C'est cette même raison qui nous a empêchés de donner les détails relatifs à l'analyse des oxides terreux et alcalins qui sont connus, en Minéralogie, sous les

TABLEAU

DES RÉACTIFS PROPRES A FAIRE RECONNAITRE LES DIFFÉRENS MÉTAUX.

NOMS DES MÉTAUX.	COULEUR DES PRÉCIPITÉS FOURNIS PAR																		COULEUR Du verre de Borax avec les oxides des métaux ci-désignés.		COULEUR Du verre de Phosphate de Soude et d'Ammoniaque avec les oxides des métaux ci-désignés.		PRÉCIPITANS.
	ACIDE hydrosulfurique.	HYDROSULFATE alcalin.	FERRO-CYANATE de potassium.	CYANURE de potassium.	CARBONATES alcalins.	POTASSE.	SULFATE de potassium.	PROTOCHLORURE d'étain.	CHROMATE de potasse.	ACIDE gallique.	ACIDE tartrique.	OXALATE d'ammoniaque.	CHLORURE de sodium.	CHLORURE de platine.	SUCCINATE d'ammoniaque.	SULFATE d'alumine.	INFUSION de noix de galle.	SOLUTION de [illegible].	AU FEU D'OXIDATION.	AU FEU DE RÉDUCTION.	AU FEU D'OXIDATION.	AU FEU DE RÉDUCTION.	
SILICIUM.																							
ZIRCONIUM		Blanc	Blanc ou jaune serin.		Blanc	Blanc-gélatineux					Blanc	Blanc					[illegible]						
ALUMINIUM		Blanc			Blanc, floconneux.	Blanc, demi-transparent.	Blanc, floconneux, passant au jaune.																
YTTRIUM					Blanc, pulvérul.						Blanc	Blanc											
GLUCINIUM					Blanc.																		
MAGNÉSIUM					Blanc, léger, floconneux.	Blanc.																	
CALCIUM					Blanc	Blanc						Blanc.											
STRONTIUM					Blanc, pesant.							Blanc.											
BARIUM					Blanc, pulvérulent, soluble dans l'acide nitrique.					Blanc-verdâtre.		Blanc			Blanc.								
LITHIUM.																							
SODIUM.																							
POTASSIUM											Blanc, grenu.			Jaune		Blanc grenu.							
MANGANÈSE		Blanc rosé	Blanc	Jaune pâle	Blanc-rosé	Blanc-rosé													Améthiste	Incolore, s'il est refroidi promptement	Améthiste	Incolore	Tartrate de potasse.
ZINC	Blanc	Blanc	Blanc	Blanc	Blanc	Blanc	Blanc																Carbonate alcalin.
FER Protoxidé		Noir	Blanc, abondant	Orangé, abond.	Jaune ou brunâtre.	Vert											Gris ou noir	Quelques flocons jaunes.	Rouge sombre à chaud; jaunâtre ou incolore à froid.	Vert-bouteille ou vert bleuâtre.	Rouge sombre à chaud; jaunâtre ou incolore à froid	Vert-bouteille.	Succinate et benzoate de soude.
FER Deutoxidé		Noir	Bleu clair, abond.	Vert-bleuâtre, ab.	Idem												Idem	Idem					
FER Tritoxidé	Jaune	Noir	Bleu foncé, ab.	Orangé intense.	Idem	Rouge				Noir					Couleur de chair		Gris ou noir	Laiteux, [illegible]					
ÉTAIN Protoxidé	Chocolat	Chocolat	Blanc	Blanc		Blanc																	Perchlorure de mercure.
ÉTAIN Deutoxidé	Jaune	Jaune	Blanc	Blanc		Blanc																	
CADMIUM	Jaune	Jaune	Blanc	Blanc																			Zinc.
ARSENIC	Jaune	Jaune.																					Nitrate de plomb.
MOLYBDÈNE	Brun	Brun-rougeâtre						Bleu									Brun foncé		Incolore	Brun sale et opaque, lorsqu'il y a beaucoup d'oxide	Vert à chaud, se perd à froid	Vert opaque à chaud, vert émeraude à froid	Nitrate de plomb.
CHRÔME		Vert															Brun		Vert émeraude, surtout à froid	Jaune brun à chaud, incolore à froid	Vert, teinte foncée	Vert	Nitrate de plomb.
TUNGSTÈNE																			Incolore	Jaune orangé à chaud; brun à froid	Incolore	Beau bleu pur (4)	Chlorure de calcium.
COLUMBIUM		Chocolat															Orangé						Zinc et infus. de noix de galle.
ANTIMOINE	Orangé	Orangé	Blanc	Blanc						Blanc							Blanc	Floconneux, abondant	Jaune à chaud, presque incolore à froid	Opaque et grisâtre, lorsqu'il est saturé (1)	Incolore	Incolore (5)	Eau et hydrosulfate de potasse.
URANE		Brun	Couleur de sang	Blanc jaunâtre	Blanc	Vert jaunâtre											Chocolat		Jaune sombre	Vert sale (2)	Jaune à chaud, jaune-paille à froid	Vert à chaud, plus beau à froid	Cyan. de potassium et alcalis.
CÉRIUM		Gris	Blanc		Blanc, grenu, argentin.							Blanc							Orangé ou rouge à chaud, jaunâtre à froid	Incolore (3)	Rouge à chaud, incolore à froid	Incolore	Oxalate d'ammoniaque.
COBALT		Noir	Vert d'herbe	Cannelle claire	Violâtre	Bleu, devenant vert.											Jaune-blanc		Bleu	Bleu	Bleu	Bleu	Carbonates alcalins.
TITANE		Vert-bouteille	Rouge-brun		Blanc-jaunâtre					Rouge-orangé							Rouge-brun, volumineux.		Incolore à chaud; blanc opaque à froid	Jaune, améthyste ou bleu, suivant la quantité d'oxide	Incolore	Jaune à chaud, beau violet à froid (?)	Infusion de noix de galle.
BISMUTH	Brun-noir	Noir	Blanc	Blanc	Blanc, soluble par l'acide hydrochlorique	Blanc	Brun marron			Jaune clair							Jaune clair		Incolore	Se réduit et donne un verre [illegible]	Brun-jaunâtre à chaud; incolore à froid	Incolore à chaud, opaque et gris à froid	Eau et chlorure de sodium.
CUIVRE	Brun foncé	Noir	Protoxide blanc. Deutoxide cramoisi	Blanc. Jaune	Vert-pomme	Protoxide... Deutoxide bleu.				Brun							Brun		Vert	Incolore à chaud, [illegible] à froid	Vert	Rouge-cinabre à froid	Fer.
TELLURE	Brun-orangé	Noir				Blanc, se dissolvant par un excès											Jaune, floconneux.		Incolore	Gris et opaque (1)	Incolore	Gris et opaque (1)	Eau et sel ammoniac.
NICKEL	Noir	Noir	Vert-pomme	Blanc-jaunâtre		Vert pomme											Vert-bleuâtre		Orangé ou rougeâtre à chaud, jaunâtre ou incolore à froid	Opaque et grisâtre lorsqu'il est saturé (1)	Orangé ou rougeâtre à chaud, incolore à froid	Même couleur	Sulfate de potasse.
PLOMB	Brun-noir	Noir	Blanc		Blanc, pesant, soluble par l'acide hydrochlorique	Blanc	Jaune-brillant		Jaune ou orangé.	Blanc							Blanc		Jaune à chaud, incolore à froid	Se réduit en partie	Incolore	Incolore, ne se réduit pas	Sulfate de soude.
MERCURE Protoxidé	Noir	Noir-[illegible]				Noir							Blanc										Chlorure de sodium.
MERCURE Deutoxidé	Orangé passant au blanc.	Noir-brun	Blanc	Jaune		Jaune	Rouge		Rouge	Jaune orangé							Jaune-orangé	Blanchâtre, d'apparence [illegible]					
OSMIUM																	Pourpre, virant au bleu foncé						Mercure.
ARGENT	Noir	Noir	Blanc, bleuit à l'air	Blanc, soluble dans un excès de cyanure	Blanc, soluble par l'acide hydrochlorique	Blanc olivâtre	Blanc-jaunâtre, insoluble dans l'ammoniaque		Pourpre	Jaune-brun			Blanc, insoluble dans l'acide nitrique, soluble dans l'ammoniaque				Jaune-brun	Apparence lustrée					Chlorure de sodium.
PALLADIUM	Brun-noir	Noir	Olive			Orangé		Brun foncé, et [illegible]															Cyanure de mercure.
RHODIUM						Jaune																	Zinc.
PLATINE	Noir	Noir				Jaune		Jaune-orangé															Hydrochlorate d'ammoniaque.
OR	Noir	Noir	Blanc	Blanc, devenant [illegible]		Rougeâtre		Pourpre		Vert, passant au brun.							Vert	Quantité, abondante, soluble par une addition d'eau.					Sulfate de fer [illegible]
IRIDIUM			Il décolore la dissolution			Jaune											Il décolore la dissolution.						Zinc.

(1) Par suite de l'interposition d'un grand nombre de grains de métal réduit.
(2) Très saturé, il peut devenir noir par le flamber.
(3) Il devient d'un blanc [illegible], lorsqu'il est saturé; autrement il prend cet aspect par le flamber.
(4) Rouge-sang, s'il y a du fer. L'addition de l'étain au globule détruit l'influence de l'oxide de fer, et le bouton devient vert ou bleu.
(5) Rouge-orangé, s'il y a du fer. Il peut se colorer par l'addition de l'étain.

noms de *terres* et de *pierres ;* nous renvoyons nos lecteurs aux ouvrages qui s'occupent spécialement de l'analyse chimique et minéralogique, parmi lesquels nous recommanderons surtout les traités de MM. Thénard, Thomson, etc. ; le *Traité du Chalumeau* de M. Berzélius, etc.

Nous croyons cependant devoir compléter les idées générales que nous avons esquissées sur un sujet si important, en présentant un tableau des réactifs qui peuvent servir à faire reconnaître la présence des divers métaux dans les dissolutions salines. Ce tableau ne présentera que ceux d'entre eux dont l'action est certaine et bien connue. La première colonne renferme le nom des métaux dont nous avons déjà parlé, et auxquels nous avons joint ceux des terres et des alcalis. La seconde comprend tous les réactifs qui, employés en dissolution, fournissent des précipités que l'on distingue les uns des autres par la couleur : tels sont, l'acide hydrosulfurique, les sulfures alcalins (hydrosulfates de potasse, de soude ou d'ammoniaque), le ferro-cyanure de potassium, la solution de gélatine, etc. La troisième et la quatrième colonne font connaître les différentes colorations que prennent le verre de borax et celui de phosphate double de soude et d'ammoniaque, avec les oxides métalliques qui se rencontrent dans les composés solides et qu'on expose à l'action du chalumeau. Enfin, la dernière renferme les substances qui servent habituellement en Chimie à séparer exactement et complètement les uns des autres les métaux existant plusieurs ensemble en dissolution dans un même liquide; c'est ce que nous appelons avec M. Thomson, des *précipitans*. Nous croyons que ce tableau sera, par cette disposition, d'une grande utilité et évitera de longues et fastidieuses recherches aux personnes qui s'occupent de docimasie et d'analyse minéralogique.

CHAPITRE II.

DES DIVERSES PRÉPARATIONS MÉTALLURGIQUES.

1086. Les diverses substances métalliques que l'on extrait du sein de la terre, et auxquelles on donne le nom de *minerais*, ne peuvent pas être employées immédiatement à l'extraction des métaux qu'elles contiennent. Lorsque, par les essais que nous venons d'indiquer, on a reconnu aux minerais une richesse suffisante pour qu'on puisse les traiter en grand avec avantage, on les soumet, selon leur nature, à des opérations préliminaires qui ont pour but de les débarrasser, autant que possible, des matières étrangères qui en altèrent la pureté.

Les moyens que l'on met en usage pour parvenir à ce résultat sont *mécaniques* ou *chimiques*.

Les opérations mécaniques consistent dans le *triage*, le *bocardage* et les *lavages*. Leur but est de séparer la gangue du minerai et de le diviser.

Les opérations chimiques se réduisent presque uniquement aux différens modes de *grillage*. Leur but est de chasser l'eau, le soufre, l'arsenic et les matières volatiles contenues dans les minerais, de les rendre plus friables, et par conséquent plus attaquables par les agens métallurgiques que l'on veut employer.

§ I. *Préparations mécaniques des minerais.*

Ces préparations, comme nous venons de le voir, sont le *triage*, le *bocardage* et les *lavages*.

1087. 1. TRIAGE. Le triage consiste à séparer les morceaux de minerai qui contiennent assez de métal pour être exploités d'avec ceux qui sont trop pauvres. L'éclat des morceaux, leur densité, et surtout l'habitude des ouvriers employés à cet usage, sont les guides dont on se sert dans cette opération.

On commence par trier le minerai dans la mine même d'où on le tire; mais ce triage est toujours grossier; il est nécessaire d'en faire un second, qui se pratique ordinairement sous un hangar ou dans de grandes salles. Les gros morceaux sont cassés et les fragmens placés dans différentes cases, suivant leur richesse. Comme les procédés d'extraction sont souvent différens, selon la quantité de métal d'un minerai, il est important que ce triage soit fait avec soin. On a coutume cependant de faire trois tas de la mine : l'un contient le minerai le plus riche, nommé *mine de triage;* l'autre, un mélange de gangue et de métal; le dernier, que l'on rejette, est la gangue pure qui a été séparée par le cassage. On conçoit que, selon la valeur des métaux, on doit conserver ou rejeter des morceaux qui contiennent très peu de métal; mais quand le métal est d'un prix peu élevé et la mine abondante, il est avantageux de négliger même des portions de mines qui contiennent 0,4 à 0,6 du corps que l'on cherche.

La *mine de triage* peut être traitée directement; mais celle qui est mélangée de gangue a besoin d'une autre opération mécanique que l'on nomme *bocardage.*

Les parties fines qui résultent du *cassage* des morceaux sont ramassées et réunies aux autres débris de la mine pour être soumises à une sorte de lavage que l'on nomme *criblage.*

1088. 2. Bocardage. Le bocardage, fréquemment employé en Métallurgie, sert à pulvériser les minerais et quelquefois aussi à les laver en même temps. Il a lieu au moyen d'un instrument nommé *bocard*, qui consiste en plusieurs pièces de bois mobiles placées verticalement et maintenues dans cette position entre des coulisses de charpente. Ces pièces sont armées à leur extrémité inférieure d'une masse de fer plus ou moins lourde. Un axe mû par l'eau et tournant horizontalement accroche ces espèces de pilons au moyen de parties saillantes que l'on appelle *cames*, et qui entrent dans une échancrure des pilons. Ceux-ci sont soulevés successivement et retombent dans une auge longitudinale creusée dans le sol, et dont le fond est garni ou de plaques de fonte ou de pierres dures. C'est dans cette auge, et au-dessous des pilons, que le minerai à bocarder se rend en tombant d'une trémie que l'on entretient toujours pleine. L'auge, fermée latéralement par deux cloisons, renferme trois ou quatre pilons; c'est ce que l'on appelle *batterie*: ils sont disposés de manière que leur soulèvement, comme leur chute, se fait à des intervalles de temps égaux. Le nombre de batteries peut varier.

Tantôt on bocarde les minerais à sec, mais le plus souvent, comme ils ont en même temps besoin d'un ou plusieurs lavages, on fait arriver dans le bocard un courant d'eau qui entraîne les particules terreuses et une certaine quantité de matière métallique. L'eau, au sortir des auges du bocard, traverse des canaux plus ou moins nombreux, dont l'ensemble a reçu le nom de *labyrinthe*. La disposition particulière à ces canaux permet de recueillir dans l'ordre de leur plus grande finesse les particules de métal entraînées. Cependant une grande partie de ces particules restent mélangées avec les matières terreuses, que l'on nomme *bourbe*. Quand le métal est d'un prix peu élevé, on abandonne la bourbe, mais dans le cas contraire, on obtient le peu de minerai qu'elle pourrait contenir, par des lavages.

Le minerai bocardé prend généralement le nom de *Schlich*. Dans certains cas, le schlich est encore soumis à une autre opération pour le réduire en poudre très fine, et on l'obtient ainsi par le moyen de moulins semblables à ceux qui sont destinés à la mouture.

1089. 3. Lavage. Le lavage a pour but de séparer mécaniquement des minerais pilés, les parties terreuses de la partie métallique : il faut, dans ce cas, que celle-ci ait une pesanteur spécifique beaucoup plus grande ; car autrement le lavage ne pourrait être pratiqué, à cause des déchets considérables que le minerai éprouverait. C'est l'eau qu'on emploie pour opérer une séparation entre ces deux matières de densité différente, et pour entraîner les parties les plus légères.

Mais souvent on fait précéder le *lavage* d'une opération nommée *criblage*, qui s'exécute différemment, suivant les pays. La manière la plus ordinaire de la pratiquer est celle qu'on appelle *criblage à la cuve* ou *par dépôt*. Ce criblage a encore pour objet, comme le *labyrinthe*, de séparer les minerais (qui n'ont point passé au bocard à l'eau) par ordre de grosseur de grain ; il se pratique particulièrement sur les débris de mines et sur ceux provenant du cassage des minerais. On place ces matières dans un crible ou espèce de tamis circulaire ou carré, dont le fond est formé d'une grille ; on plonge ce crible rapidement, et à plusieurs reprises, dans une cuve remplie d'eau : celle-ci entre par le fond, soulève les particules minérales, les sépare, et les tient un instant suspendues, après quoi elles retombent, en suivant à peu près l'ordre de leurs densités. Elles forment autant de couches distinctes, que l'ouvrier, nommé *laveur*, enlève facilement avec une spatule, en rejetant la partie supérieure lorsqu'elle est trop pauvre pour être repassée une seconde fois.

Lorsque les matières ont été successivement soumises aux diverses opérations que nous venons de décrire, et qu'elles sont en poudre assez fine, elles contractent plus d'adhérence entre elles et avec l'eau, en raison de leur grande ténuité, en sorte que leur purification devient plus difficile : c'est alors que le lavage sur les tables est employé, et on commence par celles qui offrent les manipulations les plus simples. Ce sont les *tables* dites *caisses allemandes* ou *caisses à tombeau* qui sont surtout employées pour le lavage du sable qui sort de dessous les pilons du bocard. Ces caisses sont rectangulaires, ayant environ 3^{m} de longueur sur 0^{m},50 de largeur; les rebords sont élevés de 0^{m},50 : elles sont inclinées d'environ 0^{m},40. A leur extrémité supérieure, que l'on nomme *chevet*, se trouve placée une espèce d'auge ou de boîte sans rebord du côté de la caisse, et sur laquelle on dépose le minerai à laver. Au-dessous de cette auge passe un conduit qui verse par le rebord du chevet de la caisse une nappe d'eau qui peut s'écouler par le trou percé dans le rebord du pied de la caisse. L'ouvrier fait tomber sur la table une partie du minerai placé dans l'auge; il ramène ensuite continuellement avec un *rouable* le minerai que l'eau entraîne, de manière qu'il n'y ait que la partie terreuse et le minerai fin qui soient enlevés. Ces dernières matières se déposent, suivant l'ordre de leurs pesanteurs spécifiques, dans les canaux placés à la suite de la caisse.

Pour opérer une séparation plus complète encore des parties terreuses, on lave les minerais fins sur des tables moins inclinées, où le courant d'eau, moins rapide et plus étendu, permet de faire plus exactement, et avec le moins de perte possible, la séparation de la gangue. On connaît plusieurs espèces de tables à laver, qu'on emploie ou successivement pour le même minerai, ou séparément pour les diverses sortes de *schlich*. Ces tables peuvent être séparées en deux genres, les *tables immobiles,* dites *tables dormantes,* et les *tables mobiles,* dites à *percussion* ou à *secousses.* Nous ne les décrirons pas, dans la crainte de dépasser les bornes que nous nous sommes prescrites pour cet ouvrage; ce que nous avons dit suffira pour faire concevoir facilement leur mécanisme et leur utilité. Nous renvoyons, pour plus de détails, au savant article *Minerai,* de M. Guenyveau, du *Dictionnaire des Sciences naturelles,* où nous avons puisé nous-mêmes une grande partie de ce qui précède et de ce qui va suivre.

Il existe encore une autre sorte de lavage, qui souvent précède le triage, mais qui ne s'emploie généralement que pour les minerais peu précieux, comme ceux de fer. Ce lavage, très économique, s'exécute en plaçant le minerai dans une fosse, où l'on fait arriver un courant d'eau pendant que des ouvriers le remuent en tous sens avec des pelles ou des *râbles.*

Dans plusieurs usines, ce lavage se fait au moyen d'une machine que l'on nomme *patouillet;* elle consiste en une auge en bois ou en fonte, dont le fond est courbe, et dans l'intérieur de laquelle se meuvent des bras ou des espèces d'anses de fer fixés à l'axe d'une roue mue par l'eau. On emplit l'auge du minerai à laver, et l'on a soin qu'elle soit constamment pleine d'eau, qui se renouvelle en entraînant les terres que le mouvement de la machine détache du minerai. L'opération terminée, on enlève une des parois latérales de l'auge, et le courant entraîne le minerai dans un bassin plus spacieux, où il subit une sorte de triage.

Telles sont les préparations mécaniques que l'on fait subir aux minerais à leur sortie de la mine, et sans aucune autre opération intermédiaire. Cependant quelquefois, avant de les soumettre au cassage et au bocardage, on leur fait éprouver une calcination, afin de diminuer la dureté de leur gangue. Cette opération s'exécute également pour quelques minerais de fer.

Souvent aussi on change un peu l'état chimique des substances qui composent les minerais, lorsqu'ils doivent être soumis au lavage, parce qu'alors les parties terreuses et les matières étrangères sont plus faciles à séparer. C'est dans cette vue que l'on grille les minerais d'étain. Cette opération, en séparant l'arsenic et oxidant le cuivre qui y sont contenus, permet d'obtenir ensuite, par le lavage, de l'oxide d'étain beaucoup plus pur que l'on n'aurait pu l'avoir sans cela.

En général, les cas où l'on a recours à des opérations particulières, comme celles-ci, sont assez rares, et presque toujours on suit l'ordre des préparations dans lequel nous les avons décrites, c'est-à-dire qu'on commence par le triage et le bocardage, et qu'on termine par le lavage.

§ II. *Préparations chimiques des minerais.*

1090. Les préparations chimiques que l'on fait subir aux minerais ont toujours ou presque toujours pour but d'opérer la séparation de substances combinées chimiquement, afin de disposer ces minerais à passer avec plus d'avantage aux fourneaux de fonte; elles diffèrent donc essentiellement de celles que nous avons indiquées précédemment, puisque celles-ci n'avaient pour objet que de séparer des substances à l'état de simple mélange. Ces préparations chimiques préliminaires, qui ont reçu les noms de *rôtissage, torréfaction,* et plus universellement celui de *grillage,* s'exécutent au moyen du feu, et elles se distinguent particulièrement des opérations qui doivent les suivre, en ce qu'elles ne supposent jamais la fusion du minerai, qui, dans ce cas, est toujours désavantageuse et nuisible au résultat que l'on se propose.

On peut distinguer plusieurs espèces de *grillages,* suivant les circonstances dans lesquelles on les emploie, et l'objet qu'on veut en obtenir : 1°. celui qui a pour but de diminuer l'adhé-

rence des molécules d'un minerai ou sa cohésion, afin de le rendre plus facile à briser ou à pulvériser : son effet, dans ce cas, est presque mécanique. C'est ce que l'on pratique quelquefois pour des minerais de fer, pour des minerais aurifères, dont la gangue est une roche quarzeuse très dure, etc. 2°. Celui par lequel on cherche à volatiliser en nature, par une véritable distillation, des substances qui en sont susceptibles, comme l'eau, l'acide carbonique, qui accompagnent très souvent les terres ou les oxides métalliques ; le soufre ; certains métaux volatils, tels que le mercure, le zinc, l'arsenic, etc. ; mais il est presque impossible de chasser en totalité ces divers corps des minerais qui les renferment. 3°. Enfin, le grillage, dont l'air atmosphérique est l'*agent nécessaire, indispensable*. Celui-ci s'exécute toujours sur des substances qui ne peuvent être expulsées par la chaleur qu'autant qu'elles ont absorbé l'oxigène de l'air, et formé avec lui des combinaisons gazeuses, qui se dissipent aisément dans l'atmosphère; c'est le cas de quelques métaux fixes, dont les oxides sont volatils, tels que l'antimoine, le bismuth, etc.; et même de l'arsenic, du soufre, qui passent toujours, le premier à l'état d'oxide, et le second à celui d'acide sulfureux, etc., etc. Il est inutile de faire observer que non-seulement l'oxigène de l'air se combine avec les substances que l'on veut séparer, mais qu'il agit aussi sur celles qui leur sont unies; en sorte qu'il concourt par là à détruire l'affinité qui liait les premières dans le minerai. Quelquefois cette espèce de grillage est employé dans un but un peu différent de celui que nous venons de lui affecter : on ne cherche plus alors à séparer quelque matière, mais bien à combiner de l'oxigène atmosphérique, de manière à donner naissance à de nouveaux composés. C'est ce que l'on pratique dans le grillage des pyrites pour la fabrication du sulfate de fer, celui des schistes alumineux pour celle de l'alun, etc.

Tandis que les deux premières sortes de grillages, dont l'un est une simple calcination, et l'autre une distillation, peuvent s'opérer dans des vases fermés, ou, en d'autres termes, sans le concours immédiat de l'air atmosphérique, qui souvent serait même nuisible, il est important, au contraire, pour le troisième, de multiplier le contact des surfaces du minerai avec ce fluide, et, pour cette cause, d'employer la matière dans l'état de division le plus grand possible. Une seule opération suffit ordinairement pour obtenir les résultats que présentent les premiers. Il n'en est pas de même, à beaucoup près, du dernier; souvent les *mattes* sont grillées dix à douze fois, avant qu'on ait séparé entièrement le soufre qu'elles contiennent : on va quelquefois jusqu'à vingt grillages; c'est ce qu'on appelle *donner plusieurs feux*. C'est surtout dans ces sortes de grillages qu'il faut éviter avec soin que les matières n'éprouvent la fusion; car celle-ci, en réunissant les parties et rétabilssant une nouvelle force de cohésion, les soustrait au contact de l'air atmosphérique, et s'oppose ainsi à l'effet du grillage.

1091. La nature des minerais, l'espèce de combustible dont on peut disposer, enfin souvent le but même de l'opération, sont autant de causes qui font varier les procédés par lesquels on procède au grillage. En général, on reconnaît trois procédés principaux, savoir : 1°. le grillage en tas à l'air libre, le plus simple de tous; 2°. le grillage pratiqué entre de petits murs, qu'on appelle *grillage encaissé*; 3°. enfin, le grillage dans des fourneaux. Dans les deux premiers, le combustible est toujours en contact immédiat avec le minerai à griller, tandis que, dans les fourneaux, souvent le contraire a lieu. Nous allons décrire succinctement ces trois méthodes de grillage.

1°. *Grillage en tas*. C'est ordinairement sur les minerais de fer et sur ceux qui sont pyriteux ou bitumineux que cette

espèce de grillage se pratique. L'opération consiste en général à disposer symétriquement sur une aire plane d'argile battue, du bois de corde ou des fagots, de manière à en former un lit bien égal dont on bouche les interstices avec du charbon de bois, de la houille en morceaux ou de la tourbe. Tantôt on se contente d'entasser sur le combustible le minerai, soit concassé, soit bocardé; mais le plus souvent, afin d'en opérer le grillage d'une manière plus complète et plus uniforme, on le stratifie avec le combustible même, et on en forme des tas plus ou moins considérables auxquels on donne le plus habituellement la figure d'une pyramide ou celle d'un prisme allongé, tronqué à la partie supérieure. On a soin de ménager, au centre de la pyramide, un canal vertical construit en bois, ou cheminée, qui sert à embraser toute la masse, à l'aide de tisons enflammés qu'on y jette au commencement de l'opération. Ordinairement on dispose le minerai de manière que les plus gros morceaux soient placés au centre, et les plus petits à la surface; et lorsqu'il contient du soufre qui peut s'enflammer, on recouvre la superficie du tas avec de la terre et du gazon, et on la bat assez fortement pour que la combustion ne puisse devenir trop active dans l'intérieur de la masse, et pour diriger les vapeurs vers le haut. Lorsque l'opération est en train, le feu se communique de proche en proche, et doit être conduit de telle façon que la combustion soit lente et étouffée, afin que le grillage dure long-temps et que toute la masse se pénètre également de chaleur. Il est essentiel d'apporter une surveillance presque continuelle au commencement de l'opération, afin de boucher les crevasses qui peuvent se former dans les endroits où la chaleur est trop forte, et de donner de l'air en pratiquant de légères ouvertures du côté où elle est moins active. Les pluies, les vents, les divers changemens de température, etc., sont souvent des obstacles que de bonnes dispositions primitives ne peuvent parvenir à surmonter, et dont les résultats fâcheux se font surtout sentir lorsque le grillage s'exécute sur des masses considérables et dure pendant des mois, et même des années entières, ce qui a lieu pour les minerais de fer et les pyrites en morceaux, dont on grille à la fois depuis 5 jusqu'à 8, et même 10,000 quintaux anciens.

Lorsque les minerais que l'on veut griller sont riches en pyrites de fer, il est toujours économique, et même très avantageux, de les soumettre à ce genre de grillage, parce que l'on peut retirer du soufre par ce procédé. Il suffit pour cela de recouvrir d'argile la superficie et les faces latérales de la pyramide, de telle manière qu'aucune vapeur ne puisse trouver d'issue, et de pratiquer, dans la face supérieure, des trous hémisphériques dans lesquels le soufre qui s'élève de tous côtés viendra se rassembler.

2°. *Grillage encaissé.* Cette espèce de grillage tire son nom de ce que l'aire où l'opération se pratique est entourée de trois ou quatre petits murs de 7 à 13 décimètres de hauteur. Ils portent dans leur épaisseur des conduits verticaux ou cheminées qui correspondent à une ouverture au niveau du sol, afin d'exciter le tirage dans toutes les parties de ce fourneau, dont la porte ou ouverture principale est pratiquée dans le mur de devant. On réunit habituellement plusieurs de ces fourneaux en les adossant à un mur commun qui forme leur partie postérieure, et on les abrite sous un hangar.

Ce genre de grillage s'emploie avec avantage pour tous les schlichs qui contiennent peu de soufre, et en général pour tous ceux qui doivent subir plusieurs feux, lorsqu'on veut en séparer exactement toutes les substances volatiles qu'ils peuvent contenir, telles que le soufre, l'arsenic, l'antimoine, etc. Mais on ne peut agir sur d'aussi grandes masses, comme dans le grillage précédent.

3°. *Grillage dans les fourneaux.* On a varié singulièrement, suivant la nature et l'état de division des minerais, la forme et la construction des fourneaux destinés à opérer le grillage. Nous nous contenterons d'en citer deux ou trois, parmi les plus généralement employés.

A. Lorsque les minerais sont en gros morceaux et qu'on ne veut en séparer seulement que de l'eau ou de l'acide carbonique combinés, et quelquefois tous les deux ensemble, comme pour les minerais de fer, par exemple, on emploie, ainsi qu'on le fait à Vienne et au Creusot, des fourneaux absolument semblables aux fours à chaux, mais d'une plus grande dimension, ou bien aux fours à cuire la poterie, comme dans les Pyrénées. Dans les premiers, le minerai est en contact avec le combustible; dans les seconds, il en est séparé et placé sur une voûte formée en briques, qui laissent entre elles des ouvertures pour le passage de la flamme et de la fumée. Karsten dit que, dans certains pays, le grillage se fait dans des fourneaux analogues à ceux où l'on cuit la porcelaine, c'est-à-dire que le combustible est contenu et brûlé dans des espèces d'alandiers hors du corps du fourneau, et que le minerai dont celui-ci est rempli est continuellement traversé par la flamme qui s'échappe de ces alandiers. (*Métallurgie*, § 72.)

B. En Hongrie, où l'on agit sur des minerais pyriteux, des pyrites de fer, pour en retirer le soufre, on fait usage d'un fourneau formé par quatre murs, et qui a la forme d'un parallélépipède rectangle. Chacun de ces murs est muni d'un conduit qui vient aboutir à une chambre de condensation, où le soufre se dépose. On dispose d'ailleurs le minerai comme dans les grands grillages à l'air libre, c'est-à-dire qu'on le place sur le combustible, entre les quatre murs du fourneau. Par ce moyen, on peut griller à la fois plus de 20,000 quintaux de pyrites, et recueillir une masse considérable de soufre.

C. Lorsque les minerais que l'on doit traiter sont en poudre fine et destinés à l'amalgamation, ou qu'il est essentiel qu'ils subissent un grillage parfait, comme pour le sulfure d'antimoine, la blende dont on veut retirer le zinc, les minerais aurifères et argentifères, qui contiennent souvent, et en grande proportion, de l'arsenic, de l'antimoine, du soufre, et autres substances volatiles, il convient de faire l'opération dans le fourneau à réverbère, où le grillage s'exécute bien plus aisément et plus complètement que dans toute autre espèce d'appareil, puisqu'on peut diriger la chaleur à son gré, remuer les matières étendues sur la sole, suivre les progrès de l'opération, et surtout parce que la flamme, en raison de la masse d'air non décomposé avec lequel elle est mêlée, est très oxidante et susceptible de brûler facilement le soufre et d'oxider les métaux. La seule attention que l'on ait à observer, c'est de ménager habilement le feu, de manière à ne pas faire entrer en fusion les minerais sur lesquels on agit, ce qu'il est assez difficile d'éviter pour les minerais sulfureux.

Pour les minerais précieux, on les dispose dans le fourneau d'une manière particulière. La sole, ordinairement très spacieuse, est partagée en deux parties, dont l'une, plus éloignée de la chauffe, est un peu plus élevée que l'autre. Audessus de la voûte, se trouve un espace ou chambre dans laquelle on dépose le minerai, et qui communique avec le laboratoire par un tuyau vertical; ce dernier sert à faire tomber le minerai lorsqu'il est déjà séché et un peu échauffé. La flamme et la fumée qui sortent du laboratoire, en entraînant les vapeurs sulfureuses et arsenicales, passent dans des chambres de condensation avant d'entrer dans la cheminée de tirage, et y déposent l'oxide d'arsenic et d'autres substances. Lorsque le minerai, tombé sur la partie de la sole la plus éloignée de la grille, a éprouvé assez de chaleur pour avoir commencé de griller, et est devenu moins fusible, et que d'ailleurs le grillage de celui qui se trouvait sur l'autre partie est terminé, on avance la première vers la chauffe, et l'on termine son grillage en le remuant fréquemment, au moyen d'un râble qui est introduit et manœuvré par l'une des portes, que l'on ouvre à cet effet. On juge que l'opération est finie lorsque les vapeurs et l'odeur ont presque entièrement cessé. Sa durée dépend d'ailleurs de la nature des minerais. (Guenyveau .)

Lorsqu'on emploie ce fourneau pour griller des minerais très arsenicaux, comme ceux d'étain de Schlackenwald, en Bohême, et à Ehrenfriedersdorfs , en Saxe, les pyrites arsenicales de Geyer, en Saxe, etc., les chambres de condensation dans lesquelles on se propose de faire déposer et de recueillir l'arsenic oxidé s'étendent sur une longueur beaucoup plus considérable que dans les fourneaux ordinaires qui servent au grillage de la galène ou des minerais de cuivre, et même d'argent. (Guenyveau.)

CHAPITRE III.

DES AGENS CHIMIQUES ET DES APPAREILS EMPLOYÉS EN MÉTALLURGIE.

1092. Après avoir examiné, dans les deux chapitres précédens, les *essais* à l'aide desquels on parvient à connaître la nature des minerais, et les diverses préparations qu'on leur fait subir avant de les soumettre au traitement des usines, nous allons décrire sommairement dans celui-ci les *agens* peu nombreux, et les *appareils* dont on fait usage pour obtenir les métaux réduits et propres aux besoins du commerce, partie la plus essentielle de la Métallurgie, et dont ce que nous dirons servira comme de complément aux notions générales que nous avons cru devoir donner sur cette branche importante de la Minéralogie appliquée.

§ Ier. *Des agens chimiques.*

Les agens chimiques que l'on emploie pour la réduction des minerais sont très limités : ils sont, ou généraux, comme la chaleur, ou particuliers à chaque opération, tels que certaines substances dont on met à profit les propriétés pour faciliter la fusion de quelques autres, ou leur séparation. Nous allons les passer successivement en revue, en nous arrêtant davantage sur ceux qui présentent le plus d'intérêt.

1093. 1. Chaleur. La chaleur est un des agens les plus puissans de la Métallurgie ; on la met à profit pour séparer des substances volatiles des matières fixes avec lesquelles elles se trouvent melangées, pour isoler des métaux de fusibilité différente, pour favoriser la combinaison de plusieurs autres, et faciliter la réaction des *fondans* sur les matières terreuses qui servent de gangue aux minerais. Enfin, les variations qu'elle apporte dans l'état moléculaire de tous les corps, la rendent propre à opérer une foule de réactions chimiques, en modifiant sans cesse les affinités respectives dont ils sont doués.

Nous avons déjà vu, dans le chapitre précédent, la chaleur employée pour isoler les substances volatiles de celles qui sont fixes, ce qui constitue l'opération connue en Métallurgie sous le nom de *grillage :* nous ne devons donc étudier ici que les effets de la chaleur destinée à opérer la fusion des corps. Les divers métaux et les substances qui leur servent de gangue, jouissant à des degrés différens de la faculté de se dissoudre dans le calorique, on a par cela même un moyen très simple de les séparer les uns des autres : c'est ainsi qu'on opère, par exemple, pour extraire l'antimoine sulfuré de sa gangue, comme cela se pratique en grand, en Saxe, en Bohême, etc. (160). Les métaux alliés étant susceptibles de fondre à des températures variables, on en a également tiré parti pour les isoler; et cette opération, qui s'exécute très souvent sur l'alliage de cuivre et de plomb, a reçu le nom de *liquation.* (*Voyez* extraction de l'argent, 282.) C'est encore sur cette différence de fusibilité, jointe à la diversité de pesanteur spécifique, qu'est fondée la séparation des laitiers et scories d'avec les métaux ramenés à l'état métallique.

La plupart des opérations relatives à l'extraction des métaux se font à des températures extrêmement élevées, et dont la durée est considérable. Nous devrions peut-être, sous ce rapport, considérer les moyens de développer et d'appliquer la chaleur, discuter avec soin les procédés propres à produire le plus d'*effet calorifique* avec le plus d'économie possible, examiner comment on se procure de la chaleur dans les arts, et faire connaître les matériaux qu'on y consomme, enfin décrire l'espèce et la disposition des appareils ou des fourneaux et machines dont on se sert; mais de pareilles idées théoriques ne conviennent pas au genre d'ouvrage que nous avons entrepris. On trouvera ce sujet convenablement développé dans l'excellent article *Métallurgie* du *Dictionnaire des Sciences naturelles*. Nous nous contenterons d'entrer dans quelques détails sur la nature des combustibles que l'on emploie dans les usines.

Les combustibles dont la Métallurgie peut faire usage sont ceux qui sont très abondans, peu chers, et qui donnent une chaleur considérable en brûlant. On distingue surtout parmi ceux qui présentent ces considérations économiques, le *bois* et le *charbon de bois* qui en provient, la *houille* et le *coke* qu'elle fournit, le *bois bitumineux* et la *tourbe*. Mais tous sont loin de présenter les mêmes avantages; ainsi les premiers développent bien plus de chaleur que les derniers sous le même volume. On doit donc connaître les rapports qui existent entre eux, afin de pouvoir les substituer les uns aux autres sans commettre d'erreurs au moins sensibles. Voici un tableau formé du résultat de diverses expériences faites dans des circonstances assez rapprochées de celles de la pratique, pour parvenir à un tel résultat

DÉSIGNATION des Substances combustibles.	EAU CHAUFFÉE de 100° c. en poids du combustib.	QUANTITÉ d'eau bouillante convertie en vapeur.
Charbon de bois........	57,60 fois son poids.	10,9 fois son poids.
Houille................	36,50	6 ou 7
Chêne sec..............	31,70	
Sapin..................	20	
Houille de Newcastle....	....	6
Idem..............	....	6,25
Idem..............	....	7,89

On a trouvé, en comparant les effets de la tourbe et du charbon de tourbe avec ceux de la houille, que, pour chauffer de l'eau dans des chaudières de teinturier, les rapports des effets étaient ceux des nombres 1,50 : 6,50 : 9,15. Le coke doit être considéré comme produisant à poids égal à peu près autant de chaleur que le charbon de bois, du moins lorsqu'il ne contient que très peu de matières terreuses. (*Dictionnaire des Sciences naturelles.*)

Lorsqu'on veut comparer entre elles les quantités totales de chaleur que les combustibles dégagent en brûlant, ou ce qu'on peut appeler *leurs puissances calorifiques*, on peut se servir pour les expériences du *calorimètre* de Lavoisier et Laplace. Cet instrument, fondé sur la fusion de la glace, donne exactement des nombres proportionnels aux quantités de chaleur produites par les mêmes poids de différens corps combustibles; mais comme il est impossible de l'employer en grand, il convient de faire usage de l'évaporation de l'eau, et pour cela de se servir du même fourneau, de la même chaudière, et d'opérer d'ailleurs dans des circonstances atmosphériques sensiblement les mêmes. Quoique les résultats fournis par ce dernier moyen s'approchent moins de la vérité que ceux donnés par le calorimètre, cependant on peut les consulter avec fruit, et ils ont cela d'avantageux, qu'ils s'éloignent beaucoup moins des résultats de la pratique.

Il est souvent essentiel, dans les opérations métallurgiques, de déterminer le degré de température auquel on agit; mais comme généralement la température des fourneaux est très élevée, on ne peut avoir recours qu'aux thermomètres solides. On se sert le plus habituellement du *pyromètre de Wegdwood,* dont la pièce principale est un petit cylindre d'argile, qui peut glisser entre deux lames métalliques placées à angle entre elles, et sur lesquelles est tracée une division. Le zéro se trouve à l'endroit où le cylindre peut se placer dans son état naturel: il répond au degré de chaleur où le fer paraît rouge au jour, et équivaut, à ce qu'on croit, à 580,55 du thermomètre centigrade. Chacun de ses degrés égale 72,22 degrés du même thermomètre d'après Wegdwood; mais il est évident que la marche de ce thermomètre n'est pas proportionnelle à celle de la chaleur, et il en est de même de tous les pyromètres. L'argile a la propriété de se contracter au feu, de sorte qu'après y avoir été exposée, le cylindre descend plus avant sur l'échelle, et indique ainsi le degré de chaleur du foyer. On attribue généralement à la perte d'une portion d'eau le retrait qu'éprouve l'argile à une haute température. Cette opinion est fondée pour les basses températures; mais pour celles au-dessus de 29° du pyromètre, elle est erronée: M. Théodore de Saussure a prouvé que le retrait de l'argile, dans ce cas, était dû à une combinaison plus intime de ses élémens.

Les pyromètres métalliques sont certainement ceux qui sont les plus propres à mesurer les hautes températures des fourneaux, et il n'est pas douteux qu'on ne trouve beaucoup d'avantages à les substituer au pyromètre de Wegdwood.

Nous ne décrirons pas les divers pyromètres métalliques, tels que celui de Lavoisier et Laplace, celui de M. Brongniart, qui ne sert qu'à déterminer des termes fixes dans les hautes températures et qui est employé surtout à la manufacture de porcelaine de Sèvres, etc. On peut consulter les ouvrages de Physique.

1094. 2. Air atmosphérique. L'air atmosphérique, qui est le principal agent de la combustion, exerce son action de mille manières différentes dans les hauts fourneaux où s'opère la réduction des minerais. Le plus ordinairement il agit par l'oxigène qu'il contient sur les substances métalliques pures qu'on ne peut soustraire à son contact, et détermine leur oxidation ; c'est ainsi que le plomb, le cuivre, le fer, le zinc, etc., réduits à l'état métallique par le contact des combustibles dans les fourneaux, sont souvent ramenés à celui d'oxide par le courant d'air servant à la combustion. On voit donc que l'action de l'air est toujours contraire à celle du charbon. Tantôt elle est nuisible au succès de l'opération, et alors il faut chercher à s'en garantir : c'est à quoi l'on parvient en partie en opérant dans des vases fermés ou creusets, mais dans les fourneaux, en entretenant dans leur intérieur une certaine quantité de verre terreux ou *laitiers*, dont l'objet est d'envelopper les globules métalliques et de les préserver ainsi de l'action oxidante de l'air. Ces laitiers servent encore à recouvrir les métaux réduits et fondus dans les bassins, où on les laisse rassemblés pour qu'ils se purifient par le repos. Tantôt, au contraire, on met à profit la propriété oxidante de l'air, pour séparer certaines substances nuisibles qui se trouvent mêlées ou combinées avec les corps que l'on veut obtenir purs : tels sont le soufre, le phosphore, le charbon, etc., qui accompagnent presque toujours les minerais métallifères et communiquent à leurs produits des qualités que l'on a grand soin d'éviter. D'autres fois, on parvient à isoler des métaux les uns des autres en consultant la différence qui existe entre leurs divers degrés d'oxidabilité par l'air, et c'est sur ce principe que sont fondés le raffinage du cuivre, l'affinage du plomb, la coupellation de l'or et de l'argent, etc.

Outre cette manière d'agir de l'air atmosphérique, qu'il doit à la séparation de ses élémens, à la fixation de l'un d'entre eux sur les corps et à l'isolement de l'autre (l'azote), dont le rôle est tout passif dans ces sortes de réactions, l'air atmosphérique produit encore par sa masse des phénomènes chimiques et mécaniques dont les effets se font sentir dans les fourneaux, et qu'il est essentiel de connaître.

On sait, par suite des beaux travaux de M. Gay-Lussac sur la formation des vapeurs, que tous les liquides ont une tendance à se réduire en vapeurs, et qu'en vertu de cette tendance, un liquide placé dans un espace vide ou plein de gaz se vaporise en quantité d'autant plus grande que l'espace est plus grand, etc. Or, cette belle théorie vient donner l'explication de quelques faits relatifs à la vaporisation des métaux; ainsi l'on a observé depuis long-temps que certains métaux, comme le plomb, le bismuth, l'antimoine, fument beaucoup à une chaleur rouge dans des creusets ouverts et paraissent par conséquent très volatils, tandis qu'en vases clos, ils ne donnent pas de vapeurs et paraissent très fixe. On sait également que pour obtenir de l'oxide de zinc ou *fleurs de zinc*, il est indispensable d'établir un courant d'air au-dessus de la surface du métal, etc. L'air agit, dans ces cas, en augmentant considérablement l'espace, puisqu'il se renouvelle incessamment et que son volume est très grand; c'est donc de cette manière qu'il favorise la formation des vapeurs. Mais l'air ne jouit pas exclusivement de cette propriété, tous les gaz et même les vapeurs peuvent produire de pareils effets. L'action de semblables courans est fort remarquable: ainsi l'on sait que l'antimoine, exposé à l'action d'une très haute température dans une cornue de grès, ne se vaporise pas, tandis qu'en calcinant de l'oxide d'antimoine avec du charbon, ce métal se sublime en grande partie à mesure qu'il se réduit. Le zinc, le plomb sont dans le même cas; il en est de même du sulfure de plomb, suivant Descotils. Voici comment ce savant s'exprime à ce sujet: « On peut établir comme un fait certain que la sublimation du sulfure de plomb est singulièrement favorisée par un courant de gaz quelconque, qui peut d'ailleurs agir par ses propriétés chimiques. Lorsqu'on emploie un courant d'air atmosphérique, l'oxigène contenu dans celui-ci convertit une portion du sulfure en sulfate de plomb, qui se volatilise et est entraîné par le courant, d'une manière analogue à ce qu'on voit arriver dans les fourneaux où l'on traite ce minerai. On ne trouve en résidu (et c'est alors du *plomb métallique*) que la moitié environ du métal qui était contenu dans le sulfure. » (*Journal des Mines*, tome XXVII.) Il en est des autres métaux, et de tous les corps en général, comme de ceux que nous venons de citer : tous se vaporisent plus ou moins lorsqu'on les fond et qu'on les expose à des courans de gaz. Les uns, tels que l'antimoine, le zinc, etc., possèdent cette propriété d'une manière remarquable; les autres, tels que l'or, l'argent, le cuivre, etc., la possèdent à peine, ce qui paraît dépendre, en général, de leur nature intime.

Enfin, les courans d'air produisent des effets entièrement mécaniques, qu'il est essentiel de connaître afin de les éviter dans le traitement des grands fourneaux. C'est ainsi que, lorsque les courans qui traversent ceux-ci rencontrent des minerais en poussière ou très légers par eux-mêmes, ils les entraînent en grande partie dans leur marche et occasionent des pertes considérables auxquelles on ne peut remédier qu'en mouillant les minerais, afin de leur donner plus d'adhérence et de pesanteur. C'est encore ainsi que, dans les hauts fourneaux à fer, il arrive souvent que le charbon, plus léger que le minerai, étant soulevé davantage par les courans, laisse celui-ci descendre plus vite dans la partie inférieure et ne peut exercer sur lui son action désoxidante.

Il est facile de voir, par le peu que nous venons de dire, combien il est important d'étudier l'action de l'air dans les fourneaux et d'apprécier son influence dans la plupart des opérations métallurgiques.

1095. 3°. FONDANS. La *fonte* des minerais dans les hauts fourneaux est, sans contredit, une action entièrement chimique, car de nombreuses affinités sont mises en jeu et produisent des corps nouveaux tout-à-fait différens de ceux soumis à l'expérience. La chaleur élevée nécessaire pour produire le phénomène de la *fusion* est un des agens qui, comme nous l'avons déjà dit, exercent le plus d'influence sur les résultats de cette opération, et l'air atmosphérique tend sans cesse, de son côté, à les modifier. Il se passe surtout deux phénomènes importans, qui sont produits tantôt successivement, tantôt simultanément dans la fonte des minerais; 1°. la fusion complète ou presque complète de toutes les matières terreuses composant la gangue du minerai, et souvent aussi la fusion d'une partie des oxides métalliques mêlés ou combinés avec ces matières; 2°. la réduction de ces mêmes oxides métalliques ou la désulfuration des métaux sulfurés, opération qui s'exécute après ou en même temps que la fusion des matériaux étrangers. Dans ces circonstances, il se forme des composés qu'on appelle *laitiers* ou *scories*, suivant qu'ils sont plus ou moins fondus et vitrifiés. Mais ces deux effets que subissent généralement les substances métalliques soumises à une haute température sont dépendans l'un de l'autre, en sorte que, suivant que l'un a lieu plus tôt que l'autre, le résultat qu'on obtient est sensiblement différent. Ainsi, lorsque les matières terreuses ne se trouvent pas dans les proportions les plus convenables pour former un composé facilement fusible à la température ordinaire des fourneaux, ou bien si cette température est trop basse ou même trop élevée, il arrive que les oxides métalliques se combinent avec les terres pour former une combinaison vitreuse; et comme, dans cet état, ils sont beaucoup plus difficiles à réduire que dans leur état d'isolement primitif, ou l'on éprouve une perte considérable sur les métaux qui étaient le but de l'opération, ou l'on est obligé de recommencer plusieurs traitemens successifs, qui nécessitent des frais et des dommages. En outre, la séparation complète des métaux réduits d'avec les matières terreuses dépend d'abord de leur réunion en globules, et ensuite de la facilité que leur présentent ces mêmes matières, plus ou moins bien fondues à se laisser traverser, pour leur permettre de se rendre, sans être oxidés de nouveau, dans les parties inférieures ou creusets destinés à les recevoir. Or, pour que ces circonstances soient remplies, il faut que les laitiers ne soient ni trop compactes (ce qui arrive lorsque les matières terreuses ne sont pas bien vitrifiées), ni trop fluides, parce que, dans le premier cas, la séparation par ordre de pesanteur spécifique ne peut avoir lieu à cause du peu de porosité des scories; et que, dans le second, le laitier étant trop liquide, outre qu'il dissout beaucoup de l'oxide qu'on veut réduire, et attaque même souvent les parois des fourneaux, il n'enveloppe pas suffisamment les globules métalliques, en sorte qu'ils restent exposés en grande partie à l'oxidation produite par le contact de l'air.

C'est donc à éviter ces divers inconvéniens que doit tendre tout l'art du métallurgiste-fondeur, et c'est dans la connaissance exacte de la nature et de l'action des mélanges terreux, connus sous le nom de *fondans*, qu'il trouvera les moyens d'y remédier, et même de s'y soustraire. On donne, dans les usines et les fonderies, le nom de *fondans* à toutes les substances qui peuvent favoriser la fonte ou fusion des minerais, et ce sont ordinairement des substances terreuses ou des scories et laitiers provenant des fontes précédentes. Tantôt c'est la gangue qui accompagne les minerais métalliques qui forme le laitier nécessaire pour le traitement dans les fourneaux; tantôt, comme celle-ci n'est pas assez abondante, ou, ce qui se présente le plus fréquemment, comme les matières qui la composent ne sont pas dans la proportion convenable pour donner naissance à un verre aussi fluide qu'on le désire, on ajoute au minerai une ou plusieurs substances terreuses dans des quantités connues, afin de faire entrer le mélange en fusion complète. On choisit ordinairement pour *fondans* des corps dont on peut se procurer de grandes quantités, et à peu de frais, et qui ne peuvent nuire à l'extraction des métaux que l'on cherche à obtenir, ni à leur qualité; c'est pour ces dernières raisons que, dans le traitement des minerais de fer, l'on a grand soin de rejeter les substances qui admettent du soufre ou du phosphore dans leur composition.

Les substances que l'on emploie le plus généralement comme fondans, sont des oxides terreux ou les *terres* de l'ancienne Chimie, et quelquefois des oxides alcalins (alcalis) et métalliques; tels sont : la silice, l'alumine, la chaux, la magnésie, la potasse, la soude, les oxides de manganèse, de fer, de plomb, etc. Ces oxides exercent, à la température des fourneaux, une action très énergique les uns sur les autres, et la formation des verres ou laitiers dépend d'affinités chimiques très déterminées. On sait, par expérience, que la silice, l'alumine, la chaux et la magnésie, bien pures et isolées, sont infusibles; que, mêlées deux à deux, en quelque proportion que ce soit, elles le sont encore; mais que, combinées trois à trois, et surtout quatre à quatre, elles acquièrent la propriété de se fondre en toute proportion, si ce n'est dans quelques cas particuliers, et surtout dans celui d'un mélange de chaux, d'alumine et de magnésie (à moins toutefois que la chaux ou l'alumine ne forme la moitié du mélange); enfin, on sait de plus que la magnésie diminue généralement la fusibilité des mélanges, aussi faut-il éviter de l'y faire entrer en quantité trop considérable. Presque tous ces mélanges d'oxides peuvent se vitrifier; mais il est de toute nécessité que la silice soit une de leurs parties constituantes, c'est pourquoi cette terre portait autrefois le nom de *terre vitrifiable*. En général, les *verres terreux* qui se forment dans les fourneaux sont des *silicates* à plusieurs bases, et non de simples mélanges comme on le supposait naguère; leur composition est même, dans le plus grand nombre des cas, soumise à des proportions définies. Le tableau suivant donnera d'ailleurs des exemples de composés doués des diverses propriétés que nous venons d'énoncer, et qui sont employés comme *fondans* ou qui se forment dans diverses circonstances, et qui agissent comme tels.

SILICE, Une partie unie avec	OBSERVATIONS sur la fusibilité.	OBSERVATIONS sur la vitrescibilité.
Alumine, 1 partie......	Susceptible de s'agglutiner.	
Magnésie, o,5.........	Infusible..............	
Chaux, 1 partie........	Très difficile à fondre.....	Scories translucides.
Baryte, 3 parties........	Fusible................	
Strontiane, 3 parties....	*Idem*................	
Potasse, 3 parties.......	Très fusible.............	Vitrifiable, déliquescent.
Potasse, o,33..........	Fusible................	Verre ordinaire.
Soude, 3 parties.......	Très fusible.............	Vitrifiable, déliquescent.
Soude, o,33.	Fusible................	Verre ordinaire.
Oxide de fer, 2 à 4 part.	Fusible et cristallisable....	
Oxide de bismuth, 4 part.	Très fusible............	
Oxide de plomb, 3 part.	*Idem*................	Vitrifiable.
Oxide de plomb, o,8, et potasse, o,3.........	Fusible................	Verre de cristal.
Oxide de plomb, o,8, et soude, o,3.	*Idem*................	*Idem*.
Chaux, 2,25.	Difficile à fondre.........	Masse vitreuse, translucide.
Magnésie, o,33.	*Idem*................	*Idem*.
Chaux, 2,25; *magnésie*, o,66................	*Idem*................	Moins vitreuse que la précédente
Chaux, o,56; magnésie, o,66................	*Idem*................	Masse opaque.
Chaux, 2,25; alumine, o,33.	Infusible...............	Masse friable.
Chaux, 1 part.; alumine, 1 partie (*a*)..........	Fusible................	Verre blanc
Chaux et alumine, *id.*; magnésie, o,33.	Très difficile à fondre.....	Masse opaque.
Chaux, 2,25; magnés., o,33, et oxide de manganèse, o,33........	Fusible................	Verre transparent.
Chaux, o,6; alumine, o,3; plus, un peu d'oxide de fer, de manganèse..............	Fusible................	Verre opaque formant le laitier ou les scories des hauts fourneaux (*b*).

(*a*) On met à profit la fusibilité du composé d'oxide de fer et de silice, et du composé de silice, d'alumine, de chaux et d'oxide de fer, dans le traitement de la mine de cuivre et de la mine de fer; savoir : dans le traitement de la mine de cuivre, pour séparer l'oxide de fer qui se forme, et dans le traitement de la mine de fer, pour fondre les parties terreuses qu'elle pourrait renfermer, et s'opposer au contact de l'air avec la fonte.

(*b*) Ce tableau est extrait du *Traité de Chimie* de M. Thénard, t. II, p. 474, 4e édition.

Jusqu'à présent on n'a pu fondre, au feu de forge, aucun mélange d'alumine et de chaux; d'alumine et de magnésie; d'alumine, de chaux et de magnésie : on en a tout au plus agglutiné quelques-uns.

Outre les diverses substances que nous avons énumérées jusqu'ici, on emploie aussi comme fondans la chaux fluatée, appelée *spath fluor* à cause de cette propriété; la baryte sulfatée, la chaux sulfatée, etc.; mais leur usage est restreint à certains cas ou à quelques localités. Le quarz est un fondant précieux à l'égard des oxides métalliques, et surtout pour ceux de fer, de plomb, etc. Enfin, les alcalis et les sel alcalins qui se rencontrent dans les cendres du charbon de bois jouent le rôle de fondans par rapport aux substances terreuses. Une remarque assez importante, faite par les fondeurs relativement à ces matières alcalines, c'est qu'elles ont une action nuisible sur les parois des hauts fourneaux chauffés au charbon de bois; et ce qui prouve que c'est bien à elles que l'on doit rapporter ces effets destructeurs, c'est que les fourneaux chauffés avec le charbon de houille, qui est entièrement privé de sels alcalins, résistent bien plus long-temps au travail que les premiers.

Quelquefois, au lieu de faire usage de fondans proprement dits, on mêle en certaines proportions des minerais dont les gangues sont différentes, c'est ce qui se pratique journellement pour les minerais de fer. Mais pour retirer tous les avantages possibles d'une telle méthode, on conçoit qu'il faut avoir une connaissance exacte et précise de la nature intime des substances métallifères que l'on soumet à ce genre de traitement. Cette condition indispensable s'applique, d'une manière générale, à l'emploi des différentes espèces de fondans dans les opérations métallurgiques, et sans elle on ne peut espérer d'arriver à d'heureux résultats.

1096. 4. Charbon. Considéré comme agent métallurgique,

le charbon joue un rôle des plus importans dans le traitement des minerais : c'est surtout comme corps désoxidant qu'il agit sur presque tous les oxides métalliques, et c'est à l'aide de son emploi et d'une température suffisamment élevée qu'on parvient à opérer la *réduction*, dernier but de l'opérateur. Mais on lui substitue quelquefois des substances végétales ou animales qui contiennent une grande proportion de principes combustibles, carbone et hydrogène, ce dernier corps ayant la même manière d'agir; c'est ainsi que, dans le traitement des minerais d'antimoine, on fait usage de tartre brut, et que, dans d'autres circonstances analogues, on emploie des huiles fixes, le suif, la graisse, le savon, etc. Tantôt le charbon réduit en poudre fine est mêlé avec le minerai également pulvérisé, et le mélange est jeté, dans cet état, dans les fourneaux où doit s'opérer la réduction; tantôt au contraire on place le minerai pur au milieu d'un creuset dont l'intérieur est garni d'une forte chemise de charbon bien battu (creuset brasqué), et la réduction se fait par voie de cémentation. Ce procédé, qui est beaucoup plus long, ne peut être exécuté qu'en petit. Dans les travaux en grand, c'est de charbon de bois dont on fait usage; en petit, on se sert du charbon de résine ou *noir de fumée*, parce qu'il est dans un plus grand état de division. Mais la réduction des métaux par le charbon, telle qu'on la pratique maintenant, n'est pas toujours sans inconvénient. Il arrive très souvent que le charbon s'unit en petite quantité avec ces mêmes métaux, en sorte qu'au lieu d'obtenir ces corps parfaitement isolés, on obtient de véritables carbures. Ce désavantage, dont les effets sont peut-être de moindre importance en grand, se fait surtout sentir dans le traitement des métaux, sans usages dans les arts, mais que les besoins de la Chimie réclament. C'est pour y remédier que M. Thénard a proposé depuis long-temps de les réduire par le gaz hydrogène; et en effet, ce procédé d'extraction donne des produits toujours très purs. Il suffit simplement de se procurer des oxides métalliques exempts de toutes matières étrangères, de les introduire dans un tube de porcelaine courbé légèrement et établi horizontalement à travers un petit fourneau, d'y faire rendre ensuite un courant de gaz hydrogène sec, qui de là, par un petit tube de verre, passe dans l'atmosphère ; puis enfin d'élever plus ou moins la température de la portion du tube où le corps oxigéné est placé. La réduction s'opère généralement sans difficulté de cette manière, et même beaucoup plus facilement que par le charbon, d'après le procédé ordinaire. Ce qu'il y a de certain du moins, c'est que, d'après M. Lecanu, les plus gros cristaux de fer oligiste, dont la réduction ne pourrait être opérée par le charbon, dans un fourneau ordinaire, où la température n'est pas assez élevée pour les faire entrer en fusion, sont complètement réduits, et jusqu'au centre, par un courant d'hydrogène. On pourrait même, dans quelques circonstances, tirer parti de la forme demi-spongieuse qu'ils présentent alors.

1097. 5°. Enfin, les agens métallurgiques, qui viennent après ceux que nous venons de décrire, sont en petit nombre et d'un usage très limité. Ainsi, c'est l'EAU qu'on emploie tantôt comme dissolvant, tantôt, mais plus rarement, comme moyen d'oxidation à l'égard de certaines substances métalliques ; le SOUFRE, qui n'est d'aucun usage à l'état de pureté, mais que l'on introduit dans plusieurs opérations, en ajoutant de la pyrite martiale qui en contient beaucoup, et dont une partie n'est que faiblement retenue en combinaison ; enfin, certains MÉTAUX qui agissent différemment les uns sur les autres : tantôt ils sont employés comme dissolvans les uns à l'égard des autres ; tel est le plomb, à l'aide de la chaleur, et à froid le mercure, à l'égard de l'argent et de l'or ; tantôt comme fondans, telles sont les *soudures*. On sait, en effet, qu'un alliage est

toujours plus fusible que le métal le moins fusible qui entre dans sa composition ; et que, quand les métaux dont il est formé sont à peu près fusibles au même degré, il entre aussi presque toujours plus facilement en fusion que le plus fusible d'entre eux. On a un exemple bien remarquable de ce genre d'action des métaux les uns sur les autres dans l'*alliage fusible de Darcet,* formé de 8 de bismuth, de 5 de plomb et de 3 d'étain; cet alliage est fusible dans l'eau bouillante, et même dans celle qui n'est qu'à 90°, tandis qu'on sait que l'étain, qui est le plus fusible des trois métaux qui le composent, ne fond qu'à la température de 210 degrés (*). Outre ces deux modes d'action, les métaux sont encore employés comme agens de décomposition les uns par rapport aux autres ; car ils peuvent s'enlever mutuellement l'oxigène et les acides auxquels ils sont unis : c'est ainsi que le fer décompose la potasse et la soude, et en général que les métaux des premières sections, dans l'ordre de M. Thénard, désoxigènent les oxides et les sels métalliques des sections suivantes. C'est encore ainsi que la plupart d'entre eux peuvent se précipiter réciproquement de leurs dissolutions acides ; tel est le fer à l'égard du cuivre, de l'étain, etc. ; le zinc à l'égard du plomb, du bismuth, du tellure, etc. ; le cuivre à l'égard de l'argent, du platine, de l'or, etc. On emploie fréquemment ce moyen d'extraction dans les laboratoires, et souvent, dans les arts, on s'en sert avec avantage, à cause de l'économie et de la promptitude qu'il présente. Parmi les métaux, les uns sont précipités sous forme de poudre noire, ce qui est dû à la division extrême de leurs molécules ; tels sont l'antimoine, l'arsenic, l'or, l'iridium, etc. Les autres sont précipités avec leur brillant métallique ; tels sont particulièrement le plomb, le

(*) On rend cet alliage encore plus fusible en y ajoutant quelques centièmes de mercure ; on s'en sert alors pour plomber les dents.

cuivre, le mercure, l'argent, etc. Le cuivre se précipite en lames, et l'argent en houppes très légères et très brillantes, composées d'une multitude de petits cristaux. Mais ce qui empêche peut-être que ce procédé ne soit généralement employé et aussi utile que possible, c'est que le métal précipité entraîne quelquefois une portion du métal précipitant; c'est ce qui a lieu dans la décomposition du chlorure d'antimoine par le zinc, du nitrate d'argent par le mercure, du sulfate neutre de cuivre par le fer, et probablement du sulfate d'argent par le cuivre. (*Voir* d'ailleurs, pour plus de détails, et surtout pour l'explication du phénomène de la précipitation, les ouvrages de Chimie.) Enfin, pour terminer tout ce qui a rapport à l'emploi des métaux en Métallurgie, nous dirons que souvent on met à profit la grande affinité qu'ils montrent pour le soufre, et qu'on s'en sert avec économie pour enlever ce corps à certains minerais sulfurés; c'est ainsi maintenant qu'en grand on traite les sulfures de plomb et d'antimoine par la grenaille de fer ou de fonte.

§ II. *Des appareils employés en Métallurgie.*

1098. Sans vouloir entrer ici dans le détail des appareils employés en Métallurgie, ni décrire leurs formes variées et leurs usages, nous croyons cependant nécessaire de donner un léger aperçu d'un objet que la pratique regarde comme des plus importans. Les appareils et les machines dont l'usage est le plus multiplié sont de deux sortes : les *fourneaux*, ou appareils de combustion et d'opération, et les *machines soufflantes*, qui accompagnent presque toujours les premiers. Les fourneaux qui ont essentiellement besoin des machines soufflantes sont nommés, dans les fonderies, *fourneaux à courant d'air forcé*, et ceux dans lesquels ces machines sont remplacées par quelques dispositions particulières

propres à déterminer un courant d'air naturel suffisant aux besoins de l'appareil, sont désignés sous le nom de *fourneaux à courant d'air naturel.*

Nous avons indiqué, à l'article de chaque métal, les diverses espèces de fourneaux qui sont employées à son traitement. On a pu voir que ces appareils variaient singulièrement entre eux, suivant les usages auxquels on les destine, tous ne pouvant être indistinctement employés aux mêmes opérations. Nous ne reviendrons donc pas sur ces particularités, mais comme les fourneaux, considérés par genres, ont des propriétés tout-à-fait distinctes, il est utile de les exposer ici; et, pour le faire avec plus de clarté et de précision, nous allons extraire textuellement ce qui va suivre du savant article de M. Guenyveau. (*Voyez* l'article *Métallurgie* du *Dict. des Sciences naturelles*, t. 30.)

« 1°. Quelquefois il est de nécessité, ou du moins plus convenable, de mettre en contact ou de mêler ensemble le minerai avec le combustible, et cela donne lieu à des fourneaux prismatiques plus ou moins allongés dans le sens vertical, et qu'on appelle *hauts fourneaux, fourneaux courbes, fourneaux à manche*, etc. Il sont à courant d'air forcé, et l'on n'y emploie guère que des combustibles convertis en charbon.

« 2°. D'autrefois on ne veut pas mettre en contact les substances à chauffer avec le combustible (comme le fer avec la houille), ou du moins cela n'est pas nécessaire; alors on chauffe avec la flamme les matières placées non loin du foyer et dans un espace fort circonscrit : c'est le *fourneau à réverbère,* dont le nom dérive de ce que les matières sont chauffées non-seulement par le contact immédiat de la flamme, mais encore par l'irradiation qui a lieu de la surface intérieure d'une voûte, qui s'échauffe fortement, et dont la première destination était sans doute d'obliger la flamme et le courant d'air chaud à toucher les matières placées sur l'âtre. On y emploie les combustibles dans leur état naturel, et l'on y trouve encore l'avantage de voir constamment et de suivre tous les changemens qui ont lieu dans les matières que l'on traite..... Ce qui a peut-être contribué le plus à étendre l'usage des fourneaux à réverbère, c'est qu'ils n'ont pas besoin de machines soufflantes, et qu'ils sont, par cette raison, indépendans de toute force motrice.... On sait que dans les fourneaux à réverbère, et généralement dans tous ceux où l'on chauffe avec la flamme, la circulation de l'air à travers le combustible, ou ce qu'on appelle le *tirage*, est déterminée par une cheminée plus ou moins élevée, dans laquelle l'air, très échauffé, et par conséquent très raréfié, s'élève en raison de la différence de sa pesanteur spécifique, comparée à celle de l'air extérieur et de la hauteur de la colonne d'air dilaté.

« 3°. Enfin, il y a des opérations où les matières qu'il s'agit de traiter doivent être maintenues à l'abri du contact de la flamme, et même de l'air ; alors on les renferme dans des creusets plus ou moins grands, que l'on chauffe extérieurement, en les plaçant dans un fourneau convenablement disposé. Tantôt on les chauffe par la flamme d'un combustible, et alors ces creusets sont mis sur une banquette pratiquée dans l'intérieur du fourneau, comme on le voit dans les fours de verrerie ; quelquefois on les chauffe en même temps pardessous, comme on le fait pour les caisses à cémenter le fer. Enfin, on se sert aussi des combustibles carbonisés, ainsi que le pratiquent les fondeurs de cuivre, de bronze, et même ceux qui fabriquent l'acier fondu : dans ce cas, le creuset est placé sur une grille, au milieu du combustible ; mais son fond doit être appuyé sur un cylindre de terre réfractaire de même diamètre, et élevé de plusieurs pouces, afin que l'air froid qui traverse la grille ne le refroidisse pas trop, et de peur qu'il ne le fasse éclater. C'est ainsi que l'on chauffe les creusets de petite dimension, quand on fait des essais de minerais par la voie sèche. »

La bonne construction des fourneaux est, sans contredit, un des objets auxquels on doit apporter le plus de soins. Généralement on fait choix de matériaux qui ne sont susceptibles ni de se fondre par l'impression de la chaleur, ni de se fondre par suite de son action long-temps continuée. Tantôt on emploie certains *grès*, tantôt, et c'est ce qui arrive dans beaucoup de pays, on fait usage de *briques* faites avec de l'argile apyre, ou entièrement dépourvue de chaux et d'oxides métalliques. Mais la chaleur n'est pas encore la cause la plus active de destruction des fourneaux ; les matières que l'on y introduit exercent une action très énergique sur les parois de ces appareils, et les corrodent promptement. Comme les matériaux avec lesquels ils sont construits contiennent beaucoup de silice, il s'ensuit que plusieurs terres et un grand nombre d'oxides métalliques sont dans le cas d'agir sur eux ; en effet, ils sont attaqués, à une haute température, par la baryte, la strontiane, l'oxide de fer, etc., et même dissous et troués, à une chaleur rouge, par la potasse, la soude et l'oxide de plomb, lorsque ces derniers sont en quantité suffisante. Pour parer à de tels inconvéniens, ou il faut choisir avec soin les matériaux parmi ceux que l'on sait devoir résister le plus long-temps à cette action, et les renouveler lorsqu'ils sont presque détruits, ou bien, et c'est ce qui convient le mieux, on revêt l'intérieur des fourneaux de bonne *brasque*, c'est-à-dire d'un mélange d'argile et de poussière de charbon, auquel, après l'avoir préalablement humecté, on fait prendre facilement toutes les formes que l'on désire. Au reste, ces moyens ne sont que des palliatifs, dont les bons effets varient nécessairement avec les matières que l'on soumet au traitement des fourneaux.

1099. Les *machines soufflantes*, dont l'objet est de faire

arriver de grandes masses d'air au milieu du combustible renfermé dans un fourneau, quelle que soit d'ailleurs la résistance que présentent les matières accumulées dans son intérieur, sont construites de telle manière, qu'elles compriment l'air dans un réservoir, d'où il sort ensuite avec la vitesse due au degré de compression qu'il éprouve, et en proportion relative à la grandeur de l'orifice d'écoulement. Le point essentiel est qu'elles fournissent une quantité d'air uniforme, dont on peut ensuite faire varier la vitesse de projection, à l'aide de mécanismes très simples. M. Guenyveau range les machines soufflantes dans les quatre genres suivans : 1°. les *soufflets* proprement dits; 2°. les *pompes soufflantes,* ou *soufflets à piston;* 3°. les *soufflets hydrauliques;* 4°. les *trompes.* Leurs formes varient singulièrement, suivant les localités. Il en est de même des moteurs employés pour donner le mouvement à celles d'entre-elles qui ont des parties mobiles, et, en général, à l'air, qu'il s'agit de charrier; le plus habituellement cependant ce sont des cours d'eau ou des machines à vapeur, et bien plus rarement des chevaux. La description de ces appareils nous entraînerait trop loin; nous renvoyons à l'article que nous avons déjà cité plusieurs fois.

Ici se termine tout ce que nous avions à dire sur les généralités de la Métallurgie. Peut-être aurions-nous dû les faire suivre de l'exposition des procédés d'extraction des différens métaux employés tant dans les arts qu'en Chimie et en Médecine. Cette marche eût été sans doute plus rationnelle; mais en eût-elle été plus commode pour le lecteur? C'est à quoi nous répondrons négativement; et cette considération, qui doit toujours guider un auteur dans la disposition de son sujet, nous a fait adopter celle que nous avons suivie dans le nôtre. En effet, en réunissant à l'histoire minéralogique d'une espèce les notions de Métallurgie qui s'y rattachent, on complète son étude, et l'on

évite au lecteur le désagrément de feuilleter un ouvrage qui, quoique de peu d'étendue, n'offre pas moins d'ennui à compulser. Si l'on réfléchit d'ailleurs que c'est un livre élémentaire que nous avons eu dessein de faire, on ne nous saura pas mauvais gré, nous osons l'espérer, de notre infraction aux règles d'un ordre plus scientifique qu'utile.

FIN DE LA MINÉRALOGIE.

ı

TABLEAU

Des Formes cristallines sous lesquelles se présentent les différentes substances artificielles employées dans les arts chimiques, et qui, par conséquent, ne se trouvent pas décrites dans le cours de l'ouvrage.

Acétate de chaux	Aiguilles prismatiques satinées.
Acétate de cuivre (deuto-)	Prismes rhomboïdaux.
Acétate de mercure	Paillettes brillantes et nacrées.
Acétate de morphine	Aiguilles rayonnées.
Acétate de plomb (neutre)	Prismes à quatre pans, terminés par des sommets dièdres.
Acétate de plomb (sous-)	Lames opaques et blanches.
Acétate de potasse	Lames blanches; cristaux prismatiques réguliers.
Acétate de soude	Prismes allongés striés, ressemblant à ceux du sulfate de soude.
Acide acétique	En masse cristalline.
Acide benzoïque	Prismes allongés satinés.
Acide citrique	Prismes rhomboïdaux dont les plans sont inclinés entre eux sous des angles d'environ 60 et 120°, et dont les extrémités sont terminées par quatre faces trapézoïdales, qui embrassent les angles solides.
Acide gallique	Aiguilles soyeuses fines et blanches.
Acide malique	En mamelons cristallins.
Acide méconique	Prismes aciculaires, lames carrées, ramifications formées par l'accolement d'octaèdres allongés.
Acide oxalique	Prismes allongés à quatre pans, terminés par des sommets dièdres.
Acide succinique	Prismes comprimés.
Acide tartrique	Prismes hexaèdres dont les faces sont parallèles deux à deux, les quatre angles les plus obtus égaux entre eux et de 129°, les deux autres, aussi égaux entre eux, de 102°, terminés par une pyramide à trois faces, dont les incidences sont de 102°5′, 122 et 125°.

	Ces cristaux dérivent d'un parallélépipède oblique, dont les angles dièdres contigus de l'angle solide le plus obtus sont de 102° 5′, 122 et 125°.
Arseniate de potasse (acide)......	Prismes à quatre pans, terminés par des pyramides à quatre faces.
Arseniate de soude (neutre).......	Prismes hexaèdres réguliers.
Brucine........................	En masse feuilletée ou spongieuse, ou en prismes obliques à base de parallélogramme.
Carbonate de potasse (bi-)........	Prismes quadrangulaires terminés par deux triangles renversés. (Bergman.) Prismes tétraèdres rhomboïdaux à sommets dièdres. (Pelletier.)
Chlorate de potasse.............	Lames rhomboïdales.
Chlorate de potasse oxigéné......	Formes dérivant de l'octaèdre.
Chlorure de barium.............	Prismes à quatre pans, très larges et peu épais.
Chlorure de calcium............	Prismes à six pans, striés et terminés par des pyramides aiguës.
Chlorure d'étain (proto-).........	Prismes aciculaires.
Chlorure d'étain (deuto-)........	Prismes aciculaires.
Chlorure de mercure (deuto-).....	Prismes aciculaires.
Chlorure d'or (deuto-)...........	Prismes quadrangulaires.
Chlorure de plomb..............	Prismes hexaèdres satinés.
Chlorure de potassium...........	Prismes à quatre pans.
Chlorure de strontium...........	Prismes hexaèdres allongés.
Chromate de potasse............	Prismes rhomboïdaux non pyramidés. (Tassaërt.)
Cyano-ferrure de potassium......	Prismes quadrangulaires.
Cyanure de mercure.............	Prismes à quatre pans.
Hydriodate d'ammoniaque.......	Cubes.
Hydriodates. Voyez *Iodures*......	
Hydrochlorate de cinchonine.....	Prismes aciculaires.
Hydrochlorates. Voyez *Chlorures*.	
Hydro-cyanates. Voyez *Cyanures*.	
Iodures de potassium...........	Cubes.
Morphine......................	Prismes à quatre pans, coupés obliquement.
Narcotine......................	Prismes rhomboïdaux.
Nitrate d'ammoniaque..........	Prismes hexaèdres cannelés.

Nitrate d'argent	Lames minces très larges, de formes variées.
Nitrate de baryte	Octaèdres.
Nitrate de cinchonine	Prismes rhomboïdaux à base rectangle.
Nitrate de cuivre	Parallélépipèdes allongés.
Nitrate de mercure (proto-)	Cristaux prismatiques formés de deux pyramides tétraèdres, appliqués base à base, ayant leurs sommets et les quatre angles solides à leur base tronqués.
Nitrate de mercure (deuto-)	Prismes aciculaires.
Nitrate de nickel	Prismes à huit pans.
Nitrate de plomb	Tétraèdres à sommets tronqués.
Nitrate de quinine	Prismes rhomboïdaux à base oblique.
Nitrate de strontiane	Octaèdres cunéiformes.
Nitrate de zinc	Prismes à quatre pans, terminés par des sommets à quatre faces.
Oxalate d'ammoniaque	Prismes quadrangulaires, terminés par des sommets dièdres.
Oxalate de potasse (acidule)	Parallélépipèdes courts.
Oxalate de potasse (acide)	
Phosphate d'ammoniaque	Prismes à quatre pans, terminés par des pyramides à quatre faces.
Phosphate de soude	Prismes rhomboïdaux, dont les angles aigus sont de 60°, les angles obtus de 120°, terminés par des pyramides à trois faces.
Picrotoxine	Prismes quadrangulaires.
Strychnine	Cristaux très petits, qui paraissent être des prismes à quatre pans, terminés par des pyramides à quatre faces surbaissées.
Succinate de potasse	Prismes à trois pans.
Succinate de soude	Prismes tétraèdres, terminés par des sommets dièdres ou prismes hexaèdres, terminés par une face oblique.
Sucre	Octaèdres rectangulaires, dont les deux pyramides sont tronquées à la base, ou prismes tétraèdres ou hexaèdres, terminés par des sommets dièdres, et quelquefois trièdres.

Sulfate de cadmium............	Prismes droits à base rectangle.
Sulfate de cinchonine (neutre)....	Prismes rhomboïdaux plus ou moins altérés par des facettes.
Sulfate de cinchonine (acide)....	Octaèdres à base rhomboïdale, toujours coupés par un plan parallèle à deux faces opposées.
Sulfate de cobalt...............	Prismes rhomboïdaux, terminés par des pointemens dièdres.
Sulfate de manganèse (proto-)....	Prismes rhomboïdaux.
Sulfate de mercure (deuto-).......	Petits prismes.
Sulfate de morphine...........	Aiguilles soyeuses, rameuses ou rayonnées.
Sulfate de nickel...............	Prismes rhomboïdaux transparens.
Sulfate de potasse..............	Prismes à six ou à quatre pans, terminés par des pointemens à six ou à quatre faces.
Sulfate de quinine..............	Aiguilles nacrées, très fines, réunies en houppes légères.
Tartrate d'antimoine et de potasse.	Tétraèdres ou octaèdres allongés.
Tartrate de potasse.............	Prismes à quatre pans, terminés par deux faces culminantes.
Tartrate de potasse (acide)......	Prismes quadrangulaires à base oblique, reposant sur une arète.
Tartrate de potasse et de fer.....	Prismes aciculaires.
Tartrate de potasse et de soude..	Prismes à huit ou dix pans inégaux, ayant leurs extrémités tronquées à angle droit; pans généralement divisés en deux dans la direction de leurs axes; base sur laquelle ils reposent marquée de deux lignes diagonales, qui se croisent de manière à la diviser en quatre triangles, ce qui a fait dire aux anciens que ce sel cristallisait en *tombeaux*.
Tartrate de soude...............	Prismes aciculaires.
Urée..........................	Lames cristallines, qui se croisent en différens sens. Pure, elle cristallise en prismes tétraèdres ou hexaèdres.

FIN DU TABLEAU DES FORMES CRISTALLINES.

TABLE ALPHABÉTIQUE

DES MATIÈRES.

A

B

C

D

E

F

G

H

I

J

K

L

M

N

O

P

Q

R

S

T

U

V

W

Y

Z

FIN DE LA TABLE ALPHABÉTIQUE DES MATIÈRES.

Errata du second volume.

Page 225, ligne 26, Humboldtite, *lisez* Humboldite
226, 26, lectrobite, *lisez* latrobite
352, 30, Géognosie, *lisez* Géogonie

Supplément à l'Errata du premier volume.

Page 11, Tableau des formes dominantes des cristaux, à la seconde accolade du deuxième rang, placée sous le titre de *base oblique à l'axe, au lieu de* deux angles saillans de la base avec deux faces latérales adjacentes, égaux, *lisez* deux angles saillans de la base, avec deux faces latérales adjacentes, inégalement inclinés à l'axe.

318, ligne 20, plomb sulfuré, *lisez* plomb sulfaté.

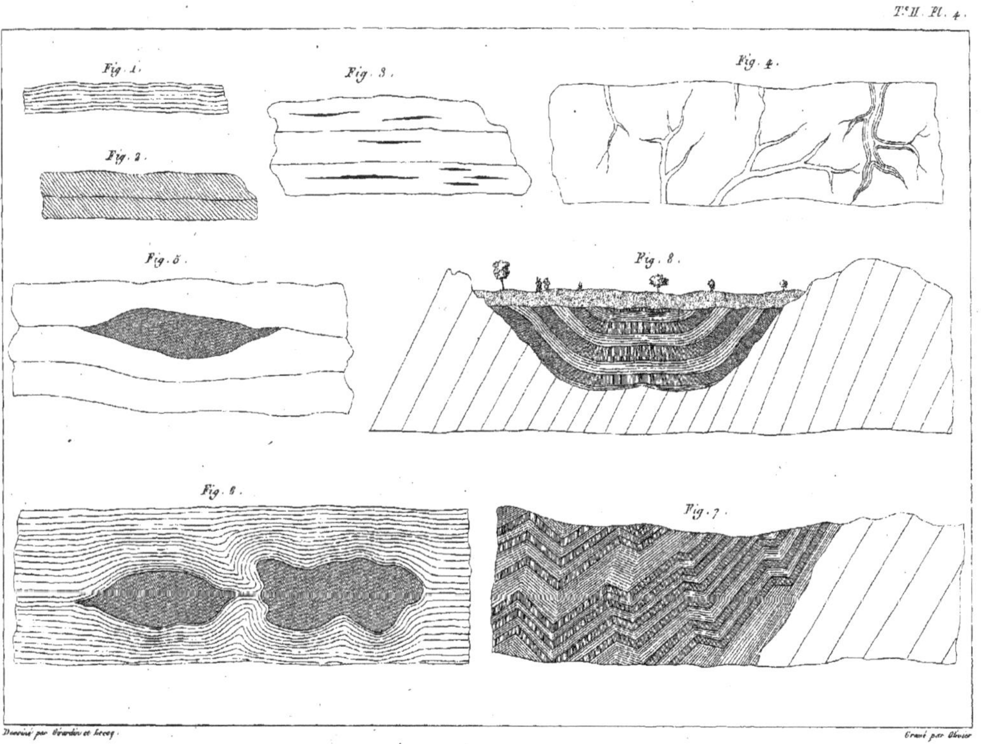

Dessiné par Girardin et Lecoq. Gravé par Olivier

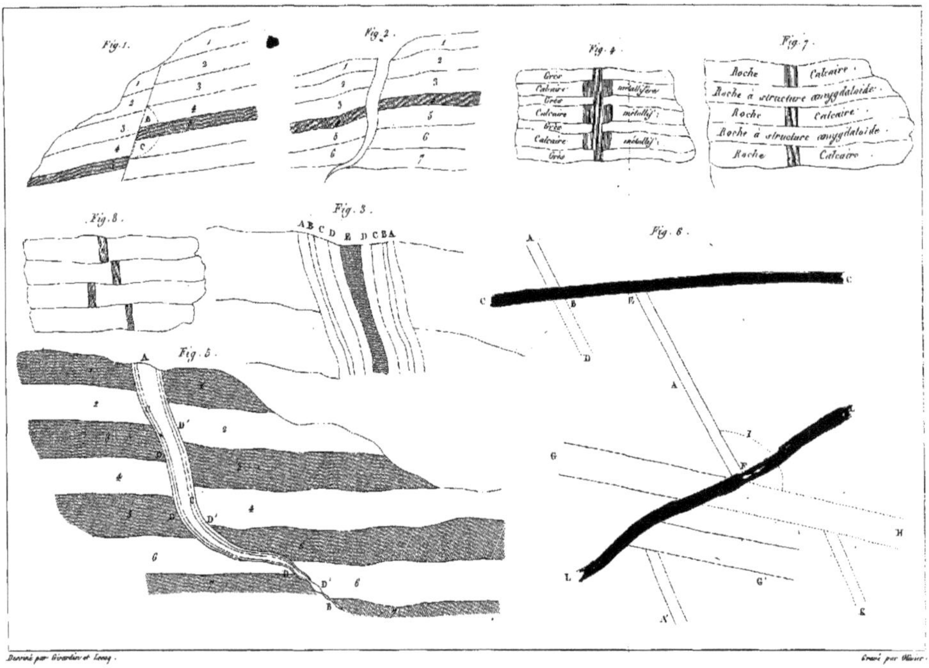

Fig. 1.

Fig. 2.

Fig. 4.

Grès
Calcaire
Grès
Calcaire
Grès
Calcaire
Grès
métallifère
métallif.
métallif.

Fig. 7.

Roche Calcaire.
Roche à structure amygdaloïde.
Roche Calcaire.
Roche à structure amygdaloïde.
Roche Calcaire.

Fig. 8.

Fig. 3.

Fig. 6.

Fig. 5.

Dessiné par Girardin et Lecoq.

Gravé par Olivier.

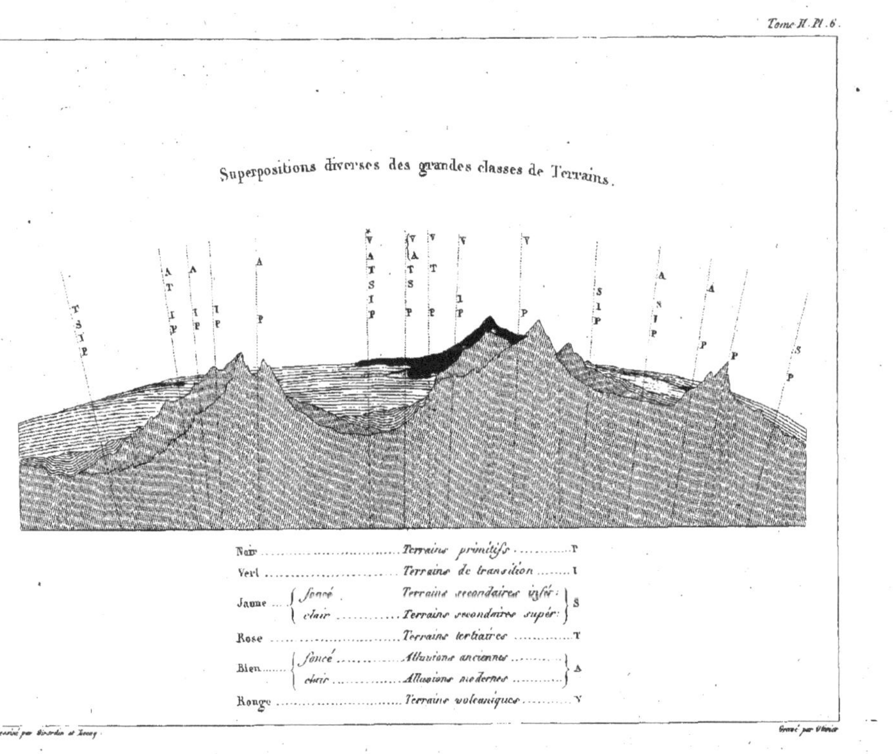
Superpositions diverses des grandes classes de Terrains.
Noir .... Terrains primitifs .... P
Vert .... Terrains de transition I
Jaune ... { foncé . Terrains secondaires infér. } S
{ clair .... Terrains secondaires supér. }
Rose .... Terrains tertiaires .... T
Bleu .... { foncé .... Alluvions anciennes .... } A
{ clair .... Alluvions modernes .... }
Rouge .... Terrains volcaniques V

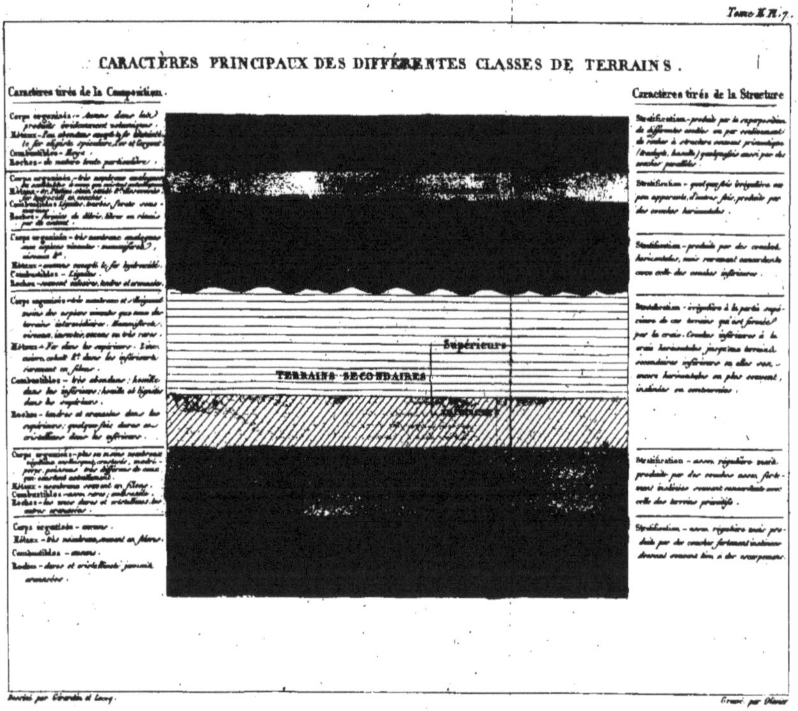

CARACTÈRES PRINCIPAUX DES DIFFÉRENTES CLASSES DE TERRAINS.

Caractères tirés de la Composition.	Caractères tirés de la Structure
Corps organisés - Aucuns dans les produits évidemment volcaniques. Métaux - Peu abondans excepté le fer titané, le fer oligiste spéculaire, l'or et l'argent. Combustibles - Rares. Roches - de nature toute particulière.	Stratification - produite par la superposition de différentes coulées ou par écoulement de roches à structure souvent prismatique (trachyte, basalte) quelquefois aussi par des couches parallèles.
Corps organisés - très nombreux analogues [illegible]. Métaux - Or, Platine, étain oxidé &c. disséminés, fer hydroxidé en couches. Combustibles - Lignites, tourbe, forêts enfouies. Roches - formées de débris, libres ou réunis par du ciment.	Stratification - quelquefois irrégulière ou peu apparente, d'autres fois, produite par des couches horizontales.
Corps organisés - très nombreux analogues aux espèces vivantes - mammifères, oiseaux &c. Métaux - aucuns excepté le fer hydroxidé. Combustibles - Lignites. Roches - souvent calcaires, tendres et arenacées.	Stratification - produite par des couches horizontales, mais rarement concordantes avec celles des couches inférieures.
Corps organisés - très nombreux et s'éloignant moins des espèces vivantes que ceux des terrains intermédiaires. Mammifères, oiseaux, insectes, aucuns ou très rares. Métaux - Fer dans les supérieurs - Fer, cuivre, cobalt &c. dans les inférieurs, rarement en filons. Combustibles - très abondans; houille dans les inférieurs; houille et lignites dans les supérieurs. Roches - tendres et arenacées dans les supérieures; quelquefois dures ou cristallines dans les inférieures.	Stratification - irrégulière à la partie supérieure de ces terrains qui est formée par la craie. Couches inférieures à la craie horizontales jusqu'aux terrains secondaires inférieurs où elles sont encore horizontales ou plus souvent, inclinées ou contournées.
Corps organisés - plus ou moins nombreux végétaux, mollusques, crustacés, madrépores, poissons très différens de ceux qui existent actuellement. Métaux - nombreux souvent en filons. Combustibles - assez rares; anthracite. Roches - les unes dures et cristallines, les autres arenacées.	Stratification - assez régulière mais produite par des couches assez fortement inclinées souvent concordantes avec celle des terrains primitifs.
Corps organisés - aucuns. Métaux - très nombreux, souvent en filons. Combustibles - aucuns. Roches - dures et cristallisées jamais arenacées.	Stratification - assez régulière mais produite par des couches fortement inclinées donnant souvent lieu à des escarpemens.

Supérieurs

TERRAINS SECONDAIRES

Inférieurs

Dessiné par Girardin et [illegible]

Gravé par Olivier

www.ingramcontent.com/pod-product-compliance
Ingram Content Group UK Ltd.
Pitfield, Milton Keynes, MK11 3LW, UK
UKHW012144240726
13966UKWH00001B/147